Linux网络系统管理实用教程

LUPA 编著

图书在版编目（CIP）数据

Linux 网络系统管理实用教程 / LUPA 编著. —杭州：浙江大学出版社，2013.11
ISBN 978-7-308-12433-1

Ⅰ.①L… Ⅱ.①L… Ⅲ.Linux 操作系统—教材
Ⅳ.①TP316.89

中国版本图书馆 CIP 数据核字（2013）第 255636 号

Linux 网络系统管理实用教程

LUPA 编著

责任编辑 樊晓燕（fxy@zju.edu.cn）
封面设计 刘依群
出版发行 浙江大学出版社
（杭州市天目山路 148 号 邮政编码 310007）
（网址：http://www.zjupress.com）
排　　版 杭州中大图文设计有限公司
印　　刷 德清县第二印刷厂
开　　本 787mm×1092mm 1/16
印　　张 21
字　　数 511 千
版 印 次 2013 年 11 月第 1 版 2013 年 11 月第 1 次印刷
书　　号 ISBN 978-7-308-12433-1
定　　价 39.00 元

浙江大学出版社发行部联系方式：0571－88925591；http://zjdxcbs.tmall.com

本书编写人员

主　编　彭　军　朱亮亮

副主编　贾　原　顾建灿

参　编　陈　锋　应得宝　钱旭伟

序

开放源代码高校推进联盟(LUPA),秉承“开源、创新、创业、就业”的宗旨,致力于开源人才的培养和开源技术在高校的推广及应用。几年来,LUPA 在开源技术的推广、培训、技能认证,以及开源人才的培养等方面积累了丰富的经验。

应教育部高教司和浙江省教育厅的要求,LUPA 结合多年开源技术培训的经验,邀请国内知名学者、教授及企业资深专家共同开发了“LUPA 开源软件开发与应用技能测评教材”。

本教材有利于培养管理员等开源技术岗位专业人才,满足企业对不同层次开源人才的需求;强调实用,以企业需求和岗位需求为导向,采用模块化的课程体系和工程化的教学模式,重在培养应用型、技能型的开源人才;重视核心课程及实践环节,有利于提高学生自主创新及创业能力;内容全面、符合潮流,可以支持高等院校增设具有前瞻性、与国际国内开源软件产业相适应、市场潜力大的学科专业。

目前,我国软件教学中多采用私有软件,为改变这种状况,教育部也采取了一系列的举措,例如,在全国 40 所高等院校中设置 Linux 技术培训中心等,支持出版这本教材也是这种努力的一部分。众所周知,中国软件产业的前途取决于我们所培养的软件人才,因为人才的知识技能的倾向将决定中国软件产业未来的走向。因此,强化开源软件的教学,不仅是提高软件人才素质的需要,而且是增强中国软件自主创新能力、建设中国自主软件产业的需要。在这个意义上,我们欢迎“开源软件开发与应用能力教材”的出版,希望能有力地推进开源软件在中国的推广应用。

倪光南

前　　言

Linux 操作系统是随着 Internet 的普及而蓬勃发展的自由软件，它在全世界范围内正获得越来越多的公司和团体的支持。近年来出现多种 Linux 发行版，Red Hat Linux 是最具代表性的版本之一。

在以美国为首的发达国家中，Linux 的应用早已深入政府办公、军事战略以及商业运作等方方面面。在我国，Linux 的起步虽然相对较晚，但在石油勘探等特殊行业中，Linux 的应用已经非常普及了。在中国移动短信网关系统、中国移动邮箱系统、中国移动内部数据同步系统、中国网通 IPTV 点播系统、中国人民银行网间互连、中国人民银行清算系统、中国建设银行网站、中国建设银行身份认证系统、北京电子政务等系统中，Linux 的应用已经取得了突破性的进展。目前，国内 Linux 的用户已经分布到了政府、教育、媒体、公共服务、金融、电信、制造等主流行业，而且，Linux 也从最初的边缘应用开始逐渐往核心应用上靠拢。随着 Linux 在各个行业的广泛应用，企业对 Linux 人才的需求持续升温。

目前，在服务器端上基本采用 Linux 操作系统下的组网方案，在客户端逐渐采用 Linux 操作系统代替 Windows 操作系统，这不仅仅是成本问题，更重要的是安全问题。大多数企业都要考虑架设自己的网站，若使用 Windows 操作系统，仅软件的授权费用就要上万元。如何降低经营成本，是每个企业都要慎重考虑的问题，而更为重要的问题在于，网络上每台计算机系统都连接到另外的计算机或者连接到 Internet，经常出现的系统漏洞、病毒、黑客入侵等，使得计算机信息安全受到严重的威胁，网络安全所引发的问题日益凸显。

Linux 与不开放源代码的操作系统之间的区别在于，在开放源代码开发的过程中，由于每个用户和开发者都可以访问其源代码，有很多人都在审视源代码中可能的安全漏洞，软件缺陷很快会被发现。因此 Linux 以其可靠性、稳定性、可扩展性、可管理性等优势，得到了绝大多数用户的认可。Linux 变得越来越流行。

在中国，开放源代码高校推进联盟（LUPA）是中国开源运动的探索者与实践者，是中国开源模式的缔造者，是中国开源软件（OSS）推进联盟的常务理事单位，是教育部—LUPA 开源软件实习实训基地建设单位，是“人才芯片工程”的打造者。

人才芯片工程是一项将人脑仿生计算机的变革——从单机时代变革为云计算时代，即从个人智慧变革为云智慧模式的教育与就业工程。

LUPA 打造的人才芯片工程是基于网络思维、开源技术和开放平台的智慧资源，是职业能力高效分享的生态系统。

LUPA 人才芯片工程既是一个帮扶大学生走上工作岗位的准就业系统，又是一个满足战略性新兴产业、先进制造业、高新技术产业、智力密集型产业、现代服务业、现代农业、中小微企业对人才需求的云服务平台。LUPA 人才芯片工程可以让大学生通过上一个培训项目、一个网站，就能获得他们所需的一切信息和帮助。LUPA 人才芯片工程既可以让企业快速准确地找到人才，也可以获取多元化的云人才服务。

LUPA 人才芯片工程致力于成为“教育+就业”的云人才服务运营商，为大学生就业以及中小企业转型升级提供一步到位的创新服务。

本书由 LUPA 的多名资深专家进行编写，编写的作者对 Linux 有着丰富的研究经验和实践经验。

本书根据职业特性编制，与实际工作紧密结合，突出云计算时代网络系统管理的重点——开源软件为主流的 PaaS 服务，强调新形势下职业能力需求，是人社部开源软件网络管理能力测评指定用书，旨在帮助读者精通云计算时代网络管理所需职业技能，适用于本科及高职计算机科学、软件工程、网络管理专业大二学生。

在这里，作者对在编制本书过程中给予大力支持的中国工程院院士倪光南、教育部高教司、中国高等教育培训中心、中国职业资格证书研究发展中心、浙江省教育厅表示衷心的感谢。

本书共分 17 章，详细介绍了开源文化、计算机网络与网络服务、Linux 系统安装与管理、shell 编程、局域网组建、Iptables 防火墙、DHCP\SAMBA\NFS\FTP\DNS\邮件\Apache\MySQL\流媒体\远程管理等服务的配置与管理等内容。

本书备有教学大纲与课件，以及师生用的自学视频。由于时间仓促及作者水平有限，书中难免存在疏漏和不妥之处，敬请广大读者批评和指正。批评与建议请发到邮件地址 book@lupa.org.cn，以便及时修订。

目　　录

第 0 章

了解开源

本章重点

- 开源软件的许可证制度。
- 云计算时代开源软件的定位。

本章导读

本章主要介绍什么是开源、开源的历史与未来、开源的好处以及开源与日常生活的联系。

0.1 开源概述

计算机是现代智能工具，它体现了一种新的文化——计算机文化。工具和文化是同一事物的不同侧面，而不是互相分离、各不相干的。

0.1.1 开源软件的理解

安卓手机的热议，让许多中国的普通老百姓知道了“开源软件”这个词。

今天，开源软件正以不可思议的速度发展着，其强有力的发展势头使得其成为未来软件市场和云计算等市场的重要力量。

许多人不禁要问“开源软件”是什么？

通常人们会说，“开源软件”即开放源代码的软件。

这里有个概念需澄清一下：开源软件是开放源代码的软件，但开放源代码的软件并不一定是开源软件。

开源软件：从狭义上讲，是一种软件类型；从广义上看，是一种文化。

广义上的开源，宣扬的是自由、分享、创新。它实践了信息和知识共享的理念，实现了知识产权和分享之间的微妙平衡。

0.1.2 开源软件的定义

标准的开源软件定义，实际上是一个许可证制度。

开源软件促进会——OSI(Open Source Initiative)对开源软件有明确的定义，业界公认只有符合这个定义的软件才能被称为开放源代码软件，简称开源软件。这个称呼来自于Eric Raymond的提议。

开源软件(Open Source)的具体定义如下：①

(1)自由再散布(free distribution)：允许获得源代码的人可自由地再将此源代码散布。

(2)源代码(source code)：程序的可执行文件在散布时，必须以随附完整源代码或是可让人方便地事后取得源代码。

(3)派生著作(derived works)：让人可依此源代码修改后，在依照同一授权条款的情形下再散布。

(4)原创作者程序源代码的完整性(integrity of the author's source code)：意即修改后的版本，需以不同的版本号码以与原始代码区别，保障原始的代码完整性。

(5)不得对任何人或团体有差别待遇(no discrimination against persons or groups)：开放源代码软件不得因性别、团体、国家、族群等设置限制，但若是因为法律规定的情形则为例外(如：美国政府限制高加密软件的出口)。

(6)对程序在任何领域内的利用不得有差别待遇(no discrimination against fields of endeavor)：意即不得限制商业使用。

(7)散布授权条款(distribution of license)：若软件再散布，必须以同一条款散布之。

(8)授权条款不得专属于特定产品(license must not be specific to a product)：若多个程序组合成一套软件，则当某一开放源代码的程序单独散布时，也必须要符合开放源代码的条件。

(9)授权条款不得限制其他软件(license must not restrict other software)：当某一开放源代码软件与其他非开放源代码软件一起散布时(例如放在同一光盘)，不得限制其他软件的授权条件也要遵照开放源代码的授权。

(10)授权条款必须技术中立(license must be technology-neutral)：意即授权条款不得限制为电子格式才有效，若是纸本的授权条款也应视为有效。

较受欢迎的开源软件许可证有Apache License 2.0、BSD、GPL、LGPL、MIT、MPL(Mozilla Public License)，等等。具体可查阅http://opensource.org/licenses/category。

0.1.3 开源软件与其他类型软件比较

常用的几种软件与开源软件的比较：

(1)自由软件(Free Software)：一种可以不受限制地自由使用、复制、研究、修改和分发的软件。

开源软件与自由软件是两个不同的概念，只有符合开源软件定义的软件才能被称为开放源代码软件。自由软件是一个比开源软件更严格的概念，因此所有自由软件都是开放源

---

① 引自维基百科 http://zh.wikipedia.org/zh/开源软件

代码的，但不是所有的开源软件都能被称为“自由”。

(2)专有软件(Proprietary Software)：又称非自由软件、专属软件、私有软件、封闭性软件等，是指在使用、修改上有限制的软件，这些限制是由软件的所有者制定的。此外，有些软件也有复制和分发的限制，它也属于专有软件的范畴。

通常，与专有软件对应的是自由软件。

相对于开源软件，专有软件源码可以公布，但不能自由地改动、复制或再发布。

专有软件和开源软件都可以免费或者收费分发。它们之间的区别在于：专有软件的所有者可以决定是否可以分发该软件以及费用的数额；而开源软件可以被任何持有者随意分发，相关的复制以及服务费用可自行决定，但仅仅是发行的费用及服务费用。

(3)商业软件(Commercial Software)：在计算机软件中，商业软件指被作为商品进行交易的软件。商业软件的源代码不一定是封闭的。

商业软件与专有软件并不等同，但专有软件中大部分都属于商业软件。

商业软件与开源软件的区别是：开源软件是自由型的，商业软件是非自由型的；开源软件无须付费购买，商业软件必须付费购买。

(4)免费软件(Freeware)：可以免费得到及使用的软件。

相对于开源软件，免费软件源码可以不公开。

(5)共享软件或试用软件(Shareware)：这是商业软件的一种营销方式，可以免费获取及安装，但有时效性，同时源代码不开放。

0.2　开源软件的历史与未来

开放源代码的概念和免费分享技术信息在电脑诞生前即已存在。例如食谱共享从人类文明一开始就有。

0.2.1　开源软件的历史演变

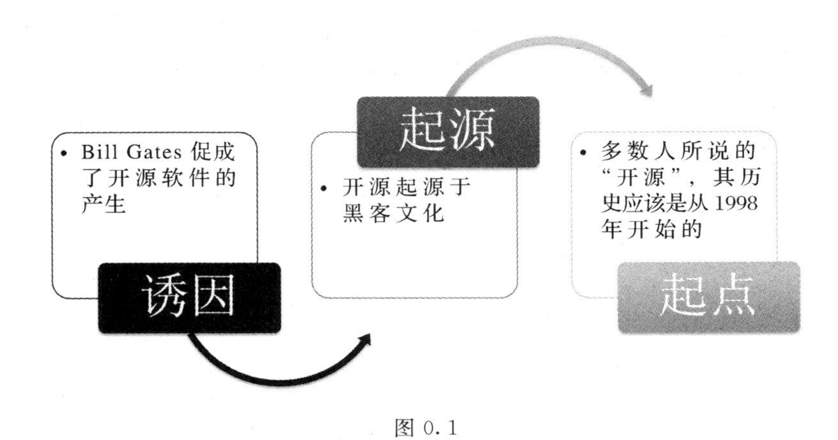

图 0.1

1. Bill Gates促成了开源软件的产生

提到开源的历史，不得不提 Bill Gates。

起初，在个人电脑还未流行的20世纪六七十年代，并没有大规模销售的商业软件，软件普遍是为硬件定制的。如同样是 Unix，IBM 机器专用的是 AIX，HP 机器专用的是 HP-UX，SUN 工作站专用的是 Solaris……

当时，特定硬件平台上软件的使用者同时也是软件的开发者。他们会对自己的软件进行一些修改来满足一些特定的需求。逐渐，使用相同硬件的开发人员形成了各种小团体，共享技术上的心得。

但是，Bill Gates 发出了另一种声音，打破了这种和谐。1976年2月3日，Bill Gates 给电脑爱好者们写了一封公开信，抱怨未经授权使用 Altair BASIC 的情况太普遍，导致新成立的微软公司回报甚微。这封信相当有名，被看做是软件通过商业授权获取收入的真正开端。Bill Gates 开启了软件独立于硬件的商业化行为，并引领了闭源软件的流行。

任何的事物都有其两面性，闭源的结果改变了人们的习惯，自然有支持也有反对。业界中有人对于软件过于商业化并不认同，传奇性的"最后的黑客"Richard Stallman 便是其中的代表人物。

Richard Stallman 倡导自由软件，反对软件的封闭性，反对用专有软件和商业条款束缚人类的智慧和创造性，反对从法律和著作权的角度，人为阻碍软件和技术的传播、使用和学习。可以说，自由软件的思想是随着人们对软件商业化所产生的种种弊端的厌恶而形成的。

2. 开源起源于黑客文化

黑客一词，源于英文 Hacker，原指热心于计算机技术，水平高超的电脑专家。有别于"软件骇客"(Software Cracker)。黑客和骇客根本的区别是：黑客们建设，而骇客们破坏。

"黑客"(Hacker)们的特征是：对(某领域内的)编程语言有足够了解、喜爱编程(coding)、喜爱自由(freedom)、对技术崇拜、对创新不断追求。

一般认为，黑客起源于20世纪50年代麻省理工学院的实验室中，他们精力充沛，热衷于解决难题。六七十年代，"黑客"一词极富褒义，用于指那些独立思考、奉公守法的计算机迷，他们智力超群，对电脑全身心投入，从事黑客活动意味着对计算机进行的最大潜力智力上的自由探索，为电脑技术的发展做出了巨大贡献。正是这些黑客，倡导了一场个人计算机革命，倡导了现行的计算机开放式体系结构，打破了以往计算机技术只掌握在少数人手里的局面，开了个人计算机的先河，提出了"计算机为人民所用"的观点。他们是电脑发展史上的英雄。

从事黑客活动的经历，成为后来许多计算机业巨子简历上不可或缺的一部分。例如，苹果公司创始人之一乔布斯就是一个典型的例子。

Bill Gates 的公开信极大地激怒了黑客们，他们认为软件需要授权才能使用是极不道德的行为，只有自由的程序才是符合其道德标准的，从而发起了自由软件运动，其中 Richard Stallman 是主要的发起者及自由软件运动的领袖。

自由软件运动人士认为，自由软件的精神应当贯彻到所有软件，他们认为禁止计算机用户行使这种自由是不道德的行为。这就是所谓的黑客文化。

自由软件运动的发起，极具理想主义、利他非私利的色彩。在一个追逐利润的世界中，黑客们赠与多于索取，宣传一种积极的工作、分享和创新愿景。然而理想与现实之间的矛盾如何有效解决，是摆在自由软件运动人士面前的一大问题。

这一时期理想与现实之间的拉锯引发了一系列有代表性的事件：

1979 年，AT&T 宣布了使 Unix 商业化的计划。这导致加州大学伯克利分校建立自己的 Unix 版本，称为 BSD(Berkeley Software Distributions)Unix。BSD Unix 被 DEC 和 Sun 这样的商业公司所接受。后来 AT&T 和 Sun 同意将各自的 Unix 版本合并，并且推进其竞争对手(DEC、HP 以及 IBM)共同建立开放软件基金(Open Software Foundation)。

同一时期，加州大学伯克利分校的一个学生 Eric Allman 开发了一个程序用来在 ARPANET 网上的计算机之间发送信息。Eric Allman 随后将这个程序进一步改造成 sendmail。今天，Internet 上有超过 75%的 e-mail 服务使用这个开放源码的程序来发送邮件。

1983 年 9 月，Richard Stallman 创建 GNU 项目(自由软件工程项目)，并在次年启动。

1985 年 10 月，Richard Stallman 成立自由软件基金会(Free Software Foundation)。

1991 年，赫尔辛基大学计算机科学系的学生 Linus Torvalds 因对 Minix(一个以教学为目的类似 Unix 的操作系统)感兴趣，但不满意 Minix 这个教学用的操作系统，因此根据可在低档机上使用的 Minix 设计了一个系统核心 Linux 0.01，但没有使用任何 Minix 或 Unix 的源代码。他通过 Usenet(即新闻组)宣布这是一个免费的系统，主要在 x86 电脑上使用，希望大家一起来将它完善，并将源代码放到了芬兰的 FTP 站点上让人免费下载。著名的 Linux 操作系统由此诞生。

1995 年，Apache HTTP Server 发布。它是 Apache 软件基金会的开山之作，现已成为 Internet 上最为流行的 Web 服务器，也是当今开源 HTTP 服务器中最著名的一个。

1997 年 5 月 27 日，Eric Raymond 发表了著名的《大教堂和市集》。

3. 多数人所说的“开源”，其历史应该是从 1998 年开始的。

1998 年 1 月 22 日，Netscape 宣布将其 Netscape 浏览器的源代码在 Internet 上公布。

1998 年 2 月 3 日，Eric Raymond 召集一些从事自由软件(free software)的黑客，针对 Netscape 的这一事件开了一个战略研讨会，会议讨论了自由软件与私有软件冲突的原因，以及当时自由软件在业界的使用情况和发展方向，认为需要对开源软件的概念和定义进行修正，最终决定使用 Eric Raymond 提议的 Open Source Software 一词来统一命名 OSI 所定义的开放源代码软件。这次会议被称之为开源峰会(Open Source Summit，简称 OSS)，这就是开源软件(Open Source)的历史起点。

是什么原因促使在商业软件阵营的 Netscape 公布了源代码，走向了开源的阵营？

1993 年，美国伊利诺伊州的伊利诺伊大学国家超级计算机应用中心(National Center for Supercomputing Applications，简称 NCSA)发表了一个浏览器，命名为“Mosaic”。

1994 年 4 月 4 日，Mosaic 开发的中心人物马克・安德生和 Silicon Graphic(计算机绘图用的高性能计算机制造公司，简称为 SGI)公司的创始人吉姆・克拉克在美国加州设立了“Mosaic Communication Corp.”。

Mosaic 公司成立后，由于美国伊利诺伊大学的 NCSA 拥有 Mosaic 的商标版权，且伊利诺伊大学已将技术转让给望远镜娱乐公司(Spyglass Entertainment)，开发团队必须彻底重新撰写浏览器代码。

1994年10月13日，该公司开发的浏览器 Mosaic Netscape 0.9 发布，仍是 beta 版本。该浏览器获得重大成功，成为当时最热门的浏览器。

1994年11月14日，为了避免和 NCSA 的商标拥有权发生纠纷，Mosaic 公司更名为网景通信公司(Netscape Communications Corporation)。同年12月15日，网景浏览器1.0正式版发布，软件改名为网景导航者(Netscape Navigator)。网景导航者是以共享软件的方式销售，因为功能追加得很快，所以当时占有率相当高。经历后续版本的用户积累，网景成为浏览器市场占有率的首位。代表 Netscape 浏览器的大写 N 在接入到互联网的电脑桌面上随处可见。

稍后时间，网景公司又多次尝试开发一种能够让用户通过浏览器操作的网络应用系统。这引起了微软的注意，担心网景可能威胁到微软的操作系统和应用程序市场，于是微软在1995年向望远镜娱乐公司(Spyglass Entertainment)买下 Mosaic 的授权，以此为基础开发了 Internet Explorer，进军浏览器市场。双方激烈竞争就此展开。网景公司的 Netscape Navigator 与微软公司的 Internet Explorer 之间的竞争，后来被称为"浏览器大战"。

微软采用将其 IE 浏览器与其操作系统捆绑销售的方式，成功打败了网景公司。此时 Eric Raymond 发表了著名的《大教堂和市集》，启发了竞争失利后的网景公司走向开源。网景公司公布旗下所有软件以后的版本皆为免费，并成立了非正式组织 Mozilla(谋智)，启动了 Mozilla 开源项目。我们今天看到的火狐浏览器即出自 Mozilla。

0.2.2 开源运动背后的理想与现实

软件的发展史就像人类社会发展史的一个缩影。从最初小众间自由修改和分享为主的原始社会，过渡到 Bill Gates 所引领的软件商业化大潮铸就的强大的城堡时代，以及自由软件领袖 Richard Stallman 随之抗争而发起的"浪漫启蒙"的尝试，到后来在自由和商业间做出更好平衡的开源运动，软件业的先驱者们也同人类社会的领袖们一样，在曲折中探索着理想与现实的完美融合之道。

黑客们的理想主义，兴起了开源软件运动。今天的各种志愿者组织、开放教育等，都能看到这种理想主义的色彩。这种理想主义色彩产生了巨大的正能量，推动了人类社会的文明进程。

开源，不仅意味着以开放的姿态进行知识共享，还代表着自由、平等、协作、责任和乐趣等理念。Linux 内核的创造者 Linus 曾说："一个人做事情的动机可以分为三类：一是求生，二是社会生活，三是娱乐。当我们的动机上升到一个更高的阶段时，我们才会取得进步。不是仅仅为了求生，更是为了改变社会，更理想的是——为了兴趣和快乐。"

然而现实的商业社会不断冲击着黑客们的乌托邦。开源运动的开展需要资金的支持，开源软件面临着在市场经济中生存与发展的问题。

令人欣慰的是，经过这些年的艰苦努力，开源软件同样向人类社会展现了其在法律、经济、社会中的生命力，实现了由理想向现实的飞跃。

我们看到，Linux 取代了 Unix 的主导地位，互联网上90%的 Web 服务器运行着 Apache，LAMP 架构已成为互联网上的主流。

我们发现，商业公司有的通过使用免费的开源软件降低了运营成本，有的由于得到了非常优良的基础代码而加快了产品的开发升级；有的通过支持开源实现达到推广标准、打压对手的战略目的；有的依托开源软件提供自己独创的技术和服务从而获利。

众所周知，开源软件促进了互联网的发展，互联网的发展又促进了开源软件的繁荣。

如今，开源运动已为全人类提供了巨大的代码共享资源。正是这些代码资源属于全球共享，成为发展中国家缩小技术差距的重要支撑，也是保持其独立性的重要保障。例如，借助 Linux 核心代码，古巴才能得以自主开发本国的操作系统，避开美国（微软）的制裁。

0.2.3 开源软件成就新软件时代

当前，云计算应该说是 IT 界最火的词汇，开源云计算更是被认为是 IT 的趋势。

几乎所有云计算平台上的软件都是开源的，一个简单的原因是私有软件许可证难以支持云计算的部署方式。

云计算产生于互联网普及带来的海量数据的形成与发展、数据中心的日益膨胀、应用的不断增多。在 Gartner 公司排出的 2010 年和 2011 年十大具有战略意义的技术中，云计算连续两年排名首位。

为什么说开源云计算被认为是 IT 的趋势？

我们首先需要了解什么是云计算。

云计算是对基于网络的、可配置的共享计算资源池能够方便地随需访问的一种模式。这些可配置的共享资源计算池包括网络、服务器、存储、应用和服务。并且利用云计算这些资源池以最小化的管理或者通过与服务提供商的交互可以快速地提供和释放。

通俗地说：云计算的“云”就是存在于互联网服务器集群上的资源，它包括硬件资源（服务器、存储器、CPU 等）和软件资源（如应用软件、集成开发环境等）。本地计算机只需要通过互联网发送一个需求信息，远端就会有成千上万的计算机为你提供需要的资源并将结果返回到本地计算机，这样，本地计算机几乎不需要做什么，所有的处理都由云计算提供商所提供的计算机群来完成。

在传统模式下，企业建立一套 IT 系统不仅需要购买硬件等基础设施，还要购买软件的许可证，需要雇用专门的人员维护。当企业的规模扩大时还要继续升级各种软硬件设施以满足需要。对于企业来说，计算机等硬件和软件本身并非其真正需要的，这些仅仅是完成工作、提供效率的工具而已。对个人来说，正常使用电脑需要安装许多软件，而许多软件是收费的，对不经常使用该软件的用户来说购买是非常不划算的。

而云计算通过网络以按需、易扩展的方式使用户获得所需的资源（硬件、平台、软件）。提供资源的网络被称为“云”。“云”中的资源在使用者看来是可以无限扩展的，并且可以随时获取，按需使用，随时扩展，按使用付费。

好比是从古老的单台发电机模式转向了电厂集中供电的模式，云计算意味着计算能力也可以作为一种商品进行流通，就像煤气、水电一样，取用方便，费用低廉。最大的不同在于，它是通过互联网进行传输的。

在云计算环境下，用户的使用观念由“购买产品”变化到“购买服务”，他们直接面对的将不再是复杂的硬件和软件，而是最终的服务。用户不需要拥有看得见、摸得着的硬件设施，企业不需要为机房支付设备供电、空调制冷、专人维护等费用，并且不需要等待漫长的供货及项目实施周期，只需要把钱汇给云计算服务提供商，就会立即得到需要的服务。

我们发现云计算改变了传统的商业软件销售模式，变成了一种按需付费的服务，这也正是开源软件所提倡的，在软件自由、分享的同时通过为用户提供有价值的服务而获益。

云计算带来的新的商业模式，实现了开源运动的梦想。

云计算使得软件本身变得不那么被用户所关注，从而使商业软件变得不再是大众的需求，迫使商业软件转变为小众产品。

云计算服务商关注的是如何能整合云端的各种资源为用户提供所需服务。开源软件的自由、开放、共享正好为他们提供了最好的解决方案，避免了私有软件间因商业目的不同而各自为政，难以互联互通、自由转换的问题。

0.3 开源软件的好处

许多开源软件爱好者喜欢开源软件的理由是：

(1)开源意味着最大程度的分享，降低了知识学习的壁垒，给了后发者赶超的机会；

(2)开源给了我最大程度的自由；

(3)开源给了我成就感；

(4)开源让我更好地了解世界；

(5)开源已经、正在和将继续改变软件业的发展以及我们的生活。

0.3.1 高质量

看过美国著名智力竞答电视节目《危险边缘》的观众知道——美国时间2011年2月16日，在《危险边缘》节目中，IBM公司研发的基于开源架构超级计算机“沃森”以得到77147美元的成绩击败了该节目的两名“常胜将军”——肯·詹宁斯(24000美元)和布拉德·拉特(21600美元)，勇夺100万美元大奖，获得了冠军。“沃森”获得“战胜人类的机器”称号。

2012年伦敦奥运会官网(london2012.com)，因其高效、稳定，承受住了各种突发流量与超重的加载负荷，获得了好评。该网站就是以基于开源的LAMP(Linux+Apache+MySQL+PHP)作为主要的基建，技术人员的目标是“便宜而高效”地运作。

上述两个案例告诉我们一个不争的事实：开源软件是高质量的软件。

(1)出色的代码为高质量软件奠定了优秀的基础。

开源社区的文化推崇高质量的代码，一切让代码来说话，优者生存。这是开发人员在社区里建立威信和影响力的最基本途径。毕竟谁都希望自己的代码经得起众人眼光和时间的考验。此外，如果有人对当前的代码不满意，可以对其进行改进，好处显而易见，这使得开源项目的代码能够不断汲取众人的集体智慧，为高质量软件奠定了优秀的基础。

(2)开源社区中庞大的开源爱好者群体对开源软件的尝试使用，很好地帮助检验了开源软件的质量，确保了软件的稳定性。

一个典型的例子：

1998年3月31日，Navigator的源代码发布后几小时内，对它的修补和改进开始大量涌入，并导致网络瘫痪。

软件工程的核心问题是稳定性。

这就需要大量的、独立的同行检验，这对于封闭原码的商业软件厂商来说是一个非常痛苦的工作。软件在实际使用环境中出现的问题是千变万化的，对于封闭原码的软件来说，许多实际使用中出现的 bug 需提交给厂商处理，然而回到厂商后技术人员对其进行模拟时却很难重现这些 bug，显然就很难修正其中的错误。如果原码是开放的，在出现 bug 的现场有软件开发人员，立即可查出错误代码，向社区提交，从而及时得到修正。这一过程无须厂商外派人员。而对于未正式发布的 beta 版软件来说，厂商外派技术人员将是一个无法承受的、高昂的成本。

任何研究软件工程的人都知道，程序员并不是经常在创新软件上花太多时间，他们大量的时间都花在了软件的更新维护服务上。想想看这意味着什么，意味着软件工业实际上是一个服务行业，既然是服务行业，核心价值应是服务而不是源代码。

如果软件工业坚持认为其是一个制造工业，而非服务业，稳定性的问题就不会得到根本解决。因为如果不公开源码，这一点是无法达到的。这也是开放源码和封闭源码的不同之处。

因为稳定性的原因，因为需求的不断变化，封闭源码的结果是，每一个软件产品好比是大海中的孤岛，是无法适应当今网络化环境的。

0.3.2 安全性

(1)在开源代码中不留“后门”(不隐藏秘密)。

开源软件的源代码是公开的，公众可以揭开代码的信息，可以保证在代码中没有隐藏的或没有可能挖掘的秘密，而私有软件却不能保证这一点。

2008 年“微软黑屏”事件[①]给国人上了一堂生动的信息安全课。

(2)开源软件比私有软件“漏洞”少。

原因一，开源软件的源代码是公开的，公众可以揭开代码的信息，分布在全球各地数千万的开发者都在做开源项目，他们不断对开源软件产品进行“检错、纠错、打补丁、修正”，这种做法是导致开源软件产品“漏洞”要少得多的主要原因。

因为开放源代码，任何人都有机会发现程序上的漏洞并提交修正意见，也因此，制造病毒软件的技术门槛自然会很高，当然制造病毒的机会自然就会减少，安全性自然提高了。

原因二，目前开源软件因其开放自由，发行版会多种多样(如 Linux 操作系统有 redhat、suse、ubuntu，等等)，分散了用户群体，对于恶意攻击者来说代价很大却无多少收益，自然对其攻击的兴趣会大打折扣。显然这类软件遭受攻击的概率较小或可发现的“漏洞”也较少。

(3)开源软件的安全管理是独立的，不在代码中。

开源软件产品的开放性意味着安全秘密不在代码中，它必须在代码外进行管理。最直观的即是账号密码的管理。采用各种加密算法来保证账号的安全是众所周知的，这显然是在代码外进行管理的。

---

① “微软黑屏”事件：2008 年 10 月 20 日 24 时微软在中国启动 Windows XP 和 Office 的正版验证行动，盗版用户的电脑将每小时黑屏 1 次，并会不断弹出提示窗口提示正在使用盗版软件(详见 www.lupa.net.cn/list.php? cid=24)。

0.3.3 创新性

前面 0.1.1 中已提到:广义上的开源,宣扬的是自由、分享、创新。

显然,开源不仅仅是软件开发,而是一种商业模式,甚至是社会组织的创新思维、创新实践。

源码的开源,促使软件从工业领域走向了服务领域,服务的个性化、多样化进一步促进了软件的发展,不断产生新的应用。

开源软件的多样性打开了人们的眼界,而见多识广是创新的基础。

从现实角度来看,开源带给我们不仅是创新的思维,同时软件行业从制造业向服务行业的转变,创造出大量新的就业岗位,又降低了创业的门槛。

0.3.4 助学性

由于代码的高质量及其开发的透明性,开源软件为广大用户提供了一个很好的学习和交流的平台,特别是对于在源代码基础上进行修改或扩展的用户。通过参与论坛讨论、阅读文档及源代码,用户可以很好地理解软件的架构,借鉴代码中的精深微妙之处。这对于中国的开发者来说,意义重大。

开源文化的学习,有助于人们乐于开放胸怀,分享知识,快乐学习,快乐生活。

开源软件是一个资源金矿,更是一个知识宝库。

0.4 开源与日常生活

0.4.1 Android 手机

Android 是一种手机操作系统,又称安卓系统,是由 Google 公司开发的开放源代码的操作系统,主要用于移动设备。

对于年轻人来说,Android 手机可以任意刷机、彰显个性是其非常重要的优点,同时带来的显而易见的好处是:它激发了年轻人的创新热情。

2012 年 2 月 5 日,美国市场研究公司 Canalys 发布的报告称,2011 年全球智能手机出货量达到了 4.87 亿部,首次超过了全球市场 PC 的出货量,而在所有售出的智能手机中,Android 手机占了近半数。报告同时指出,2011 年的第 4 季度 Android 手机的出货量已排在智能手机出货量的第一位。

2012 年 8 月,美国国际数据公司(IDC)公布了 2012 年第 2 季度全球智能手机市场的销量情况。从统计的数据上看,Android 手机仍占据榜首地位,销量达到了全球智能手机市场销量的 68.1%,与此前第一季度的 59%相比,有了大幅度的提升。

2012 年 8 月 27 日,工信部电信管理局副局长李学林透露,2012 年上半年国内 Android 手机占据了智能手机系统绝对优势,其中入网款式占比 97.7%,出货量占比达 85.3%。(来源:财经网(北京))

0.4.2 开源浏览器

如今在浏览器市场再也不是IE称霸的年代了。在2012年7月份全球主流浏览器市场份额排行榜，开源的Chrome浏览器的市场份额达到39.81%，高居榜首，而IE浏览器占据32.04%的市场份额，排名第二，紧随其后的就是开源的火狐浏览器，它在7月份市场份额为23.73%。

(1)Chrome浏览器

Chrome浏览器，又称Google浏览器，是一个由Google公司开发的开放源代码网页浏览器。目标是提升稳定性、速度和安全性，并创造出简单且有效率的使用者界面。

Chrome浏览器的突出特点是：

- 不易崩溃

Chrome最大的亮点就是其多进程架构，保护浏览器不会因恶意网页和应用软件而崩溃。每个标签、窗口和插件都在各自的环境中运行，因此一个站点出了问题不会影响打开的其他站点。

- 速度快

有使用者如是描述："就可比的一般功能而言，谷歌的速度最快，火狐次之，而IE总是有说不出的大喘气功夫，一些功能点下之后，等一会儿才能晃晃悠悠地上来。"

- 界面大而简洁，有仿佛全屏运行模式的感觉。

(2)Firefox浏览器

Firefox浏览器，又称为火狐浏览器，是一个由Mozilla基金会与数百个志愿者所开发的开放源代码网页浏览器。火狐浏览器是可以自由定制的，一般电脑技术爱好者都喜欢用。它的插件又是世界上最丰富的，这点得到了网友公认。

相比IE浏览器而言，火狐浏览器的最大的优点是：

- 运行速度快，占用系统资源少

Firefox不仅运行速度比IE快很多，而且浏览多个网页时占用系统资源非常少。

- 安全性能高、稳定性好

使用Firefox浏览器不必再受到网页广告和各种恶意插件的骚扰，也不用担心会中木马病毒或者主页被恶意修改。

- 个性十足

火狐浏览器是最容易定制的浏览器，可以定制工具栏添加按钮，可以选择安装不同的插件来增加新功能，还可以选择不同的浏览器皮肤来展示个性。高级用户可根据其开放的源代码扩展其功能，根据自己的喜好去设定功能。

0.4.3 开源云平台

(1)Open Stack

Open Stack是一个免费的开源平台，帮助服务提供商实现类似于亚马逊EC2和S3的基础设施服务。利用Open Stack，任何人都能打造属于自己的亚马逊弹性云端运算。

新浪云计算服务采用的就是Open Stack开源云计算技术。

(2)Hadoop

Hadoop是一个能对大数据进行分布式处理的软件架构，由Apache基金会开发。用户可以在不了解分布式底层细节的情况下，开发分布式程序，可以充分利用集群的威力高速运算和存储。

Hadoop的最常见用法之一是Web搜索。它是最受欢迎的在Internet上对搜索关键字进行内容分类的工具，它还可以解决许多要求极大伸缩性的问题。

目前全球范围内80%的在线旅游网站都在使用Hadoop。在国内，包括中国移动、百度、网易、淘宝、腾讯、金山和华为等众多公司都在研究和使用它。

0.4.4 开源社区

开源中国(http://www.oschina.net/project)及LUPA开源社区(http://www.lupaworld.com)提供了海量的开源软件供用户选择。我们日常使用到的商业软件，一般都可在开源社区中找到相类似应用的开源软件。

思考与实验

1.“开源软件”的“源”指的是(　　)。

A. 源泉　　B. 版权所有者

C. 源代码　　D. 算法

2. 称为开放源码的先驱是(　　)。

A. Eric Raymond　　B. Richard Stallman

C. 比尔·盖茨　　D. Andrew S. Tanenbaum

3. linux最早是由(　　)人Linus Torvalds编写的。

A. 芬兰　　B. 荷兰

C. 丹麦　　D. 美国

4. 对于可以免费得到或使用的软件，如果源代码并不公开，称之为(　　)。

A. 开源软件　　B. 自由软件

C. 免费软件　　D. 商业软件

5. 以下哪个对开源软件的论述是错误的？(　　)。

A. 不能歧视任何个人或团体　　B. 许可权无须独立于技术

C. 许可证不能只针对某个产品　　D. 许可证不能约束其他软件

6. 什么是黑客文化？

7. 简述Firefox浏览器的赢利模式①。

8. 论述现阶段我国高校开展开源教育的必要性②。

9. 论述云计算与开源软件之间的关系。

---

① 为扩展类题。

② 为扩展类题。

第 1 章

计算机网络与网络服务概述

本章重点

- 网络概述。
- 常用的网络名词。
- 网络操作系统与常用服务介绍。

本章导读

本章首先介绍了计算机网络、局域网、互联网等概念，然后介绍了一些常用的网络名词，如 IP 地址、网关等，最后介绍网络操作系统的种类并逐一介绍了各类服务的功能。

1.1 网络概述

1.1.1 计算机网络

计算机网络是指利用通信设备和线路将地理位置不同的、功能独立的多个计算机系统连接起来，以功能完善的网络软件实现网络的硬件、软件及资源共享和信息传递的系统。

计算机网络的主体是计算机。这里的计算机包括巨型机、小型机、微型机以及嵌入式计算机等。连接这些计算机的是通信线路。这些线路包括金属导线、光纤、微波等。计算机之间沟通的“语言”就是网络通讯协议。

在网络中提供服务和资源的或者负责协调管理网络的计算机被称为服务器；而以使用其他资源为主的计算机被称为客户机。

通常情况下，服务器上拥有大量的资源或数据，运行着各种应用服务和网络管理程序，目的就是为网络上的其他主机提供服务，所以，服务器对硬件的配置与性能要求会比较高，这样才能为客户机提供稳定、高效的服务。而作为客户机，其一般不需要为网络上的主机提供应用服务，所以客户机对硬件的配置与性能要求不用过高。

注意 服务器与客户机有时候是相对的。如A计算机提供打印服务,B计算机提供文件服务,当A计算机使用B计算机上的文件时,B就是文件服务器;当B计算机使用A计算机上的打印机时,A就成了打印服务器。

计算机实现信息传递、享受与提供服务,必须依靠网络操作系统和网络服务软件;计算机网络系统的正常运转也需要网络管理软件的管理和协调。Linux 就是一款典型的、应用非常广泛的网络操作系统。Linux 性能好、占用资源少、运行稳定,并且拥有丰富的网络服务和网络管理软件,非常适合作为计算机网络服务器的操作系统。因此,Linux 在网络服务器领域的市场占有率位居前列。

1.1.2 局域网

局域网(Local Area Network,LAN)是指在某一区域内由多台计算机互联成的计算机组。这里的区域一般是在方圆几千米以内。局域网可以实现文件管理、应用软件共享、打印机共享、工作组内的日程安排、电子邮件和传真通信服务等功能。局域网是封闭式的,可以由办公室内的两台计算机组成,也可以由一个公司内的上千台计算机组成。

下面通过介绍一个典型校园网络使读者能更直观地认识和理解局域网。

这个校园网络系统包括办公室、图书馆、机房、教学楼几个部分,具体如图 1.1 所示。本网络整体拓扑结构①为星型结构,网络总体分为三个层次,即核心层、楼宇汇聚层、接入层。接入层至楼宇汇聚层之间以千兆双绞线(五类线或六类线)或者光纤连接,汇聚层至核心层为千兆单模光纤连接。考虑到对图书馆信息资源的保护,本方案在图书馆内网的出口部署一台百兆防火墙,对进出内网的数据进行包过滤,进一步保证图书馆资源的安全性。

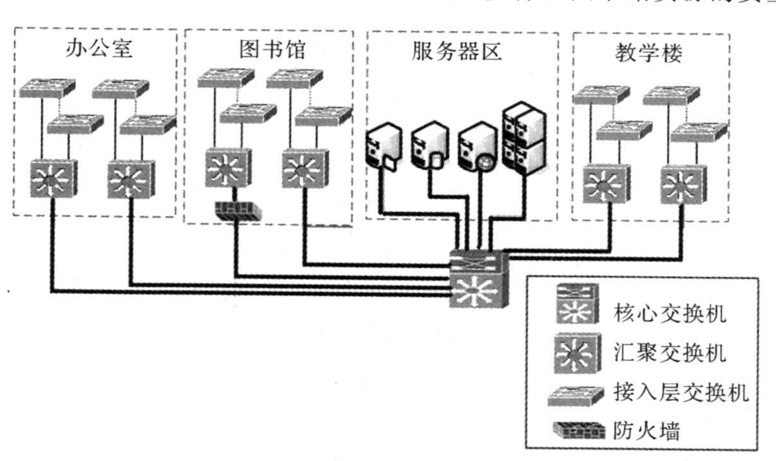

图 1.1 典型计算机局域网拓扑图

在此局域网中,通常有一些专门的服务器对其他计算机提供服务。网络上的客户计算机通过接入层交换机接入网络,享受服务器提供的服务或者与其他客户计算机进行通信。

---

① 网络拓扑结构:指用传输媒体互连各种设备的物理布局,就是用什么方式把网络中的计算机等设备连接起来。主要有星型、环型、总线型、分布式、树型网状等结构。

1.1.3　互联网

互联网(Internet)是网络与网络(包括局域网、城域网、广域网)之间所串连的庞大网络，这些网络以一组通用的协议相连，形成逻辑上的单一巨大的国际网络。这种将计算机网络互相联接在一起的方法可称作“网络互联”，在这基础上发展出覆盖全世界的全球性互联网络，称之为互联网。

在这个互联网络中，一些超级网络通过高速的主干网络(光缆、微波和卫星)相连，而一些较小规模的网络则通过众多的支干与这些巨型服务器连接，就这样形成一个庞大的网络系统，如图 1.2 所示。

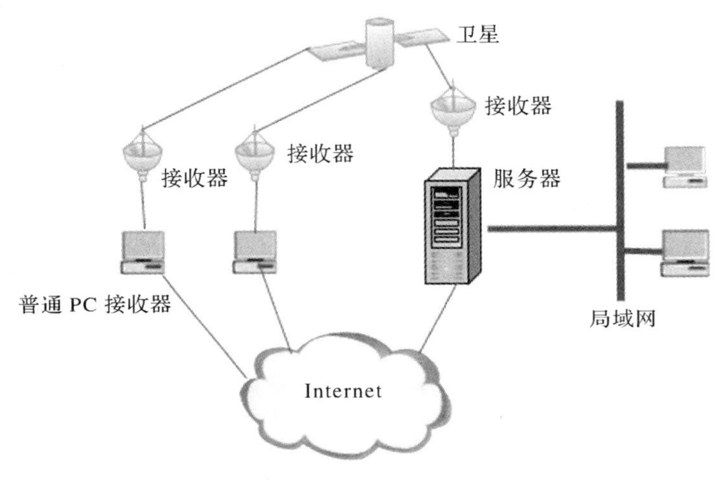

图 1.2　Internet 网络

互联网的普及给人们的生活带来了很多的方便，一旦离开了它，再谈生存和发展，简直难以想象。具体益处主要表现在以下几个方面：

(1)提高工作效益

例如，人们不需要打印信函即可快速发出邮件来达到同样的效果；同时还可以不用出门便可买到自己喜欢的物品等。

(2)提供了学习平台

网络的信息资源，从天文到地理，从城市到国际，从深水到太空，大千世界，包罗万象，无奇不有。通过互联网还可以浏览到各国的新闻杂志，获知国内外正在发生的时事要闻，了解各地的风土人情，增广见识，开阔眼界。

(3)信息交流

网络可以将不同的思想和观点带至一个公共论坛，实现多人、异地、实时的信息交流，如电视会议、网上聊天，整个部门或公司可以使用一张电子日程表安排工作日程等。

(4)娱乐

在当代，都市人的生活节奏很快，很少有时间去各地亲身游玩，放松自己。可是，在网络里，有各种娱乐性的游戏可供消遣，人们可以欣赏幽默的动画、flash，可以点播音乐，观赏电影……从而在丰富的网络中感受生活的丰富。

1.2 互联网的常用名词

互联网系统庞大，要了解、认识互联网，就必须理解和掌握一些与网络相关的基本名词。本节主要介绍几个生产、生活中经常遇到的常用名词。

1.2.1 IP 地址

IP 是 Internet Protocol 的缩写。根据 IPv4 寻址方式，IP 地址由 4 个字节(32bit)的二进制数(0 或 1)组成；根据 IPv6 寻址方式，IP 地址由 16 个字节(128bit)的二进制数组成。由于目前 IPv6 寻址方式的应用还不是很广泛，故本书以 IPv4 标准来介绍。一个 IP 地址可以分为网络部分和主机部分，网络部分标识地址所指的是逻辑网络，主机部分标识的是在网络上的一台计算机。

为了方便人们记忆，按照惯例，IP 地址被分成 4 段，每段 8 位，段与段之间用符号“.”分开，然后分别将每段的二进制数转化为十进制数表示，例如 115.238.80.138。这种表示法称为“点分十进制表示法”。而在实际的网络通信中，则是将 4 段十进制数转换为二进制数表示。

例如：IP 地址 115.238.80.138 的二进制表示形式为

```
01101001  .  11101110  .  01010000  .  10001010
115       .    238     .     80     .    138
```

IP 地址标识了计算机，严格地说是标识了计算机上的网络接口。互联网上的每一台计算机在全球范围内被分配了一个唯一的 IP 地址。IP 地址的作用就像通信地址。计算机发出的信息，也好像我们寄出的信件，必须有收信人地址和发信人地址，这样信息才能正确地传递到目标计算机，目标计算机才能知道信息是哪台计算机发出，并正确地回复信息。

(1)IP 地址分类

IP 地址可以分为 A 类、B 类、C 类等常规 IP 地址，D 类和 E 类地址则用于多播和研究目的。表 1.1 介绍了各类地址的特征，其中一个地址的网络部分用 N 表示，主机部分用 H 表示。

表 1.1 Internet 地址分类

地址类型	第一个字节	格　式	说　明
A	1～126	N. H. H. H	非常早期的网络，或者为美国国防部保留
B	128～191	N. N. H. H	大型网点，通常要划分子网，以前很难得到
C	192～223	N. N. N. H	容易得到，常常成组获得
D	224～239	—	多播地址，不是永久分配的
E	240～255	—	试验地址

从表 1.1 中可知，第一个字节没有出现 0 和 127。0 是特殊值，正规的 IP 地址第一个字节不用 0；127 为环回地址保留，用于网络软件测试以及本地机进程间通信。

注意　当在本地主机上执行 ping 127.0.0.1 时，如果反馈信息失败，说明 IP 协议栈有错，说明当前的网卡不能和 IP 协议栈进行通信，必须重新安装 TCP/IP 协议。

对以上 IP 地址分类方案，许多人认为此方案有很多不合理的地方，并提供了一些解决办法。比如，对于单个物理网络而言，连接 100 台以上计算机的情况是少见的，所以，像 A 类可以允许一个网络上有 16777214 台主机，B 类可允许一个网络上有 65534 台主机，这种分类导致 IP 地址无法有效利用；同时，每个主机（或终端）均分配一个公网 IP 地址，那么，IPv4 标准划分的 IP 地址将很快被用完，于是，人们提出了子网划分、NAT 以及 IPv6 地址等解决方案。

(2)私有地址与 NAT

上面提到互联网上的 IP 地址是唯一的。但是，有人可能已经发现了在不同局域网络上存着相同的 IP 地址。例如，在 A 单位的内部网络中有一台主机的 IP 地址为 192.168.0.10，在 B 单位的内部网络中也有一台主机的 IP 地址为 192.168.0.10，甚至在同一单位不同网络中也会出现相同的 IP 地址，这又是为什么呢？

原来，这些地址都是私有地址。什么是私有 IP 地址？Internet 管理委员会分别给 A 类、B 类、C 类 IP 地址规定了私有 IP 地址段，如表 1.2 所示。私有地址可用于自己组网，例如，企业内部的局域网中主机 IP 地址一般是私有 IP 地址，它不能独立访问互联网的其他主机，要想连接互联网的主机必须转换成为合法的 IP 地址，即公网地址。私有地址只有转换为公网地址才能访问互联网，一般比较常见的转换方式为 NAT 映射。

表 1.2　私有地址表

地址类型	私有地址段
A 类	10.0.0.0～10.255.255.255
B 类	172.16.0.0～172.31.255.255
C 类	192.168.0.0～192.168.255.255

NAT(Net Address Translation)网络地址转换是将专用网络地址（如企业内部网 Intranet）转换为公用地址（如互联网 Internet），即将内部网络的私有 IP 地址映射到外部网络的合法 IP 地址，从而对外隐藏了内部管理的 IP 地址。NAT 功能通常被集成到路由器、防火墙、单独的 NAT 设备中。NAT 设备实际上是对包头进行修改，将内部网络的源地址变为 NAT 设备自己的外部网络地址，而普通路由器仅在将数据包转发到目的地前读取源地址和目的地址。

1.2.2　子网划分与子网掩码

为什么要划分子网？如上所述，是为了有效利用空闲的 IP 地址。如何进行子网划分？就是借用 IP 地址的主机部分来扩展网络部分。

例如，B 类 IP 地址的第 1～2 字节为网络部分，第 3～4 字节为主机部分。现在将第 3

字节分配为网络号，而非主机号，形成 N.N.N.H。这样就可以把单独的一个 B 类网络地址转变为 256 个 C 类网络，每个网络都能支持 254 台主机。子网划分可以有效利用空闲的地址。

什么是子网掩码？子网掩码也是由 4 个字节 32 位二进制数组成，但是为了方便记忆，与 IP 地址一样，也是用"点分十进制表示法"。但是，与 IP 地址不同的是，它的具体组成是由一串二进制数 1 后跟随一串二进制数 0 组成，其中 1 表示在 IP 地址中的网络号对应的位数，而 0 表示在 IP 地址中主机对应的位数。

A 类地址的缺省子网掩码为 255.0.0.0；B 类地址的缺省子网掩为 255.255.0.0；C 类地址的缺省子网掩码为 255.255.255.0。

子网掩码的作用，一是可以判断任意两个 IP 地址是否属于同一个子网；二是可以划分子网。如何通过子网掩码来判断两个 IP 地址是否同属于一个子网？例如，已知两个主机的 IP 地址及子网掩码，要判断其是否同属于一个子网，只要分别将两个 IP 地址的 32 个二进制位与子网掩码的 32 个二进制位进行"与"计算，结果为网络地址。如果计算出来的网络地址相同，则两个 IP 地址属于一个子网，两台主机可以直接进行数据传输；否则，不属于同一子网，此时，两个子网之间的主机不可以直接传输数据，需要经过网关。

子网掩码的设置关系到子网的划分。如何通过子网掩码来求得子网数目以及每个子网的主机数目？

例 1.1 网络地址为 193.202.20.0，子网掩码为 255.255.255.224，试求子网个数及每个子网的主机数。

由网络地址可知此为 C 类地址。默认子网掩码为 255.255.255.0，根据题目提供的子网掩码 255.255.255.224 可知，在第 4 个字节中，借用了高 3 位二进制(即高 3 位值为 1，低 5 位为 0)，所以，子网数等于 2 的 3 次方，即为 8 个子网；每个子网的主机数等于 2 的 5 次方，减去 2，即每个子网的主机数为 30。

综上所述，第 1 个子网地址为 193.202.20.0；第 2 个子网地址为 193.202.20.32；第 3 个子网地址为 193.202.20.64；第 4 个子网地址为 193.202.20.96；第 5 个子网地址为 193.202.20.128；第 6 个子网地址为 193.202.20.160；第 7 个子网地址为 193.202.20.192；第 8 个子网地址为 193.202.20.224。各子网的地址范围如下：

第 1 个子网主机地址为 193.202.20.1～193.202.20.30，广播地址为 193.202.20.31；

第 2 个子网主机地址为 193.202.20.33～193.202.20.62，广播地址为 193.202.20.63；

第 3 个子网主机地址为 193.202.20.65～193.202.20.94，广播地址为 93.202.20.95；

第 4 个子网主机地址为 193.202.20.97～193.202.20.126，广播地址 193.202.20.127；

第 5 个子网主机地址为 193.202.20.128～193.202.20.158，广播地址为 193.202.20.159；

第 6 个子网主机地址为 193.202.20.161～193.202.20.190，广播地址为 193.202.20.191；

第 7 个子网主机地址为 193.202.20.193～193.202.20.222，广播地址 193.202.20.223；

第 8 个子网主机地址为 193.202.20.225～193.202.20.254，广播地址为 193.202.20.255。

例 1.2 一个 B 类地址网络 135.41.0.0/26，请问可以划分多少个子网并计算各子网的主机数。

众所周知，一个 B 类 IP 地址网络，默认情况下，可以有 65534 台主机(2 的 16 次方，减去 2)；B 类的默认子网掩码为 255.255.0.0(即 CIDR 记法为/16)，根据题意，此处的子网掩码为 255.255.255。所以，它借用了整个第 3 个字节(8 位)，其子网数为 2 的 10 次方，即等于 1024 个子网，而每个子网的主机数为 2 的 6 次方，减去 2，即每个子网的主机数为 62。

1.2.3　网关

网关就是一个网络连接到另一个网络的“关口”，它实质上是一个网络通向其他网络的 IP 地址，而此 IP 地址又通常为路由器的 IP 地址。

例如，192.168.1.0/24 网络中的某台主机 H1(192.168.1.1)要连接 192.168.2.0/24 网络中的某台远程主机 H4(192.168.2.1)，它必须经过路由器，整个路径是 H1 经过交换机 1，再经过路由器，再经过交换机 2，最后，到达 H4，如图 1.3 所示。假如，主机 H1 连接主机 H3，则路径为主机 H1 到交换机 1，再到主机 H3，不必经过路由器。因为 H1 与 H3 为同一个网络，所以，不必设置网关地址也可以相互连接。

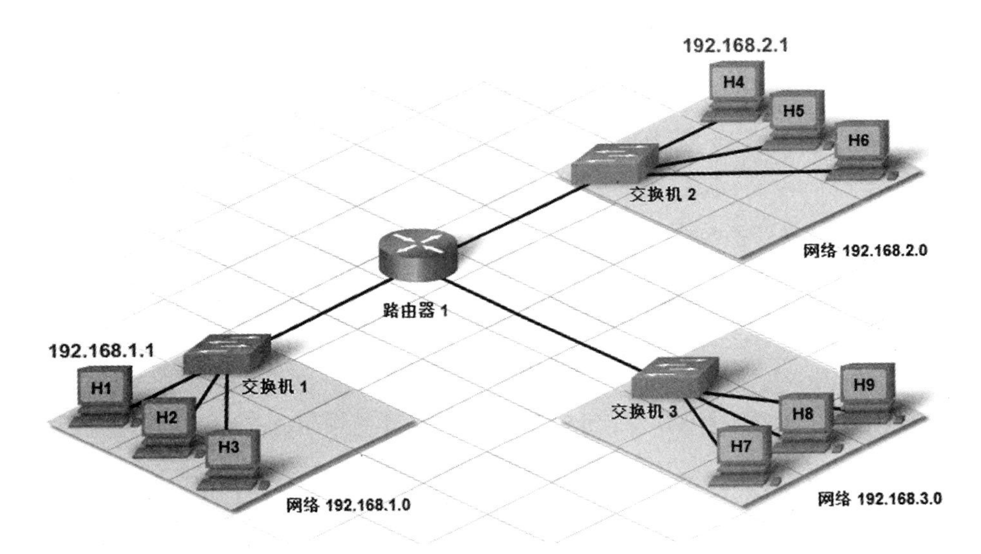

图 1.3　网络之间的连接示意图

1.2.4　域名

互联网的计算机都有自己的 IP 地址。虽然这些 IP 地址都改写成了十进制数，面对互联网上这么多计算机，记忆起来还是非常困难。为了便于记忆，在 IP 地址的基础上又发展出一种符号化的地址方案，来代替数字型的 IP 地址。每一个符号化的地址都与特定的 IP 地址对应，这样网络上的资源访问起来就容易得多了。这个与网络上的数字型 IP 地址相对应的字符型地址，就被称为域名。如 www.lupaworld.com 就是 LUPA 开源社区 Web 服务器的域名。

计算机是无法直接通过域名来找到互联网中的计算机的，必须通过域名服务器查询域名对应的 IP 地址，才能够访问域名对应的计算机。

1.2.5　TCP/IP 的端口

如果把互联网中的一台计算机比作一幢多个房间的楼房，IP 地址就是这幢楼房的大门,端口就是这幢楼房的各个房间的门。真实楼房有多个房间的门,而一台主机的端口却可以多达65536个!各个房门可以用房门号标记,端口则是通过端口号来标记的,端口号只有整数,范围是0～65535。

为什么要引入端口的概念呢?当一台主机要访问另一台主机的服务时,IP地址可以标识一台计算机,或者更精确地说,是标识计算机上的网络接口。但它并不具有足够的特异性来确定特定的进程或服务的地址。TCP和UDP的"端口"概念扩展了IP地址,对IP地址进行了补充,它能指定某个特定服务(或进程)的通信通道。也就是说,本地主机可以通过IP地址连接到远程主机,但是,还得通过端口才能与某服务或进程进行连接并通信。

例如,本地计算机要访问远程主机的FTP服务。首先,通过远程主机的IP地址连接上,然后,21端口号连接到FTP服务,建立通信通道,最后,才能进行数据传输。

一般来说,操作系统的一些特定服务已经为自己设定了默认的端口号。当主机接收到数据包后,将根据报文首部的目的端口号,把数据发送到相应端口,而与此端口相对应的那个进程将会领取数据并等待下一组数据的到来。同样,发送数据包的进程也需要开启端口,这样,数据包中将会标识有源端口,以便接受方能顺利地回传数据包到这个端口。

Linux系统中常用服务以及端口号有:FTP服务默认端口为21;Apache服务默认端口为80;ssh服务默认端口为22;SMTP服务默认端口为25;RPC服务端口为135。

1.3 网络操作系统及其常用应用服务简介

作为一名系统(网络)管理员、服务器架构师或服务器运维人员,最基本的技能包括以下几点:

- 选择、安装一台网络操作系统。
- 管理、维护网络操作系统。
- 搭建、使用、维护系统应用服务或服务器。常用的服务(器)包括DHCP、SAMBA、NFS、FTP、DNS、Web、MySQL、邮件服务器、流媒体服务器以及SSH、VNC等等。
- 建立网络操作系统安全机制。

1. 网络操作系统

架构一台服务器,首先要选择一个安全、稳定、高效的网络操作系统作为服务器的平台。

网络操作系统种类很多,如Window 2000/2003 Server、Unix、Linux以及NetWare。本书选择Linux系统作为网络操作系统。

Linux的特点是开源、稳定、安全,且不涉及版权问题。所以,它是一款既优秀又经济的网络操作系统。

Linux系统的发行商有很多,例如,RedHat、SuSe、Fedora、Ubuntu、Debian、CentOS。作为企业级操作系统,著名的有RHELS(Red Hat Enterprise Linux Server)、SLES(SUSE Linux Enterpris Server),而像Fedora、Ubuntu之类的社区发行版作为企业级操作系统同样相当优秀。

本书选择了社区发行版CentOS,英文全称为Community Enterprise Operating

System，即社区企业操作系统。CentOS是基于RHEL源代码再编译的产物，且在RHEL的基础上修正了不少已知的bug，其与RHEL区别只是CentOS不向用户提供商业服务，而相对于其他Linux发行版，其稳定性值得信赖。

关于CentOS安装方式，可以参考本书第2章。

对Linux网络操作系统进行基本的管理与维护，如文件管理、软件管理、用户管理、系统安全等，可参考本书第3章和第4章。

2. DHCP服务

动态主机设置协议(Dynamic Host Configuration Protocol，DHCP)是一个简化主机IP地址分配管理的TCP/IP标准协议。系统管理员通过搭建DHCP服务器，可以向网络中的所有主机动态分配IP地址、子网掩码、网关、域名地址等网络参数。在现实中，分配IP地址等网络参数可以通过路由器或中、高端的交换机来实现。但是，也不排除有些场合需要搭建DHCP服务器，例如科研、教学等。

当DHCP服务器启动后，它自动将IP地址动态地分配给局域网中的客户机，从而减轻了网络管理员的负担。客户机只要采用自动获取IP地址的方式，便可成功获得相应的IP地址。

3. SAMBA服务

Linux通过使用一个SAMBA程序集来实现SMB协议。一旦成功配置且启动SAMBA服务器后，就能够使Windows 95以上的Windows用户能够访问Linux的共享文件和打印机。同样的，Linux用户也可以通过SMB客户端使用Windows上的共享文件和打印机资源。

4. FTP服务

FTP可以使文件通过网络从一台主机传送到同一网络的另一台主机上，而不受计算机类型和操作系统类型的限制。无论是PC机、服务器、大型机，还是DOS操作系统、Windows操作系统、Linux操作系统，只要双方都支持FTP协议，就可以方便地传送文件。

CentOS所使用为VSFTP服务器，配置了相应参数，成功启动后，打开浏览器，在地址栏输入ftp://192.168.8.129(此ftp服务器的IP地址为：192.168.8.129)，即可登录到FTP服务器上，如图1.4所示。

5. DNS服务

DNS(Domain Name Service)也称为域名服务，它是一个Internet中TCP/IP的服务，用于映射网络地址，即Internet域名与IP地址之间的转换关系。如果在一个局域网中配置好了一台装有Linux操作系统的DNS服务器，客户机只要选择使用此DNS服务器地址，例如，网易(www.163.com)网站的DNS服务器IP地址是：192.168.16.177，此时，客户机在设置网络时，在“DNS服务器”处，设置为192.168.16.177，如图1.5所示，即可以在浏览器中通过输入“http://www.163.com”来访问“网易”的网站，而不要直接输对方网站服务器的IP地址。

6. 邮件服务

Internet最基本的服务，也是最重要的服务之一，就是电子邮件服务。据统计，Internet

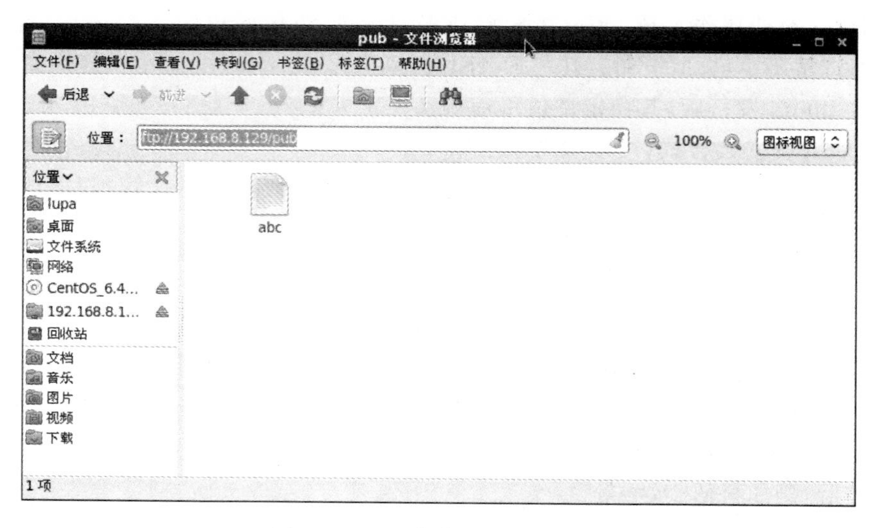

图 1.4　FTP 服务器的共享目录

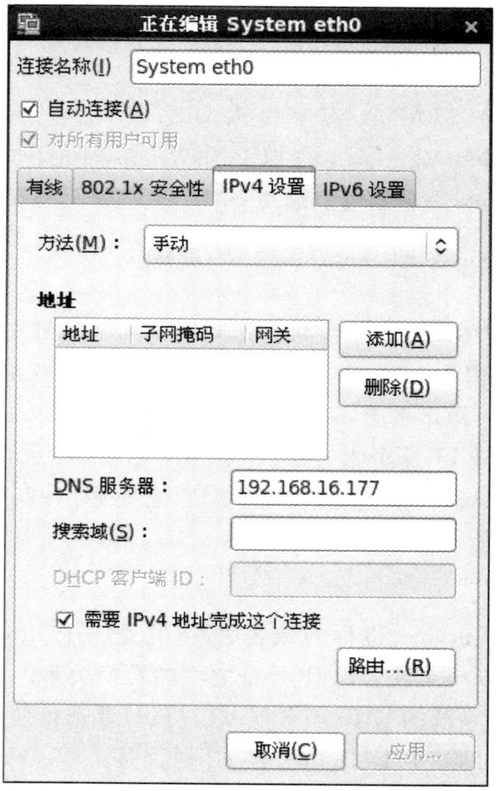

图 1.5　设置客户机 DNS 地址

上 30%以上的业务量是电子邮件，仅次于 WWW 服务。与传统的邮政信件服务类似，电子邮件可以用来在 Internet 上进行信息的传递和交流。电子邮件服务还具有快速、经济的特点。当配置好 Linux 邮件服务器(本书采用 Sendmail 软件)后，就可以使用相应的邮件客户端(Evolution)进行邮件收发了，具体如图 1.6 所示。

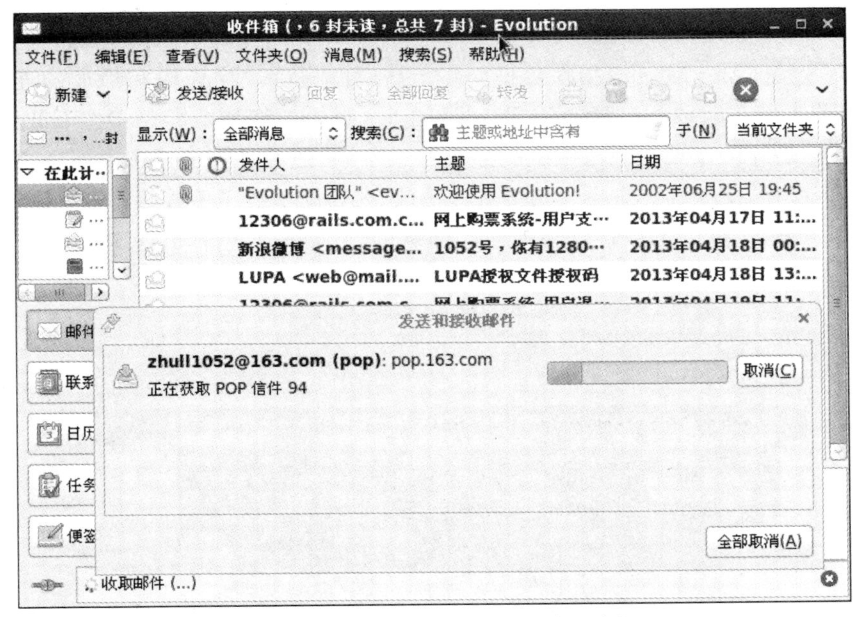

图 1.6　Evolution 邮件客户端程序

7. Web 服务

Web 服务的实现采用客户机/服务器模型。客户机运行 WWW 客户程序——浏览器，它提供良好、统一的用户界面。浏览器的作用是解释和显示 Web 页面，响应用户的输入请求，并通过 HTTP 协议将用户请求传递给 Web 服务器。Web 服务器一端运行服务器程序，它最基本的功能是侦听和响应客户端的 HTTP 请求，向客户端发出请求处理结果信息。确认 Web 服务启动后，在客户端使用的 Web 浏览器中输入 Web 服务器的 IP 地址或域名即可进行访问，如图 1.7 所示，本书使用 Apache 作为 Web 服务器。

图 1.7　访问 Apache 的默认网页

8. MySQL 服务

MySQL 是一个小型关系型数据库管理系统，开发者为瑞典 MySQL AB 公司。目前 MySQL 被广泛地应用在中小型企业网站的后台数据库，其特点是体积小、速度快。Linux 操作系统自带了此服务器。只要启动该服务器，就可以进行创建数据库、添加表、添加字段等操作。

9. 流媒体服务

流媒体(Streaming Media)指在数据网络上按时间先后次序传输和播放的连续音/视频数据流。以前人们在网络上观看电影或收听音乐时,必须先将整个影音文件下载并存储在本地计算机上,然后才可以观看。与传统的播放方式不同,流媒体在播放前并不下载整个文件,只将部分内容缓存,使流媒体数据流边传送边播放,这样就节省了下载等待时间和存储空间。

Helix 为 Linux 提供了一款优秀的流媒体软件,只要把此软件装上并正确配置,就可以在线观看电影或收听音乐了,如图 1.8 所示。

图 1.8　在线看电影

10. 远程管理服务 SSH 与 VNC

SSH 服务是以远程联机服务方式操作服务器时较为安全的服务。SSH 由客户端和服务器端软件组成。SSH 软件最初是芬兰的一家公司开发的。但由于受版权和加密算法的限制,很多人转而使用免费的 OpenSSH 软件。本书介绍的就是 OpenSSH。SSH 可以防止 IP 地址欺骗、DNS 欺骗和源路径攻击,它提供给用户身份认证的主要方法是使用公共密钥加密法。SSH 客户端种类有很多,比较常用的有 puTTY、SecureCRT 等,如图 1.9 所示。

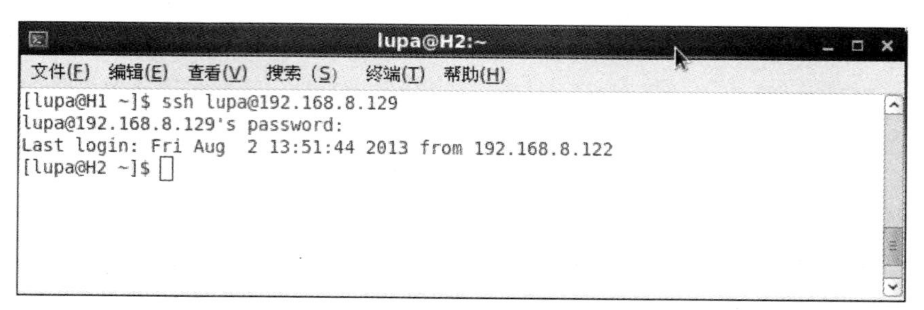

图 1.9　SSH 客户端登录 SSH 服务器

VNC(Virtual Network Computing)是虚拟网络计算机的缩写。VNC 是一款优秀的远程控制工具软件,由著名的 AT&T 的欧洲研究实验室开发。VNC 是基于 Unix 和 Linux

操作系统的免费开放源码软件，远程控制能力强大，高效实用。VNC 基本上由两部分组成：一是客户端的应用程序（vncviewer）；二是服务器端的应用程序（vncserver）。图 1.10 所示为 VNC 客户端登录 VNC 服务端，登录后用户即可管理远程主机了。

图 1.10　VNC 客户端登录 VNC 服务器

11. IPtables 防火墙

防火墙的功能 IPtables（静态防火墙）已集成到 Linux 内核中。用户通过 IPtables，可以对进出计算机的数据包进行过滤。通过 IPtables 命令设置的特定规则，把守计算机网络，哪些数据允许通过，哪些不能通过，哪些通过的数据进行记录。

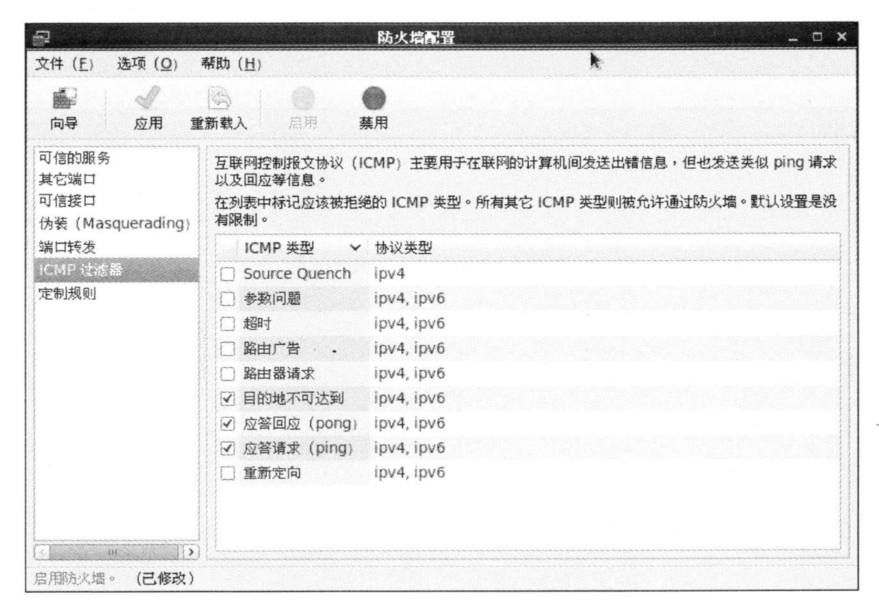

图 1.11　设置 ICMP 回应

假如，服务器的 IP 地址为 192.168.8.129，通过 IPtables 设置，使服务器禁止系统响应 ping 请求，设置如图 1.11 所示，然后，在客户端用 ping 命令查看是否有返回数据，如图 1.12 所示，在正确的情况下，将无数据返回。

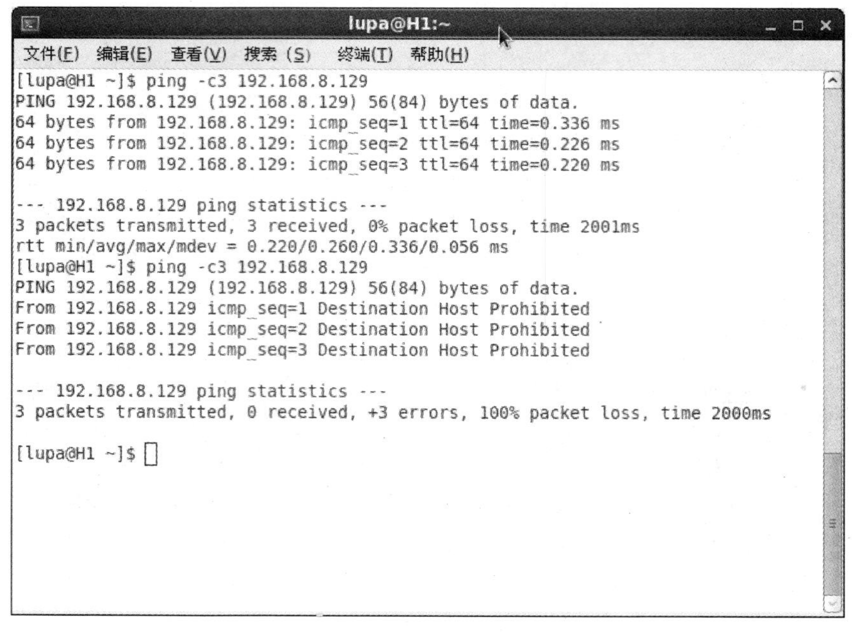

图 1.12　禁止系统响应 ping 请求

思考与实验

1. 互联网有哪些功能？
2. 在局域网中常用的设备有哪些？
3. 一个网络通常需要哪些服务？
4. 为什么局域网中的服务器需要配置？
5. 两台计算机互联，能称为一个局域网吗？
6. 在缺少 DHCP 服务器后，计算机于计算机之间还能通信吗？
7. 请描述一下 DNS 服务器的功能。
8. 请思考计算机局域网中是否需要有防火墙。

第 2 章

Linux 操作系统的安装

本章重点

- Linux 的硬件兼容性。
- 局域网方式安装 Linux 系统。
- 批量自动安装 Linux 系统。

本章导读

人们一般习惯将 Linux 操作系统的发行版本分为两大类：社区发行版和企业发行版。同时，发行版本又可以分为桌面版和服务器版。本书介绍的 Linux 系统的安装是 CentOS 6.4 的安装，它是社区发行的企业级 Linux。本章首先介绍 Linux 系统的硬件兼容性，然后通过实例介绍安装 Linux 系统的主要方式，着重讲解局域网安装方式和批量安装的过程。

2.1 Linux 硬件兼容性

Linux 硬件兼容性主要是指 Linux 操作系统对 CPU、内存、硬盘、显卡、声卡、网卡、主板芯片组、移动存储设备、打印机、扫描仪、数码影像设备、鼠标、键盘等硬件的支持能力。目前 IBM、Intel 等大型软硬件提供商对 Linux 的硬件兼容性支持还是相当不错的。但是，Linux 的硬件兼容性确实还存在着一些问题。

1. CPU

目前，大多数 CPU 都能支持 Linux。Linux 具备 SMP(Symmetric Multi-Processors，对称多处理)技术，它支持多块 CPU 同时运行。

需要特别指出的是在安装 CentOS 6.4 时，CPU 需要支持 PAE(物理地址扩展)，建议 CPU 主频为 1.6GHz 或以上。

2. 内存

Linux 支持的内存类型指主板所支持的具体内存类型。早期的主板使用的内存类型主要有 FPM(Fast Page Mode，快页模式)、EDO(Extended Data Out，扩展数据输出)、

SDRAM(Synchronous Dynamic Random Access Memory,同步动态随机存储器)和RDRAM,目前主板常见的有DDR(Double Data Rate)和DDR2内存。目前,32位的Linux可以支持的内存上限是4GB,64位的Linux可支持的内存上限为TB级别。

早期Linux支持最低内存为128M。一般当内存容量为256M或以上时,就可以支持图形模式。但是,随着Linux的快速发展,对硬件的需要也越来越高。本章介绍的CentOS 6.4要求最低内存至少为406MB,建议内存为1GB或以上。内存容量的大小也是决定系统性能的重要指标之一。

3. 硬盘

Linux系统支持很多的硬盘类型,如RLL、MFM、IDE、SATA、EIDE与SCSI等。目前市场上流行的是IDE、SATA和SCSI。但是,需要注意的是内核到Linux 2.6版本才能支持SATA接口的硬盘。CentOS 6.4的内核为2.6.32。

在安装CentOS 6.4系统时,假如,用户安装全部软件包,那至少需要8G磁盘容量,但是,在现实中,磁盘容量需求往往要比这大许多,以备以后所需。

4. 显卡

Linux对显卡的要求是根据系统运行的模式来决定的,如果只是使用字符模式,那ISA、VGA还有AGP的显卡都可正常工作,如果要支持X-Windows系统,建议最好使用显卡芯片组的名牌产品。

5. 网卡

多数ISA或PCI接口的网卡都可在Linux上使用,速度为10Mb/s或100Mb/s。一般在国内通常使用3Com、D-Link和RealTek,如果无法确定网卡是否可在Linux上使用,建议使用与RTL8193或NE2000兼容的芯片。有时网卡在引导时无法被Linux检测到,这可能是因为打开了卡上的“即插即用”(Plug and Play,PnP)功能,如D-Link DE-220PCT,此时应利用其所附的通用程序(通常为DOS程序)来关闭PnP功能。

6. 光驱

目前的一般光驱都可以支持Linux,如IDE和SCSI接口的CD-R、CD-RW、DVD-ROM。

Linux对一些基础硬件的兼容性还不错,但是,对一些移动存储设备、办公设备等的兼容性还需要进一步完善。例如,以EPSON打印机为例,大部分EPSON的打印机已经被Linux兼容,但是,目前的问题是打印效果较差,打印的效率低下。再如,对数码相机、扫描仪等设备,Linux的支持尚待完善,而对于一些RAID卡、SCSI卡、无线设备、USB设备的支持同样需要完善,这些在很大程度上造成了Linux应用的困难。

2.2 Linux系统的安装

Linux系统安装方式,根据不同的标准分类如下:

- 根据是否基于物理硬件来分,可分为物理机安装方式和虚拟机安装方式。

● 根据安装介质类型来分，可分为光盘安装、磁盘安装、网络(批量)安装等方式。

2.2.1 各类安装方式简介

1. 物理机安装方式

此概念是相对于虚拟机安装方式提出的。物理机安装方式，也可以称之为真机安装方式。此方式就是直接在现有的计算机硬件基础上，读取安装介质(如光盘、硬盘等)中的引导程序，在安装过程中，需要对物理磁盘进行真实的分区并格式化。

常见的、传统的操作系统安装就是此类安装方式。安装介质可以选择光盘、U 盘、硬盘、网络等。

2. 虚拟机安装方式

虚拟机安装方式，指通过借助虚拟机软件来模拟(或仿生)计算机的各种物理硬件，形成一个虚拟的计算机硬件环境，然后，通过 Linux 镜像介质(如 ISO 镜像或光盘)安装操作系统，在系统安装过程中，不要求对物理硬盘进行分区格式化。

通过虚拟机安装的操作系统，也称为虚拟系统。它寄生于物理操作系统，虚拟系统在物理系统中以文件方式存在。虚拟系统具有与物理系统相似的功能。

当前，比较著名的虚拟机软件有 Oracle VM VirtualBox 和 VMWare，其中，VirtualBox 虚拟机软件是开源软件，而 VMWare 虚拟机软件为商业软件。它们除了提供对计算机物理硬件的虚拟或仿生功能外，本身也集成了一些特色服务，如文件共享、远程桌面等。

虚拟机可以使用户方便、快捷地安装与维护操作系统，且不用担心如何重新划分物理硬盘。虚拟机软件可以运行在多种操作系统上，包括常见的 Windows、Linux、Unix，甚至 MacOS；在虚拟机上也可以安装多种操作系统，同样包括 Windows、Linux、Unix、MacOS 等系统。

虚拟机安装方式需要满足的三个条件：一是对计算机的物理硬件要求比较高，如 CPU 主频为 2.0GHz 以上，内存容量为 1G 以上，建议达到 2G 以上，可以确保虚拟机的运行速度。二是计算机具有足够的未使用硬盘空间，建议为 10GB 或以上。三是计算机本身已经存在操作系统，用于寄宿虚拟系统。

比较常见的情况为计算机本身已安装了 Windows 系统，然后，在 Windows 系统上安装虚拟机软件，并通过虚拟机创建一个虚拟硬件环境，最后，在虚拟环境下安装 Linux 系统。

此类方式的安装介质也可以是光盘、U 盘、硬盘(ISO 镜像)、网络等。

2.2.2 光盘安装方式

操作步骤

步骤 1 刻录 Linux 系统安装光盘。

首先，准备一个光驱和一张 DVD 光盘。然后，下载 Linux 镜像文件，本书使用的安装镜像为 CentOS-6.4-i386-bin-DVD1.iso，最后，使用制作镜像文件软件(如 PowerISO)将镜像文件刻录成系统安装光盘。

步骤 2 引导 Linux 安装盘。

在 BIOS 中，设置光驱为第一引导，然后，将安装盘放入光驱，光驱引导后，如图 2.1 所示。

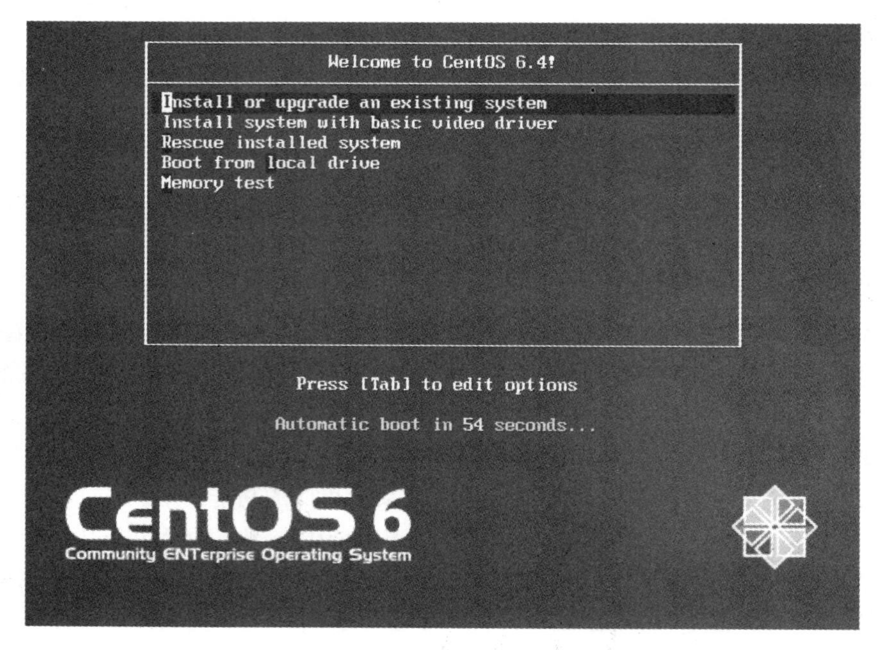

图 2.1 安装引导界面

在图 2.1 中，共有 5 个选项供用户选择：

(1)“Install or upgrade an existing system”

此项表示以图形方式安装系统或升级已存在的系统。

(2)“Install system with basic video driver”

此项表示使用最基本的显卡驱动来安装操作系统，选择此项不影响安装过程，只是分辨率会比较低。

(3)“Rescue installed system”

此项为救援模式，当系统损坏时，可以进入此模式进行拯救。

(4)“Boot from local drive”

此项为从本地磁盘引导。假如，当前系统已经安装好后，但是，还是以光驱为第一引导时，可以选择此项来引导系统。

(5)“Memory test”

此项为内存测试。

此步主要是安装系统，所以，光标定位在“Install or upgrade an existing system”，并回车即可引导安装盘。

步骤 3 检查系统安装盘。

引导安装盘后，首先，提示是否检查安装盘的好坏，如图 2.2 所示。光标定位于【ok】并回车，则进行安装盘检查；假如，不想检查安装盘，可以用 TAB 键，将光标跳转至【skip】，并回车。

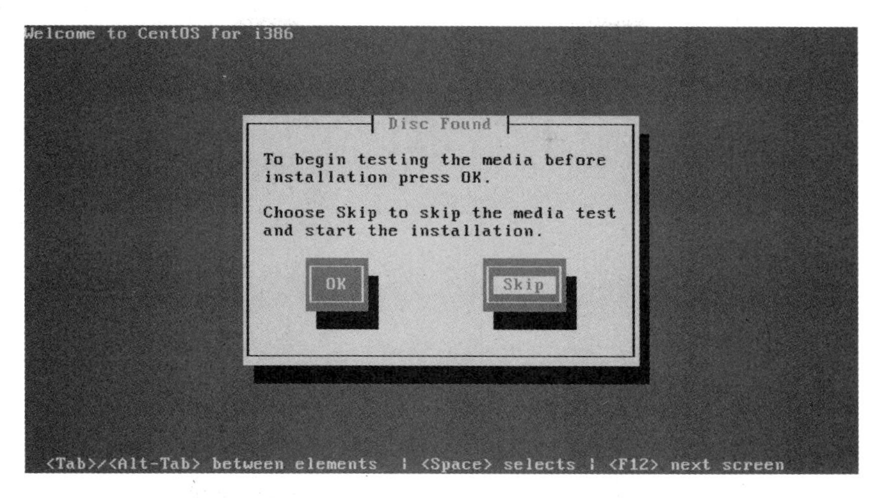

图 2.2　询问是否检查安装光盘

步骤 4　欢迎界面。

图 2.3 所示为欢迎界面，单击【Next】按钮继续。

图 2.3　欢迎界面

步骤 5　选择安装过程的语言。

图 2.4 中，选择在安装过程中使用的语言。为了更加方便理解，此处选择中文，即选中"Chinese(Simplificed)(中文(简体))"，点击【Next】继续。

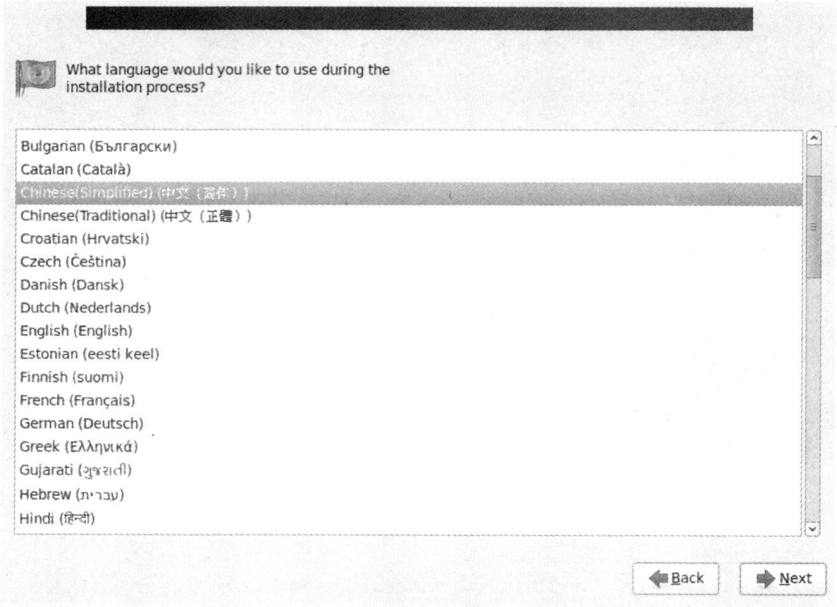

What language would you like to use during the installation process?
Bulgarian (Български)
Catalan (Català)
Chinese(Simplified) (中文（简体）)
Chinese(Traditional) (中文（正體）)
Croatian (Hrvatski)
Czech (Čeština)
Danish (Dansk)
Dutch (Nederlands)
English (English)
Estonian (eesti keel)
Finnish (suomi)
French (Français)
German (Deutsch)
Greek (Ελληνικά)
Gujarati (ગુજરાતી)
Hebrew (עברית)
Hindi (हिन्दी)
Back
Next

图 2.4　选择安装语言

步骤 6　键盘配置。

在图 2.5 中，设置键盘布局类型。默认为“美国英语式”，点击【下一步】继续。

请为您的系统选择适当的键盘。
爱沙尼亚语式
瑞典语式
瑞士德语式
瑞士德语式 (latin1)
瑞士法语式
瑞士法语式 (latin1)
罗马尼亚语式
美国国际式
美国英语式
芬兰语式
芬兰语式 (latin1)
英联邦式
荷兰语式
葡萄牙语式
西班牙语式
阿拉伯语式 (标准)
马其顿语式
返回 (B)
下一步 (N)

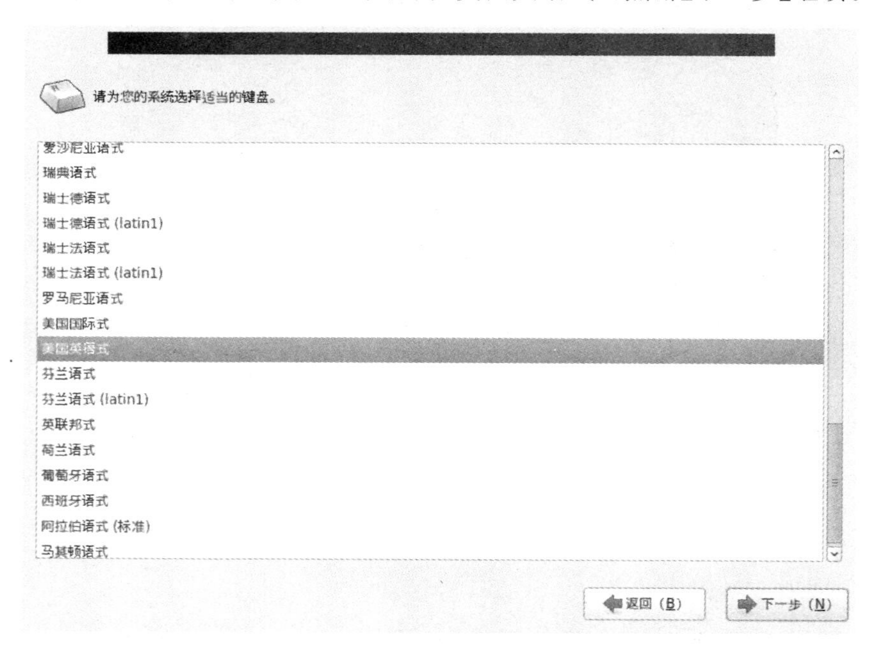

图 2.5　选择键盘类型

步骤 7　选择安装的存储设备类型。

在图 2.6 中，“基本存储设备”作为安装的默认选择，适合那些不知道应该选择哪个存储设备的用户，一般用于台式机或笔记本。“指定的存储设备”则需要用户将系统安装指定到

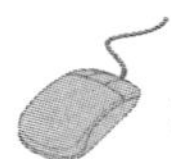

特定的存储设备上，可以是本地的某个存储设备，当然也可以是 SAN（存储局域网）。用户一旦选择了这个选项，可以添加 FCoE/iSCSI/zFCP 磁盘，并且能够过滤掉安装程序应该忽略的设备，一般用于服务器。

本章选择"基本存储设备"，单击【下一步】继续。

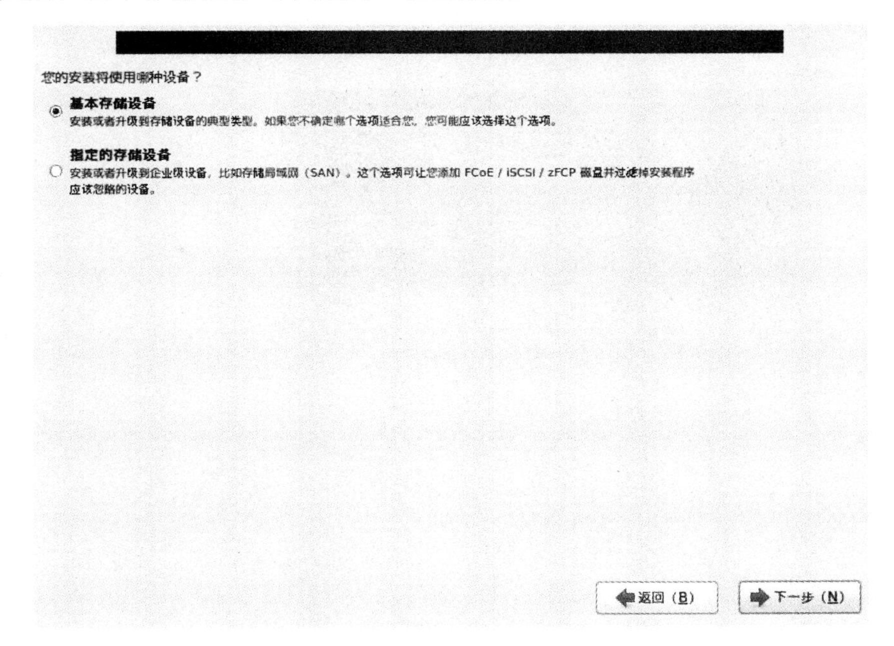

图 2.6　选择存储设备类型

步骤 8　设置主机名。

在图 2.7 中，输入主机名，点击【下一步】继续。

图 2.7　设置主机名

步骤 9　设置时区。

在图 2.8 中，设置时区，默认为“亚洲/上海”，UTC 时间实际是使用英国伦敦本地时间，与北京时间相差 8 小时，即北京时间比英国伦敦时间快 8 小时。建议将“系统时钟使用 UTC 时间”前方框中的那个“√”去掉，点击【下一步】继续。

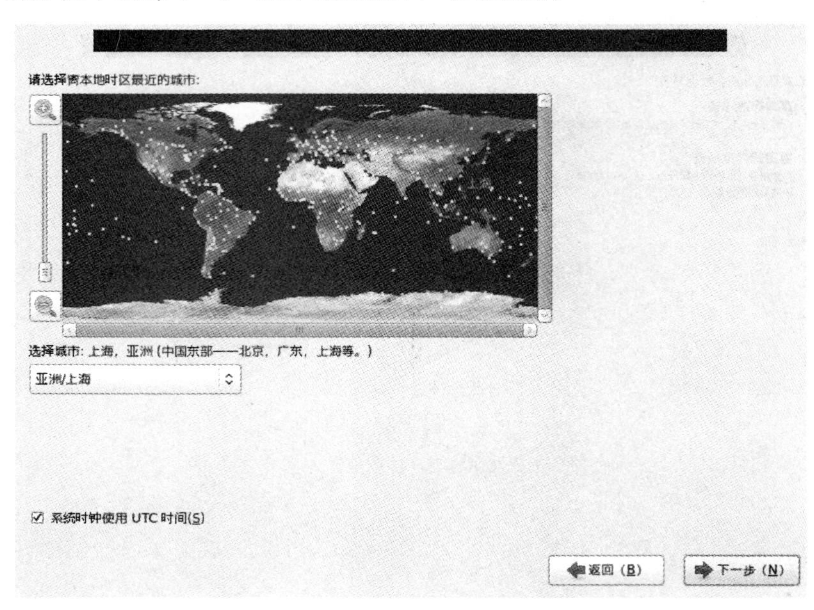

图 2.8　设置时区

步骤 10　设置 root 用户的密码。

在图 2.9 中，设置超级用户 root 的密码。root 用户相当于 Windows 系统下的 Adminitrator 用户。点击【下一步】继续。

图 2.9　设置 root 密码

步骤 11　选择磁盘分区方式。

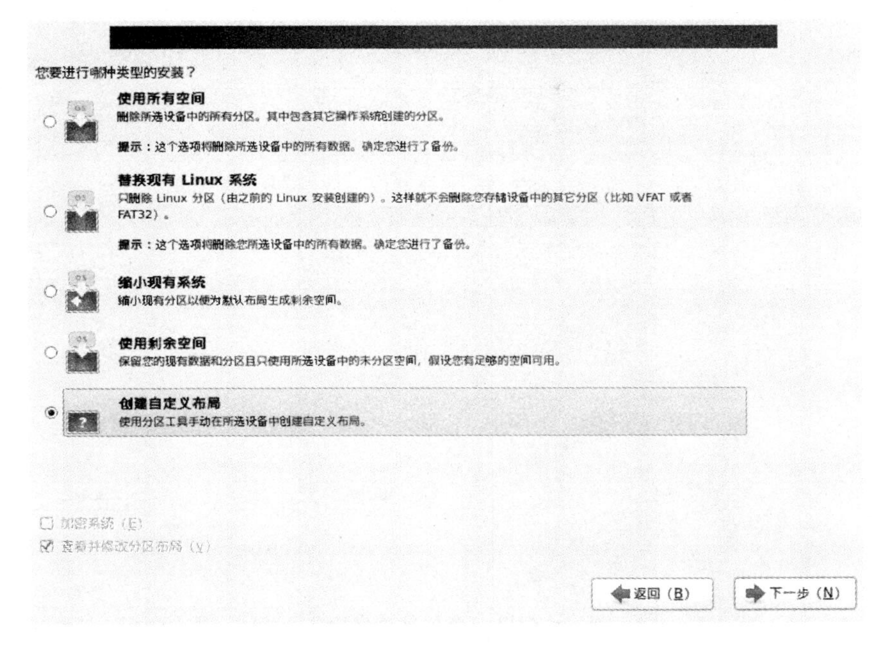

图 2.10　选择磁盘分区方式

在图 2.10 中，选择磁盘分区分工。分区选项有如下几种：

● 使用所有空间：选择此项，将删除所有分区，并将所有分区进行安装。假如，硬盘上安装了一个 Windows 系统，Windows 将不复存在。

● 替换现有的 Linux 系统：选择此项，只删除 Linux 分区，并以此分区作为安装分区，例如，硬盘上安装了一个 Linux 系统和一个 Windows 系统，只删除 Linux 系统的分区，不会删除硬盘驱动器上的 Windows 系统所在的分区。

● 缩小现有系统：选择此项，可以调整现有的分区。例如，如果全部硬盘均已分给 Windows 系统使用了，选择此项可以将某个或某些分区设置为空闲分区，然后，供 Linux 系统安装使用。

● 使用剩余空间：选择此项的前提是要先给硬盘驱动器划定一定容量的空闲状态（未格式化）分区或者是挂载一块未格式化的硬盘，Linux 系统将被安装在空闲分区或未格式化的硬盘中。

● 创建自定义布局：选择此项，要用户手工进行分区操作，这种方式可以根据自己的意愿进行划分分区，当然需要有一定的 Linux 分区相关知识。

本章选择分区方式为“建立自定义的分区结构”。点击【下一步】，弹出图 2.11 所示的界面。

在图 2.11 所示的界面中的按钮如下：

● 创建：用于建一个新分区。

● 编辑：用于修改一个已经创建的分区的属性。

● 删除：用于删除一个已经创建好的分区。

● 重设：用于恢复为最初的状态，即所有分区的设置操作将会丢失。

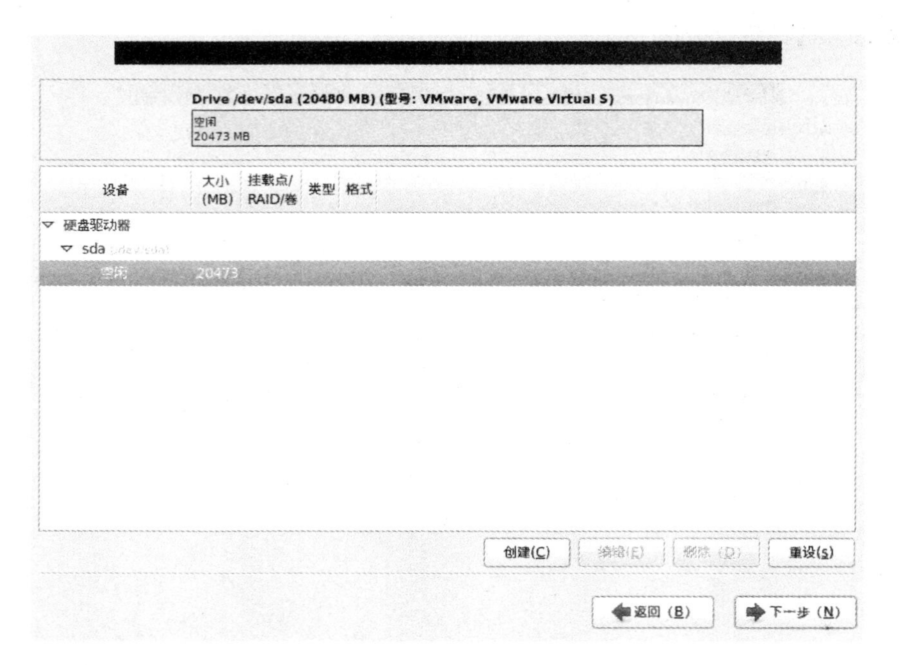

图 2.11 磁盘分区界面

本节采用如下划分分区的方法：

(1)boot 分区：此分区主要用于存放内核以及相关的文件。一般大小为 100M～200M 就足够了。

(2)swap 分区：也称交换分区，用于支持虚拟内存，即当系统的物理内存不够用时，将一些暂时不用的数据临时写入到交换分区，使物理内存有足够的空间处理当前运行的程序，当需要用交换分区的数据时，再把它们恢复到内存中。swap 分区一般设置为内存的 2 倍，但是，一般不建议超过 1024M，文件类型为 swap。

(3)根(/)分区：所有的程序都安装在此分区下。

具体分区步骤如下：

在图 2.11 中，创建分区。首先，选中"空闲分区"，然后，点击【新建】按钮，弹出窗口如图 2.12 所示。图 2.12 的弹出窗口中的按钮如下：

- RAID：用来为部分或全部磁盘分区提供冗余性。要制作一个 RAID 设备，必须首先创建软件 RAID 分区。一旦已创建两个或以上软件的 RAID 分区，则单击该按钮把软件 RAID 分区连接为一个 RAID 设备。
- LVM：允许创建一个 LVM(逻辑卷管理器)逻辑卷。LVM 用来表现基础物理存储空间，如硬盘的简单逻辑视图。它管理单个物理磁盘，即磁盘上的单个分区。注意只有在有使用 LVM 的经验时才使用。要创建 LVM 逻辑卷，必须首先创建类型为物理卷(LVM)的分区。一旦创建了一个或多个物理卷分区，则单击该按钮来创建 LVM 逻辑卷。

在弹出图 2.12 中，选择分区类型。此处默认为"标准分区"，点击【创建】继续。弹出窗口如图 2.13 所示。

在图 2.13 中，选择挂载点为"/boot"，文件系统类型为"ext4"，大小设置为 200M，点击【确定】按钮，返回至图 2.11。然后，又选中"空闲分区"，再点击【新建】按钮，在弹出的图

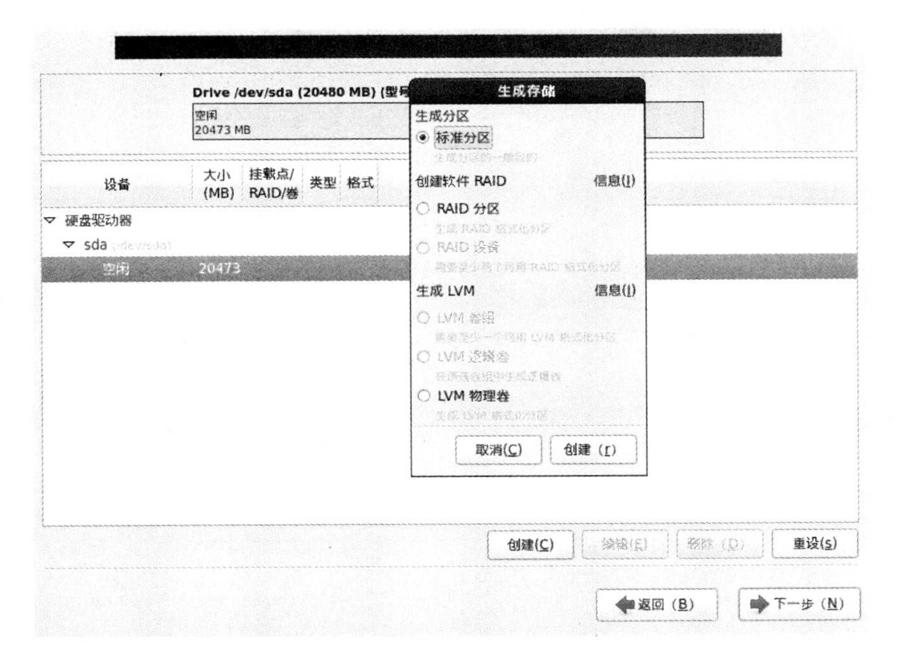

图 2.12　选择分区类型

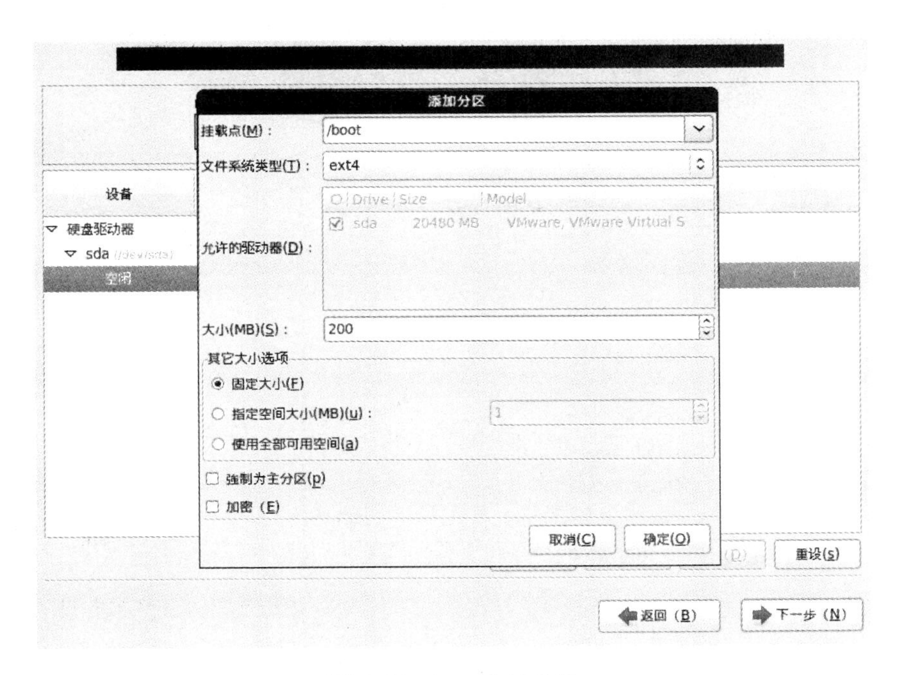

图 2.13　boot 分区界面

2.14 中，选择文件类型为"swap"，大小设置为 1024M，一般为内存的 2 倍，但没必要超过 1024M。点击【确定】按钮，返回图 2.11 所示，再选中"空闲分区"，点击【新建】按钮，在弹出的图 2.15 中，选择挂载点为"/"，文件系统类型为"ext4"，大小设置为"使用全部可用空间"，点击【确定】按钮，显示如图 2.16 所示。

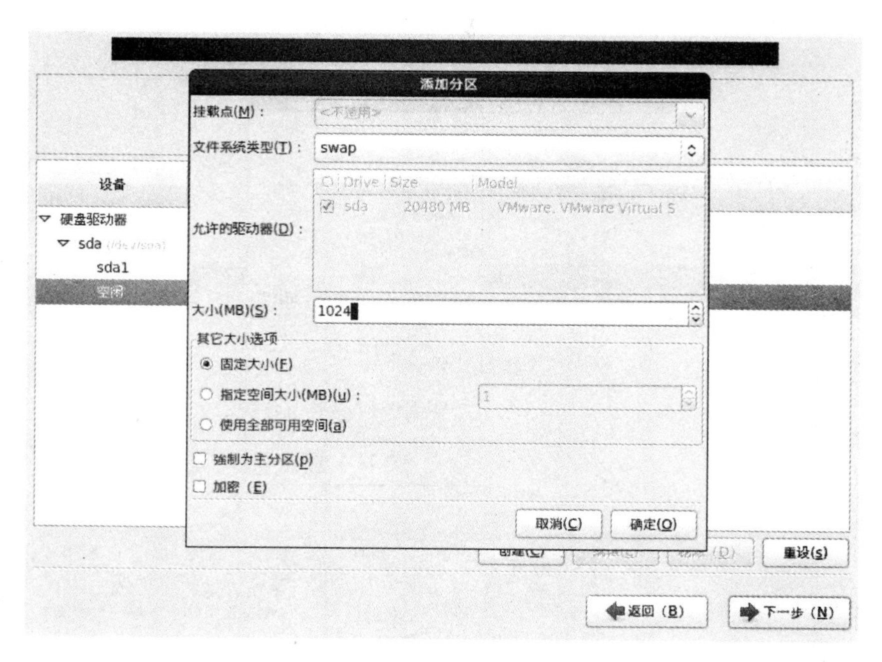

图 2.14　swap 分区界面

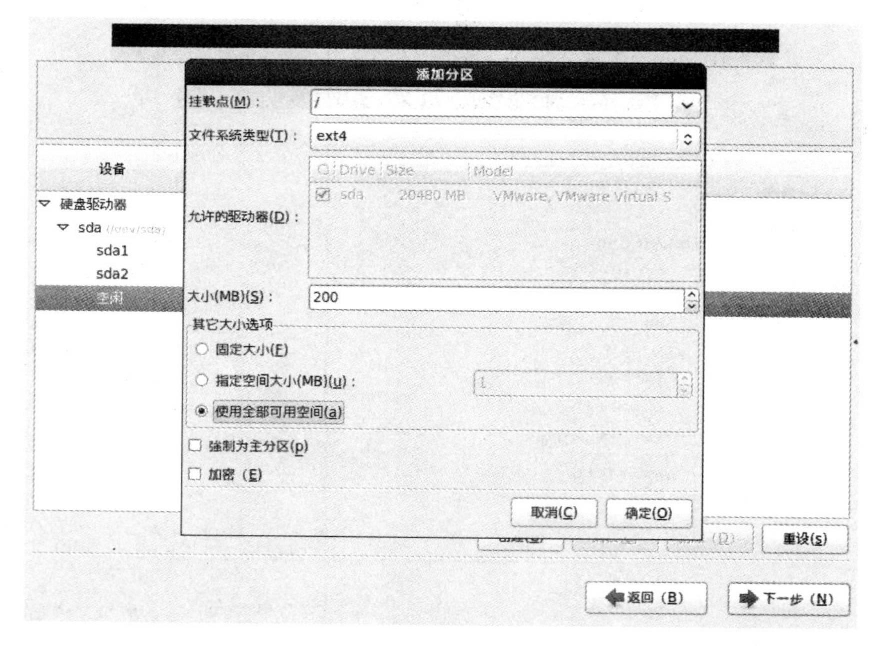

图 2.15　根分区界面

图 2.16　分区结束界面

在图 2.16 中，点击【下一步】，此时，会要求格式磁盘分区，如图 2.17 所示，点击【格式化】继续。

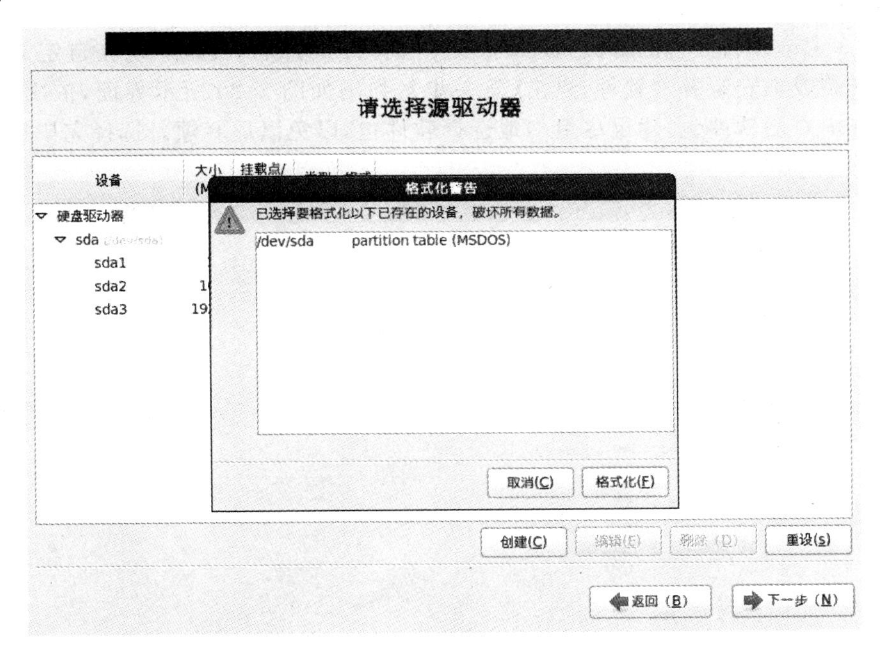

图 2.17　格式化分区

步骤 12　设置引导程序的安装位置。

在图 2.18 中，设置引导程序的安装位置。本节此处默认设置，点击【下一步】继续。

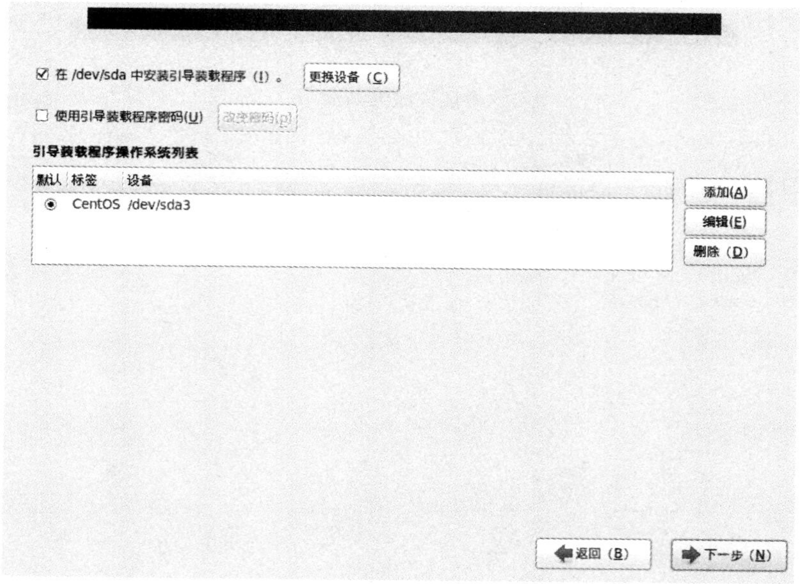

☑ 在 /dev/sda 中安装引导装载程序 (I) 。 更换设备 (C)

☐ 使用引导装载程序密码(U) 改变密码(p)

引导装载程序操作系统列表

默认 标签 设备

◉ CentOS /dev/sda3

添加(A) 编辑(E) 删除 (D)

返回 (B) 下一步 (N)

图 2.18 设置引导程序的安装位置

注意 在双系统或多系统的情况下，会在列表中列出多个系统的分区，可以根据用户的需求设置引导程序的安装位置。

步骤 13 选择需要安装的软件包。

图 2.19 为选择软件包的界面，提供了多种选择方式。本节选择“现在自定义”，它可以自己定义安装或不安装哪些软件，点击【下一步】，弹出如图 2.20 所示界面，依次选择左侧，同时依次选中右侧软件包，建议尽量多地选择软件包，以免以后麻烦。选择完毕后，点击【下一步】继续。

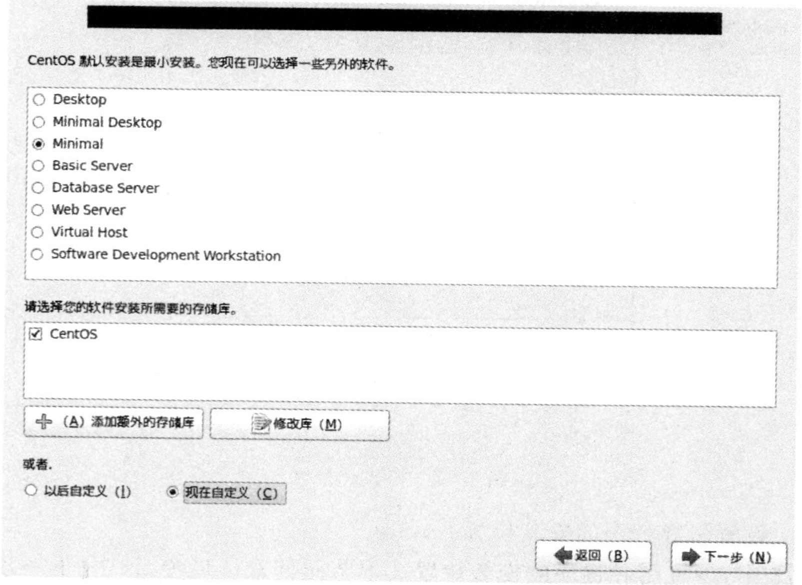

CentOS 默认安装是最小安装。您现在可以选择一些另外的软件。

○ Desktop
○ Minimal Desktop
◉ Minimal
○ Basic Server
○ Database Server
○ Web Server
○ Virtual Host
○ Software Development Workstation

请选择您的软件安装所需要的存储库。

☑ CentOS

(A) 添加额外的存储库 修改库 (M)

或者.

○ 以后自定义 (I) ◉ 现在自定义 (C)

返回 (B) 下一步 (N)

图 2.19 选择安装软件包方式

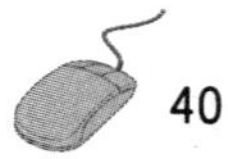

图 2.20　选择具体软件包

步骤 14　系统安装过程。

图 2.21 所示为系统安装过程。安装进度的速度取决于选择安装软件包的数量和计算机的硬件配置高低。安装完毕后，弹出如图 2.22 所示的界面，表示 CentOS 系统已经安装完毕，要求重新引导系统。此时，应将光盘从光驱中取出，然后，单击【重新引导】。

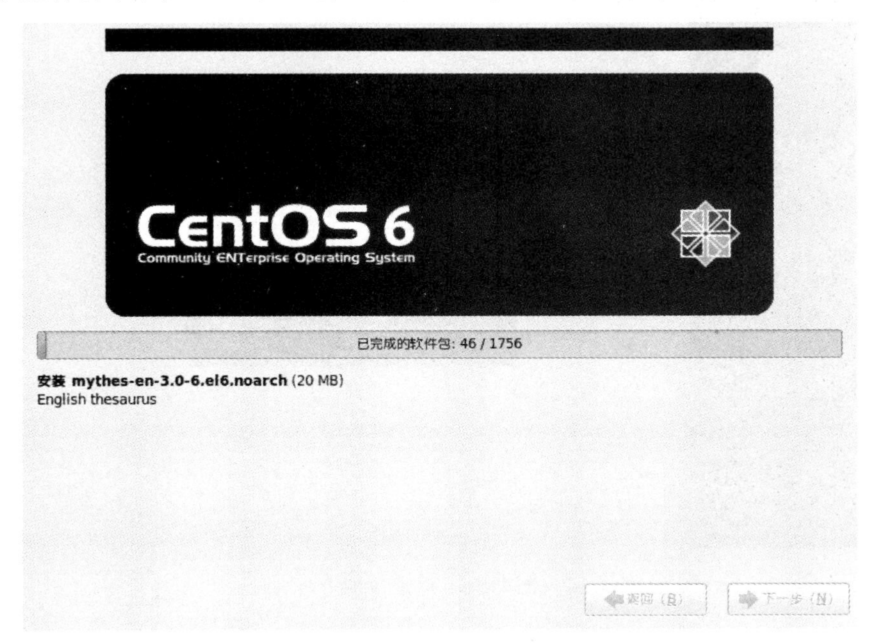

图 2.21　系统安装过程

图 2.22　CentOS 安装完毕

步骤 15　首次启动系统。需要根据以下向导进行设置。

图 2.23 所示为“欢迎”界面。

图 2.23　欢迎界面

图 2.24 所示为“许可证信息”界面，选中“是，我同意该许可证协议”。

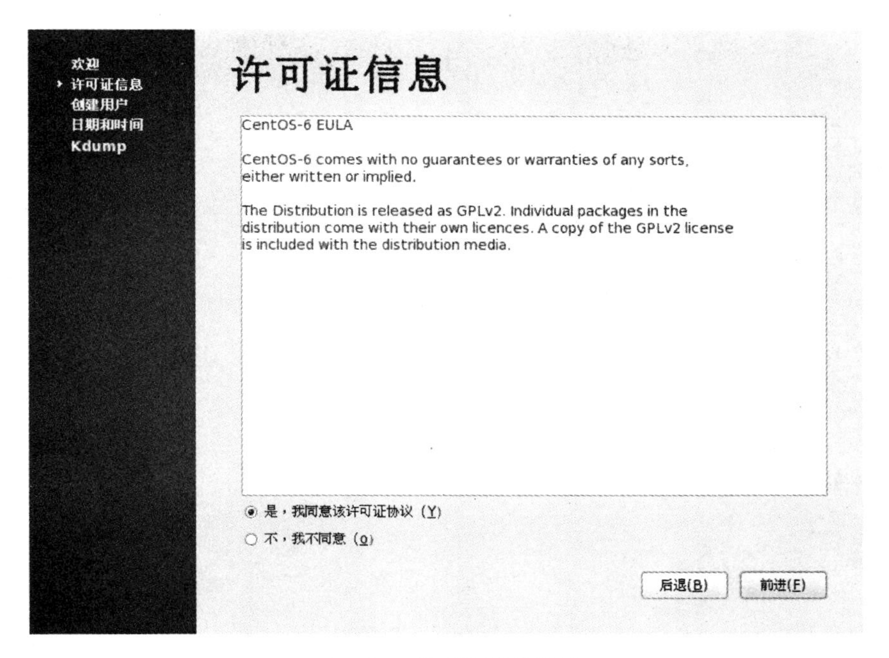

图 2.24 许可证信息界面

图 2.25 所示为“创建用户”界面。Linux 系统是一个多用户的系统，为了安全，一般不用 root 用户进行登录，所以，要求建立一个普通用户并用其登录系统。

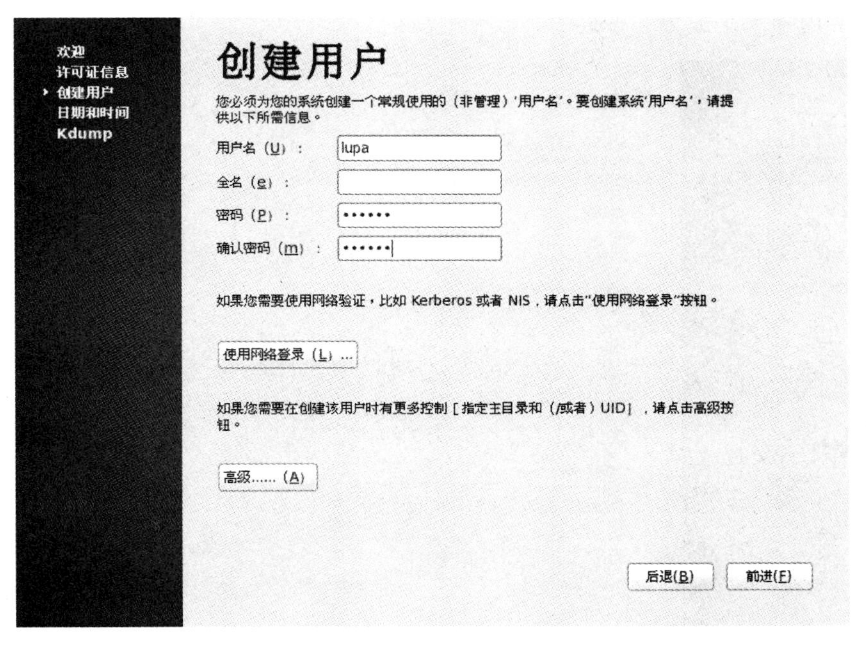

图 2.25 创建用户界面

图 2.26 所示为“日期和时间”界面，用户可根据实际情况修改日期和时间。

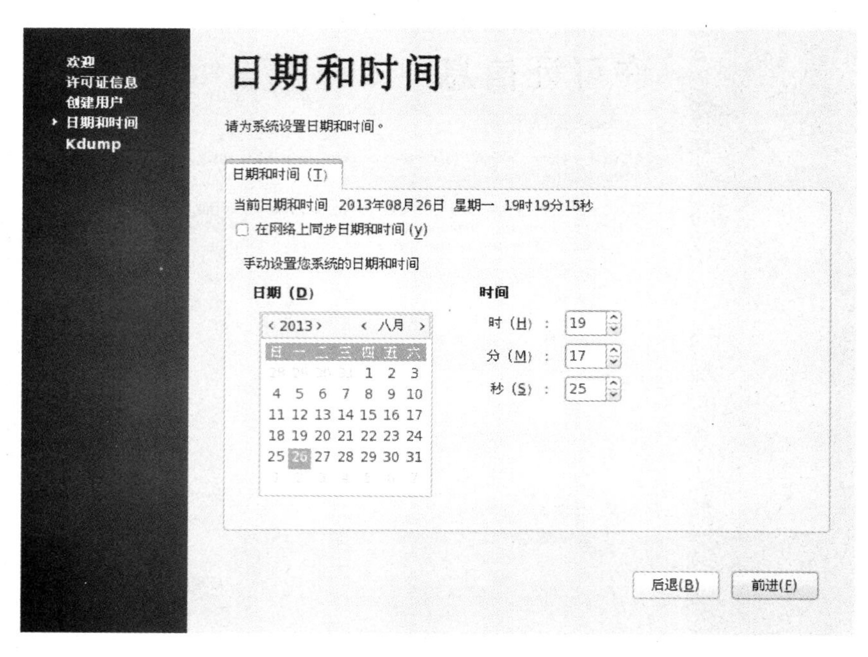

图 2.26　日期与时间界面

图 2.27 所示为"Kdump"界面，设置是否启用 Kdump。Kdump 是一个内核崩溃转储机制，在系统崩溃的时候，Kdump 将捕获系统信息，这对于诊断崩溃的原因非常有用。启用 Kdump 需要内存大于或等于 2G。

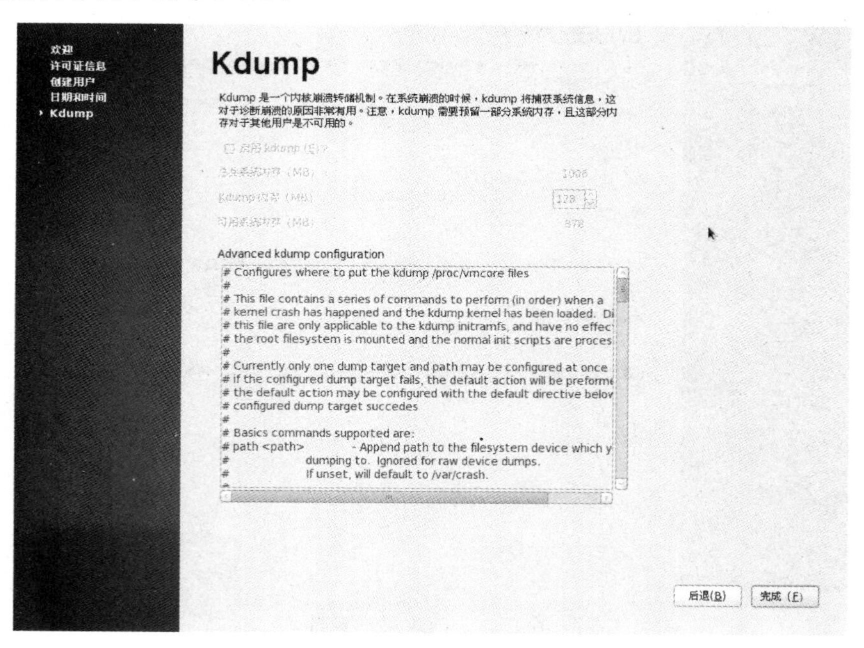

图 2.27　Kdump 界面

步骤 16　登录系统。

设置完成后，会出现如图 2.28 所示界面。选择登录用户（建议使用普通用户，而非 root

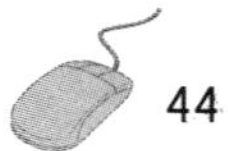

用户)，然后，输入用户密码，点击【登录】即可登录系统。登录后的界面如图 2.29 所示。

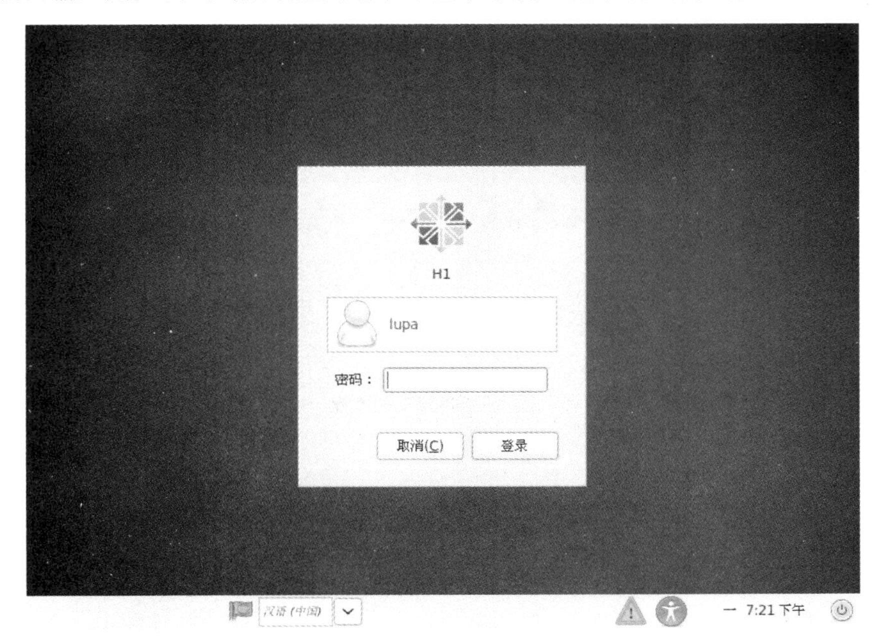

图 2.28　系统登录界面

图 2.29　系统桌面界面

2.2.3　通过磁盘安装 Linux

磁盘安装可以分硬盘安装方式和 U 盘安装方式。

1. U盘安装方式

首先，把U盘制作为系统安装盘，制作方式类似于光盘安装盘的制作方式，如图2.30所示。然后，设置以U盘为第一引导，最后，安装过程同样类似于光盘方式。

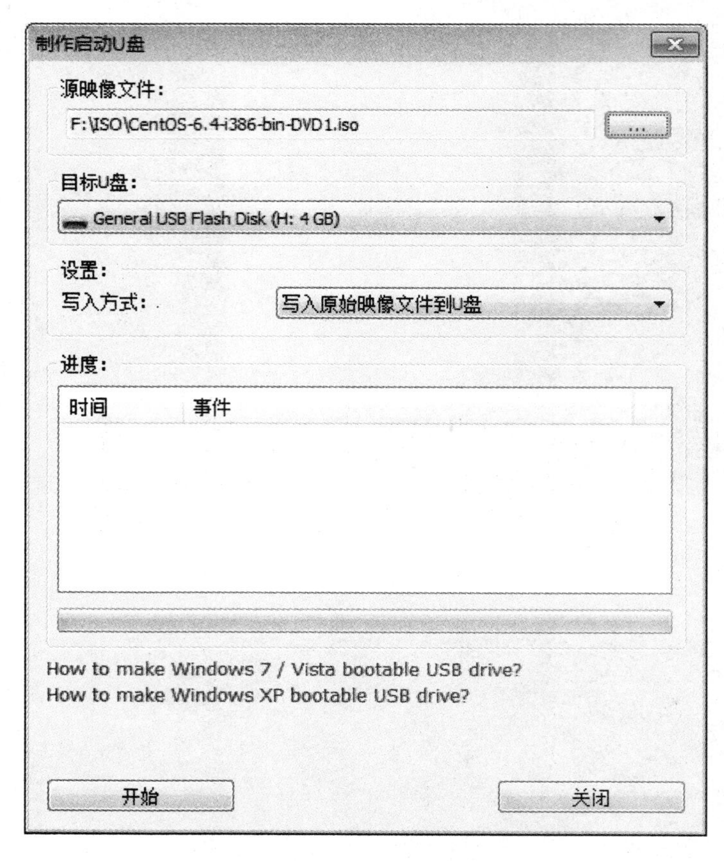

图2.30　制作U盘引导盘

2. 硬盘安装方式

当计算机已安装了Windows系统，且没有光驱的情况下，可以选择磁盘安装方式。

操作步骤

步骤1　从硬盘中至少腾出大约为10G的空闲分区，即未格式化的硬盘空间。

步骤2　将Linux镜像存放在FAT32格式的某盘符下。

步骤3　将ISO文件的isolinux解压缩到某盘符的根目录下，假设为F盘。

步骤4　下载Grub for Dos 0.2.4，并解压缩到C盘根目录下，从解压文件夹中复制出grldr和menu.lst到C盘根目录下。

步骤5　修改boot.ini文件内容，在最后一行添加："c:\grldr=GRUB for Dos"，保存并退出。

步骤6　重启系统时，出现一个选择界面，选择"commandline"选项，进入"grub>"提示符下。

步骤 7　依次执行以下命令(手动引导):

① kernel(hd0,6)/isolinux/vmlinuz

② initrd(hd0,6)/isolinux/initrd.img

③ boot

注意　假设硬盘接口为 IDE 接口,grub 下的 C 盘为(hd0,0),而 D 盘为(hd0,4),E 盘为(hd0,5),F 盘为(hd0,6),后面的盘在前一个基础上+1,而 isolinux 文件夹存放在 F 盘中。

2.2.4　通过局域网方式安装 Linux

局域网的安装方式主要应用于同时安装多台 Linux 系统的情况,可节省时间,提高效率。但在操作上相对其他方式要繁琐许多,它需要搭建一些应用服务器。

总体配置需求如下:

1. 对服务端的基本需求

- 配置一个简单 DHCP 服务器,用于给客户端主机分配 IP 地址。
- 配置一个 TFTP 服务器,给客户端主机提供一个下载引导程序、内核(vmlinuz)及文件系统(initrd.img)等文件的途径。
- 配置一个 HTTP 或 FTP 或 NFS 服务器,给客户端主机提供一个下载安装包的途径。

2. 对客户端的需求

- 客户端主机通过对 BIOS 的设置,使网卡支持 PXE 功能,即允许网络引导。

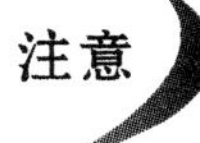

注意　PXE(Preboot Execution Environment,远程引导技术)根据服务端收到的客户端 MAC 地址,使用 DHCP 服务为这个 MAC 地址指定一个 IP 地址。

下面用实例来说明如何通过局域网的方式来安装 Linux 系统。

例 2.1　某局域网中,一台装有 CentOS 6.4 的主机作为服务端,服务端的 IP 地址为 192.168.50.100,其他若干台主机均为"裸机",作为客户端,要求在这些"裸机"上安装 CentOS 6.4。

服务端具体操作步骤如下:

步骤 1　配置 DHCP 服务器,目的是为了客户端动态分配 IP 地址等信息。

dhcpd.conf 配置文件的内容如下:

```
ddns-update-style none;
ignore client-updates;
filename"pxelinux.0";
subnet 192.168.50.0 netmask 255.255.255.0 {
option routers       192.168.50.1
option subnet-mask      255.255.255.0
range dynamic-bootp 192.168.50.10 192.168.8.80;
default-lease-time 21600;
max-lease-time 43200;
```

```
}
group pxe {
    host   client_1 {
    next-server 192.168.50.100;
    hardware ethernet 00:0C:29:55:4D:9B;
    fixed-address 192.168.50.20;}
}
```

filename"pxelinux.0"语句，表示 pxelinux.0 文件作为启动映像被网卡 ROM 中的 PXE 客户端载入内存并运行。

subnet 语句定义的子网为"192.168.50.0/255.255.255.0"。

route 语句为客户端设置网关为"192.168.50.1"。

rang 语句为客户端设置动态 IP 地址池为"192.168.50.10～192.168.50.80"。

group 语句定义了一个 pxe 组，host 语句定义主机 client_1，并指出 IP=192.168.50.20 将分配给以太网卡 00：0C：29：55：4D：9B 的客户端。

注意 每增加一台需要安装的客户端，需要在 pxe 组下添加一条 host 语句。

步骤 2 启动 DHCP 服务。

```
[root@localhost ~]# /etc/init.d/dhcpd start
```

DHCP 启动后，可以用其他主机测试一下，假如，能成功获取动态 IP，则说明 DHCP 服务器配置成功。

步骤 3 配置 TFTP 服务，配置文件的路径为/etc/xinetd.d/tftp，配置内容如下：

```
service tftp
{
socket_type         = dgram
protocol            = udp
wait                = yes
user                = root
server              = /usr/sbin/in.tftpd
server_args         = -s   /tftpboot
disable             = no
per_source          = 11
cps                 = 100 2
flags               = IPv4
}
```

主要对 tftp 配置文件修改了 2 处地方，如下：

- 将"server_args"语句设置为 TFTP 服务器的主目录，此例设置为"/tftpboot"；
- 将"disable"语句值"yes"改为"no"，表示允许使用 TFTP 服务。

注意 tftpboot 目录需要自己创建，并设置为"chmod 777 -R /tftpboot"。

步骤 4　启动或重启 TFTP 服务，并查看端口号 69 是否已处于监听状态。

```
[root@localhost ~]# /etc/init.d/xinetd restart
[root@localhost ~]# netstat -an |grep":69"
```

注意　请确认 tftp-server 是已安装。否则，将无法运行 TFTP 服务。

步骤 5　将安装光盘下的 isolinux/目录(内核 vmlinuz 与文件系统 initrd.img)复制到 tftpboot 目录下。

```
[root@localhost ~]# cp /media/CentOS_6.4_Final/isolinux/vmlinuz /tftpboot/
[root@localhost ~]# cp /media/CentOS_6.4_Final/isolinux/initrd.img /tftpboot/
```

步骤 6　将启动镜像文件 pxelinux.0 复制到/tftpboot 目录下。可以在安装系统的/usr/share/syslinux 目录下找到。

```
[root@localhost ~]#  cp /usr/share/syslinux/pxelinux.0  /tftpboot/
```

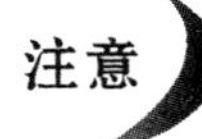

假如，/usr/share/syslinux/pxelinux.0 没有，则需要安装 syslinux，安装命令 “yum -y install syslinux”

步骤 7　在 tftpboot 目录下，首先，创建一个 pxelinux.cfg 目录，然后，编辑一个名为 default 的文件，用来引导内核与文件系统。可以参考其安装盘中的 isolinux 目录下的 isolinux.cfg 配置文件的写法。

```
[root@localhost ~]#  mkdir /tftpboot/pxelinux.cfg
[root@localhost ~]#  vim /tftpboot/pxelinux.cfg/default
```

本书的 default 配置文件内容如下：

```
prompt 1
timeout 600
default install
label quit
    localboot 0
label install
    kernel vmlinuz
    append initrd = initrd.img
label rescue
    kernel vmlinuz
    append rescue initrd = initrd.img
```

以上的配置，主要设置默认情况下引导内核(vmlinuz)和文件系统(initrd.img)。当在输入 quit 时，表示从本地硬盘引导；当输入法 rescue，表示修复模式引导。

步骤 8　配置一个 NFS 服务器，用于下载安装文件。配置文件为/etc/export

本例的 export 文件内容如下：

```
/home/lupa/netinstall   *(ro,no_root_squash,sync)
```

本配置表示 NFS 服务器的主目录为/home/lupa/netinstall,“ * ”表示任何 IP 地址都可以访问该目录,当然,出于对安全的考虑,也可以指定具体的 IP 地址。“ro”表示对主目录只有读权限;“no_root_squash”表示当登录 NFS 主机使用共享目录的用户为 root 时,其权限将被转换为匿名用户;“sync”表示同步写入资料到内在与硬盘中。

步骤 9 启动 NFS 服务。

```
[root@localhost ~]#  service nfs start
```

检测启动 NFS 服务及配置是否已生效,可以用以下命令:

```
[root@localhost ~]#  showmount - e localhost
```

显示如下:

```
Export list for localhost:
/netinstall *
```

从以上显示,我们可知 NFS 服务配置已经生效。

步骤 10 将系统安装光盘(或镜像)的所有文件放置到/home/lupa/netinstall 目录下。

步骤 11 关闭防火墙与 SELinux。

```
[root@Localhost~]#  service iptables stop
[root@Localhost~]#  setenforce 0
```

至此,服务端的已经准备就绪了。现在可以进行客户端的设置及安装 CentOS 6.4 操作系统了。

客户端具体操作如下:

步骤 1 设置客户端的 PXE 网络引导。打开客户端的电源,并按 F2(或 del 键,根据 BIOS 版本而定),进入到 BIOS 环境中,如图 2.31 所示。

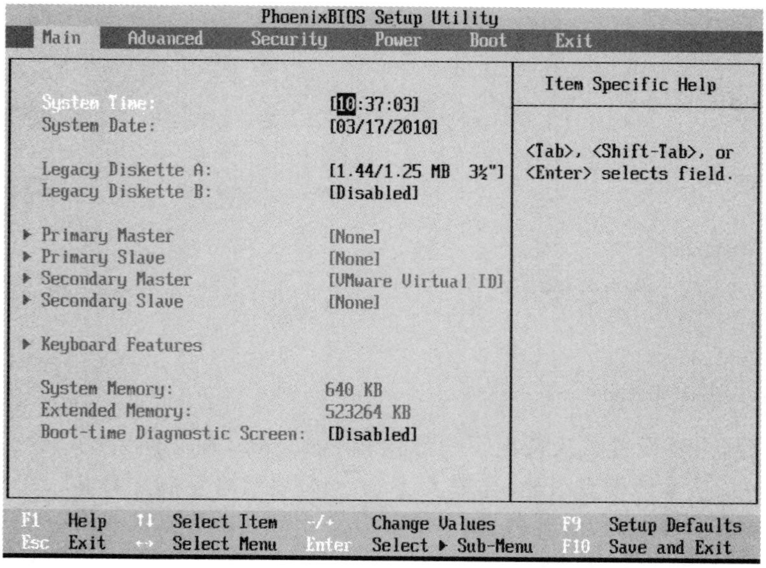

图 2.31 BIOS 的“Main”菜单界面

在图 2.31 中，首先，用左右移动键将光标移至“Boot”菜单下，然后，用上下移动键将光标移至“Network boot from AMD Am79C970A”选项处，再然后，同时按下 shift 和“＋”号组合键。结果如图 2.32 所示。

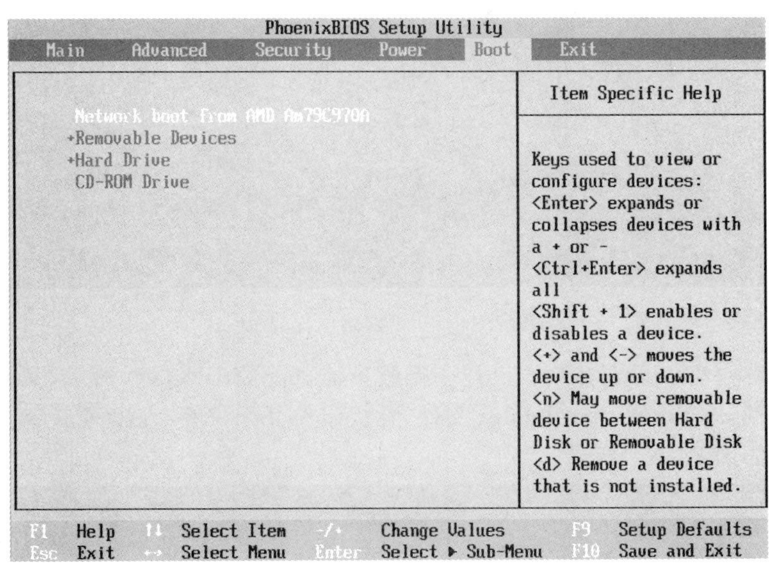

图 2.32　BIOS 的“Boot”菜单界面

在图 2.32 中，按 F10 进行保存，如图 2.33 所示。

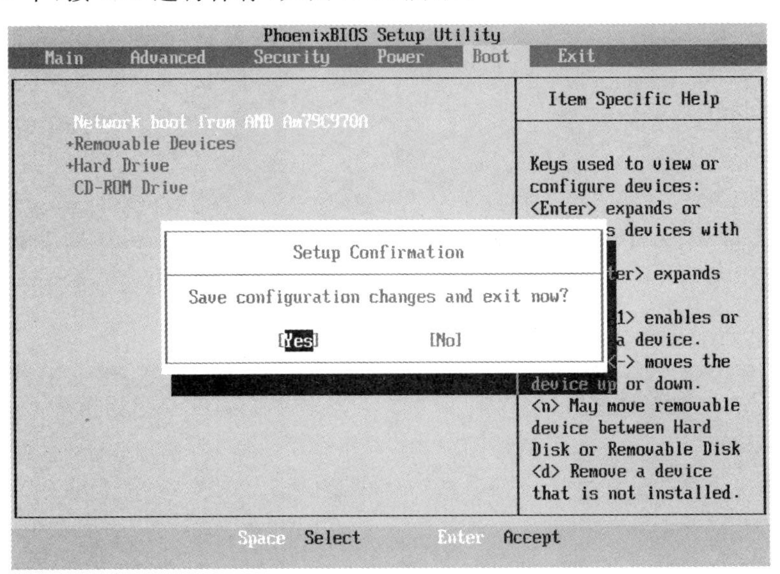

图 2.33　BIOS 保存界面

注意　如果系统的 BIOS 为 AwardBIOS 的话，设置网络引导项，将“Intergrated Peripherals”→“SouthOnChip PCI Device”项下的“Onboard Lan Boot ROM”选项设置为“Enabled”。

步骤 2　开始安装。如图 2.34 所示。

```
Network boot from AMD Am79C970A
Copyright (C) 2003-2008  VMware, Inc.
Copyright (C) 1997-2000  Intel Corporation

CLIENT MAC ADDR: 00 0C 29 55 4D 9B  GUID: 564D207C-AC8A-4FD7-BF85-6317D4554D9B
CLIENT IP: 192.168.50.20  MASK: 255.255.255.0  DHCP IP: 192.168.50.100
GATEWAY IP: 192.168.50.1

PXELINUX 4.02 2010-07-21  Copyright (C) 1994-2010 H. Peter Anvin et al
!PXE entry point found (we hope) at 9ECC:0106 via plan A
UNDI code segment at 9ECC len 0A0F
UNDI data segment at 9C7F len 24D0
Getting cached packet  01 02 03
My IP address seems to be C0A83214 192.168.50.20
ip=192.168.50.20:192.168.50.100:192.168.50.1:255.255.255.0
BOOTIF=01-00-0c-29-55-4d-9b
SYSUUID=564d207c-ac8a-4fd7-bf85-6317d4554d9b
TFTP prefix:
Trying to load: pxelinux.cfg/default                                    ok
Unknown keyword in configuration file: label1
boot: _
```

图 2.34　开始网络引导界面

在图 2.34 中，可以看到客户端已经获得服务器分配的 IP 地址，然后，又从 TFTP 服务器中下载并加载 pxelinux.0 和 default 文件，在提示符“boot”下，直接回车，就可以引导内核和文件系统。如图 2.35 所示。

```
Network boot from AMD Am79C970A
Copyright (C) 2003-2008  VMware, Inc.
Copyright (C) 1997-2000  Intel Corporation

CLIENT MAC ADDR: 00 0C 29 55 4D 9B  GUID: 564D207C-AC8A-4FD7-BF85-6317D4554D9B
CLIENT IP: 192.168.50.20  MASK: 255.255.255.0  DHCP IP: 192.168.50.100
GATEWAY IP: 192.168.50.1

PXELINUX 4.02 2010-07-21  Copyright (C) 1994-2010 H. Peter Anvin et al
!PXE entry point found (we hope) at 9ECC:0106 via plan A
UNDI code segment at 9ECC len 0A0F
UNDI data segment at 9C7F len 24D0
Getting cached packet  01 02 03
My IP address seems to be C0A83214 192.168.50.20
ip=192.168.50.20:192.168.50.100:192.168.50.1:255.255.255.0
BOOTIF=01-00-0c-29-55-4d-9b
SYSUUID=564d207c-ac8a-4fd7-bf85-6317d4554d9b
TFTP prefix:
Trying to load: pxelinux.cfg/default                                    ok
Unknown keyword in configuration file: label1
boot:
Loading vmlinuz......
Loading initrd.img......._
```

图 2.35　引导内核与文件系统界面

引导完成后，出现如图 2.36 所示的界面。

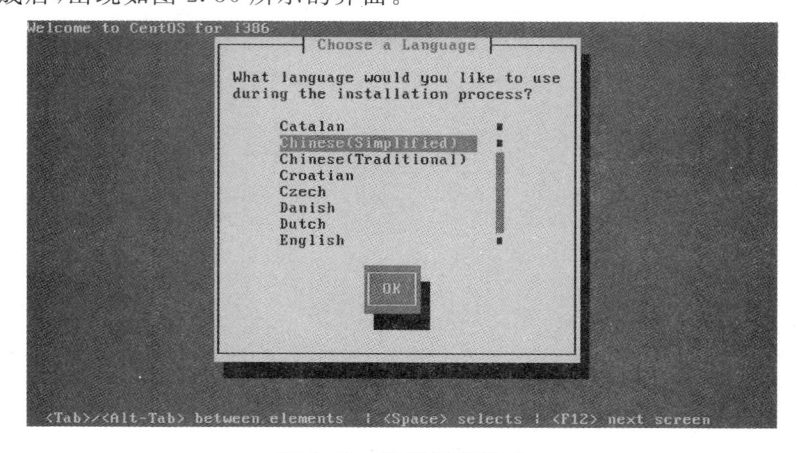

图 2.36　选择语言界面

在图 2.36 中，选择安装过程中使用的语言，一般会选择“Chinese(Simplified)”，然后，点击“OK”按钮，弹出如图 2.37 所示的窗口。

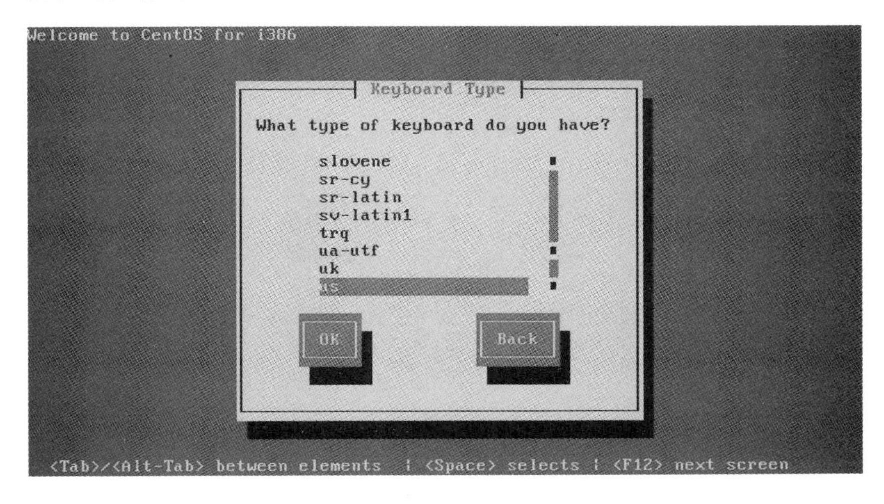

图 2.37　键盘类型界面

在图 2.37 中，选择键盘的类型，一般默认为“us”，然后，点击“OK”按钮，弹出如图 2.38 所示的窗口。

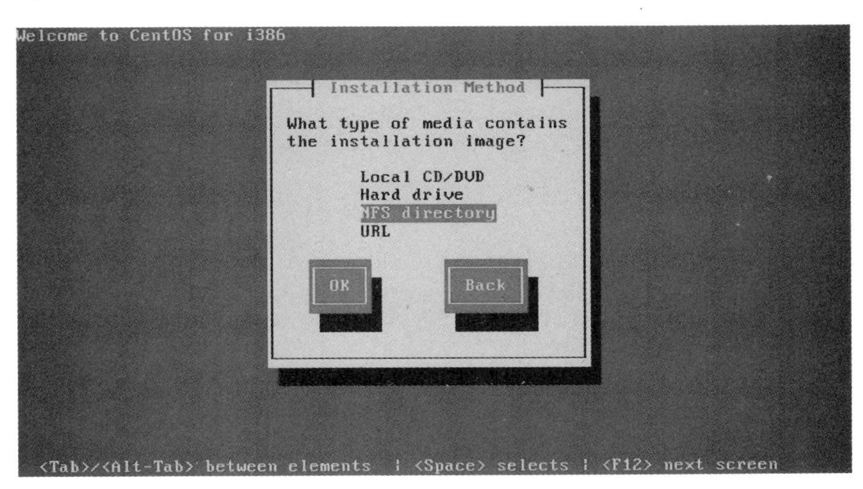

图 2.38　选择安装媒介界面

在图 2.38 中，选择安装软件包的媒介。有以下媒介：

(1)“Local CD/DVD”，表示通过本地光盘提供系统软件包；

(2)“Hard drive”表示通过硬盘作提供系统软件包；

(3)“NFS directory”表示通过 NFS 服务提供系统软件包；

(4)URL 表示通过 HTTP 服务提供系统软件包；

此例通过 NFS 服务来提供安装软件包，所以，选择“NFS directory”，并点击“OK”按钮，弹出如图 2.39 所示界面。

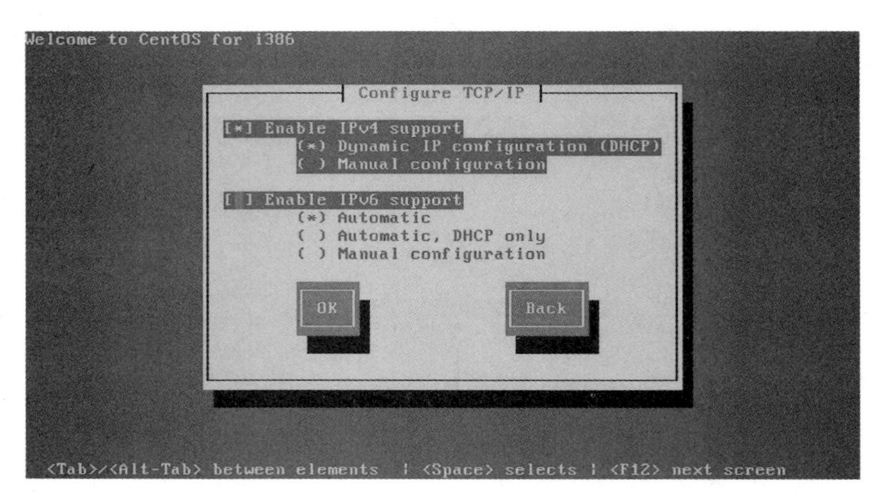

图 2.39　设置 TCP/IP 界面

在图 2.39 中，显示了配置 TCP/IP 选项，默认设置，点击“OK”，弹出如图 2.40 所示的窗口。

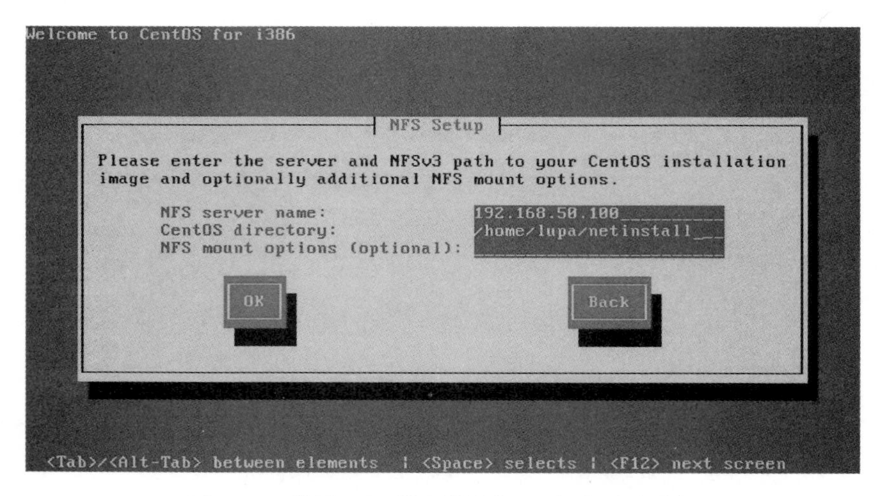

图 2.40　设置 NFS 服务器主机 IP 与主目录路径

在图 2.40 中，分别输入服务器的 IP 地址和 NFS 服务的主目录。然后，点击“OK”，弹出如图 2.41 所示的欢迎安装界面。接下去的步骤可以参考 2.2.2。

图 2.41　安装欢迎界面

2.2.5　kickstart 批量自动安装 Linux

在 Linux 系统中，要实现无人值守的批量安装 Linux 系统，需要 Linux 支持一个称为"kickstart"的功能。批量自动安装的主要目的是为了在安装过程中减少人为操作，提高安装效率。使用这种方法，只需事先定义一个配置文件，并让安装程序知道该配置文件的位置。在安装过程中安装程序就可以自己从该配置文件中安装配置，这样就避免了烦琐的人机交互，实现无人值守的自动化安装。本章以实例来说明批量安装 Linux 系统的过程。

例 2.2　某学校要组建一个新机房，购置了 50 台计算机，以教师机作为服务器，已安装了 CentOS 6.4 操作系统。现在要对 50 台学生机（作为客户端）批量安装 Linux 系统，要求学生机安装的配置与教师机一样。

操作步骤如下：

步骤 1　将服务器与客户机置于同个局域网之内，确保整个机房的所有主机互通。

步骤 2　配置 DHCP 服务器，方法可参考例 2.1 的 DHCP 服务器的配置。

步骤 3　配置并启动 TFTP 服务器，方法同例 2.1，仍以/tftpboot 目录为 TFTP 服务的主目录。

步骤 4　将安装光盘下的 isolinux/目录（内核 vmlinuz 与文件系统 initrd.img）复制到/tftpboot 目录下。

步骤 5　将启动镜像文件 pxelinux.0 复制到/tftpboot 目录下，方法同例 2.1。

步骤 6　配置 NFS 服务器，方法同例 2.1，同样以/home/lupa/netinstall 目录为 NFS 服务的主目录。

步骤 7　将系统安装光盘（或镜像）的所有文件放置到/home/lupa/netinstall 目录下。

步骤 8　配置一个 kickstart 文件。根据本例要求，使用的 kickstart 文件为教师机的/root 目录下的 anaconda-ks.cfg 文件，此文件在系统安装好后，在用户主目录下自动生成，它记录着教师机安装过程的配置清单。首先，将 anaconda-ks.cfg 重命名为 ks.cfg，然后，将其存入/home/lupa/netinstall/ks/目录下，最后，修改 ks.cfg 文件。修改后的内容如下：

将"cdrom"语句修改为

```
nfs - - server = 192.168.50.100 - - dir = /home/lupa/netinstall/
```

在 ks.cfg 文件中，"cdrom"表示本系统是通过光盘方式安装的，现在，将"cdrom"修改为："nfs——server＝192.168.50.100——dir＝/home/lupa/netinstall/"；表示告诉安装程序到服务器(192.168.50.100)的 NFS 共享目录/home/lupa/netinstall/下查找安装包文件。

步骤 9　在 tftpboot 目录下，创建一个 pxelinux.cfg 目录，然后，编辑一个名为 default 的文件。

本例的 default 配置文件内容如下：

```
prompt 1
timeout 600
default install
label quit
    localboot 0
label install
    kernel  vmlinuz
    append  ks = nfs : 192.168.50.100:/home/lupa/netinstall/ks/ks.cfg  initrd = initrd.img
label rescue
    kernel vmlinuz
    append rescue initrd = initrd.img
```

在配置文件中，"ks＝nfs：192.168.50.100:/home/lupa/netinstall/ks/ks.cfg"参数设置，表示当安装程序引导时，会将此参数传递给安装引导程序。

步骤 10　将学生机设置为网络引导方式，此时，要是服务端配置正确，那么，学生机就会自动地、无需人为干预地安装 Linux 系统。

注意　系统安装结束，重新引导系统后，一定要在 BIOS 中将网络引导方式修改为硬盘启动。否则，又会重新自动安装一次系统。选项设置为"Enabled"。

2.3　Linux 安装的常见故障与排除

1. "No devices found to install Centos Linux"错误信息

可能某个 SCSI 控制器没有被安装程序识别，首先，查看硬件厂商的网站来确定是否有能够修正这个问题的可用驱动程序。

2. 没有发现 IDE 光驱

如果系统中有一个 IDE 光驱，但是安装程序未成功地找到它，并且询问其类型，则可尝试下列引导命令。重新开始安装，然后在 boot 提示后输入 linux hdx＝cdrom 命令。

根据光盘链接的接口及其被配置为主还是次而定，把 x 替换成以下字母之一。

(1)a：第 1 个 IDE 控制器，主。

(2)b：第 1 个 IDE 控制器，次。

(3)c：第 2 个 IDE 控制器，主。

(4)d：第 2 个 IDE 控制器，次。

3. X-Windows 服务崩溃问题

如果是使用普通用户登录时，遇到 X-Windows 服务崩溃问题，可能是文件系统已满，或者缺少可用硬盘空间。可以用“df－h”命令，来查看硬盘使用情况。假如，有分区空间不足，可以删除或移动一些文件。

4. 忘记根口令的解决方式

如果忘记根口令，需要把系统引导为 linux single(单用户模式)，然后，在 grub 引导时，光标选择 kernel 开头的行，然后，按 e 键进入编辑模式，在结尾处添加“single”，然后，回车退出编辑模式，按 b 键引导系统，进入单用户模式后，执行 passwd root，然后，输入新口令，最后，shutdown－r now 重新引导系统即可。

思考与实验

1. 在安装系统时，至少要划分几个区，且是哪几分区？

2. 装双系统时，在设置引导程序安装路径时，如何将 grub 引导程序安装在 Windows 系统的引导分区中？

3. 如何通过 HTTP 服务器作为 Linux 安装介质来实现 Linux 系统安装？

4. 如何实现批量自动安装？

第 3 章
Linux 系统管理

本章重点

- 文件管理命令。
- 用户管理。
- 网络管理。
- 软件管理。
- 系统自动化管理。
- 数据备份。
- 进程管理。
- 系统状态检测与日志分析。

本章导读

本章主要介绍 Linux 系统管理员或网络管理员必须掌握的、最为实用的操作知识。本章以 CentOS 6 的操作系统为平台，依次介绍 Linux 文件系统结构、文件管理命令、用户管理、网络管理、自动化管理、数据备份、日志分析、系统状态检测等。

3.1 Linux 磁盘分区与文件系统目录结构

3.1.1 Linux 磁盘分区

在 Linux 系统中，所有的硬件设备都以文件表示。硬盘、光驱等设备也不例外，它们均存放在/dev 目录中。

根据磁盘接口的不同，设备名的命名规则也不同，以 IDE 接口的硬盘为例，它的命名方式为："hdx"，以"hd"为前缀，"x"为盘号；而 SATA、SCSI 以及 USB 接口的磁盘，它的设备名命令方式为："sdx"，以"sd"为前缀。具体的磁盘命名如表 3.1 所示。

表 3.1　Linux 磁盘命名规则表

IDE 接口磁盘	SATA、SCSI 以及 USB 接口磁盘	含　义
/dev/hda	/dev/sda	主盘
/dev/hdb	/dev/sdb	从盘
/dev/hdc	/dev/sdc	辅助主盘
/dev/hdd	/dev/sdd	辅助从盘

在 Linux 系统中的磁盘分区，与 Windows 一样，也可以为分主分区、扩展分区、逻辑分区。Linux 规定，一块硬盘可以分为 16 个分区，其中，最多只允许 4 个主分区（也包括扩展分区），即主分区与扩展分区一共不得超过 4 个，逻辑分区规定必须建立在扩展分区中。Linux 系统磁盘分区的命名方式，以 IDE 接口的硬盘为例，“hda1～hda4”为主分区或扩展分区，“hda5”开始为逻辑分区，也就是数字编号 1～4 是留给主分区或扩展分区使用的，逻辑分区从 5 开始。在 Linux 系统中，逻辑分区可以不存在，但是，必须要有主分区存在。

表 3.2　Linux 磁盘分区表

IDE 接口磁盘	SATA、SCSI 以及 USB 接口磁盘	含　义
/dev/hda1	/dev/sda1	第 1 主分区
/dev/hda5	/dev/sda5	第 1 逻辑分区

在 Linux 系统中，没有盘符的概念。对硬盘上的文件进行读写操作，需要先挂载文件系统。Linux 的常用文件系统类型有 ext2、ext3、ext4、swap、ReiserFS 等，同时，Linux 系统也支持 NFS、vfat。可以使用 mount 命令来挂载或卸载文件系统。

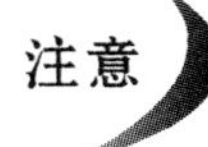

当硬盘上没有分区时，首先，通过 fdisk 命令创建分区，然后，通过 mke2fs 创建文件系统，最后，挂载文件系统。

3.1.2　Linux 文件系统的目录结构

在对 Linux 系统进行管理之前，首先应了解 Linux 文件系统的目录结构。在 Linux 系统中，文件系统成一个树形结构，如图 3.1 所示。

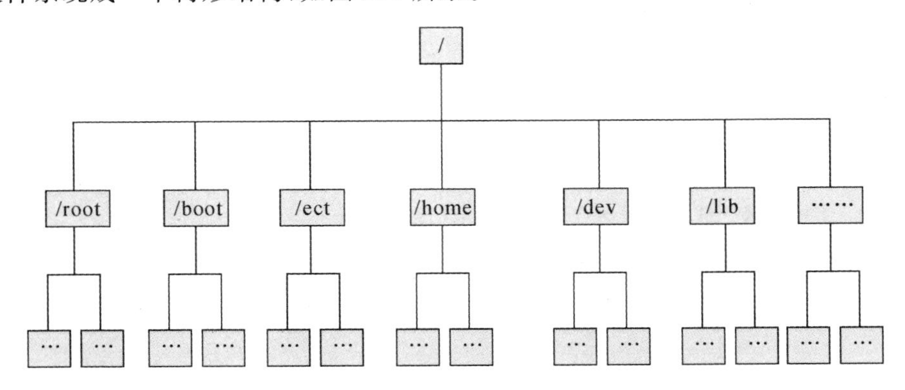

图 3.1　Linux 整个文件系统的目录结构

以下列出了各主要目录主要用途，如表 3.3 所示。

表 3.3　Linux 文件系统各目录的用途

目　录	目录用途
/bin	主要存放命令的二进制执行文件，如 ls、cat、cp、df 等等文件。有时，这个目录的内容和/usr/bin 里面的内容一样，它们都是存放一般用户使用的执行文件。
/boot	主要存放操作系统启动时所要用到的程序。例如，内核与文件系统都存放在此目录；再如，启动 grub 就会用到/boot/grub 目录。
/dev	主要存放所有 Linux 系统中使用的外部设备。要注意的是，这里并不存放外部设备的驱动程序。由于在 Linux 中，所有的设备都当做文件一样进行操作，比如：/dev/cdrom 代表光驱，用户可以非常方便地像访问文件、目录一样的对其进行访问。
/etc	主要存放了系统管理时要用到的各种配置文件和子目录。如网络配置文件、各应用服务器的配置文件、X 系统配置文件、设备配置信息设置用户信息等都在这个目录下。系统在启动过程中需要读取其参数相应的配置。
/etc/rc. d	主要存放 Linux 启动和关闭时要用到的脚本文件。
/etc/rc. d/init	主要存放所有 Linux 服务默认的启动脚本。
/home	此目录是默认为普通用户工作目录。如执行 useradd 命令创建一用户，系统会在/home 目录下创建一个主目录。
/lib	主要存放系统的动态链接库文件。几乎所有的应用程序都会用到这个目录下的共享库。
/lost+found	此目录一般为空，只有当系统产生异常时，会将一些损失的片段存放在此目录中。
/media	此目录是光驱和软驱的挂载点。
/misc	此目录下存放从 DOS 下进行安装的实用工具，一般为空。
/mnt	此目录是软驱、光驱、硬盘的挂载点，也可以临时将别的文件系统挂载到此目录下。
/proc	主要存放系统核心与执行程序所需的一些信息。而这些信息是在内存中由系统产生的，故不占用硬盘空间。
/root	此目录是根(root)用户的主目录。
/sbin	主要存放系统管理员的常用的系统管理程序。
/tmp	主要存放不同程序执行时产生的临时文件。一般 Linux 安装软件的默认安装路径就是这里。
/usr	主要存放着用户的许多应用程序和文件。它类似与 Windows 系统下的 Program Files 的目录。
/usr/bin	主要存放系统用户的应用程序
/usr/sbin	主要存放着根用户使用的比较高级管理程序与系统守护程序。
/usr/src	主要存放着内核源代码。
/srv	主要存放一些服务启动之后需要提取的数据。
/sys	主要存放安装了 Linux 2.6 内核中新出现的一个文件系统 sysfs
/var	主要存放服务的日志文件，是一个非常重要的目录。

3.2 Linux 系统的文件管理命令

在 Linux 系统启动之后，可以进入与 Windows 类似的图形化界面。这个图形化界面为 Linux 的 X-Windows 系统的一部分。X-Windows 系统只是 Linux 上面的一个软件（或称服务），它不是 Linux 自身的一部分。虽然现在 X-Windows 系统已经与 Linux 整合得相当好了，但是，还不能保证绝对的可靠性，而且 X-Windows 系统是一个相当占用系统资源的软件，它会大大降低 Linux 的系统性能。

为了更好地利用 Linux 的高效及高稳定性，必须学会使用 Linux 的命令行界面，也就是在 Shell 环境下执行命令来管理系统。Shell 是一种 Linux 中的命令行解释程序，就如同 Command.com 是 DOS 下的命令解释程序一样，为用户提供使用操作系统的接口。Shell 不用直接与系统内核交互，而是由命令解释器接受命令，分析后再传给相关的程序。

本节介绍文件与目录的常用命令。

- ls：用于显示目录内容，它的使用权限为所有用户。

例 3.1 显示当前用户主目录的内容，如图 3.2 所示。

```
[lupa@localhost ～]$ ls
```

图 3.2 ls 显示的文件

ls [参数] 【路径或目录】

主要参数和含义如表 3.4 所示。

表 3.4 ls 命令的参数和含义

参 数	含 义
－a	列出所有文件
－l	以长格式显示指定目标的信息

例 3.2 显示所有文件，如图 3.3 所示。

```
[lupa@localhost ～]$ ls - a
```

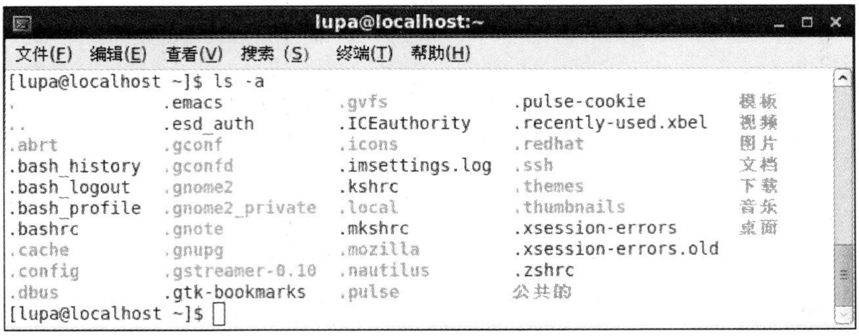

```
lupa@localhost:~
文件(F) 编辑(E) 查看(V) 搜索(S) 终端(T) 帮助(H)
[lupa@localhost ~]$ ls -a
.                .emacs           .gvfs            .pulse-cookie           模板
..               .esd_auth        .ICEauthority    .recently-used.xbel     视频
.abrt            .gconf           .icons           .redhat                 图片
.bash_history    .gconfd          .imsettings.log  .ssh                    文档
.bash_logout     .gnome2          .kshrc           .themes                 下载
.bash_profile    .gnome2_private  .local           .thumbnails             音乐
.bashrc          .gnote           .mkshrc          .xsession-errors        桌面
.cache           .gnupg           .mozilla         .xsession-errors.old
.config          .gstreamer-0.10  .nautilus        .zshrc
.dbus            .gtk-bookmarks   .pulse           公共的
[lupa@localhost ~]$
```

图 3.3　ls－a 信息

图 3.3 中，“.”表示当前目录，“..”表示上级目录，在文件名之前有一个点号，表示该文件为隐藏文件，如“.bashrc”就是一个隐藏文件。

例 3.3　以长格式显示所有文件，如图 3.4 所示。

```
[lupa@localhost ~]$ ls - l
```

```
lupa@localhost:~
文件(F) 编辑(E) 查看(V) 搜索(S) 终端(T) 帮助(H)
[lupa@localhost ~]$ ls -l
总用量 32
drwxr-xr-x. 2 lupa lupa 4096 7月   2 14:05 公共的
drwxr-xr-x. 2 lupa lupa 4096 7月   2 14:05 模板
drwxr-xr-x. 2 lupa lupa 4096 7月   2 14:05 视频
drwxr-xr-x. 3 lupa lupa 4096 7月  19 14:03 图片
drwxr-xr-x. 2 lupa lupa 4096 7月   2 14:05 文档
drwxr-xr-x. 2 lupa lupa 4096 7月   2 14:05 下载
drwxr-xr-x. 2 lupa lupa 4096 7月   2 14:05 音乐
drwxr-xr-x. 2 lupa lupa 4096 7月   2 14:05 桌面
[lupa@localhost ~]$
```

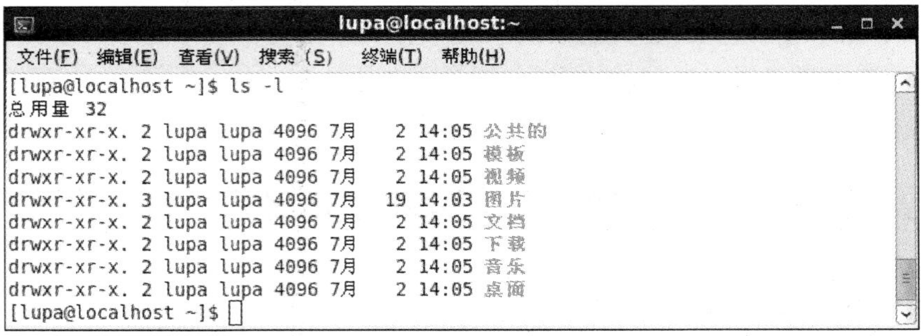

图 3.4　ls -l 当前目录文件详细信息

在图 3.4 中，查看当前目录下的所有文件和文件夹的详细信息。每一行代表一个文件或目录，共由 7 段组成，依次包括文件(或文件夹)权限、硬连接数、文件拥有者、文件所属组、文件大小、创建或改动时间、文件(或文件夹)名。其中，文件权限共有 10 位，第一位为文件的类型。在 Linux 系统中，文件系统有如下几种：

- “－”表示普通文件。
- “d”表示目录文件。
- “l”表示链接文件。
- “c”表示字符设备。
- “b”表示块设备。
- “p”表示命名管道，比如 FIFO 文件(First In First Out，先进先出)。
- “f”表示堆栈文件，比如 LIFO 文件(Last In First Out，后进先出)。

第一位之后，分为 3 组，每组 3 位，每组表示的权限：

第一组(2～4 位)表示对于文件拥有者对该文件的操作权限；

第二组(5～7 位)表示对文件用户组对该文件的操作权限；

第三组(8～10 位)表示系统其他用户对该文件的操作权限。

例如，由“下载”目录的权限为“drwxr－xr－x”，我们就可知道，它是一个目录，所有者对它有读写可执行的权限，同组用户对它有读权限和可执行的权限，而其他用户对它也有读权限和可执行的权限。

其中，r 表示文件可读权限；w 表示文件写权限；x 表示文件可执行权限。

注意 文件权限的八进数字标记法：读权限(r)可以用数字 2 表示，写权限(w)可以用数字 4 表示，可执行权限(x)可以用数字 1 表示。

● mkdir：建立子目录，它的使用权限是所有用户。

例 3.4 在当前用户主目录下创建“zb”目录。

```
[lupa@localhost ~] $ mkdir zb
```

mkdir 命令使用格式如下：

```
mkdir [参数] 【路径或目录】
```

主要参数和含义如表 3.5 所示。

表 3.5 mkdir 命令的参数和含义

参　数	含　义
－m	设定权限＜模式＞
－v	每次创建新目录都返回信息
－p	可以是一个路径名。如在创建一个目录的同时，给其创建一个子目录。

例 3.5 假设要创建的目录名是“tsk”，让所有用户都有 rwx(即读、写、执行的权限)，如图 3.5 所示。

```
[lupa@localhost ~] $ mkdir －m 777 tsk
```

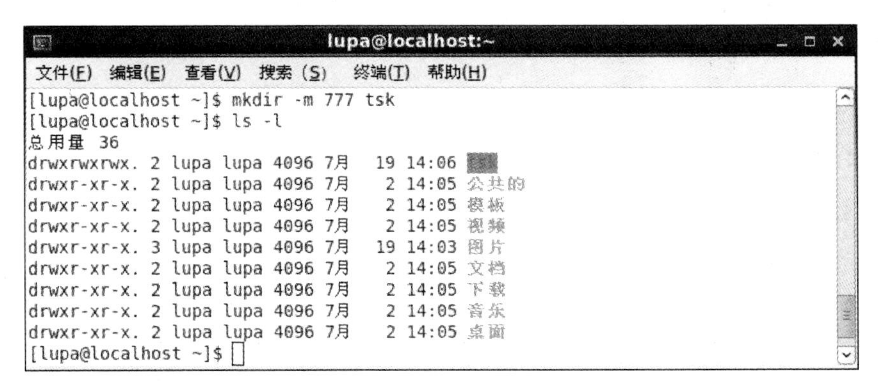

图 3.5 参数－m 效果图

例 3.6 在当前用户目录下创建“xiao”目录，返回相应信息，如图 3.6 所示。

```
[lupa@localhost ~] $ mkdir －v xiao
```

图 3.6　参数－v 效果图

例 3.7　在当前路径下，创建一个“test”目录，并同时在 test 目录下创建一个“stu”子目录，如图 3.7 所示。

```
[lupa@localhost ～]$ mkdir －pv test/stu
```

图 3.7　参数－p 的效果图

- rmdir：删除目录。

例 3.8　删除“xiao”目录。

```
[lupa@localhost ～]$ rmdir xiao
```

rmdir 命令使用格式如下。

rmdir　【路径或目录】

注意　rmdir 命令只能删除空的目录，如要删除非空目录，可以使用 rm 命令。

- rm：删除文件或目录。

例 3.9　删除/home 目录下的 b.txt 文件

```
[lupa@localhost ～]$ rm　/home/b.txt
```

rm 命令使用格式如下：

rm [参数] 文件

主要参数及含义见表 3.6。

表 3.6　rm 命令的参数及含义

参　数	含　义
－r	指示 rm 将参数中列出的全部目录和子目录均递归删除
－f	忽视不存在的文件，从不给予提示，在使用此参数时，需要谨慎，一定要清楚此目录是否真的要删除。

例 3.10　删除当前路径下的“test3”目录及“test3”目录中的所有内容，不提示删除信息。

```
[lupa@localhost ~]$ rm - rf test3
```

● cd：切换目录。

例 3.11　切换到当前目录下的“zb”子目录中。

```
[lupa@localhost ~]$ cd zb
```

cd 命令使用格式如下：

```
cd【路径或目录】
```

● mv：用来为文件或目录改名，或者将文件由一个目录移入另一个目录中，它的使用权限是所有用户。

例 3.12　将文件 a.txt 重命名为 aaa.txt。

```
[lupa@localhost zb]$ mv a.txt aaa.txt
```

例 3.13　将/usr/cbu 中的所有文件移到当前目录(用“.”表示)中。

```
[lupa@localhost ~]$ sudo mv /usr/cbu/ * .
```

mv 命令使用格式如下：

```
mv [源文件名] [目标文件名]
```

主要参数及含义见表 3.7。

表 3.7　mv 命令的参数及含义

参　数	含　义
—i	若 mv 操作将导致对已存在的目标文件的覆盖，此时系统询问是否重写，并要求用户回答 y 或 n，这样可以避免覆盖文件。
—f	禁止交互操作。在 mv 操作要覆盖某已有的目标文件时不给任何指示，在指定此选项后，参数—i 将不再起作用。

为了系统的安全，不建议使用 root 用户进行系统登录。而普通用户的权限是有限的，它们无法对 root 用户拥有的目录及文件进行操作，且因为普通用户是不允许知道 root 密码的，所以，无法使用 su 命令将当前用户切换为 root 用户。

为了使普通用户可以执行某些需要 root 权限的命令或者访问某些文件，需要 root 管理员为普通用户开放这些命令的权限，而普通用户执行这些开放的命令或文件时，需要使用 sudo 命令来执行。

root 管理员开放 sudo 权限的具体方法参见 3.3.2 节中介绍的 sudo。

● cp：将文件或目录复制到其他目录中，它的使用权限是所有用户。

例 3.14　将当前路径下的 zb 子目录下的 b.txt 复制到/home 目录下。

```
[lupa@localhost ~]$ sudo cp zb/b.txt /home
```

cp 命令使用格式如下：

```
cp [源文件名] [目标文件名]
```

主要参数及含义见表 3.8。

表 3.8　cp 命令的参数及含义

参　数	含　义
－a	拷贝时，保留链接、文件属性，并复制其子目录，其作用等于参数－dpr 的组合
－d	拷贝时，保留链接
－f	删除已经存在的目标文件而不提示
－i	在覆盖目标文件之前将给出提示要求用户确认。回答 y 时目标文件将被覆盖，而且是交互式拷贝
－p	拷贝时，除源文件外，还将把其修改时间和访问权限也复制到新的目录或新的文件
－r	若给出的源文件是一目录文件，此时 cp 将递归复制该目录下所有的子目录和文件。此时目标文件必然为一个目录名

● chmod：用于改变文件的访问权限。chmod 可使用符号标记和八进制数两种方式来修改文件的权限。

例 3.15　在当前目录下创建一个名为 view. log 的文件，使其权限为"－rw－rw－rw－"，如图 3.8 所示。

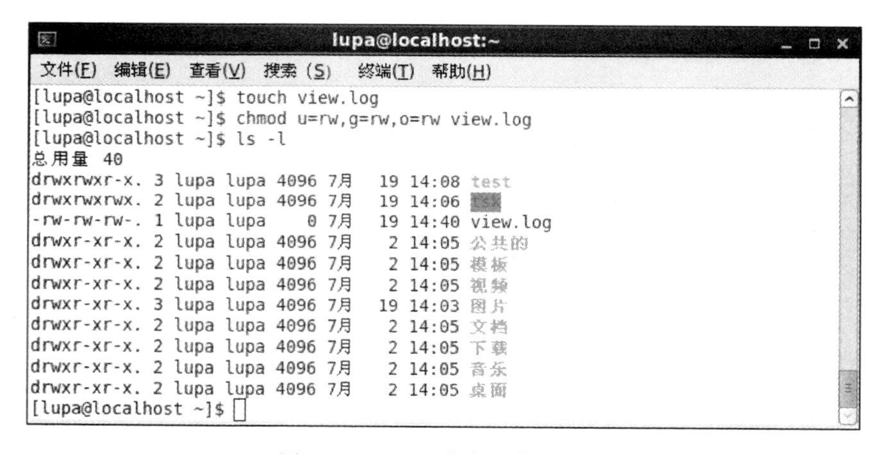

图 3.8　chmod 命令的使用方法

1. 符号标记法

```
[lupa@localhost ~]$ chmod u=rw,g=rw,o=rw view.log
```

其中，"u"表示文件拥有者，"g"表示文件的属组，"o"表示系统其他用户，"a"表示所有用户。

2. 八进制数标记法

```
[lupa@localhost ~]$ chmod 666 view.log
```

● chown：用于修改文件所有者和属组，chgrp 用于修改文件的组的所有权。chown 需要 root 权限；而 chgrp 只要该文件为所有者所有即可使用该命令，若为其他用户所有则需要 root 权限。

例 3.16　将/home 目录下的 aa 文件的所有者修改为 lupa 用户，如图 3.9 所示。

```
[lupa@localhost home] $ sudo chown lupa aa
```

```
lupa@localhost:/home
文件(F) 编辑(E) 查看(V) 搜索 (S) 终端(T) 帮助(H)
[lupa@localhost home]$ ls -l
总用量 8
-rw-r--r--.  1 root   root      0 7月  19 14:46 aa
drwx------. 33 lupa   lupa   4096 7月  19 14:41 lupa
drwx------.  4 xguest xguest 4096 7月   2 05:41 xguest
[lupa@localhost home]$ sudo chown lupa aa
[lupa@localhost home]$ ls -l
总用量 8
-rw-r--r--.  1 lupa   root      0 7月  19 14:46 aa
drwx------. 33 lupa   lupa   4096 7月  19 14:41 lupa
drwx------.  4 xguest xguest 4096 7月   2 05:41 xguest
[lupa@localhost home]$
```

图 3.9　chown 命令的使用方法

例 3.17　将/home 目录下的 aa 文件的用户组修改为 lupa。

```
[lupa@localhost home] $ sudo chgrp lupa aa
```

当然，也可以用 chown 命令来修改文件的用户组，可以用以下命令现实。

```
[lupa@localhost home] $ sudo chown lupa.lupa aa
```

- cat：连接并显示指定的一个和多个文件。

例 3.18　将文件 test1.c 和 test2.c 连接并显示。

```
[lupa@localhost ~] $ cat -n test1.c test2.c
```

其中，参数－n 表示由第一行开始对所有输出的行数编号。

- grep：在指定文件中搜索特定的内容，并将含有这些内容的行标准输出。

例 3.19　搜索并显示 Apache 服务器的监听端口的设置情况，如图 3.10 所示。

```
[lupa@localhost ~] $ grep "Listen" /etc/httpd/conf/httpd.conf
```

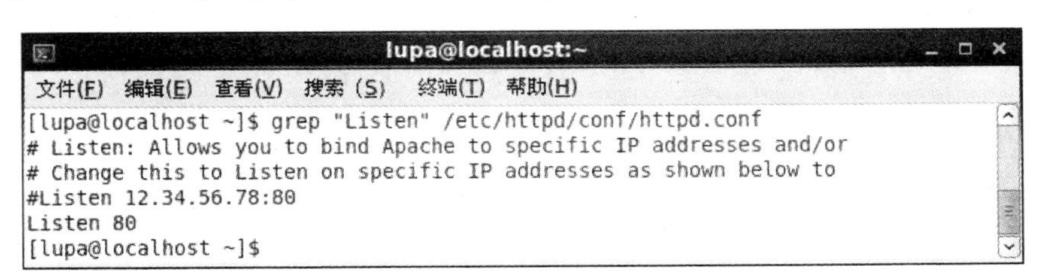

图 3.10　grep 信息

grep 命令使用格式如下：

```
grep [参数] [文件名]
```

主要参数和含义如表 3.9 所示。

表 3.9　grep 命令的参数和含义

参　数	含　义
－v	显示不包含匹配文本的所有行
－n	显示匹配行及行号

例 3.20 搜索当前目录中的所有文件内容，显示不包含“kkk”的所有行。

```
[lupa@localhost ~]$ grep -v kkk  *.*
```

例 3.21 搜索当前目录中的所有文件内容，显示包含有“kkk”行及行号。

```
[lupa@localhost ~]$ grep -n kkk *.*
```

- find：在目录中搜索文件，它的使用权限是所有用户。

例 3.22 在整个“/”目录中找一个文件名是 grub.conf 的文件，如图 3.11 所示。

```
[lupa@localhost ~]$ sudo find / -name grub.conf
```

图 3.11 find 命令返回信息

find 命令使用格式如下：

```
find [路径] [参数] [文件名]
```

主要参数和含义如表 3.10 所示。

表 3.10 find 命令的参数和含义

参 数	含 义
－name	输出搜索结果，并且打印
－user	显示搜索文件的属性

例 3.23 找出/home 目录下是“lupa”这个用户的文件，如图 3.12 所示。

```
[lupa@localhost ~]$ sudo find /home -user lupa
```

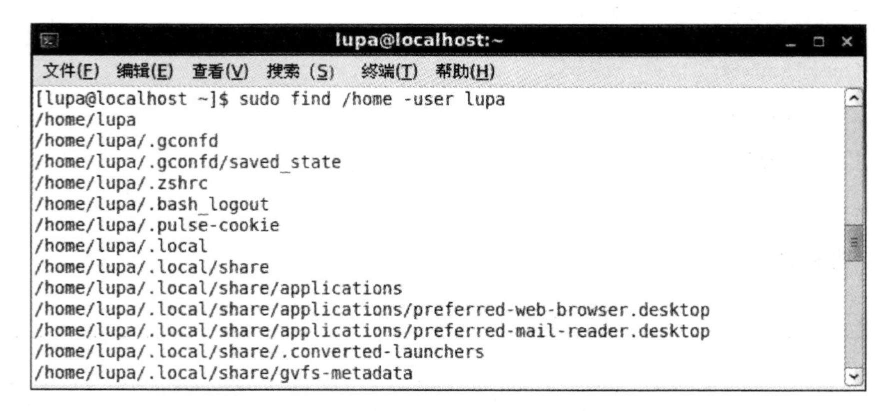

图 3.12 find 命令－user 参数

- gzip：Linux 系统中用于文件压缩与解压缩的命令之一，用此命令压缩生成的文件后

缀名为.gz。

例 3.24 在当前用户目录下新建一个 test1.c 文件,并进行压缩,压缩后的文件名为 test1.c.gz。

```
[lupa@localhost ~]$ vi test1.c
[lupa@localhost ~]$ gzip test1.c
```

gzip 命令使用格式如下:

```
gzip [参数][文件名]
```

主要参数和含义如表 3.11 所示。

表 3.11 gzip 命令的参数和含义

参数	含义
-d	对文件进行解压缩
-l	显示压缩文件的压缩文件的大小、未压缩文件的大小、压缩比例、未压缩文件名字
-r	查找指定目录并压缩或解压缩其中所有文件
-t	检查压缩文件是否完整

例 3.25 对例 3.24 中生成的 test1.c.gz 文件进行解压缩。

```
[lupa@localhost ~]$ gzip -d test1.c.gz
```

● bzip2:Linux 系统中用于文件压缩与解压缩的命令之一,用此命令压缩生成的文件后缀名为.bz2。

例 3.26 新建一个 test2.c 文件,进行压缩。压缩后的文件名为 test2.c.bz2。

```
[lupa@localhost ~]$ vi test2.c
[lupa@localhost ~]$ bzip2  test2.c
```

bzip2 命令使用格式如下:

```
bzip2 [参数][文件名]
```

主要参数和含义如表 3.12 所示。

表 3.12 bzip2 命令的参数和含义

参数	含义
-d	对文件进行解压缩
-r	查找指定目录并压缩或解压缩其中所有文件
-k	压缩文件并保留原文件
-z	强制进行压缩
-t	检查压缩文件是否完整

例 3.27 对 test2.c.bz2 文件进行解压缩。

```
[lupa@localhost ~]$ bzip2 -d test2.c.bz2
```

注意 用 bzip2 命令压缩文件后，原文件自动删除。如果要保留原文件可以使用－k 参数。

● tar：Linux 系统中备份文件的可靠方法，用于打包、压缩与解压缩，几乎可以工作于任何环境中，它的使用权限是所有用户。

例 3.28 将根目录下的 home 文件夹打包成 home.tar。

```
[lupa@localhost ~]$ sudo tar -cvf home.tar /home
```

tar 命令使用格式如下：

tar [参数] 文件名

参数和含义如表 3.13 所示。

表 3.13 tar 命令的参数和含义

参　数	含　义
－c	创建新的档案文件
－v	详细报告 tar 处理的文件信息
－z	调用 gzip 命令来压缩或解压缩文件
－j	调用 bzip2 命令来压缩或解压缩文件
－f	使用档案文件或设备，这个选项通常是必选的

例 3.29 将 home.tar 文件解压至当前目录下。

```
[lupa@localhost ~]$ sudo tar -xvf home.tar
```

例 3.30 使用 tar 和 gzip 命令打包并压缩 home 文件夹生成扩展名为.tar.gz 的文件。

```
[lupa@localhost ~]$ sudo tar -cvf home.tar./home
[lupa@localhost ~]$ sudo gzip home.tar
```

或者

```
[lupa@localhost ~]$ sudo tar -czf home.tar.gz./home
```

例 3.31 解压缩 home.tar.gz 文件。

```
[lupa@localhost ~]$ sudo tar -zxvf home.tar.gz
```

例 3.32 使用 tar 和 bzip2 命令打包并压缩 home 文件夹生成扩展名为.tar.bz2 的文件。

```
[lupa@localhost ~]$ sudo tar -cvf home.tar./home
[lupa@localhost ~]$ sudo bzip2  home.tar
```

例 3.33 解压缩 home.tar.gz 文件。

```
[lupa@localhost ~]$ sudo tar -xjvf home.tar.bz2
```

- mount,umount:分别用于挂载、卸载指定的文件系统。

例 3.34 挂载 U 盘(设 U 盘设备名为 sda1,可以用 fdisk -l 命令查看 U 盘设备名)至/mnt/usb 下,并查看 U 盘的内容。

```
[lupa@localhost ~]$ sudo mount /dev/sda1 /mnt/usb
[lupa@localhost ~]$ sudo cd /mnt/usb
[lupa@localhost usb]$ ls
```

例 3.35 卸载 U 盘,首先,应当退出挂载点,然后,使用 umount 卸载,如下操作,其中,“cd ~”表示将当前路径切换到当前用户的主目录下。

```
[lupa@localhost usb]$ cd ~
[lupa@localhost ~]$ sudo umount /mnt/usb
```

mount 命令使用格式如下:

```
mount [参数] 设备名  挂载目录
```

参数和含义如表 3.14 所示。

表 3.14 mount 命令的参数和含义

参 数	含 义
-t	指定设备的文件系统类型,如 vfat
-l	显示挂载的驱动卷

umount 命令使用格式如下:

```
umount  卸载目录
```

注意 在卸载之前,应当将当前路径从挂载点退出,再进行卸载操作。

例 3.36 在安装有 Windows 与 Linux 的双系统中,在 Linux 环境下使用 Windows 的资源,设 Windows 设备驱动名为 sda6。把 Windows 中的资源挂载到 Linux 下的/mnt/win 目录下。

```
[lupa@localhost ~]$ sudo mkdir /mnt/win
[lupa@localhost ~]$ sudo mount -t vfat /dev/sda6 /mnt/win
```

例 3.37 显示已挂载的驱动卷号,如图 3.13 所示。

```
[lupa@localhost ~]$ sudo mount -l
```

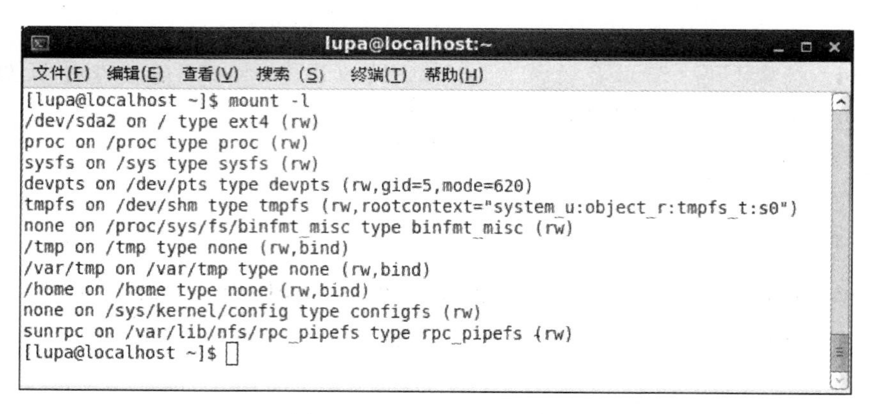

图 3.13 mount -l 返回信息

- ln:此命令可以创建文件链接。文件链接可以分为软链接(符号链接)和硬链接。

硬连接指通过索引节点来进行连接。在 Linux 的文件系统中,保存在磁盘分区中的文件不管是什么类型都给它分配一个编号,称为索引节点号(Inode Index)。在 Linux 中,多个文件名指向同一索引节点是存在的。一般这种连接就是硬连接。硬连接的作用是允许一个文件拥有多个有效路径名,这样,用户就可以建立硬连接到重要文件,以防止“误删”。

软链接文件有类似于 Windows 的快捷方式。它实际上是一个特殊的文件。在符号连接中,文件实际上是一个文本文件,其中包含有另一文件的位置信息。

ln 命令使用格式如下:

```
ln [参数] 源路径 目标路径
```

例 3.38 将/home 目录下的 netinstall 子目录下的文件,符号链接到/var/www/html 目录下,如图 3.14 所示。

```
[lupa@localhost ~]$ sudo ln - s /home/netinstall /var/www/html
```

图 3.14 ln 命令返回信息

- uname:用于查看系统的信息。如内核的版本号、主机名、发行版本号、处理器类型等等。

uname 命令使用格式如下:

```
uname [参数]
```

主要参数及含义见表 3.15。

表 3.15 uname 命令的参数及含义

参 数	含 义
－a	显示系统的全部信息
－m	显示 CPU 的类型
－r	显示操作系统的发行版号
－n	显示主机名称

- whereis：用于查找符合条件的文档，包括原始代码包、二进制文件，或是帮助文档。

whereis 命令使用格式如下：

```
whereis [参数] [文档]
```

例 3.39 当系统用 rpm 工具安装好 gcc，现在需要知道其安装在哪里，可以用以下命令来实现，如图 3.15 所示。

```
[lupa@localhost ~]$ whereis gcc
```

图 3.15 whereis 命令返回信息

3.3 Linux 系统的用户管理命令

Linux 是一个多用户的操作系统，每个用户又可以属于不同的用户组，下面介绍 Linux 系统的常用用户管理操作。

3.3.1 用户管理基础知识

1. 用户分类

在 Linux 系统中，用户一般可以分为超级用户和普通用户。超级用户的用户 ID(UID)为 0。在 Linux 系统中，创建一个普通用户，默认的用户 ID 一般从 500 开始。除了以上两种用户之外，还有一些系统安装好后就已经存在的用户，如 UID 为 1～499 的用户。

2. 用户的管理文件

(1)/etc/passwd

此文件用于存储系统的用户信息。每当创建一个用户时，就会在此文件中生成一条新记录。配置文件内容如图 3.16 所示。

```
root:x:0:0:root:/root:/bin/bash
bin:x:1:1:bin:/bin:/sbin/nologin
daemon:x:2:2:daemon:/sbin:/sbin/nologin
adm:x:3:4:adm:/var/adm:/sbin/nologin
lp:x:4:7:lp:/var/spool/lpd:/sbin/nologin
sync:x:5:0:sync:/sbin:/bin/sync
shutdown:x:6:0:shutdown:/sbin:/sbin/shutdown
halt:x:7:0:halt:/sbin:/sbin/halt
mail:x:8:12:mail:/var/spool/mail:/sbin/nologin
uucp:x:10:14:uucp:/var/spool/uucp:/sbin/nologin
operator:x:11:0:operator:/root:/sbin/nologin
games:x:12:100:games:/usr/games:/sbin/nologin
gopher:x:13:30:gopher:/var/gopher:/sbin/nologin
ftp:x:14:50:FTP User:/var/ftp:/sbin/nologin
nobody:x:99:99:Nobody:/:/sbin/nologin
dbus:x:81:81:System message bus:/:/sbin/nologin
```

图 3.16 /etc/passwd 文件内容

图 3.16 中的“root:x:0:0:root:/root:/bin/bash”分别表示“用户名:密码:UID:GID:用户描述:用户主目录:用户登录的 shell”。

(2)/etc/shadow

此文件用于存储用户的口令信息。

其格式如下:

用户名:口令:最后一次修改口令的日期:口令的最小使用天数:口令的最大使用天数:口令失效前多少天警告:过期后多少天禁用帐户:有效期:保留。如图 3.17 所示。

lupa@localhost:~

文件(F) 编辑(E) 查看(V) 搜索(S) 终端(T) 帮助(H)

```
root:$6$nIvUdinnbx.RzItZ$yQy7rzlf2WaKrUW2rTIiWQOl5r2TenI7YNxFlCWQli2Iibiafenecp
DNTkKEWQQmMIHP.ir0bM/Bl5.PEGMnA1:15887:0:99999:7:::
bin:*:15628:0:99999:7:::
daemon:*:15628:0:99999:7:::
adm:*:15628:0:99999:7:::
lp:*:15628:0:99999:7:::
sync:*:15628:0:99999:7:::
shutdown:*:15628:0:99999:7:::
halt:*:15628:0:99999:7:::
mail:*:15628:0:99999:7:::
uucp:*:15628:0:99999:7:::
operator:*:15628:0:99999:7:::
games:*:15628:0:99999:7:::
gopher:*:15628:0:99999:7:::
ftp:*:15628:0:99999:7:::
nobody:*:15628:0:99999:7:::
```

图 3.17 /etc/shadow 文件内容

在以前,密码是放在 passwd 文件之中的,为了使 Linux 更加安全,于是就把密码存放在 shadow 文件中,其文件的权限为 000。

(3)/etc/group

此文件用于存放系统的用户组信息。

其格式如下:

用户组名:口令:GID:成员列表。如图 3.18 所示。

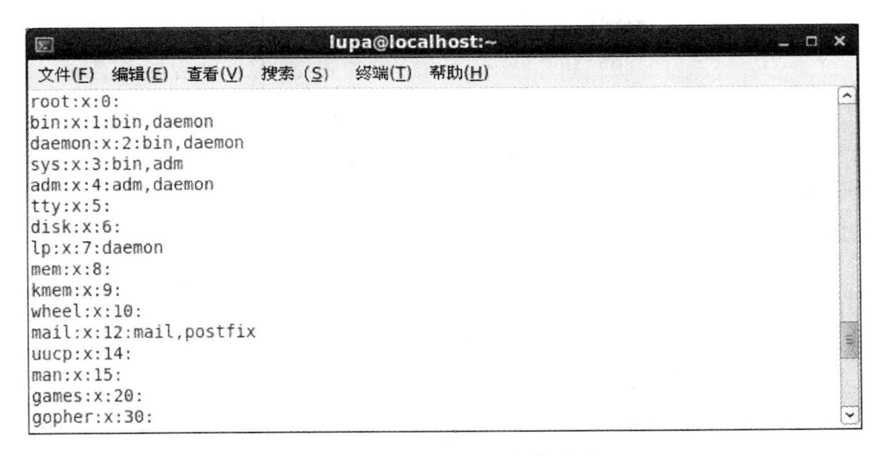

图 3.18　/etc/group 文件内容

(4)/etc/gshadow

此文件用于存放用户组的口令信息。

其格式如下：

用户组名:口令:管理员:成员。如图 3.19 所示。

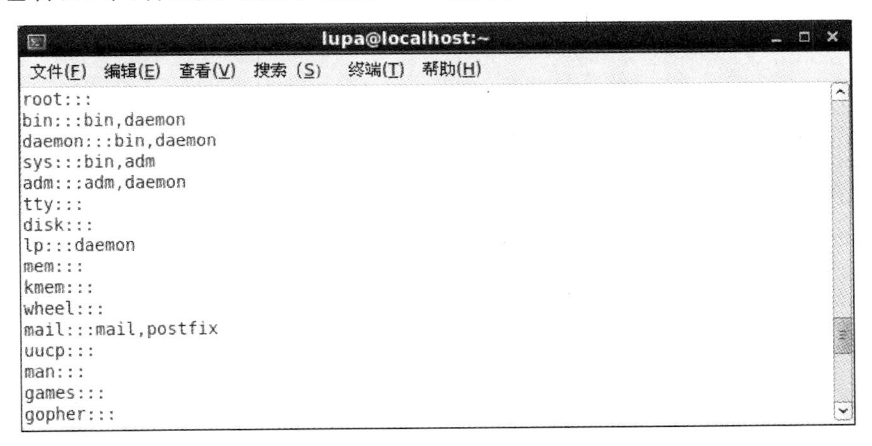

图 3.19　/etc/gshadow 文件内容

(5)/etc/login.defs

此文件用于存储新用户的部分默认规则信息，当创建一个用户时，要使用此文件的规则。

主要语句及作用：

“MAIL_DIR [路径]”，用于设置用户的默认邮箱位置。Linux 系统中默认为/var/spool/mail。

“PASS_MAX_DAYS [数字]”，用于设置口令的最大使用天数，默认为 99999 天。

“PASS_MIN_DAYS [数字]”，用于设置口令的最小使用天数，默认为 0 天。

“PASS_MIN_LEN [数字]”，用于设置口令的最小长度，默认为 5 位。

“PASS_WARN_AGE [数字]”，用于设置口令的过期警告日期，默认为 7 天。

“UID_MIN [数字]”与“UID_MAX [数字]”，用于设置自动生成的 UID 范围，Linux 系

统默认 UID 范围为 500～60000。

“GID_MIN [数字]”与“GID_MAX [数字]”，用于设置自动生成的 GID 范围，Linux 系统默认 GID 范围为 500～60000。

“CREATE_HOME [yes/no]”，用于设置系统是否自动创建用户主目录。

(6)/etc/default/useradd

此文件用于存储新建用户的部分默认规则信息。当创建一个用户时，要使用此文件的规则。

主要语句及其作用：

“GROUP＝数字”，默认为 100，表示可以创建普通组。

“HOME＝路径”，用于设置用户主目录的默认路径，默认为/home。

“INACTIVE＝数字”，用于是否启用账号过期停权，－1 表示不启用。

“EXPIRE＝日期”，表示账号的终止日期，不设置表示不启用。账号失效日期格式如：20130808。

“SHELL＝路径”，用于指定用户的默认 shell。

“SKEL＝路径”，用于设置默认用户配置文件的位置，默认为/etc/skel，当创建一个用户时，用户家目录下的文件都是从此路径复制过去的。

“CREATE_MAEL_SPOOL＝yes/no”，用于设置是否创建邮箱。

(7)与用户相关的环境配置文件

/etc/profile 用户的登录脚本

.bash_profile 用户个人登录脚本

.bash_history 用户历史命令记录文件

.bash_logout 用户注销脚本

.bashrc 设置命令别名

3.3.2 用户管理

- useradd：创建一个新用户。

格式如下：

```
useradd [参数] 用户名
```

主要参数和含义如表 3.16 所示。

表 3.16 useradd 命令的参数和含义

参数	含义
－g	指定用户所属的群组
－m	自动建立用户的登录目录
－n	取消建立以用户名称为名的群组
－d	指定用户的主目录
－e	指定用户的有效期

例 3.40　创建一个名为 test 的用户，并将 test 用户添加到 root 组中。

```
[lupa@localhost ~]$ sudo useradd test -g root
```

例 3.41　创建一个名为 stu 的用户，并取消以用户名为名的群组。

```
[lupa@localhost ~]$ sudo useradd -n stu
```

例 3.42　创建一个名为 abc 的用户，将主目录指向/opt/abc 下。

```
[lupa@localhost ~]$ sudo useradd abc -d /opt/abc
```

● passwd:更改用户的账号密码。

例 3.43　给新建的 test 用户，设置密码为 123456。

```
[lupa@localhost ~]$ sudo  passwd test
```

最后，输入两次密码即可。

● su:变更为其他用户，当普通用户身份转变为超级用户时，可以用 su 命令来实现。

例 3.44　将当前用户切换至 root 用户，如图 3.20 所示。

图 3.20　su 命令切换用户

```
[lupa@localhost ~]$  su - root
```

其中，"-"表示切换用户，同时变更用户主目录以及其 SHELL，USER，LOGNAME，PATH 等变量。

● usermod:设置用户账号属性。能修改用户的归属用户组，能修改用户密码的有效期，还能修改用户帐户名及其主目录。

格式如下：

```
usermod  [参数] 用户名
```

主要参数和含义如表 3.17 所示。

表 3.17　usermod 命令的参数和含义

参　数	含　义
-d	修改用户的主目录
-l	变更用户登录时的名称为登录名。其他不变。特别是，用户目录名应该也会跟着更动成新的登入名。
-e	修改用户的使用有效期

例 3.45　将 lupa 用户设置为 root 用户组的成员。

```
[lupa@localhost ~]$ sudo usermod -g root lupa
[lupa@localhost ~]$ sudo groups lupa
```

可以查看到 root 组有 lupa 用户成员。

例 3.46 将 test 用户更名为 test_1，且将主目录/home/test 转移至/tmp/test_1。

```
[lupa@localhost ~] $ sudo usermod -d /tmp/test_1 -m -l test_1 test
```

- userdel：删除对应账号。

格式如下：

```
userdel [参数] 用户名
```

例 3.47 删除 test 用户，并同时删除其主目录。

```
[lupa@localhost ~] $ sudo userdel -r test
```

其中，参数-r 就是表示删除用户主目录的。

- groupadd：创建一个用户组，同时也可以设置用户组的值。

例 3.48 创建一个用户组为 lupa_group，并设置 GID 号为 888。

```
[lupa@localhost ~] $ sudo groupadd -g 888 lupa_group
```

- groupmod：修改用户组信息。

例 3.49 修改 lupa_group 用户组名为 lupagov_group。

```
[lupa@localhost ~] $ sudo groupmod -n lupagov_group lupa_group
```

- groupdel：删除用户组。

例 3.50 删除 lupagov_group 用户组。

```
[lupa@localhost ~] $ sudo groupdel lupagov_group
```

- groups：查看用户所属组的信息。

例 3.51 查看 lupa 用户属于哪个组的成员。

```
[lupa@localhost ~] $ sudo groups lupa
```

- who：主要用于查看当前在线上的用户情况。

who 命令使用格式如下：

```
who [参数]
```

主要参数及含义见表 3.18。

表 3.18 who 命令的参数及含义

参　数	含　义
-a	显示所有用户的所有信息
-u	在登录用户后面显示该用户最后一次对系统进行操作距今的时间
-q	只显示用户的登录账号和登录用户的数量，该选项优先级高于其他任何选项

例 3.52 查看本地系统的远程登录用户，并将其退出本地系统。如图 3.21 所示。

```
[lupa@localhost ~] $ who
```

[lupa@localhost ~]$ pkill -9 -t pts/3

```
lupa@localhost:~
文件(F) 编辑(E) 查看(V) 搜索(S) 终端(T) 帮助(H)
[lupa@localhost ~]$ who
lupa     tty7         2013-07-19 13:50 (:0)
lupa     pts/0        2013-07-19 14:01 (:0.0)
lupa     pts/1        2013-07-19 15:36 (10.0.2.15)
lupa     pts/3        2013-07-19 15:51 (:0.0)
[lupa@localhost ~]$ pkill -9 -t pts/3
[lupa@localhost ~]$ who
lupa     tty7         2013-07-19 13:50 (:0)
lupa     pts/0        2013-07-19 14:01 (:0.0)
lupa     pts/1        2013-07-19 15:36 (10.0.2.15)
[lupa@localhost ~]$
```

图 3.21 查看并退出用户

例 3.53 查看本地系统有哪些用户的登录账号和登录用户的数量，如图 3.22 所示。

[lupa@localhost ~]$ who -q

```
lupa@localhost:~
文件(F) 编辑(E) 查看(V) 搜索(S) 终端(T) 帮助(H)
[lupa@localhost ~]$ who -q
lupa lupa lupa
# 用户数=3
[lupa@localhost ~]$
```

图 3.22 who 查看用户

- last：查看最近几次的用户登录情况。当执行 last 命令时，它会读取位于/var/log 目录下，名称为 wtmp 的文件，并把该文件记录的登入过系统的用户名单全部显示出来。

例 3.54 查看本地所有用户的登录情况。如图 3.23 所示。

[lupa@localhost ~]$ last

```
lupa@localhost:~
文件(F) 编辑(E) 查看(V) 搜索(S) 终端(T) 帮助(H)
[lupa@localhost ~]$ last
lupa     pts/3        :0.0             Fri Jul 19 15:51 - 15:52  (00:00)
lupa     pts/2        :0.0             Fri Jul 19 15:50 - 15:50  (00:00)
lupa     pts/1        10.0.2.15        Fri Jul 19 15:36   still logged in
lupa     pts/0        :0.0             Fri Jul 19 14:01   still logged in
lupa     tty7         :0               Fri Jul 19 13:50   still logged in
root     pts/5        :0.0             Wed Jul 17 14:52 - 15:04  (00:12)
lupa     pts/5        10.0.2.15        Wed Jul 17 06:27 - 06:28  (00:00)
lupa     pts/5        10.0.2.15        Wed Jul 17 06:03 - 06:03  (00:00)
lupa     pts/5        10.0.2.15        Wed Jul 17 06:02 - 06:02  (00:00)
root     pts/4        :0.0             Wed Jul 17 06:02 - 06:02  (00:00)
root     pts/3        :0.0             Wed Jul 17 06:02 - 06:29  (00:27)
root     pts/2        :0.0             Wed Jul 17 06:01 - 06:29  (00:27)
root     pts/1        :0.0             Wed Jul 17 06:01 - 06:29  (00:27)
root     pts/0        :0.0             Wed Jul 17 06:01 - 13:34 (2+07:33)
lupa     pts/5        10.0.2.15        Wed Jul 17 06:00 - 06:00  (00:00)
root     pts/4        :0.0             Wed Jul 17 06:00 - 06:00  (00:00)
root     pts/3        :0.0             Wed Jul 17 06:00 - 06:01  (00:01)
root     pts/2        :0.0             Wed Jul 17 06:00 - 06:01  (00:01)
lupa     pts/2        10.0.2.15        Wed Jul 17 05:58 - 05:59  (00:01)
root     pts/1        :0.0             Wed Jul 17 05:58 - 06:00  (00:01)
lupa     pts/1        10.0.2.15        Wed Jul 17 05:18 - 05:19  (00:01)
```

图 3.23 last 命令返回信息

在图 3.23 中，可以看到登录的用户名、终端、IP 地址、时间等信息。

例 3.55 查看 root 用户的登录情况。

```
[lupa@localhost ~]$ last root
```

- lastlog：上次登录的系统用户数，登录信息是从/var/log/lastlog 读取的。

```
[lupa@localhost ~]$ lastlog
```

- sudo：通过 sudo 可以执行超级用户或其他用户拥有权限的命令。例如，useradd 命令只允许超级用户（root）才能执行，但是，通过设置，普通用户可以拥有执行 useradd 命令的权限。

例 3.56 为当前用户（lupa）设置 root 拥有的所有权限。

```
[lupa@localhost ~]$ su root
[root@localhost ~]$ visudo
```

或者

```
[root@localhost ~]$ vi /etc/sudoers
```

在执行 visudo 命令时，打开的是/etc/sudoers 配置文件，然后，找到“root   ALL=(ALL)   ALL”语句，并在此语句下添加“lupa   ALL=(ALL)   ALL”，如图 3.24 所示。然后，保存并退出。

```
[root@localhost ~]$ exit
[lupa@localhost ~]$
```

此时，lupa 用户就可以通过 sudo 命令访问 root 权限的所有文件了。即 lupa 用户的权限与 root 权限一致。

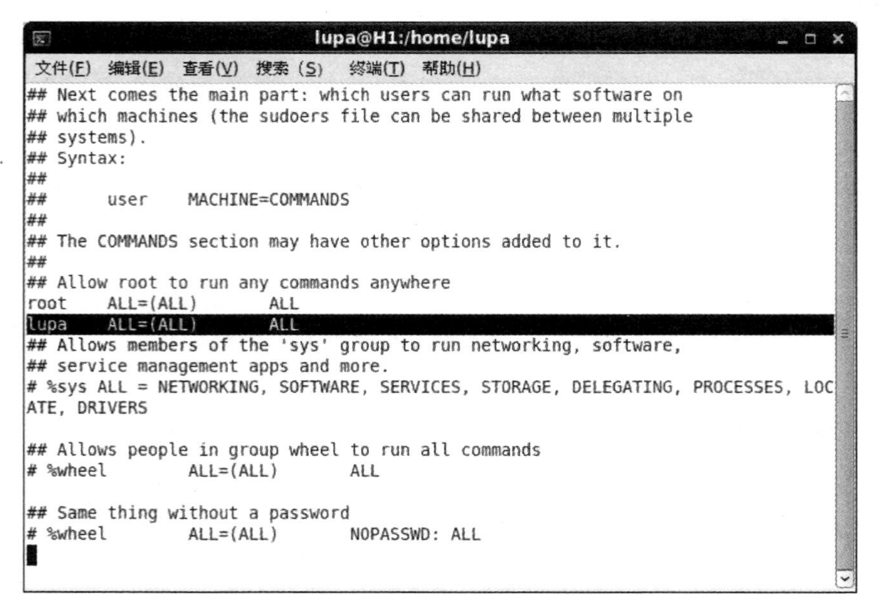

图 3.24 /etc/sudoers 配置文件

图 3.24 中，“lupa”表示对 lupa 用户开放权限，第 1 个“ALL”代表所有主机，第 2 个“ALL”代表所有用户，第 3 个“ALL”代表所有命令。所以，添加的语句表示，lupa 用户可以在任何主机上运行所有用户的所有命令，即拥有了 root 用户权限，所以，需要用户谨慎使用。

3.4　Linux 系统的网络管理

3.4.1　设置本地网络

在 CentOS 系统中设置网络的方法可以有两种。一种是图形设置方式，另一种是直接修改网络配置文件方式。

图形设置网络方式，前提是系统必须运行在 X-Windows 图形环境下，其优点是比直接修改网络配置文件更简单、快捷。但是，其实质还是对网络配置文件进行修改。本章仅介绍直接修改网络配置文件方式，图形设置方式可以查看第 5 章。

如果 Linux 的发行版不同，网络配置文件路径与名称均会不一样。有的网络配置文件为/etc/sysconfig/network-scripts/ifcfg-eth0，有的 Linux 发行版（如 ubuntu）则为/etc/network/interfaces。

本书用的 Linux 系统为 CentOS 6.4，其网络配置文件路径为/etc/sysconfig/network-scripts/ifcfg-eth0。其内容如图 3.25 所示。从图中可知，系统的网络获取方式为 DHCP 动态获取。

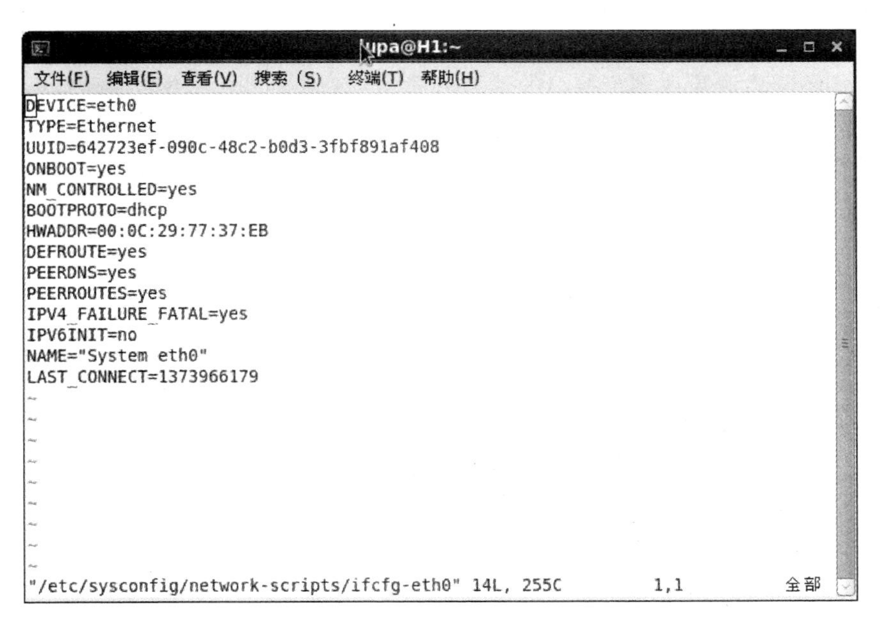

图 3.25　动态获取 IP 地址

例 3.57 将动态获取 IP 地址改为手动静态设置，要求：设置 IP 地址为 192.168.2.100，子网掩码为 255.255.255.0，网关为 192.168.2.1，DNS 服务器地址设置为 202.101.172.46，搜索域为 202.101.172.35。

操作如下：

步骤 1 打开网卡配置文件。命令如下：

```
[lupa@localhost ~]$ sudo vi /etc/sysconfig/network-scripts/ifcfg-eth0
```

然后，修改或添加内容如下：

```
BOOTPROTO = static            //设置 ip 地址获取方式，dhcp 表示动态获取，static 表示静态设置
IPADDR = 192.168.2.10         //表示设置 ip 地址
PREFIX = 24                   //表示设置子网掩码，此语句也可以用 NETMASK = 255.255.255.0
GATEWAY = 192.168.2.1         //表示设置网关
DNS1 = 202.101.172.46         //表示设置 DNS 服务器地址
DOMAIN = 202.101.172.35       //表示设置 DNS 搜索域
```

步骤 2 重启网络。命令如下：

```
[lupa@localhost ~]$ sudo /etc/init.d/network restart
```

3.4.2 网络管理的常用命令

由于 Linux 系统是在 Internet 上起源和发展起来的，因此，它拥有强大的网络功能和丰富的网络应用软件，尤其是 TCP/IP 网络协议的实现尤为成熟。Linux 的网络命令比较多，其中一些命令像 ping、ftp、telnet、route、netstat 等在其他操作系统上也能使用，但也有一些 UNIX/Linux 系统独有的命令，如 ifconfig、finger、mail 等。Linux 网络操作命令的特点是命令参数选项多和功能强。

- ifconfig：查看和更改网络接口的地址和参数，包括 IP 地址、网络掩码、广播地址，使用权限是超级用户。

例 3.58 给 eth0 接口设置 IP 地址 192.168.2.84，并且马上激活它。

```
[lupa@ localhost ~] $ sudo ifconfig eth0 192.168.1.15 netmask 255.255.255.68 broadcast
192.168.2.158 up
```

ifconfig 命令使用格式如下：

```
ifconfig <网络适配器名> [IP netmask 子网掩码] <up|down>
```

主要参数和含义如表 3.19 所示。

表 3.19 ifconfig 命令的参数和含义

参　数	含　义
－interface	指定网络接口名
broadcast address	设置接口的广播地址

例 3.58 暂停 eth0 网络接口的工作。

```
[lupa@localhost ~]$ sudo ifconfig eth0 down
```

- ifup：激活某个网络适配卡。

例 3.59　激活名为 eth0 的网卡。

```
[lupa@localhost ~]$ sudo ifup eth0
```

- ifdown：关闭某个网络适配卡。

例 3.60　关闭名为 eth0 的网卡。

```
[lupa@localhost ~]$ sudo ifdown eth0
```

- ping：检测主机网络接口状态，使用权限是所有用户。

例 3.61　用 ping 命令测试与主机 10.0.2.15 的连通情况，如图 3.26 所示。

```
[lupa@localhost ~]$ ping 10.0.2.15
```

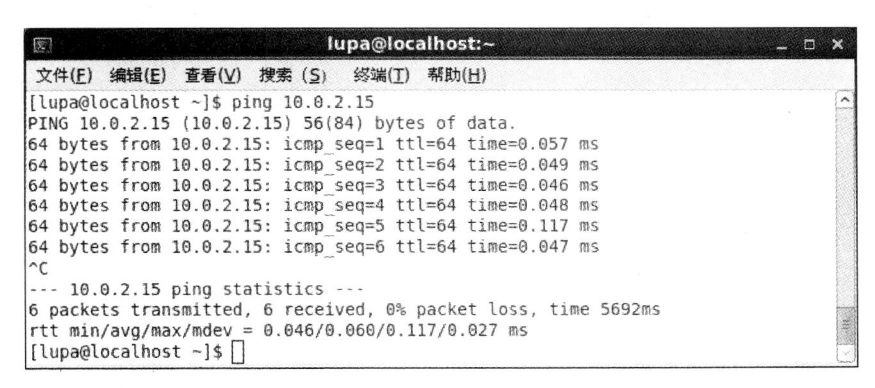

图 3.26　ping 返回信息

ping 命令使用格式如下：

```
ping [参数] <IP|域名>
```

主要参数和含义如表 3.20 所示。

表 3.20　ping 命令的参数和含义

参　数	含　义
-c	在发送指定数目的数据包后停止
-s	设置发送数据包的大小，单位为 Byte

例 3.62　本地主机用 ping 命令连接远程主机（192.168.1.15）并发送 4 次数据包。

```
[lupa@localhost ~]$ ping 192.168.1.15 -c 4
```

例 3.63　本地主机用 ping 命令连接远程主机（192.168.2.176），并发送大小为 1MB 的数据包。

```
[lupa@localhost ~]$ ping -s 1024 192.168.2.176
```

- netstat：检查整个 Linux 网络状态。

例 3.64 显示处于监听状态的端口。

```
[lupa@localhost ~]$ netstat
```

netstat 命令使用格式如下：

```
netstat [参数]
```

主要参数和含义如表 3.21 所示。

表 3.21 netstat 命令的参数和含义

参 数	含 义
—r	显示 Routing Table
—a	显示所有连线中的 Socket

例 3.65 显示本机路由表。

```
[lupa@localhost ~]$ netstat - r
```

例 3.66 显示处于监听状态的所有端口。

```
[lupa@localhost ~]$ netstat - a
```

- arp：用于确定 IP 地址对应的网卡物理地址，查看本地计算机或另一台计算机的 ARP 高速缓存中的当前内容。

例 3.67 查看高速缓存中的所有项目。

```
[lupa@localhost ~]$ arp - a 192.168.2.1
```

arp 命令使用格式如下：

```
arp [参数]
```

主要参数和含义如表 3.22 所示。

表 3.22 arp 命令的参数和含义

参 数	含 义
—a	显示所有与该接口相关的 arp 缓存项目
—e	显示系统默认(Linux 方式)的缓存情况

例 3.68 显示默认的缓存情况。

```
[lupa@localhost ~]$ arp
```

- telnet：用于通过 telnet 协议登入远端主机。

例 3.69 远程登录到 192.168.2.84。

```
[lupa@localhost ~]$ telnet 192.168.2.84
```

- ftp：进行远程文件传输。

例 3.70 登录 IP 为 192.168.2.84 的 FTP 服务器。

[lupa@localhost ~] $ ftp 192. 168. 2. 84

● ssh：也是一种远程登录协助工具，只不过要比 telnet 远程登录安全。

ssh 命令使用格式如下：

ssh [参数] [远程主机或 IP 地址]

例 3.71　用 lupa 账号登录到远程主机，远程主机的 IP 地址为 10. 0. 2. 15，如图 3. 27 所示。

[lupa@localhost ~] $ ssh lupa@10. 0. 2. 15

```
lupa@localhost:~
文件(F) 编辑(E) 查看(V) 搜索 (S) 终端(T) 帮助(H)
[lupa@localhost ~]$ ssh lupa@10.0.2.15
The authenticity of host '10.0.2.15 (10.0.2.15)' can't be established.
RSA key fingerprint is 87:77:cd:9d:bb:31:9d:3c:5c:b6:d0:39:43:5b:65:3a.
Are you sure you want to continue connecting (yes/no)? yes
Warning: Permanently added '10.0.2.15' (RSA) to the list of known hosts.
lupa@10.0.2.15's password:
Last login: Wed Jul 17 06:27:41 2013 from 10.0.2.15
[lupa@localhost ~]$
```

图 3. 27　ssh 远程登录

● scp：一个可以将文件在本地与远程主机上相互传送的命令。可以是本地文件转送到远程主机上，也可以是远程文件转送到本地主机上。

例 3.72　将远程主机上的/home 目录下的 test. log 文件复制到本地主机的当前目录下，此时，可以使用 scp 命令，如图 3. 28 所示。

[lupa@localhost ~] $ scp root@10. 0. 2. 15：/home/test. log .

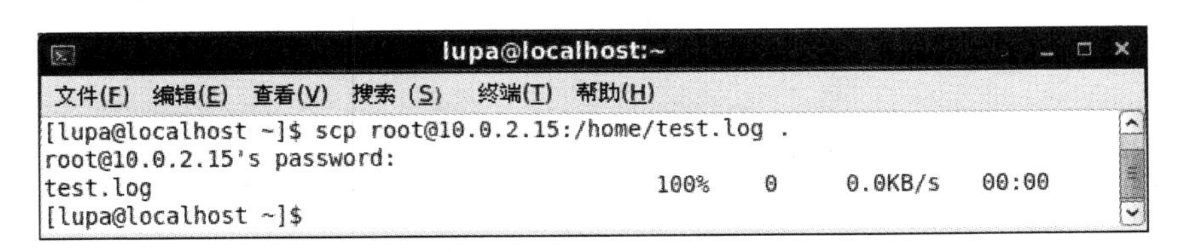

图 3. 28　scp 命令远程复制文件至本地主机上

例 3.73　将当前用户目录下的 view. log 文件复制到远程主机的/home 目录下，远程主机 IP 地址为 10. 0. 2. 15。如图 3. 29 所示。

[lupa@localhost ~] $ scp view. log root@10. 0. 2. 15：/home

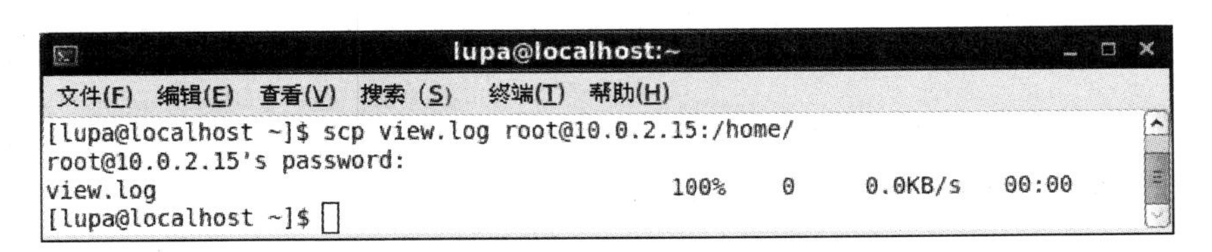

图 3. 29　scp 命令复制本地文件到远程主机上

3.5 Linux系统的软件管理命令

3.5.1 软件(或系统)更新

1. 图形方式的软件更新

点击【系统】→【管理】→【更新软件】菜单，如图3.30所示。

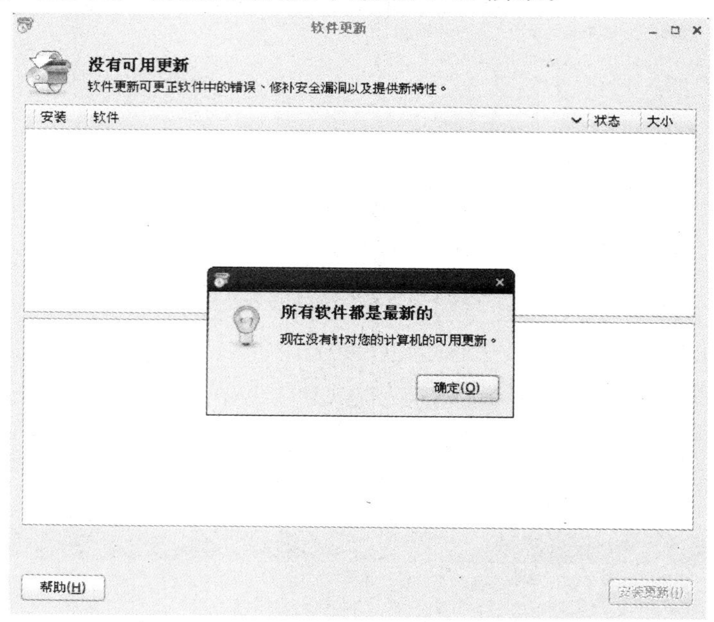

图3.30 系统更新

2. 命令方式的系统或软件更新

更新系统或软件的命令为yum。

具体操作如下：

```
[lupa@localhost ~]$ sudo yum update
```

注意 以上系统更新需要满足两个条件：一是系统需要连接互联网；二是需要有可用的软件源(或者软件仓库)。网络源存放的路径是/etc/yum.repos.d。

3.5.2 软件管理

1. 图形方式下的软件管理

点击【系统】→【管理】→【添加/删除软件】菜单，如图3.31所示。可以在图3.31所示的界面中进行安装、卸载软件等操作。

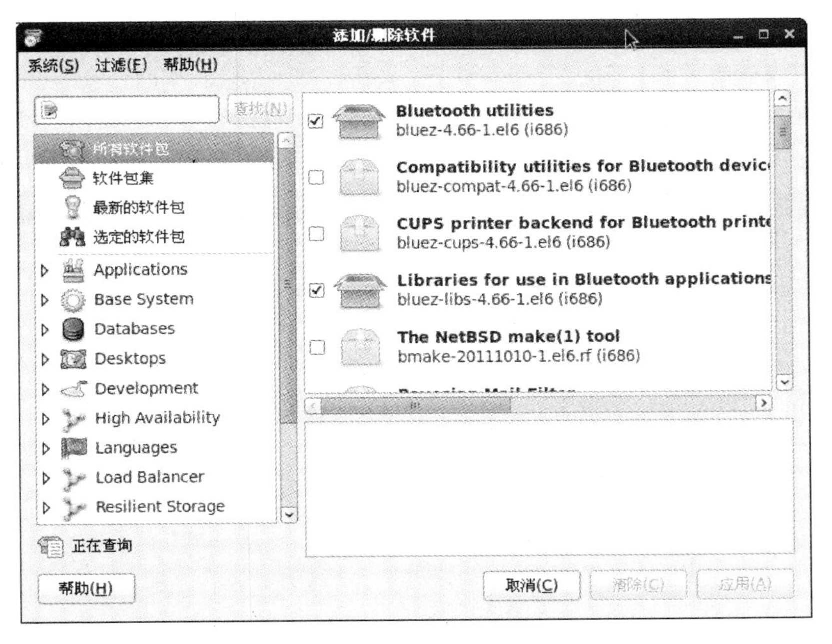

图 3.31　添加/删除软件

2. 命令方式下的软件管理

(1)通过 rpm 命令安装存放在本地中的 rpm 软件

例 3.74　已知安装光盘挂载在系统中,现在要求安装 vsftpd－2.2.2,同时显示安装过程,操作如下:

```
[lupa@localhost ~]$ sudo rpm -ivh /media/CentOS_6.4_Final/Packages/vsftpd-2.2.2-11.el6_3.1.i686.rpm
```

例 3.75　要求卸载 vsftpd 软件。操作如下:

```
[lupa@localhost ~]$ sudo rpm -e  vsftpd
```

rpm 命令使用格式如下:

```
rpm [参数]
```

主要参数和含义如表 3.23 所示。

表 3.23　rpm 命令的参数和含义

参　数	含　义
－ivh	安装指定的软件包并显示安装进度
－Uvh	升级指定的软件包
－e	删除指定的软件包
－qf	查找指定文件属于哪个 rpm 软件包
－qpl	列出 rpm 软件包内的文件信息
－qpi	列出 rpm 软件包的描述信息

(2)通过 yum 方式安装软件

yum 方式安装软件是通过可用的软件源(或软件仓库)来实现的。在 CentOS 系统中，软件源文件存放在/etc/yum. repos. d/目录下，后缀为“. repo”，其中，基本源为 CentOS－Base. repo，如图 3. 32 所示，从图中的信息中的“sjtu”，可以知道此源来自上海交通大学。

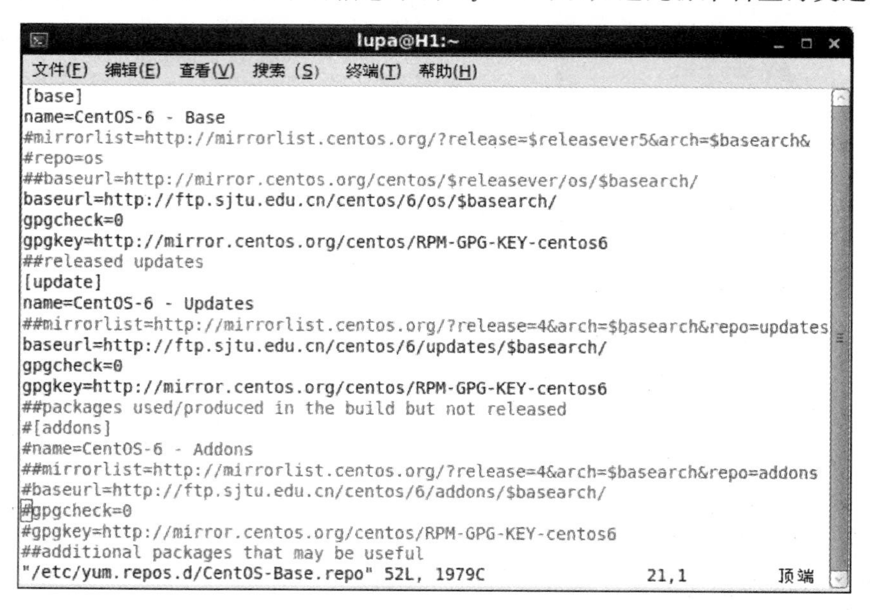

图 3. 32 基本软件源文件的内容

软件源设置完成后，就可以通过 yum 命令更新系统、安装软件，当然，也可以通过它来卸载、查看软件信息。

例 3. 76 通过 yum 方式安装 smplayer 播放器软件。操作如下：

```
[lupa@localhost ~]$ sudo yum -y install smplayer
```

例 3. 77 通过 yum 方式删除 totem 播放器。操作如下：

```
[lupa@localhost ~]$ sudo yum -y remove  totem
```

例 3. 78 通过 yum 方式检查当前可以更新的软件包。操作如下：

```
[lupa@localhost ~]$ sudo yum check -update
```

例 3. 79 通过 yum 方式显示所有已经安装和可以安装的软件包。操作如下：

```
[lupa@localhost ~]$ sudo yum list
```

例 3. 80 通过 yum 方式清除缓存目录下的软件以及旧的 headers。操作如下：

```
[lupa@localhost ~]$ sudo yum clean all
```

3.6　Linux 系统的进程与监控

3.6.1　系统的进程管理

● ps：用于查看当前系统中的用户进程。

ps 命令使用格式如下：

ps［参数］

主要参数及含义见表 3.24。

表 3.24　ps 命令的参数及含义

参　数	含　义
－ef	查看所有进程及其 PID（进程号）、系统时间、命令详细目录、执行者等
－aux	除可显示－ef 所有内容外，还可显示 CPU 有内存占用率、进程状态
－w	显示加宽并且可以显示较多的信息

例 3.81　查看系统当前运行的所有进程。如图 3.33 所示。

```
lupa@localhost:~
文件(F) 编辑(E) 查看(V) 搜索(S) 终端(T) 帮助(H)
[lupa@localhost ~]$ ps -ef|more
UID        PID  PPID  C STIME TTY          TIME CMD
root         1     0  0 Jul17 ?        00:00:02 /sbin/init
root         2     0  0 Jul17 ?        00:00:00 [kthreadd]
root         3     2  0 Jul17 ?        00:00:00 [migration/0]
root         4     2  0 Jul17 ?        00:00:03 [ksoftirqd/0]
root         5     2  0 Jul17 ?        00:00:00 [migration/0]
root         6     2  0 Jul17 ?        00:00:03 [watchdog/0]
root         7     2  0 Jul17 ?        00:01:18 [events/0]
root         8     2  0 Jul17 ?        00:00:00 [cgroup]
root         9     2  0 Jul17 ?        00:00:00 [khelper]
root        10     2  0 Jul17 ?        00:00:00 [netns]
root        11     2  0 Jul17 ?        00:00:00 [async/mgr]
root        12     2  0 Jul17 ?        00:00:00 [pm]
root        13     2  0 Jul17 ?        00:00:02 [sync_supers]
root        14     2  0 Jul17 ?        00:00:01 [bdi-default]
root        15     2  0 Jul17 ?        00:00:00 [kintegrityd/0]
root        16     2  0 Jul17 ?        00:00:12 [kblockd/0]
root        17     2  0 Jul17 ?        00:00:00 [kacpid]
root        18     2  0 Jul17 ?        00:00:00 [kacpi_notify]
root        19     2  0 Jul17 ?        00:00:00 [kacpi_hotplug]
root        20     2  0 Jul17 ?        00:04:39 [ata/0]
root        21     2  0 Jul17 ?        00:00:00 [ata_aux]
root        22     2  0 Jul17 ?        00:00:00 [ksuspend_usbd]
root        23     2  0 Jul17 ?        00:00:00 [khubd]
root        24     2  0 Jul17 ?        00:00:00 [kseriod]
root        25     2  0 Jul17 ?        00:00:00 [md/0]
root        26     2  0 Jul17 ?        00:00:00 [md_misc/0]
root        27     2  0 Jul17 ?        00:00:00 [khungtaskd]
root        28     2  0 Jul17 ?        00:00:00 [kswapd0]
root        29     2  0 Jul17 ?        00:00:00 [ksmd]
root        30     2  0 Jul17 ?        00:00:00 [aio/0]
root        31     2  0 Jul17 ?        00:00:00 [crypto/0]
root        36     2  0 Jul17 ?        00:00:00 [kthrotld/0]
--More--
```

图 3.33　ps 命令返回信息

```
[lupa@localhost ~]$ ps - ef |more
```

图 3.33 中，UID 表示进程的所有者的 ID，PID 表示进程的 ID 号，PPID 表示父进程 ID 号，C 表示 CPU 利用率，STIME 表示系统时间，TTY 表示控制终端号，TIME 表示表示该进程自启动以来所占用的总 CPU 时间，单位为秒，CMD 表示可执行的命令。

● top：和 ps 命令的基本作用是相同的，显示系统当前的进程和其他状况。但是 top 命令是一个动态显示过程，如图 3.34 所示。

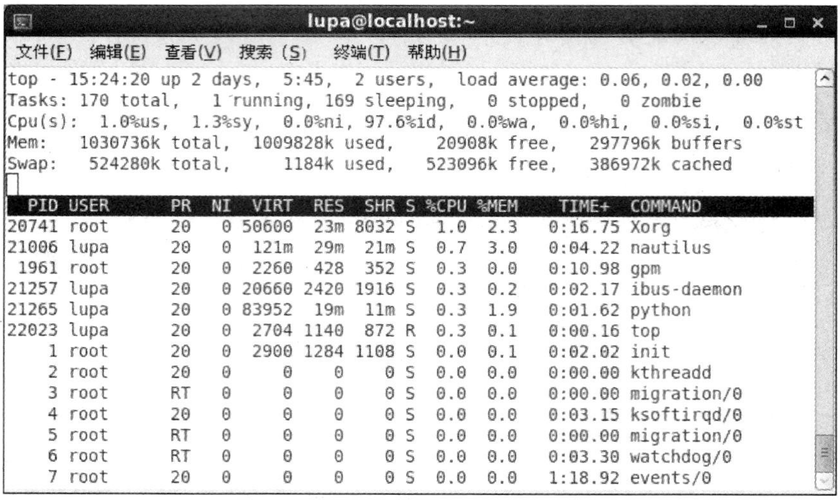

```
lupa@localhost:~
文件(F) 编辑(E) 查看(V) 搜索(S) 终端(T) 帮助(H)
top - 15:24:20 up 2 days,  5:45,  2 users,  load average: 0.06, 0.02, 0.00
Tasks: 170 total,   1 running, 169 sleeping,   0 stopped,   0 zombie
Cpu(s):  1.0%us,  1.3%sy,  0.0%ni, 97.6%id,  0.0%wa,  0.0%hi,  0.0%si,  0.0%st
Mem:   1030736k total,  1009828k used,    20908k free,   297796k buffers
Swap:   524280k total,     1184k used,   523096k free,   386972k cached

  PID USER      PR  NI  VIRT  RES  SHR S %CPU %MEM    TIME+  COMMAND
20741 root      20   0 50600  23m 8032 S  1.0  2.3   0:16.75 Xorg
21006 lupa      20   0  121m  29m  21m S  0.7  3.0   0:04.22 nautilus
 1961 root      20   0  2260  428  352 S  0.3  0.0   0:10.98 gpm
21257 lupa      20   0 20660 2420 1916 S  0.3  0.2   0:02.17 ibus-daemon
21265 lupa      20   0 83952  19m  11m S  0.3  1.9   0:01.62 python
22023 lupa      20   0  2704 1140  872 R  0.3  0.1   0:00.16 top
    1 root      20   0  2900 1284 1108 S  0.0  0.1   0:02.02 init
    2 root      20   0     0    0    0 S  0.0  0.0   0:00.00 kthreadd
    3 root      RT   0     0    0    0 S  0.0  0.0   0:00.00 migration/0
    4 root      20   0     0    0    0 S  0.0  0.0   0:03.15 ksoftirqd/0
    5 root      RT   0     0    0    0 S  0.0  0.0   0:00.00 migration/0
    6 root      RT   0     0    0    0 S  0.0  0.0   0:03.30 watchdog/0
    7 root      20   0     0    0    0 S  0.0  0.0   1:18.92 events/0
```

图 3.34　top 命令返回信息

在图 3.34 中，前面 5 行为系统整体的信息情况，如系统运行时间、当前用户登录的用户数、进程总数、在运行的进程数、睡眠的进程数、停止的进程数、CPU 的使用情况及内存的使用情况等。

在图 3.34 中，列出了各个进程的详细信息，包括以下字段，如表 3.25 所示。

表 3.25　top 进程信息字段表

字　段	含　义
PID	表示进程的 ID 号
USER	表示进程所有者的用户名
PR	表示每个进程的优先级别
NI	表示该进程的优先级值，即 nice 值，负值表示高优先级，正值表示低优先级
VIRT	表示进程使用的虚拟内在总量
RES	表示进程使用的、未被换出的物理内存大小，单位为 Kb
SHR	表示该进程使用共享内存的大小，单位为 Kb
S	表示该进程的状态。其中 S 代表休眠状态，D 代表不可中断的休眠状态，R 代表运行状态，Z 表示僵死状态，T 代表停止或跟踪状态
%CPU	表示该进程自最近一次刷新以来所占用的 CPU 时间和总时间的百分比

续表

字　段	含　义
%MEN	表示该进程占用的物理内存占总内存的百分比
TIME	表示该进程自启动以来所占用的总 CPU 时间，单位为秒。如果进入的是累计模式，那么该时间还包括这个进程所占用的时间，且标题会变成 CTIME
COMMAND	表示该进程的命令名称，如果一行显示不下，则会进行截取。内存中的进程会有一个完整的命令行

在图 3.34 所示界面中，用户可以对进程进行控制，主要是进程的挂起、等待、中止及优先级别等的设置。例如，要终止一个进程。首先，按一个“k”键，然后，输入要终止的进程号(PID)并回车，最后，要求用户确认是用 15 信号来终止进程；如果不能正常结束，则使用信号 9 强制结束该进程。默认值是信号 15。在安全模式中此命令被屏蔽。再如，要重新设置进程的优先级别。首先，按一个“r”键，然后，输入要重置的进程号(PID)，最后，要求输入进程的优先级值。负值表示高优先级，正值表示低优先级。

top 命令是一个功能十分强大的监控系统的工具，尤其对于系统管理员而言更是如此。一般的用户可能会觉得 ps 命令其实就够用了，但是 top 命令的强劲功能确实提供了不少方便。

● kill：用于将某个进程挂起、等待、终止等操作。kill 命令的工作原理是，向 Linux 系统的内核发送一个系统操作信号和某个程序的进程标识号，然后系统内核就可以对进程标识号指定的进程进行操作。例如，有时发现系统某些进程占用很大的系统资源，就需要使用 kill 中止这些进程来释放系统资源。

kill 命令使用格式如下：

```
kill [参数] 进程号(PID)
```

主要参数及含义见表 3.26。

表 3.26　kill 命令的参数及含义

参　数	含　义
-s	根据指定信号发送给进程
-p	打印出进程号，但并不送出信号
-l	列出所有可用的信号名称

例 3.82　假设 gedit 文档编辑器无反应，通过 kill 命令将其终止。如图 3.35 所示。

```
[lupa@localhost ~]$ ps -ef
[lupa@localhost ~]$ kill 22043
```

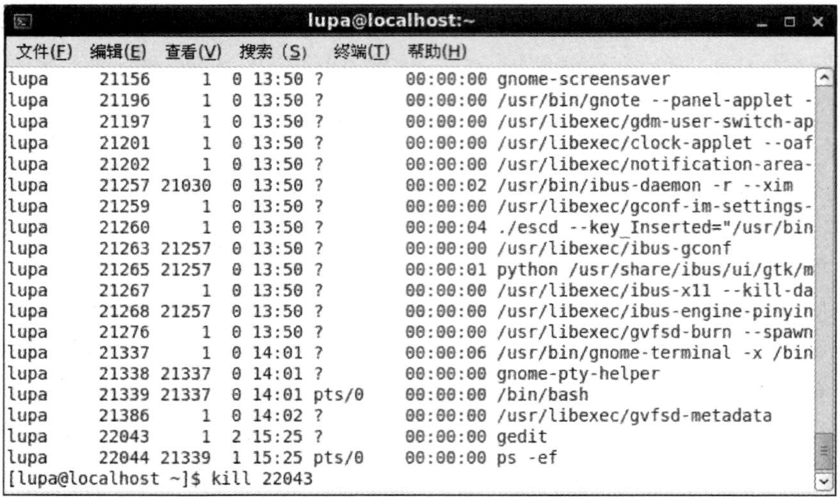

```
lupa@localhost:~
文件(F) 编辑(E) 查看(V) 搜索 (S) 终端(T) 帮助(H)
lupa     21156     1  0 13:50 ?        00:00:00 gnome-screensaver
lupa     21196     1  0 13:50 ?        00:00:00 /usr/bin/gnote --panel-applet -
lupa     21197     1  0 13:50 ?        00:00:00 /usr/libexec/gdm-user-switch-ap
lupa     21201     1  0 13:50 ?        00:00:00 /usr/libexec/clock-applet --oaf
lupa     21202     1  0 13:50 ?        00:00:00 /usr/libexec/notification-area-
lupa     21257 21030  0 13:50 ?        00:00:02 /usr/bin/ibus-daemon -r --xim
lupa     21259     1  0 13:50 ?        00:00:00 /usr/libexec/gconf-im-settings-
lupa     21260     1  0 13:50 ?        00:00:04 ./escd --key_Inserted="/usr/bin
lupa     21263 21257  0 13:50 ?        00:00:00 /usr/libexec/ibus-gconf
lupa     21265 21257  0 13:50 ?        00:00:01 python /usr/share/ibus/ui/gtk/m
lupa     21267     1  0 13:50 ?        00:00:00 /usr/libexec/ibus-x11 --kill-da
lupa     21268 21257  0 13:50 ?        00:00:00 /usr/libexec/ibus-engine-pinyin
lupa     21276     1  0 13:50 ?        00:00:00 /usr/libexec/gvfsd-burn --spawn
lupa     21337     1  0 14:01 ?        00:00:06 /usr/bin/gnome-terminal -x /bin
lupa     21338 21337  0 14:01 ?        00:00:00 gnome-pty-helper
lupa     21339 21337  0 14:01 pts/0    00:00:00 /bin/bash
lupa     21386     1  0 14:02 ?        00:00:00 /usr/libexec/gvfsd-metadata
lupa     22043     1  2 15:25 ?        00:00:00 gedit
lupa     22044 21339  1 15:25 pts/0    00:00:00 ps -ef
[lupa@localhost ~]$ kill 22043
```

图 3.35　kill 命令

● df：用于检查文件系统的磁盘空间占用情况。可以利用该命令来获取硬盘被占用了多少空间、目前还剩下多少空间等信息。

df 命令使用格式如下：

```
df [参数]
```

例 3.83　查看本地文件系统的磁盘空间占用情况。如图 3.36 所示。

```
[lupa@localhost ~]$ df -h
```

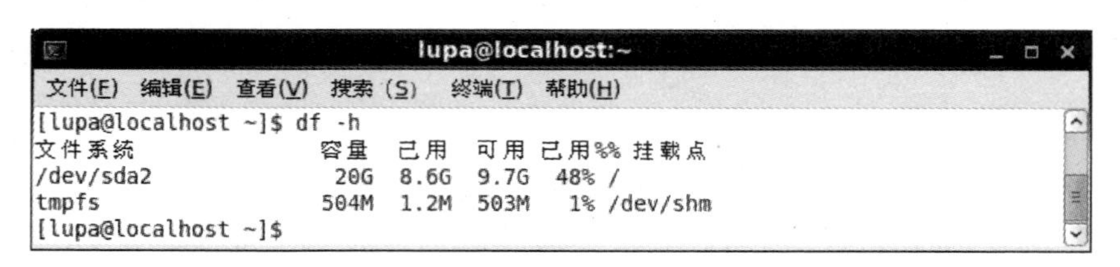

```
lupa@localhost:~
文件(F) 编辑(E) 查看(V) 搜索 (S) 终端(T) 帮助(H)
[lupa@localhost ~]$ df -h
文件系统              容量  已用  可用 已用%% 挂载点
/dev/sda2              20G  8.6G  9.7G  48% /
tmpfs                 504M  1.2M  503M   1% /dev/shm
[lupa@localhost ~]$
```

图 3.36　df 命令

主要参数及含义见表 3.27。

表 3.27　df 命令的参数及含义

参　数	含　义
－a	显示所有文件系统的磁盘使用情况
－k	以 k 字节为单位显示
－h	用易读的方式显示磁盘空间和使用情况

3.6.2　监测系统负载

使用 uptime 命令可以查看系统负载。系统平均负载是指在特定时间间隔内运行队列中的平均进程数目。如果一个进程没有在等待 I/O 操作的结果就主动进入等待状态，则其

位于运行队列之中。

```
[lupa@localhost ~]$ uptime
15：44：50 up  5：45,  4 users,  load average:2.11,0.66,0.26
```

以上从显示可知，最近 1 分钟内系统的平均负载是 2.11，在最近 5 分钟内系统的平均负载为 0.66，在最近的 15 分钟内系统的平均负载为 0.26，一共有 4 个用户。假设，系统只有一个 CPU，表示当前的任务数为 2.11 个；若系统有两个 CPU，则表示当前的任务数为 2.11/2＝1.055 个，表明此系统的性能还是很好的。

3.6.3　监测进程运行

Linux 系统提供了 ps 和 top 命令来监测进程运行的情况，根据监测的情况，再采取一些相应的措施来提高系统的性能。例如，通过 ps -el|more 命令来查看哪些进程在运行及运行状态。如进程是否结束、是否有僵死的进程，以及哪些进程占用了过多的资源等。如图 3.37 所示。

```
lupa@localhost:~
文件(F)  编辑(E)  查看(V)  搜索(S)  终端(T)  帮助(H)
F S   UID   PID  PPID  C PRI  NI ADDR SZ WCHAN  TTY          TIME CMD
4 S     0     1     0  0  80   0 -   725 ?      ?        00:00:02 init
1 S     0     2     0  0  80   0 -     0 ?      ?        00:00:00 kthreadd
1 S     0     3     2  0 -40   - -     0 ?      ?        00:00:00 migration/0
1 S     0     4     2  0  80   0 -     0 ?      ?        00:00:03 ksoftirqd/0
1 S     0     5     2  0 -40   - -     0 ?      ?        00:00:00 migration/0
5 S     0     6     2  0 -40   - -     0 ?      ?        00:00:03 watchdog/0
1 S     0     7     2  0  80   0 -     0 ?      ?        00:01:20 events/0
1 S     0     8     2  0  80   0 -     0 ?      ?        00:00:00 cgroup
1 S     0     9     2  0  80   0 -     0 ?      ?        00:00:00 khelper
1 S     0    10     2  0  80   0 -     0 ?      ?        00:00:00 netns
1 S     0    11     2  0  80   0 -     0 ?      ?        00:00:00 async/mgr
1 S     0    12     2  0  80   0 -     0 ?      ?        00:00:00 pm
1 S     0    13     2  0  80   0 -     0 ?      ?        00:00:02 sync_supers
--More--
```

图 3.37　ps－ef |more 命令

图 3.37 中，F 标识用数值表示目前进程的状态；S 标识用字符表示目前进程的状态，一般有 S 睡眠(sleep)状态、R 运行(running)状态和 Z(zombie)僵死状态；UID 标识为进程使用者的 ID；PID 标识为进程号；PPID 标识为父进程号；C 标识表示进程使用 CPU 的估算；PRI 标识表示进程执行的优先权；NI 标识表示优先值，可以通过 nice 命令来设置进程的优先值；SZ 标识表示进程在虚拟内存中的大小；WCHAN 标识表示进程是否运行着；TTY 标识表示该进程建立时所对应的终端，“?”表示该进程不占用终端；TIME 标识表示进程已执行的时间；CMD 标识表示执行进程的命令名称。

3.6.4　监测内存使用情况

系统在运行中，由于物理内存经常会不够用，所以，需要通过虚拟内存来解决这个问题。虚拟内存通过在各个进程之间共享内存而使系统看起来有多于实际内存的内存容量。Linux 系统支持虚拟内存，即使用磁盘作为 RAM 的扩展，使可用内存扩大。

1. 实时监控内存使用情况

在 Linux 系统中，一般用 free 命令来监控内存的使用情况。如图 3.38 所示。

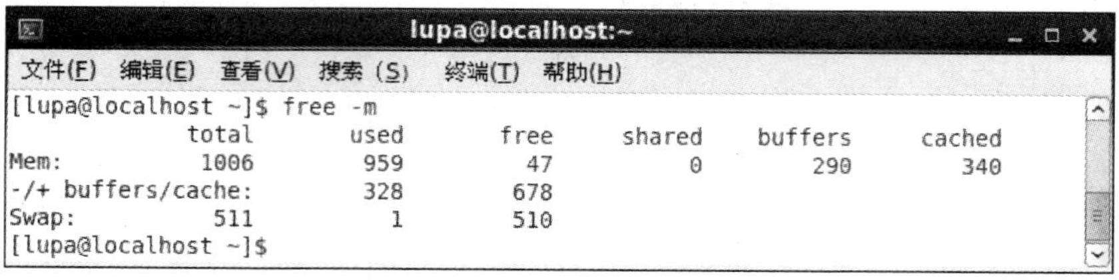

```
[lupa@localhost ~]$ free -m
             total       used       free     shared    buffers     cached
Mem:          1006        959         47          0        290        340
-/+ buffers/cache:        328        678
Swap:          511          1        510
[lupa@localhost ~]$
```

图 3.38　free 命令

从图 3.38 中可以看出物理内存为 512M，交换内存为 1G。used 列表示已使用的内存；free 列表示未使用的内存；shared 列表示多个进程共享的内存总额；buffers 列表示磁盘缓存的当前大小。假如要动态地监测内存使用情况的话，就要用 watch 与 free 命令的组合。可以输入以下命令，表示每两秒执行 free 一次。如图 3.39 所示。

[lupa@localhost ～]$ watch -n 1 -d free

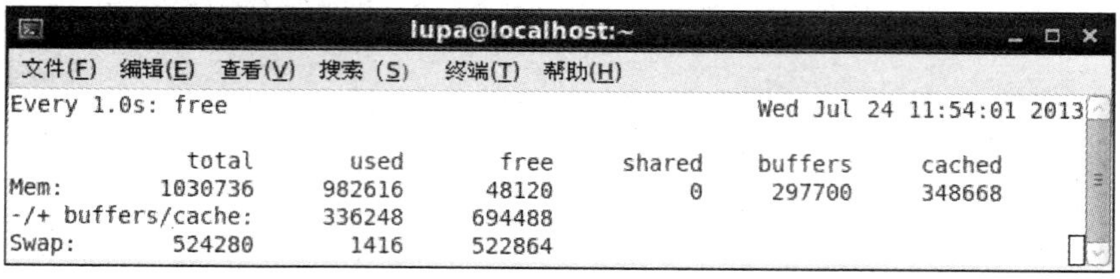

```
Every 1.0s: free                                   Wed Jul 24 11:54:01 2013

             total       used       free     shared    buffers     cached
Mem:       1030736     982616      48120          0     297700     348668
-/+ buffers/cache:     336248     694488
Swap:       524280       1416     522864
```

图 3.39　watch 命令

2. 监视虚拟内存使用情况

用 vmstat 命令可以监测系统的虚拟内存、进程及 CPU 的活动情况。如图 3.40 所示。

[lupa@localhost ～]$ vmstat 3 3

```
[lupa@localhost ~]$ vmstat 3 3
procs -----------memory---------- ---swap-- -----io---- --system-- -----cpu-----
 r  b   swpd   free   buff  cache   si   so    bi    bo   in   cs us sy id wa st
 0  0   1416  47508 297728 348788    0    0     8     9   58   83  0  1 99  0  0
 0  0   1416  47508 297728 348788    0    0     0     0  170  236  1  1 98  0  0
 1  0   1416  47508 297732 348788    0    0     0    15  125  146  0  1 98  1  0
[lupa@localhost ~]$
```

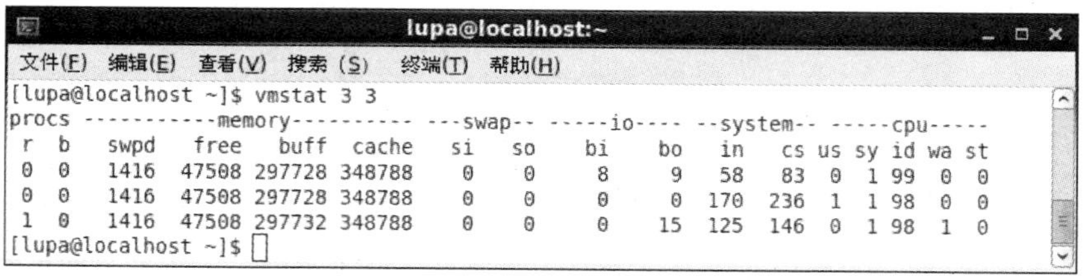

图 3.40　vmstat 命令

在图 3.40 中，表示 3 秒钟之内对虚拟内存进行 3 次采样。图中有 6 个组成部分：

procs(进程)：r 表示在运行队列中等待的进程数，b 表示在等待 I/O 的进程数。

memory(内存)：swpd 表示当前可用的交换内存(单位为 KB)，free 表示空闲的内存，buff 表示缓冲区中的内存容量，cache 表示被用来作为高速缓存的内存数。

swap(交换页面)：si 表示从磁盘交换到内存的交换页数量(单位为 KB/秒)，so 为从内存交换到磁盘的页数量。

io(块设备)：bi 表示发送到块设备的块数(单位为块/秒)，bo 表示从块设备接收到的块数。

system(系统)：in 表示每秒的中断数，包括时钟中断，cs 表示每秒的环境切换次数。

cpu(中央处理器):cs 表示用户进程使用的时间,以百分比表示,sy 表示系统进程使用的时间,以百分比表示,id 表示中央处理器的空闲时间,以百分比表示。

如果 r 经常大于 4,且 id 经常小于 40,表示中央处理器的负荷很重。如果 bi 及 bo 长期不等于 0,表示物理内在容量太小。

3.6.5　监测 CPU 使用情况

在 Linux 系统中,用于监测 CPU 使用情况的工具有 top 和 mpstat。本小节主要讲如何用 mpstat 命令来监测 CPU 的使用情况。如图 3.41 所示。

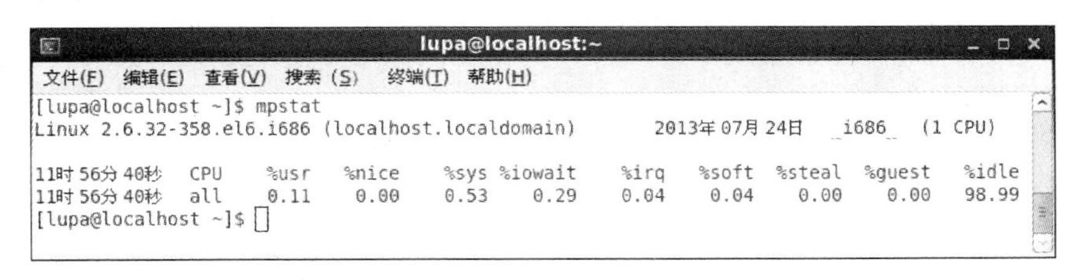

图 3.41　mpstat 命令

主要字段说明如下:

%usr:表示用户模式(应用程序)占用的 CPU 的百分比。

%nice:表示用户模式(使用 nice 命令改变既定优先权限的应用程序)占用 CPU 的百分比。

%sys:核心占用 CPU 的百分比。

%idle:处理器的闲置时间百分比。

Intr/s:处理器每秒处理的中断数量。

3.6.6　监测 I/O 性能

在 Linux 系统中,可以用 iostat 命令来监测磁盘的 I/O 的性能。但是,iostat 命令只能分析整体情况。

例 3.84　查看/dev/sda2 分区的 I/O 详细情况。如图 3.42 所示。

```
[lupa@localhost ~]$ iostat -x /dev/sda2
```

图 3.42　iostat 命令

在图 3.42 中,Device 标识表示被监测的设备名;rrqm/s 表示每秒需要读取需求的数量;wrqm/s 表示每秒需要写入需求的数量;r/s 表示每秒实际读取需求的数量;w/s 表示每秒实际写入需求的数量;rsec/s 表示每秒读取区段的数量;wsec/s 表示每秒写入区段的数量;avgrq－sz 表示需求的平均大小区段;avgqu－sz 表示需求的平均队列长度;await 表示等待 I/O 的平均时间;svctm 表示 I/O 需求完成的平均时间;%util 表示被 I/O 需求消耗的 CPU 百分比。

3.7 Linux 系统的管理自动化

在 Linux 系统中,一般对系统的备份、升级、清理磁盘空间及一些经常性的工作,需要定期作业或在指定的时间点运行一次,例如对多余的 log 文件的清理,以防止空间不足。本节主要介绍自动化任务管理工具:at、crontab 和 anacron。

3.7.1 at 工具

at 命令被用来在指定的时间内调度一次性的任务。在使用 at 命令之前,要有以下两个条件:

(1)系统必须已安装了 at 软件包,默认是已安装的;

(2)atd 服务必须是处于启动的状态。

格式:at [time 参数]

time 参数可以是 HH:MM(H 为时,M 为分钟),可以是 MM/DD/YY(月/日/年),还可以用 am、pm、midnight、noon 等。

例 3.85 在 11 点 46 分时,将/home 目录打包成 home.tar.gz 到/root 目录下。

操作步骤:

步骤 1 输入命令:at 11:46 ＜回车＞

步骤 2 输入打包命令:tar zcvf home.tar.gz /home

步骤 3 按钮 CTRL+D 按钮,即可。

步骤 4 可以用 atq 或 at -l 命令来查看创建的任务。

如图 3.43 所示。

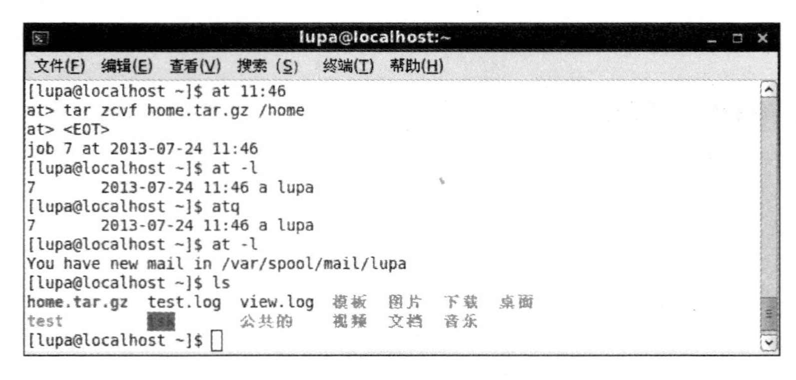

图 3.43 at 计划任务

在图 3.43 中,当前用户主目录中已有打包的 home.tar.gz 文件了,说明任务成功完成。

当用户不想执行 at 任务时，我们可以用 atrm 或 at －d 删除某个任务。

3.7.2 cron 工具

cron 是 Linux 的内置服务，主要应用于定期重复性的作业。由 crond 守护进程和一组表（描述执行哪些操作和采用什么样的频率）组成。这个守护进程每分钟唤醒一次，并通过检查 crontab 判断需要做什么。crond 守护进程常常是在系统启动时由 init 进程启动的，用户使用 crontab 命令管理 cron 作业。

1. 创建调度作业

例 3.86 编写一个作业表，在此作业表中内容为/home 目录打包为 home.tar.gz 并存放在/root 目录下；将 Apache 服务器的 access_log 日志文件拷贝到/root 目录下。要求作业表在每天 23：30 时执行。

步骤 1 编写作业表，表名为 task.sh，内容如下：

```
tar cvzf /root/home.tar.gz /home
cp /var/log/httpd/access_log  /root
```

步骤 2 设置 task.sh 脚本的可执行权限。

```
[root@localhost ~]$ sudo  chmod + x task.sh
```

步骤 3 创建 crontab。

```
[root@localhost ~]$ crontab - e
```

内容如下：

```
30      23      *       *       *       /root/task.sh
```

每个 crontab 中包含着 6 个字段，分别是分钟、小时、日、月、星期和执行命令。每个字段之间用 TAB 键隔开。

假如，crontab 中内容如下

```
0,20,40    22-23    *    7    fri-sat   /root/task.sh
```

表示在 7 月的每个星期五和星期六晚上 10 点到午夜之间的第 0、20、40 分钟（每 20 分钟）执行 task.sh 作业。

2. 显示、删除已调度作业

（1）显示调度作业

命令如下：

```
[root@localhost ~]# crontab -l
30      23      *       *       *       /root/task.sh
```

（2）删除调度作业

命令如下：

```
[root@localhost ~]# crontab -r
[root@localhost ~]# crontab -l
no crontab for root
```

可以用参数－l来查看调度作业，用参数－r来删除调度作业。以上信息显示说明删除作业成功。

3.7.3 anacron 工具

anacron也是用来调度重复的任务，周期性地安排作业。与cron相同之处是也可以每天、每周或每月周期性地执行，而最大的不同是，执行cron时系统必须随时保持启动，如果在指定的时间里系统没有启动，将不会执行crontab的调度作业，而anacron不受此限制，因为在指定的时间没有成功执行crontab的作业，则会在一段延时时间之后再次执行。

anacron服务的主要的配置文件为/etc/anacrontab，在使用之前，一定要确保anacron服务处于运行状态，默认为已停止状态。

配置内容如下：

```
SHELL = /bin/sh
PATH = /sbin:/bin:/usr/sbin:/usr/bin
MAILTO = root
1       65      cron.daily         run - parts /etc/cron.daily
7       70      cron.weekly        run - parts /etc/cron.weekly
30      75      cron.monthly       run - parts /etc/cron.monthly
```

配置主要内容主要分为：时间间隔、等待时间、任务标识和执行命令四个部分。

- 时间间隔：表示执行任务的时间间隔，单位为天。
- 等待时间：在时间间隔到期后，如果任务没有顺利执行，则会等待此设置的时间，然后再次尝试执行。
- 任务标识：有关此任务的说明，它可包含任何非空格的字符(/除外)，通常都用在anacron信息中，或是此任务的时间戳文件名。
- 命令：实际执行的任务。

在Linux系统中，除了以上三种自动化工具之后，还有一种名为batch自动化工具，主要用于系统平均负载量降到0.8以下时执行某项一次性的任务。

3.8 Linux系统的数据备份

3.8.1 备份的基础知识

1. 数据备份的重要性

备份数据是保护数据的一种方法，就是复制重要数据到其他介质中，以保证原始数据丢失的情况下可以恢复数据。有了数据备份就不怕损坏。由于硬件的损坏、人为误操作和灾难性事件等造成的数据丢失是每个企业必须避免的，其中最常用的方法是数据备份。对系统管理员而言，经常备份重要的文件是应该养成的良好的习惯，这样可以将各种不可预料的损失减小到最少。

2. 数据备份的常用介质

目前，常用的备份介质有光盘、磁带、硬盘。

3. 数据备份的策略

选择好备份介质后，就得确定需要备份的内容、备份时间和备份方式。这就是数据备份的策略。目前采用最多的备份策略有：完全备份、增量备份和差分备份。

- 完全备份：每隔一段时间对系统进行一次完全备份，这样的备份在系统发生故障使得数据丢失时，就可以用上一次的备份数据恢复到上一次备份时的情况。
- 增量备份：首先进行一次完全备份，然后，每隔一个较短时间进行一次备份，但仅备份在这个期间更改的内容。这样一旦发生数据丢失，首先恢复到前一个完全备份，然后按日期逐个恢复每天的备份，就能恢复到前一天的情况。
- 差分备份：首先每月进行一次完全备份，然后，备份从上次完全备份后更改的全部数据文件。一旦发生数据丢失，使用一个完全备份和一个差分备份就可以恢复故障以前的状态。

在实际应用中，备份策略通常是以上几种的结合，例如每周一至周六进行一次增量或差分备份，每周日、每月月底进行一次完全备份。表 3.28 所示为 3 种备份策略的比较。

表 3.28　3 种备份策略的比较

备份方式	备份内容	工作量	恢复步骤	备份速度	恢复速度	优缺点
完全备份	全部内容	大	一次操作	慢	很快	占用空间大，恢复快
增量备份	每次修改后的单个内容	小	多次操作	很快	中	占用空间小，恢复麻烦
差分备份	每次修改的所有内容	中	两次操作	快	快	占用空间较小，恢复快

4. 确定要备份的内容

在对 Linux 系统的备份与恢复数据时，Linux 基于文件的性质成为了很重要的优点。一般情况下，只要将以下几个文件备份起来就可以了。

(1)/etc：其中包含所有核心的配置文件。

(2)/var：其中包含系统守护进程(服务)所使用的信息。

(3)/home：包含所有用户的默认用户主目录。

(4)/root：根用户的主目录。

(5)/opt：保存非系统文件。

3.8.2　Linux 常用备份/恢复数据命令

在 Linux 系统中常用的备份/恢复数据命令有 tar 命令、cpio 命令、dump 命令、dd 命令和 cp 命令。本节主要介绍采用 tar 命令、dump 命令、restore 命令和 dd 命令方式来备份/恢复数据。

1. tar 命令

在第 1 节中我们已经介绍过 tar 命令的用法，本节我们将通过实例进一步介绍如何用 tar 命令来实现备份和恢复数据。

例 3.87 备份/目录下的自 03/25/2010 改过的文件。

```
[lupa@localhost ~]$ sudo tar -cpvf backup.tar / -N 03/25/2010
```

其中，参数-p 表示保留权限，-N 表示备份指定日期之后修改的文件。

例 3.88 备份/目录(不包含/proc 和/dev 目录)下的文件，并要求保持文件权限。

```
[lupa@localhost ~]$ sudo
tar -cpvf backup.tar / --exclude=/proc --exclude=/dev
```

其中，--exclude 表示不包括某个目录。但是，一旦不包含的目录比较多，用 exclude 参数就比较麻烦，所以一般会将不包含的目录写在一个文本文件中，然后，通过参数"-x 文本文件"来实现。如下所示：

```
[lupa@localhost ~]$ sudo  tar -cpvf backup.tar / -X aa.txt
```

例 3.89 做一个完全备份，备份至磁带设备/dev/st0 中。

```
[lupa@localhost ~]$ sudo  tar -cfp /dev/st0 /
```

2. dump 命令

dump 命令可将目录或整个文件系统备份到指定的设备，或备份为一个大文件。与 dump 命令配合的是 restore 命令，它用于从转储映像还原文件，可以还原文件系统的完全备份，而后续的增量备份可以在已还原的完全备份之上覆盖，可以从完全或部分备份中还原单独的文件或目录。

例 3.90 制作一个完全备份，备份/和/boot 文件系统到一个 SCSI 磁带设备中。

```
[lupa@localhost ~]$ sudo  dump -0f /dev/nst0 /boot
[lupa@localhost ~]$ sudo  dump -0f /dev/nst0 /
```

其中，参数-0 备份级别，表示完全备份，备份级别还有 1～9 个级别，分别为后续的增量备份；参数-f 表示指定备份设备；nst0 表示 SCSI 磁带设备文件。

例 3.91 查看备份文件里的文件列表和恢复文件系统。

```
[lupa@localhost ~]$ sudo  restore -tf /dev/nst0
```

其中，参数-t 表示列出备份文件中的文件列表。

```
[lupa@localhost ~]$ sudo  restore -rf /dev/nst0
```

其中，参数-r 表示执行还原操作。

```
[lupa@localhost ~]$ sudo  restore -xf /dev/nst0 /etc
```

其中，参数-x 表示将某个文件或目录还原到文件系统中。dump 与 restore 命令还有许多参数，用户可以通过 man 命令来查看。

3. dd 命令

dd 命令是一个文件系统复制命令，用于产生文件系统的二进制副本。它还可用于产生硬盘驱动器的映像，类似于 Symantec 的 Ghost 功能。该命令不是基于文件的，只能用于将数据还原到完全相同的硬盘驱动器的分区。

例 3.92　创建一个完全备份，将整块硬盘备份为一个名为 sys_bak.img 的镜像文件。

```
[lupa@localhost ~]$ sudo dd if=/dev/hdb of=sys_bak.img
```

其中，if=<文件>表示从文件读取，of=<文件>表示输出到文件中。

例 3.93　将 sys_bak.img 镜像文件还原到硬盘之中。

```
[lupa@localhost ~]$ sudo dd if=sys_bak.img of=/dev/hdb
```

例 3.94　为光盘建立一个镜像文件。

```
[lupa@localhost ~]$ sudo dd if=/dev/cdrom of=rehl5.img
```

以上是 Linux 系统自带的备份命令工具，读者可以根据需要进行选择。还有一些基于图形环境下的备份软件，主要有 Xtar、Kdat、Taper、Arkeia、Ghost for Linux、mkCDrec、NeroLINUX、K3b、KonCD、X－CD－Roast、webCDcreator、rsync、mirrordir、partimage、dvdrecord、dvd＋rw－tools、amanda 等。

3.9 Linux 系统日志分析

日志对于系统的安全来说非常重要，它记录了系统每天发生的各种各样的事情，用户可以通过它来检查错误发生的原因，或者寻找受到攻击时攻击者留下的痕迹。日志主要的功能是审计和监测。它还可以实时地监测系统状态，监测和追踪侵入者。Linux 系统一般有 3 个主要的日志子系统：连接时间日志、进程统计日志和错误日志。

- 连接时间日志：由多个程序执行，把记录写入到/var/log/wtmp 和/var/run/utmp 中，使系统管理员可以跟踪谁在何时登录到系统。
- 进程统计日志：由系统内核执行，当一个进程终止时为每个进程往进程统计文件(pacct 或 acct)中写一个记录。进程统计的目的是为系统中的基本服务提供命令使用统计。
- 错误日志：由 syslogd(8)守护程序执行，各种系统守护进程、用户程序和内核通过 syslogd(3)守护程序向/var/log/messages 报告值勤时注意的事件。

Linux 系统的日志保存在/var/log 目录下。以下介绍几个主要的日志文件。

1. /var/log/messages 文件

Messages 日志是核心系统日志文件。这是一个相当重要的文件，包含了系统启动时的引导消息，以及系统运行时的其他状态消息。IO 错误、网络错误和其他系统错误都会记录到这个文件中。其他信息，比如某个人的身份切换为 root，也在这里列出。如果服务正在运行，比如 DHCP 服务器，可以在 messages 文件中观察它的活动。通常/var/log/messages 是在做故障诊断时首先要查看的文件。

2. /var/log/syslog 日志文件

在 CentOS Linux 系统中默认不生成此日志文件，但可以让系统生成此日志文件。

方法是在日志的配置文件/etc/syslog.conf 中，添加下面语句：

```
*.warning                                        /var/log/syslog
```

然后，重启即可生成 syslog 日志文件。这样就可以记录当用户登录时记录的错误的口令、sendmail 问题、su 命令执行失败等信息。在不生成 syslog 日志的情况下，这些错误信息将存放在/etc/log/message 中。

3. /var/log/maillog 日志文件

此日志文件记录了每一个发送到系统或从系统发出的电子邮件的活动。它可以用来查看用户使用哪个系统发送工具或把数据发送到哪个系统。

此日志文件是许多进程日志文件的汇总，从该文件可以看出任何的入侵企图或成功的入侵。格式是每一行包含日期、主机名、程序名，后面是包含 PID 或内核标识的方括号、一个冒号和一个空格，最后是消息。此日志文件的缺点，就是被记录的入侵企图和成功的入侵事件被淹没在大量的正常进程的记录中。

4. /var/log/lastlog 日志文件

此日志文件记录最近成功登录的事件和最后一次不成功的登录事件。该文件是二进制文件，需要使用 lastlog 命令查看，根据 UID 排序显示登录名、端口号和上次登录时间。该命令只能以 root 权限执行。

5. /var/log/wtmp 日志文件

此日志文件永久记录每个用户登录、注销及系统的启动、停机的事件。因此随着系统正常运行时间的增加，该文件的大小也会越来越大，增加的速度取决于系统用户登录的次数。该日志文件可以用来查看用户的登录记录，last 命令就通过访问这个文件获得这些信息，并以反序从后向前显示用户的登录记录，last 也能根据用户、终端 tty 或时间显示相应的记录。

6. /var/run/utmp 日志文件

该日志文件记录当前登录的每个用户的信息。因此这个文件会随着用户登录和注销系统而不断变化，它只保留当时联机的用户记录，不会为用户保留永久的记录。系统中需要查询当前用户状态的程序，如 who、w、users、finger 等就需要访问这个文件。该日志文件并不能包括所有精确的信息，因为某些突发错误会终止用户登录会话，而系统没有及时更新 utmp 记录，因此该日志文件的记录不是百分之百值得信赖的。

/var/log/wtmp、/var/run/utmp 和/var/log/lastlog 是日志子系统的关键文件，都记录了用户登录的情况。这些文件的所有记录都包含了时间戳。这些文件是按二进制保存的，故不能用 less、cat 之类的命令直接查看这些文件，而是需要使用相关命令通过这些文件而查看。其中，utmp 和 wtmp 文件的数据结构是一样的，而 lastlog 文件则使用另外的数据结构，关于它们的具体的数据结构可以使用 man 命令查询。

7. /var/log/Xorg. 0. log 日志文件

此日志记录的是 X—Windows 服务器最后一次执行的结果。如果在启动到图形模式时遇到了问题，一般情况下从这个文件中会找到失败的原因。

8. access_log 访问日志和 error_log 错误日志

这两个日志文件是 Apache 服务器的日志文件。均在/var/log/httpd/目录下，access_log 日志文件主要是当服务器运行 NCSA HTTPD 时，记录什么站点连接过服务器；error_log 存放诊断信息和处理请求中出现的错误，由于这里经常包含了出错细节以及如何解决，如果服务器启动或运行中有问题，首先就应该查看这个错误日志。

9. . bash_history 文件

此文件存在于用户主目录下，是一个隐藏文件。主要记录在终端下执行过的历史命令，这也是用户怀疑主机被人入侵后，要查看的一个文件，通过它可以知道入侵者做了些什么事情。

思考与实验

1. 区分硬链接与软链接。

2. 由于用户操作失误而导致用户图形环境被损坏，导致此用户无法登录系统，此时，应该如何处理？

3. 作为系统管理员，您认为平时应该处理哪些事情？

4. 如何用各种工具进行系统备份？

5. 当前有一块新硬盘，需要挂载到系统中，应当如何操作？

第 4 章

shell 编 程

本章重点

- shell 命令行的运行。
- 编写、修改权限和执行 shell 程序的步骤。
- 在 shell 程序中使用参数和变量。
- 表达式比较、循环结构语句和条件结构语句。
- 在 shell 程序中使用函数和调用其他 shell 程序。

本章导读

通常情况下，从命令行输入命令，每输入一次就能够得到系统的一次响应。有时需要成批地执行一系列的命令，最好的方法就是利用 shell 程序（脚本）来实现。shell 的种类有很多，本章使用 bash shell 编写 shell 程序。shell 程序的执行类似于 Linux 下的任何其他命令，程序可以包含复杂的逻辑结构，也可以包含一系列 Linux 命令行指令，在一个 shell 程序内可以调用其他 shell 程序。

4.1 shell 命令行书写规则

对 shell 命令行基本功能的理解有助于编写更好的 shell 程序。在执行 shell 命令时多个命令可以在一个命令行上运行，但此时要使用分号（;）分隔命令，例如：

```
[root@localhost ~]# ls a* -l; free;df
```

长 shell 命令行可以使用反斜线字符（\）在命令行上扩充，例如：

```
[root@localhost ~]# echo "this is \
> long command"
this is long command
```

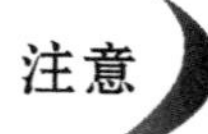

注意　“>”符号是自动产生的，而不是输入的。

4.2 编写/修改权限及执行 shell 程序的步骤

shell 程序有很多类似 C 语言和其他程序设计语言的特征，但是又没有程序语言那样复杂。shell 程序是指放在一个文件中的一系列 Linux 命令和实用程序。在执行的时候，通过 Linux 操作系统一个接着一个地解释和执行每条命令。首先来编写第一个 shell 程序，从中学习 shell 程序的编写、修改权限、执行过程。

4.2.1 编辑 shell 程序

编辑一个内容如下的源文件，文件名为 date，可将其存放在目录/bin 下。

```
[root@localhost bin]#vi date
#! /bin/sh
echo "Mr. $USER,Today is:"
echo &date  "+%B%d%A"
echo "Wish you a lucky day !"
```

注意 #! /bin/sh 通知采用 bash 解释。如果在 echo 语句中执行 shell 命令 date，则需要在 date 命令前加符号"&"，其中%B%d%A 为输出格式控制符。

4.2.2 建立可执行的程序

编辑完该文件之后不能立即执行该文件，需给文件设置可执行权限。使用如下命令：

```
chmod +x date
```

4.2.3 执行 shell 程序

方法一：

```
[root@localhost bin]#./date
Mr.root,Today is:
二月 06 星期二
Wish you a lucky day !
```

方法二：

另外一种执行 date 的方法就是把它作为一个参数传给 shell 命令：

```
[root@localhost bin]# bash date
Mr.root,Today is:
二月 06 星期二
Wish you a lucky day !
```

方法三：

为了在任何目录都可以编译和执行 shell 所编写的程序，即把/bin 的这个目录添加到整个环境变量中。

具体操作如下。

```
[root@localhost root]# export PATH = /bin: $ PATH
[root@localhost bin]#  date
Mr.root,Today is:
二月 06 星期二
Wish you a lucky day !
```

例 4.1 编写一个 shell 程序 mkf，此程序的功能是：显示 root 下的文件信息，然后建立一个 kk 的文件夹，在此文件夹下新建一个文件 aa，修改此文件的权限为可执行。

分析 此 shell 程序中需要依次执行下列命令：

进入 root 目录：cd /root;

显示 root 目录下的文件信息：ls -l;

新建文件夹 kk：mkdir kk;

进入 root/kk 目录：cd kk;

新建一个文件 aa：vi aa # 编辑完成后需手工保存。

修改 aa 文件的权限为可执行：chmod+x aa

回到 root 目录：cd /root

因此此 shell 程序只是以上命令的顺序集合，假定程序名为 mkf。

```
[root@localhost root]# vi mkf
cd /root
ls - l
mkdir kk
cd kk
vi aa
chmod + x  aa
cd /root
```

4.3 在 shell 程序中使用的参数

如同 ls 命令可以接受目录等作为它的参数一样，在 shell 编程时同样可以使用参数。shell 程序中的参数分为位置参数和内部参数等。

4.3.1 位置参数

由系统提供的参数称为位置参数。位置参数的值可以用 $N 得到，N 是一个数字，如果为 1，即 $1。类似 C 语言中的数组，Linux 会把输入的命令字符串分段，并给每段进行标号。标号从 0 开始，第 0 号为程序名字，从 1 开始就表示传递给程序的参数。如 $0 表示程序的名字，$1 表示传递给程序的第一个参数，以此类推。

4.3.2　内部参数

上述过程中的 $0 是一个内部变量，它是必需的，而 $1 则可有可无，最常用的内部变量有 $0、$#、$?、$*，它们的含义如下：

- $0　命令含命令所在的路径。
- $#　传递给程序的总的参数数目。
- $?　shell 程序在 shell 中退出的情况，正常退出返回 0，反之为非 0 值。
- $*　传递给程序的所有参数组成的字符串。

例 4.2　编写一个 shell 程序，用于描述 shell 程序中的位置参数 $0、$#、$?、$*，程序名为 test1。代码如下：

```
[root@localhost bin]# vi test1
#! /bin/sh
echo "Program name is $0";
echo "There are totally $# parameters passed to this program";
echo "The last is $?";
echo "The parameters are $*";
```

执行后的结果如下：

```
[root@localhost bin]# test1 this is a test program           //传递 5 个参数
Program name is /bin/test1                                   //给出程序的完整路径和名字
There are totally 5 parameters passed to this program        //参数的总数
The last is 0                                                //程序执行结果
The parameters are this is a test program                    //返回由参数组成的字符串
```

注意　命令不计算在参数内。

例 4.3　利用内部变量和位置参数编写一个名为 test2 的简单删除程序，如删除的文件名为 a，则在终端输入的命令为 test2　a。

分析　除命令外至少还有一个位置参数，即 $# 不能为 0，删除的文件为 $1。程序设计过程如下：

(1)用 vi 编辑程序

```
[root@localhost ~]# vi test2
#! /bin/sh
if test $# -eq 0
then
echo "Please specify a file!"
else
gzip $1                                  //先对文件进行压缩
mv $1.gz $HOME/./ocal/share/Trash/files/ //移动到回收站
```

```
echo "File $1 is deleted !"
fi
```

(2)设置权限

```
[root@localhost ~]#chmod + x test2
```

(3)运行

```
[root@localhost ~]#test2  a （如果 a 文件在/root 目录下存在）
File a is deleted!
```

4.4 在 shell 程序中使用的变量

4.4.1 变量的赋值

在 shell 编程中,所有的变量名都由字符串组成,并且不需要对变量进行声明。要赋值给一个变量,其格式如下:

```
变量名 = 值
```

注意 等号(=)前后没有空格。

例如:

```
x = 6
a = "How are you"
```

表示把 6 赋值给变量 x,字符串“How are you”赋值给变量 a。

4.4.2 访问变量值

如果要访问变量值,可以在变量前面加一个美元符号“$”,例如:

```
a = " How are you"
echo "He just said: $ a"
```

输出:

```
A is : hello world
```

一个变量给另一个变量赋值可以写成:

```
变量 2 = $ 变量 1
```

例如:

```
x = $ i
```

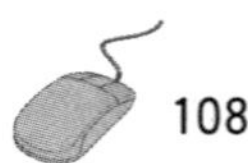

i++可以写为：

```
i= $ i+1
```

4.4.3　键盘读入

在 shell 程序设计中，变量的值可以作为字符串从键盘读入，其格式为：

```
read  变量
```

例如：

```
read  str
```

read 为读入命令，它表示从键盘读入字符串到 str。

例 4.4　编写一个 shell 程序 test3，程序执行时从键盘读入一个目录名，然后显示这个目录下所有文件的信息。

(1)分析

设存放目录的变量为 DIRECTORY，其读入语句为：

```
read  DIRECTORY
```

显示文件的信息命令为：

```
ls - al
[root@localhost ~]# vi test3
#! /bin/sh
echo  "please input name of directory "
read  DIRECTORY
cd   $ DIRECTORY
ls - l
```

(2)设置权限

```
[root@localhost ~]# chmod + x test3
```

(3)执行

```
[root@localhost ~]# ./test3
```

注意　输入路径时需加“/”。

例 4.5　运行程序 test4，从键盘读入 x、y 的值，然后做加法运算，最后输出结果。

(1)用 vi 编辑程序

```
[root@localhost ~]# vi test4
#! /bin/sh
read x y
z = 'expr $ x + $ y'
echo "The sum is $ z"
```

(2)设置权限

```
[root@localhost ~]#chmod + x test4
```

(3)执行

```
[root@localhost ~]#./test4
45  78
The sum is 123
```

注意 表达式 total='expr $total + $num' 及 num='expr $num + 1' 中的符号“'”为键盘上的“`~`”键。

4.5 表达式的比较

在 shell 程序中,通常使用表达式比较来完成逻辑任务。表达式所代表的操作符有字符串操作符、数字操作符、逻辑操作符以及文件操作符。其中文件操作符是一种 shell 所独特的操作符。因为 shell 里的变量都是字符串,为了达到对文件进行操作的目的,于是才提供了文件操作符。

4.5.1 字符串比较

作用:测试字符串是否相等、长度是否为零,字符串是否为 NULL。

常用的字符串操作符如表 4.1 所示。

表 4.1 常用的字符串操作符

字符串操作符	含义及返回值
=	比较两个字符串是否相同,相同则为“真”
! =	比较两个字符串是否相同,不同则为“真”
-n	比较字符串长度是否大于零,如果大于零则为“真”
-z	比较字符串的长度是否等于零,如果等于则为“真”

例 4.6 从键盘读入两个字符串,判断这两个字符串是否相等,如相等输出。

(1)用 vi 编辑程序

```
[root@localhost ~]#vi test5
#! /bin/bash
read  ar1
read  ar2
[ "$ar1" = "$ar2" ]
echo $?    #? 保存前一个命令的返回码
```

(2)设置权限

```
[root@localhost ~]#chmod +x test5
```

(3)执行

```
[root@localhost ~]#./test5
aaa
bbb
1
```

注意 "["后面和"]"前面及等号"="的前后都应有一空格;注意这里是程序的退出情况,如果 ar1 和 ar2 的字符串是不相等的为非正常退出,输出结果为 1。

例 4.7 比较字符串长度是否大于零。

(1)用 vi 编辑程序

```
[root@localhost ~]#vi test6
#! /bin/bash
read  ar
[ -n  "$ar"  ]
echo $?    #保存前一个命令的返回码
```

(2)设置权限

```
[root@localhost ~]#chmod +x test6
```

(3)执行

```
[root@localhost ~]#./test6
0
```

运行结果 1 表示 ar 的小于等于零,0 表示 ar 的长度大于零。

4.5.2 数字比较

在 bash shell 编程中的关系运算有别于其他编程语言,用表 4.2 中的运算符用 test 语句来表示大小的比较。

表 4.2 用 test 比较的运算符

运算符号	含 义
-eq	相等
-ge	大于等于
-le	小于等于
-ne	不等于
-gt	大于
-lt	小于

例 4.8 比较两个数字是否相等。

(1)用 vi 编辑程序

```
[root@localhost ~]#vi test7
#! /bin/bash
read x y
if  test  $x -eq  $y
  then
    echo "$x==$y"
  else
    echo "$x! =$y"
fi
```

(2)设置权限

```
[root@localhost ~]#chmod +x test7
```

(3)执行

```
[root@localhost ~]#./test7
50  100
50! =100
[root@localhost ~]#./test7
150  150
150==150
```

4.5.3 逻辑操作

在 shell 程序设计中的逻辑运算符号如表 4.3 所示。

表 4.3 Shell 中的逻辑运算符

运算符号	含 义
!	反:与一个逻辑值相反的逻辑值
-a	与(and):两个逻辑值为"是"返回值才为"是",反之为"否":
-o	或(or):两个逻辑值有一个为"是",返回值就为"是"

例 4.9 分别给两个字符变量量赋值,一个变量赋予一定的值,另一个变量为空,求两者的与、或操作。

(1)用 vi 编辑程序

```
[root@localhost ~]#vi test8
#! /bin/bash
part1="1111"
part2=""      #part2 为空
[ "$part1" -a  "$part2" ]
echo $?   #保存前一个命令的返回码
```

```
[ "$part1" -o "$part2" ]
echo $?
```

(2)设置权限

```
[root@localhost ~]#chmod +x test8
```

(3)执行

```
[root@localhost ~]#./test8
1
0
```

4.5.4　文件操作

文件测试表达式通常是为了测试文件的信息,一般由脚本来决定文件是否应该备份、复制或删除。由于 test 关于文件的操作符有很多,在表 4.4 中只列举了一些常用的操作符。

表 4.4　文件测试操作符

运算符号	含　义
-d	对象存在且为目录返回值为“是”
-f	对象存在且为文件返回值为“是”
-L	对象存在且为符号连接返回值为“是”
-r	对象存在且可读则返回值为“是”
-s	对象存在且长度非零则返回值为“是”
-w	对象存在且可写则返回值为“是”
-x	对象存在且可执行则返回值为“是”

例 4.10　判断 zb 目录是否存在于/root 下。

(1)用 vi 编辑程序

```
[root@localhost ~]#vi test9
#! /bin/bash
[ -d  /root/zb ]
echo $?    #保存前一个命令的返回码
```

(2)设置权限

```
[root@localhost ~]#chmod +x test9
```

(3)执行

```
[root@localhost ~]#./test9
1
```

(4)在/root 添加 zb 目录

```
[root@localhost ~]#mkdir zb
```

(5)执行

```
[root@localhost ~]#./test9
0
```

注意 运行结果是返回参数“$?”,结果1表示判断的目录不存在,0表示判断的目录存在。

例4.11 编写一个shell程序test10,输入一个字符串,如果是目录,显示目录下的信息,如果为文件则显示文件的内容。

(1)用vi编辑程序

```
[root@localhost ~]#vi test10
#! /bin/bash
echo "Please enter the directory name or file name"
read  DORF
if [ -d $DORF ]
then
  ls $DORF
elif [ -f  $DORF  ]
then
cat $DORF
else
  echo "input error!"
fi
```

(2)设置权限

```
[root@localhost ~]#chmod +x test10
```

(3)执行

```
[root@localhost ~]#./test10
```

4.6 循环结构语句

shell常见的循环语句有for循环、while循环和until循环。

4.6.1 for循环

语法:

```
for 变量 in 列表
  do
    操作
```

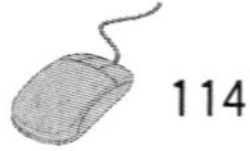

```
done
```

变量要在循环内部用来指代列表中的对象。

列表是在 for 循环的内部要操作的对象，可以是字符串也可以是文件，如果是文件则为文件名。

例 4.12 对于列表中的值“a,b,c,e,i,2,4,6,8”，用循环的方式把字符与数字分成两行输出。

(1)用 gedit 编辑脚本程序 test11

```
[root@localhost ~]# gedit test11
#! /bin/sh
for i in a,b,c,e,i  2,4,6,8
do
echo $i
done
```

(2)设置权限

```
[root@localhost ~]#chmod +x test11
```

(3)执行

```
[root@localhost ~]#./test11
a,b,c,e,i
2,4,6,8
```

注意

在循环列表中的空格可表示换行。

例 4.13 删除垃圾箱中的所有文件。

分析 在本机中，垃圾箱的位置在 $HOME/.Trash 中，因而删除垃圾箱中的所有文件就是删除 $HOME/.Trash 列表中的所有文件。程序脚本如下：

(1)用 gedit 编辑脚本程序 test12

```
[root@localhost ~]# gedit test12
#! /bin/sh
for i in $HOME/.Trash/*
do
rm  $i
echo "$i has been deleted!"
done
```

(2)设置权限

```
[root@localhost ~]#chmod +x test12
```

(3)执行

```
[root@localhost ~]#./test12
/root/.Trash/abc~ has been deleted!
/root/.Trash/abc1 has been deleted!
```

例 4.14 求从 1～100 的和。

(1)用 gedit 编辑脚本程序 test13

```
[root@localhost ~]# gedit test13
#! /bin/sh
total = 0
for ((j = 1;j< = 100;j + +));
do
    total = 'expr $ total + $ j'
done
echo "The result is $ total"
```

(2)设置权限

```
[root@localhost ~]#chmod + x test11
```

(3)执行

```
[root@localhost ~]#./test11
The result is 5050
```

注意 for语句中的双括号不能省，最后的分号可有可无，表达式 total = 'expr $total + $j' 的加号两边的空格不能省，否则会成为字符串的连接。

4.6.2 while 循环

语法：

```
while 表达式
  do
    操作
  done
```

只要 while 表达式为真，do 和 done 之间的操作就一直会进行。

例 4.15 用 while 循环求 1～100 的和。

(1)用 gedit 编辑脚本程序 test14

```
[root@localhost ~]#gedit test14
  total = 0
  num = 0
  while((num< = 100));do
  total = 'expr $ total + $ num'
  ((num + = 1))            #表示把表达式转换为命令
```

```
done
echo "The result is $total"
```

(2)设置权限

```
[root@localhost ~]#chmod +x test14
```

(3)执行

```
[root@localhost ~]#./test14
The result is 5050
```

4.6.3 until 循环

语法：

```
until 表达式
do
操作
done
```

重复 do 和 done 之间的操作直到表达式成立为止。

例 4.16 用 until 循环求 1～100 的和。

(1)用 gedit 编辑脚本程序 test15

```
[root@localhost ~]#gedit test15
total=0
num=0
until [ $num -gt 100 ]
do
total='expr $total + $num'
num='expr $num + 1'
done
echo "The result is $total"
```

(2)设置权限

```
[root@localhost ~]#chmod +x test15
```

(3)执行

```
[root@localhost ~]#./test15
The result is 5050
```

4.7 条件结构语句

shell 程序中的条件语句主要有 if 语句与 case 语句。

4.7.1 if 语句

语法：

```
if 表达式 1 then
操作
elif 表达式 2 then
操作
elif 表达式 3 then
操作
……
else
操作
fi
```

Linux 里的 if 的结束标志是将 if 反过来写成 fi；而 elif 其实是 else if 的缩写。其中 elif 理论上可以有无限多个。

例 4.17 用 for 循环输出 1～10 间的奇数。

(1)用 gedit 编辑脚本程序 test16

```
[root@localhost ～]#gedit test16
for((j=0;j<=10;j++))
do
  if(($j%2==1))
  then
    echo "$j"
  fi
done
```

(2)设置权限

```
[root@localhost ～]#chmod +x test16
```

(3)执行：

```
[root@localhost ～]#./test16
13579
```

4.7.2 case 语句

语法：

```
case 表达式 in
值 1|值 2)
操作;;
值 3|值 4)
操作;;
```

```
值 5|值 6)
操作;;
*)
操作;;
esac
```

case 的作用就是当字符串与某个值相同时就执行那个值后面的操作。如果同一个操作对于多个值,则使用"|"将各个值分开。在 case 的每一个操作的最后面都有两个";;"分号是必需的。

例 4.18 Linux 是一个多用户操作系统,编写一个程序,根据不同的用户登录输出不同的反馈结果。

(1)用 vi 编辑脚本程序 test17

```
[root@localhost ~]#vi test17
#! /bin/sh
case $USER in
beechen)
  echo "You are beichen!";;
liangnian)
  echo "You are liangnian";      //注意这里只有一个分号
  echo "Welcome!";;                //这里才是两个分号
root)
  echo "You are root! "; echo "Welcome!";;
  //将两命令写在一行,用一个分号作为分隔符
*)
  echo "Who are you? $USER?";;
esac
```

(2)设置权限

```
[root@localhost ~]#chmod + x test17
```

(3)执行

```
[root@localhost ~]#./test17
You are root
Welcome!
```

4.8 在 shell 脚本中使用函数

shell 程序也支持函数。函数能完成一个特定的功能,可以重复调用这个函数。

函数格式如下:

```
函数名                                                          (    )
{
  函数体
}
```

函数调用方式为

```
函数名  参数列表
```

例 4.19 编写一函数 add 求两个数的和，这两个数用位置参数传入，最后输出结果。

(1)编辑代码

```
[root@localhost ~]# vi test18
#! /bin/sh
add(    )
{
a= $1
b= $2
z='expr $a+ $b'
echo "The sum is $z"
}
add  $1  $2
```

(2)修改权限

```
[root@localhost ~]# chmod +x test18
```

(3)程序运行结果

```
[root@localhost ~]# ./test18  10  20
The sum is 30
```

注意 函数定义完成后必须同时写出函数的调用，然后对此文件进行权限设定，再执行此文件。

4.9 在shell脚本中调用其他shell脚本

在 shell 脚本的执行过程中，shell 脚本支持调用另一个 shell 脚本，调用的格式为：

```
程序名
```

例 4.20 在 shell 脚本 test19 中调用 test20。

(1)调用 test20

```
#test19 脚本
#! /bin/sh
```

```
echo "The main name is $0"
./test20
echo "the first string is $1"
#test20 脚本
#! /bin/sh
echo "How are you $USER?"
```

(2)修改权限

```
[root@localhost ~]#chmod +x test19
[root@localhost ~]#chmod +x test20
```

(3)程序运行结果

```
[root@localhost ~]#./test19 abc123
The main name is./test19
How are you root?
the first string is abc123
```

注意

(1)在 Linux 编辑中命令区分大小写字符。

(2)在 shell 语句中加入必要的注释,以便以后阅读和维护,注释以#开头。

(3)对 shell 变量进行数字运算时,使用乘法符号"*"时,要用转义字符"\"进行转义。

(4)由于 shell 对命令中多余的空格不进行任何处理,因此程序员可以利用这一特性调整程序缩进,达到增强程序可读性的效果。

(5)在对函数命名时最好能使用有含义且容易理解的名字,使函数名能够比较准确地表达函数所完成的任务。同时建议对于较大的程序建立函数命名和变量命名对照表。

4.10 综合实例

题目 编写一个 shell 程序,呈现一个菜单,有 0~5 共 6 个命令选项,1 为挂载 U 盘,2 为卸载 U 盘,3 为显示 U 盘的信息,4 把硬盘中的文件拷贝到 U 盘,5 把 U 盘中的文件拷贝到硬盘中,选 0 退出。

分析 把此程序分成题目中所要求的 6 大功能模块,另加一个菜单显示及选择的主模块。

(1)编辑代码

```
[root@localhost ~]#vi test19
#! /bin/sh
#mountusb.sh
#退出程序函数
```

```
quit()
{
  clear
  echo "* * * * * * * * * * * * * * * * * * * * * * * * * * * * * * * * * * * * *"
  echo "* *           thank you to use,Good bye!             * *"
  exit 0
}
#加载U盘函数
mountusb()
{
  clear
  #在/mnt下创建usb目录
  mkdir /mnt/usb
  #查看U盘设备名称
  /sbin/fdisk -l |grep /dev/sd
  echo -e "Please Enter the device name of usb as shown above:\c"
  read PARAMETER
  mount /dev/ $PARAMETER /mnt/usb
}
#卸载U盘函数
umountusb()
{
  clear
  umount /mnt/usb
}
#显示U盘信息函数
display()
{
  clear
  ls -la /mnt/usb
}
#拷贝硬盘文件到U盘函数
cpdisktousb()
{
  clear
  echo -e "Please Enter the filename to be Copide(under Current
  directory):\c"
  read FILE
  echo "Copying,Please wait!..."
  cp $FILE /mnt/usb
}
#拷贝U盘文件到硬盘文件函数
cpusbtodisk()
```

```
{
  clear
  echo -e "Please Enter the filename to be Copide in USB:\c"
  read FILE
  echo "Copying,Please wait!..."
  cp /mnt/usb/ $ FILE. #点(.)表示当前路径
}
clear
while true
do
echo "======================================================"
echo "***                LINUX  USB  MANAGE  PROGRAM          ***"
echo "                   1 - MOUNT USB                           "
echo "                   2 - UNMOUNT USB                         "
echo "                   3 - DISPLAY USB INFORMATION             "
echo "                   4 - COPY FILE IN DISK TO USB            "
echo "                   5 - COPY FILE IN USB TO DISK            "
echo "                   0 - EXIT                                   "
echo "======================================================"
echo -e "Please Enter a Choice(0—5):\c"
read CHOICE
case $ CHOICE in
1)mountusb;;
2)umountusb;;
3)display;;
4)cpdisktousb;;
5)cpusbtodisk;;
0)quit;;
*)echo "Invalid Choice! Correct Choice is (0—5)"
    sleep 4
    clear;;
  esac
done
```

(2)修改权限

```
[root@localhost bin]#chmod +x test19
```

(3)程序运行结果

```
[root@localhost bin]#./test9
```

运行结果如图4.1所示。

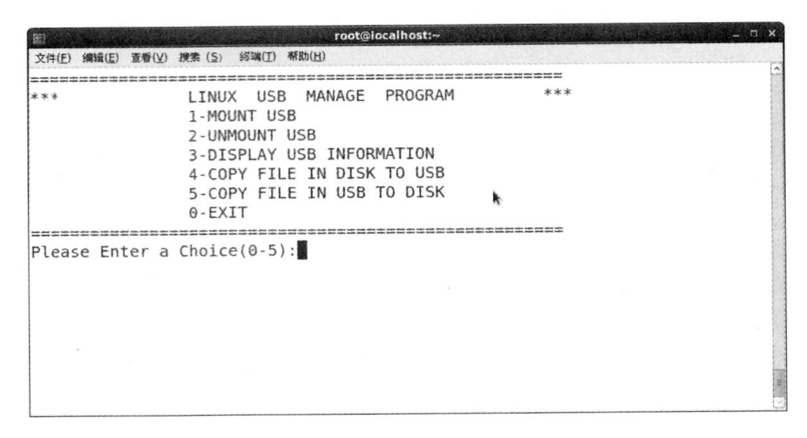

图 4.1　运行结果

下面运行程序,检验结果是否正确。

1)挂载 U 盘,从键盘输入 1,按回车,显示结果如图 4.2 所示。

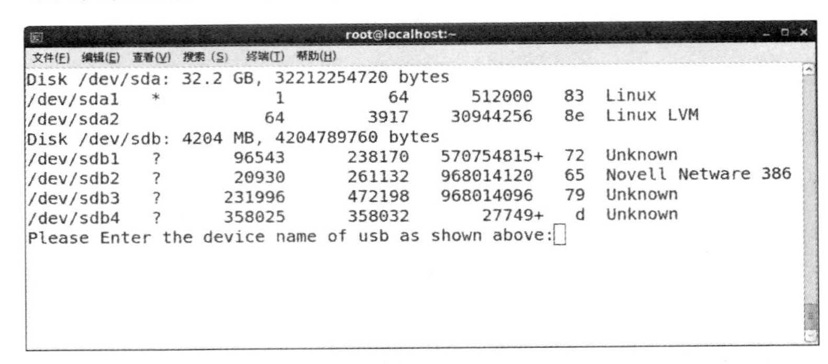

图 4.2　挂载 U 盘运行结果 1

由图 4.2 可知,U 盘的设备名为 sdb,从键盘输入 sdb,按回车,出现如图 4.3 所示结果,表示 U 盘挂载成功。

```
root@localhost:~
文件(F) 编辑(E) 查看(V) 搜索(S) 终端(T) 帮助(H)
/dev/sdb2   ?    20930    261132  968014120   65  Novell Netware 386
/dev/sdb3   ?   231996    472198  968014096   79  Unknown
/dev/sdb4   ?   358025    358032      27749+   d  Unknown
Please Enter the device name of usb as shown above:sdb
==========================================================
***             LINUX  USB  MANAGE  PROGRAM          ***
                1-MOUNT USB
                2-UNMOUNT USB
                3-DISPLAY USB INFORMATION
                4-COPY FILE IN DISK TO USB
                5-COPY FILE IN USB TO DISK
                0-EXIT
==========================================================
Please Enter a Choice(0-5):
```

图 4.3　挂载 U 盘运行结果 2

2)显示 U 盘挂载到硬盘上的内容。从键盘输入 3,按回车,出现如图 4.4 所示结果。

```
root@localhost:~
文件(F) 编辑(E) 查看(V) 搜索(S) 终端(T) 帮助(H)
-rwxr-xr-x.  1 root root 156659634 12月  19 2011 照片02.cdr
-rwxr-xr-x.  1 root root    517632 10月  21 2011 浙江科华科技发展有限公司的
薪酬体系设计探析.doc
drwx------.  2 root root      4096  7月  26 10:38 智谷工程
drwx------.  5 root root      4096  7月   5 2011 著作权转让
-rwxr-xr-x.  1 root root    299600  8月  29 2005 最后定稿(英文已改动121.cdr
-rwxr-xr-x.  1 root root    157510  4月  11 2006 最后定稿(英文已改动).cdr
=====================================================
***              LINUX  USB  MANAGE  PROGRAM          ***
                 1-MOUNT USB
                 2-UNMOUNT USB
                 3-DISPLAY USB INFORMATION
                 4-COPY FILE IN DISK TO USB
                 5-COPY FILE IN USB TO DISK
                 0-EXIT
=====================================================
Please Enter a Choice(0-5):
```

图 4.4　显示 U 盘挂载到硬盘上的内容的运行结果

3)把当前目录下的 anacoda-ks.cfg 文件拷贝到 U 盘上。从键盘输入 4，按回车，出现如图 4.5 所示结果。

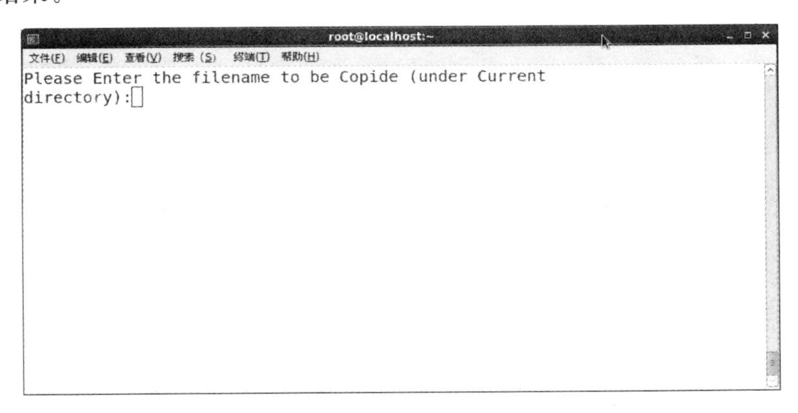

图 4.5　输入要拷贝的文件名

从键盘输入文件名 anacoda-ks.cfg，按回车，出现如图 4.6 所示结果，则表示拷贝文件成功。

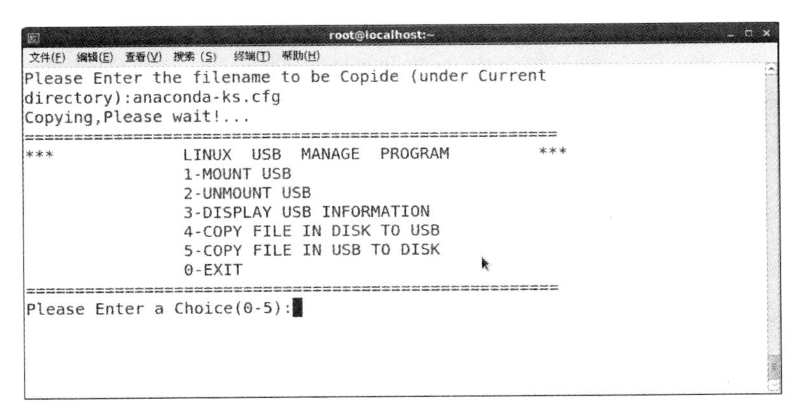

图 4.6　把文件拷贝到 U 盘的运行结果

注意 如果要拷贝的文件和运行的程序不在同一目录下，则输入文件名的时候需要写明路径。

4)把U盘上的aa文件拷贝到当前目录下。从键盘输入5，按回车，再输入aa，按回车，出现如图4.7所示结果，表示拷贝成功。

5)卸载U盘。从键盘输入2，按回车，出现如图4.8所示结果，表示U盘卸载成功。

6)退出程序。从键盘输入0，按回车，出现如图4.9所示结果，表示退出程序。

root@localhost:~
文件(F) 编辑(E) 查看(V) 搜索(S) 终端(T) 帮助(H)
Please Enter the filename to be Copide in USB:aa
Copying,Please wait!...
==
*** LINUX USB MANAGE PROGRAM ***
1-MOUNT USB
2-UNMOUNT USB
3-DISPLAY USB INFORMATION
4-COPY FILE IN DISK TO USB
5-COPY FILE IN USB TO DISK
0-EXIT
==
Please Enter a Choice(0-5):

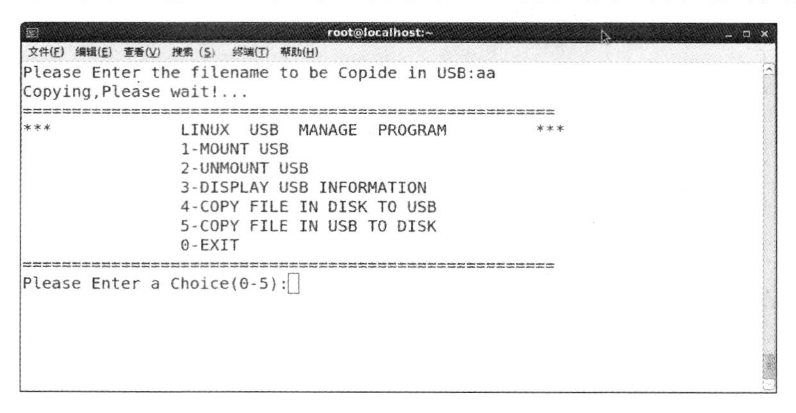

图4.7 把U盘文件拷贝到/bin目录下运行结果

root@localhost:~
文件(F) 编辑(E) 查看(V) 搜索(S) 终端(T) 帮助(H)
Please Enter the filename to be Copide in USB:aa
Copying,Please wait!...
==
*** LINUX USB MANAGE PROGRAM ***
1-MOUNT USB
2-UNMOUNT USB
3-DISPLAY USB INFORMATION
4-COPY FILE IN DISK TO USB
5-COPY FILE IN USB TO DISK
0-EXIT
==
Please Enter a Choice(0-5):2

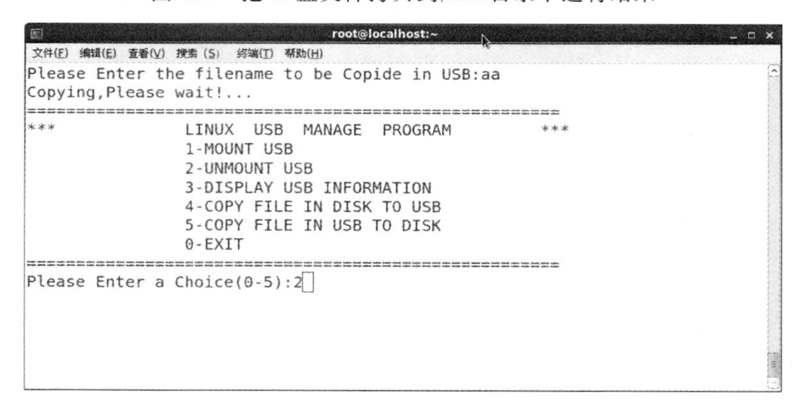

图4.8 卸载U盘运行结果

root@localhost:~
文件(F) 编辑(E) 查看(V) 搜索(S) 终端(T) 帮助(H)
==
*** LINUX USB MANAGE PROGRAM ***
1-MOUNT USB
2-UNMOUNT USB
3-DISPLAY USB INFORMATION
4-COPY FILE IN DISK TO USB
5-COPY FILE IN USB TO DISK
0-EXIT
==
Please Enter a Choice(0-5):0

图4.9 退出程序的运行结果

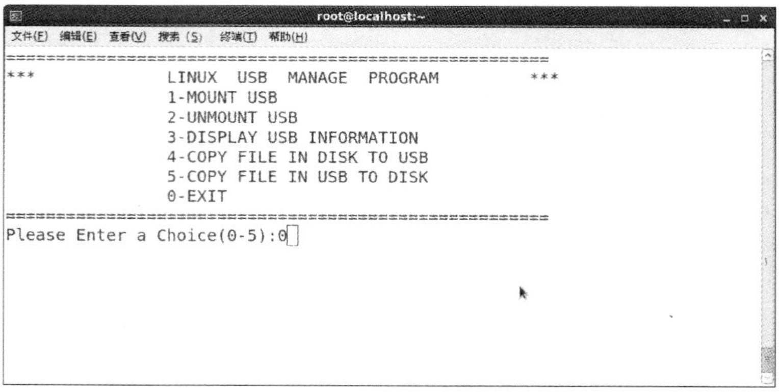

思考与实验

1. 编写一个 shell 程序，此程序的功能是：显示 root 下的文件信息，然后建立一个 abc 的文件夹，在此文件夹下新建一个文件 k.c，修改此文件的权限为可执行。

2. 编写一个 shell 程序，挂载 U 盘，把 U 盘中根目录下所有 .c 文件拷贝到当前目录，然后卸载 U 盘。

3. 编写一个 shell 程序，程序执行时从键盘读入一个文件名，然后创建这个文件。

4. 编写一个 shell 程序，键盘输入两个字符串，比较两个字符串是否相等。

5. 编写三个 shell 程序，分别用 for、while 与 until 求从 2＋4＋…＋100 的和。

6. 编写一个 shell 程序，键盘输入两个数及＋、－、* 与/中的任一运算符，计算这两个数的运算结果。

7. 编写两个 shell 程序 kk 及 aa，在 kk 中输入两个数，调用 aa 计算这两个数之间奇数的和。

8. 编写 shell 程序，可以挂载 U 盘，也可挂载 Windows 硬盘的分区，并可对文件进行操作。

9. 编写 4 个函数分别进行算术运算＋、－、*、/，并编写一个菜单，实现运算命令。

第 5 章

组建企业网

本章重点

- 公司组网方案。
- 双绞线网线的制作。
- 直通线和交叉线的连接。
- 网络接入方式。
- 无线热点。

本章导读

本章以典型的中小型企业网络为例，给出一个组建 30 多台电脑规模的局域网的方案，从项目需求到需求分析，从设备清单到组网的操作过程及最终的测试，都给出了详细的步骤和解释。同时，介绍了 Linux 系统的网络接入方式以及无线热点的设置。

5.1 企业网络概况

据有关部门统计，全国各类中小型企业数量超过 1000 万家；在国民经济发展中，60%的总产值来自于中小型企业，并为社会提供了 70%以上的就业机会。因此，中小型企业的发展关系到国计民生。当前，随着科学技术的迅速发展，很多中小型企业都在搞电子商务信息化。然而，经过一段时间的实施后，虽然中小型企业的电子信息化取得了可喜的成绩，但也有许多企业由于受人员、资金等的局限，其网络建设存在很多问题。本章通过一个典型小企业的网络设计与组建，试图让技术人员能够依据企业的实际情况，组建适合自己的网络。

5.2 组网原理

从 20 世纪 80 年代开始，以太网就成为最普遍采用的网络技术，它“统治”着世界各地的局域网和企业骨干网，并且正在向城域网发起攻击。根据 IDC 的统计，以太网的端口数约为所有网络端口数的 85%。而且以太网的这种优势仍然有继续保持下去的势头。

以太网的基本特征是采用一种称为载波监听多路访问/冲突检测 CSMA/CD(Carrier Sense Multiple Access/Collision Detection)的共享访问方案，即多个工作站都连接在一条总线上，所有的工作站都不断向总线发出监听信号，但在同一时刻只能有一个工作站在总线上进行传输，而其他工作站必须等待其传输结束后再开始自己的传输。

用以太网组建企业局域网，只要将电脑网卡用双绞线跳线，连接到以太网集线器或者交换机的端口即可。现在多数企业的局域网是用以太网技术组建的，后面我们用到的网络设备，指的都是以太网设备。

5.3 组建企业网络案例

1. 项目说明

40 人左右的小型公司，向宽带运营商申请了一个 ADSL 账号。一台具有两块百兆网卡的服务器和 35 台办公电脑。

企业分为行政部 3 人(3 台电脑)、财务部 5 人(5 台电脑)、技术部 4 人(5 台电脑)、人力资源部 5 人(2 台电脑)、市场部 30 人(20 台电脑)。

2. 项目要求

将本公司的所有计算机通过电信 ADSL 连接到互联网。

3. 项目需求分析

企业局域网最简单的应用，就是将所有的公司电脑用网线连接到交换机，组成对等的网络，电脑之间可以相互之间共享资源，例如，假如其中一台电脑安装了打印机，其余电脑可以通过网络系统，共享打印机，进行文件打印等。

企业配置的服务器也像普通电脑一样用网线连接到交换机，可以在上面安装代理服务软件、防火墙、电子邮件、Web 服务(外部访问)、FTP 服务、文件共享、内部媒体服务(点播)、提供内部服务器域名解析、IP 地址自动分配功能。还可以用来防范外部的攻击、对内部员工进行授权等，而增加公司普通电脑只需增加端口。如果交换机端口不足，可以采购新的交换机，采用堆叠、级联等方式扩展。

4. 布线设计

对 40 人左右的小型企业来说，结构化布线系统的优势并不明显，对于这样的企业可以用传统布线方法，各办公室电脑直接用双绞线接入交换机。交换机连接路由器，路由器接 ADSL Modem，通过电话网接入因特网。接法如图 5.1 所示。

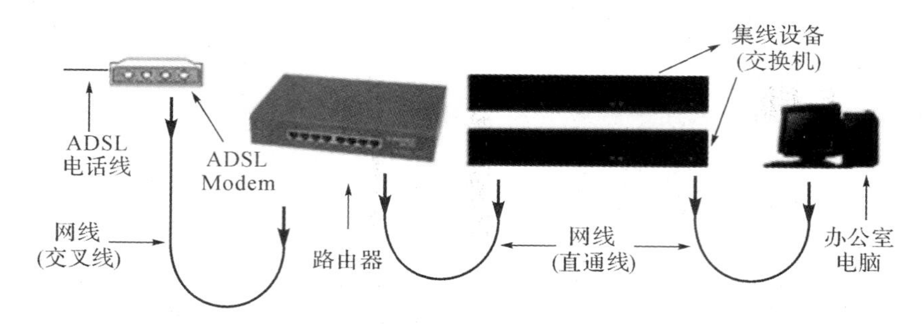

图 5.1　连接示意

设备间放置交换机、服务器和电信的 ADSL 设备，为了距离公司每台电脑尽量短，我们一般选在公司楼层的中部位置，假设选择技术部作为设备间。每个办公室的电脑都用双绞线跳线，直接连入设备间(技术部)的交换机。公司整体连接如图 5.2 所示。

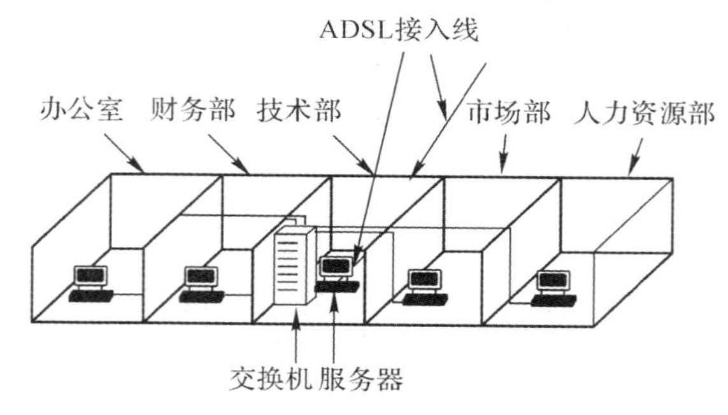

图 5.2　公司整体连网示意

5. 设备清单

(1)交换机

考虑到 100Mb/s 交换机目前的性能价格比非常不错，100Mb/s 的网络带宽也基本能满足公司几年内的应用。因为要连网的机器有 35 台，考虑公司发展，选两个 24 口的 100Mb/s 以太网交换机。

(2)路由器

考虑到对于局域网的管理基本上在路由器上完成，选择带有 Web 用户管理接口的设备总会给工作带来便利，至于内置功能在现实中的要求会不一样。通常企业级的设备带有防火墙、流量监控、vlan、访问控制等功能，一般四口 10/100Mb/s 能够满足不同层次的需要。

(3)Modem

Modem 设备，一般不用自己选购，只要和互联网接入商确定好宽带业务后，由接入商根据用户所选择的流量来配置。通常分线缆 Modem、光纤 Modem 等。随着光纤技术的不断普及，如今大多企业都选用光纤方式接入。

(4)网线

网线类型要和交换机速率相匹配，考虑到性能价格比，本例选用 5 类 UTP(非屏蔽)双绞线。可以实际测量每台电脑到设备间(技术部)的走线距离，全部加起来就是实际需要用到的网线长度。

如果测试不是很方便，用线量 C 用以下公式计算得出：

$$C=[0.55\times(L+S)+6]\times n$$

其中：L——离设备间（技术部）最远的电脑距离；

S——离设备间（技术部）最远的电脑；

n——办公室电脑总数；

0.55——备用系数；

6——端接容差。

在本例中，最近的电脑仅 1m，最远的 30m，共有 35 台机器，则用线量

$$C=[0.55\times(30+1)+6]\times 36=829.8(\text{m})$$

市场上卖的线基本上以箱为单位，标准一般是 305m/箱。因此，需要购买 3 箱 5 类 UTP 双绞线。

(5)水晶头

水晶头要和双绞线保持一致，选择 RJ-45 头。一般每台机器用一根网线需要两个水晶头，这里至少需要 36×2＝72(个)。考虑到公司的发展和制作时会有浪费，买 200 个水晶头。市场上卖的基本上以盒为单位，标准一般是 100 个/盒。因此，需要购买 2 盒 RJ-45 水晶头。

(6)网卡

办公室电脑配置的时候应该都有以太网卡，如果没有，需要每台机器配置一块。网卡类型接口要与线缆类型接口保持一致。需要用 100Mb/s 的以太网卡。有些较新主板集成的 1000Mb/s 网卡，只要是 100Mb/s/1000Mb/s 自适应的，也可以使用，服务器用两块网卡。

(7)线槽

如果不想双绞线裸露在外影响美观，可以购置一些 PVC 线槽。如果线槽长度是 6m，则大致需要

INT(用线量/长度)＝INT(829.8/6)＝139(根)

(8)其他

压线钳至少一把，测线仪一套，剥线刀、偏口钳、机柜可选，护套、标签若干。

6. 组网过程

(1)双绞线网线的制作过程与测试

操作步骤

步骤 1　使用压线钳或偏口钳剪断双绞线，每根线的具体长度视情况而定，一般应该是办公室电脑到设备间（技术部）的交换机长度再留 2m 左右余量，如图 5.3 所示。

步骤 2　使用剥线刀将双绞线外皮剥去约 2.5cm，如图 5.4 所示。如果没有剥线刀，也可以用压线钳代替，但操作时要小心轻压，否则容易在剥线皮的时候把里面的线钳断。

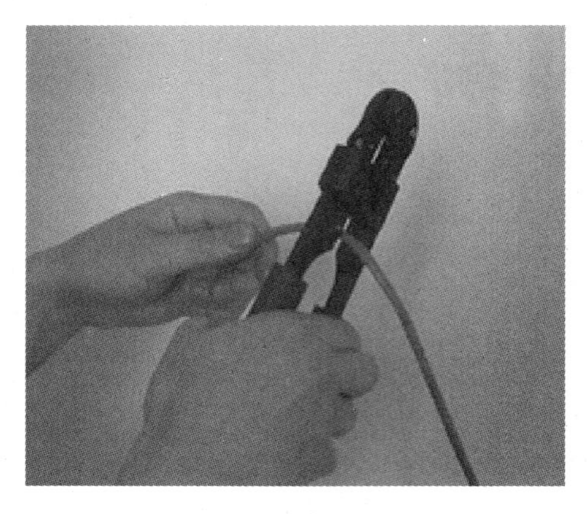

图 5.3　剪一段网线

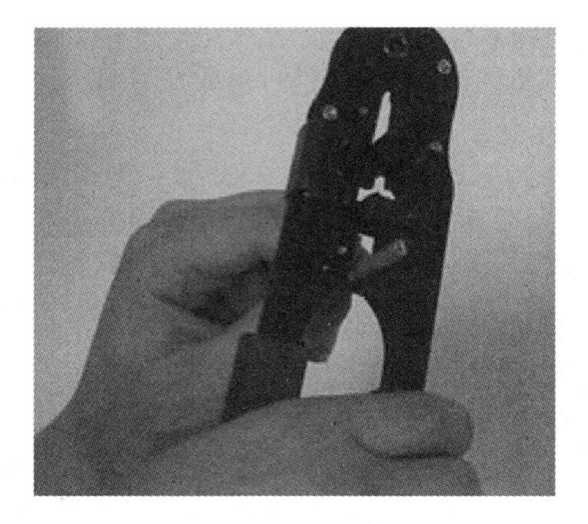

图 5.4　用压线钳剥去外皮

步骤 3　将外护皮剥去后，露出 4 对两根绞在一起的 8 根线和一些尼龙丝，如图 5.5 所示。

将双绞线的 8 根线捋直并排序，如图 5.6 所示。

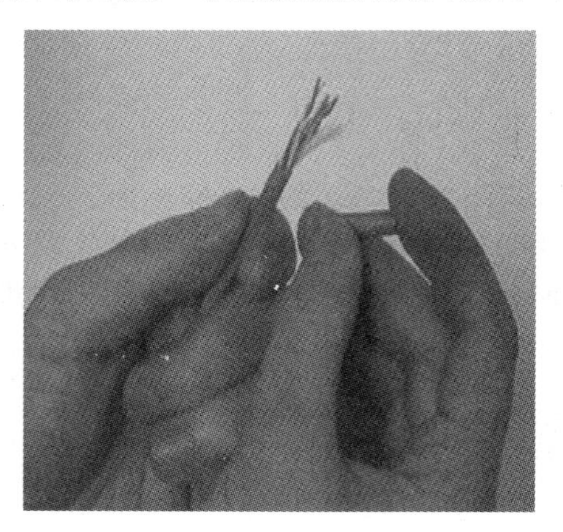

图 5.5　剥去外护皮后

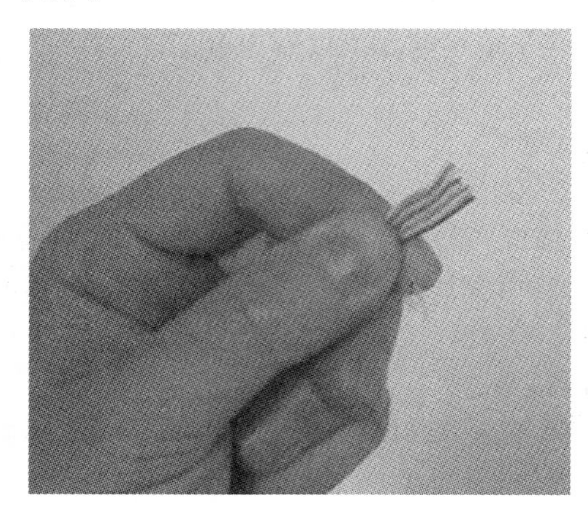

图 5.6　捋直并排序

注意

将水晶头的尾巴向下，铜片朝向自己，从左至右，分别定为 1,2,…,8，以下是各口线的分布：

T568A 线序	1	2	3	4	5	6	7	8
	绿白	绿	橙白	蓝	蓝白	橙	棕白	棕
T568B 线序	1	2	3	4	5	6	7	8
	橙白	橙	绿白	蓝	蓝白	绿	棕白	棕

一般来说，直通线两端都按 T568B 线序标准连接；交叉线一端按 T568A 线序连接，一端按 T568B 线序连接，具体要做什么跳线和连接什么设备，请参照图 5.1。

步骤 4　剪齐双绞线，如图 5.7 所示。

剪到合适长度，使这里面的线露出外护套约 1.5cm，以顺利插入 RJ-45 头为准，如图 5.8所示。

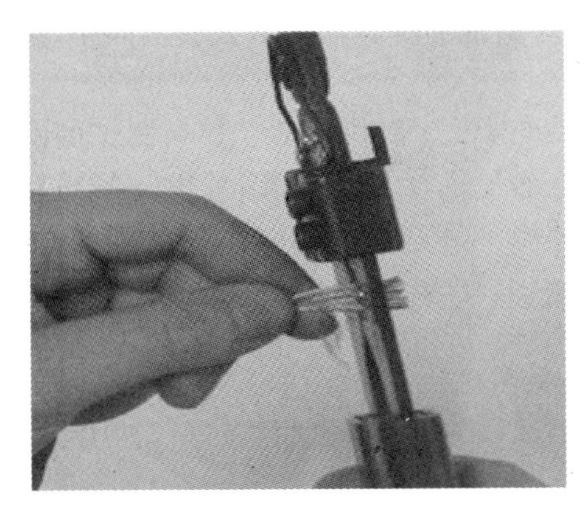

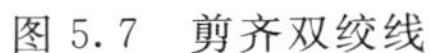
图 5.7　剪齐双绞线

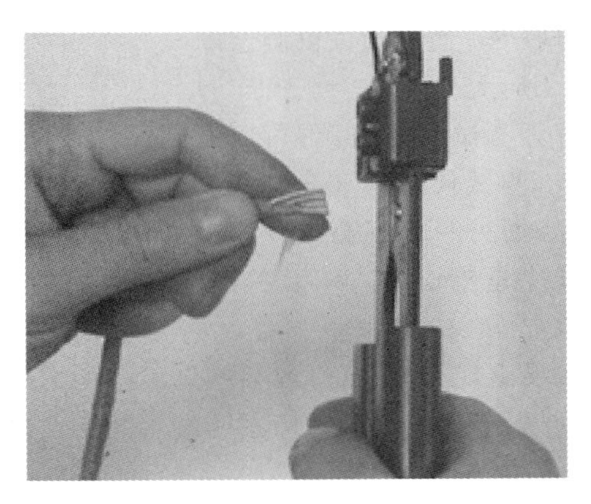

图 5.8　剪到合适长度

步骤 5　将双绞线插入 RJ-45 水晶头，水晶头的铜片朝向自己，如图 5.9 所示。

步骤 6　将水晶头推入压线钳的夹槽，推到底后用力压夹压线钳，如图 5.10 所示。

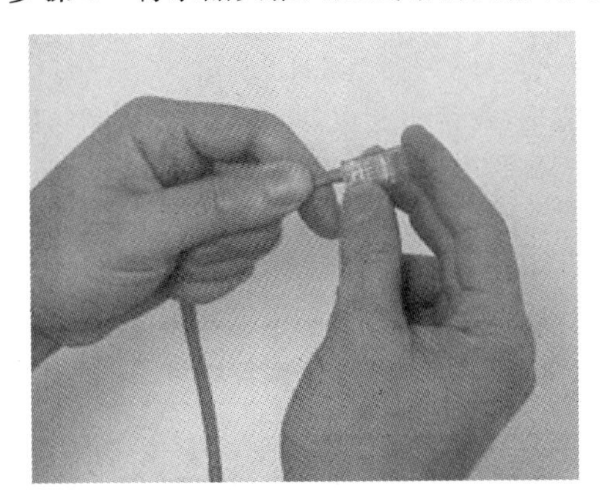

图 5.9　双绞线插入水晶头

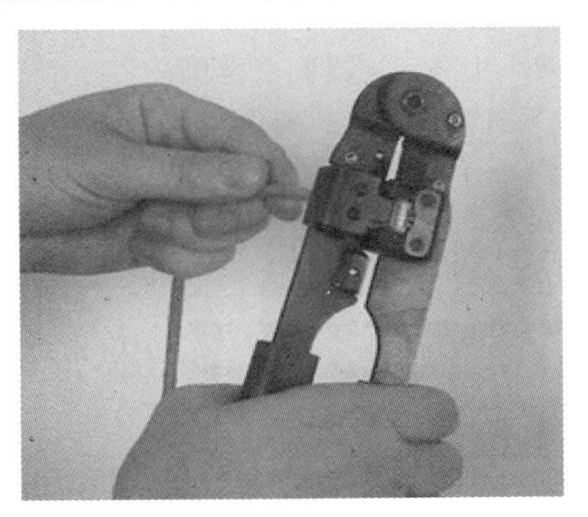

图 5.10　水晶头推入压线钳，压夹压线钳

步骤 7　一端压制完成，另一端的制作也是如此，两端都按 T568B 线序标准压制就是直通线，一端按 T568A 线序压制，另一端按 T568B 线序压制好的网线称为交叉线。压制完成的一根网线如图 5.11 所示。

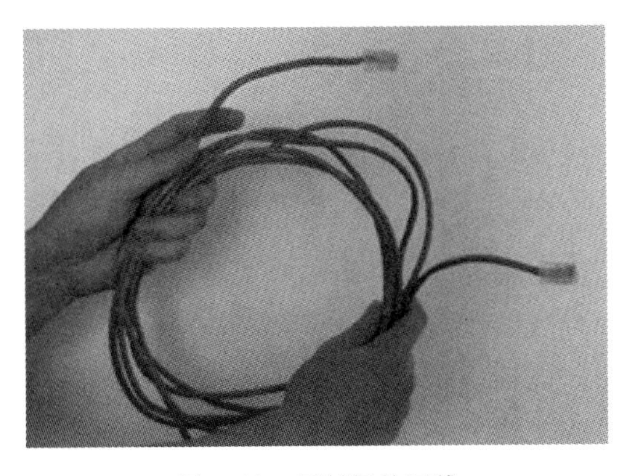

图 5.11　压制好的网线

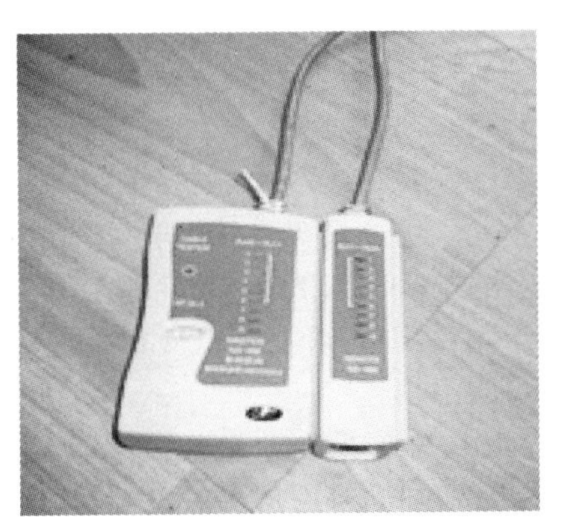

图 5.12　测试跳线

步骤8 使用测试仪测试网线。将做好的跳线两端的接口插入测试仪的两个接口，如图5.12所示。

打开测试仪的电源，可以看到测试仪上的两组指示灯都在闪动。如果测试的跳线是直通线，测试仪上的8个指示灯应该依次闪烁。如果跳线是交叉线，其中一侧同样是依次闪烁，而另一侧则会按3、6、1、4、5、2、7、8的顺序闪烁。如闪烁的顺序不对，就说明网线的线序是错误的。认真检查网线两端的水晶头，将连接错误的一端剪断，将其重新连接至水晶头。

如果出现红灯、黄灯或某些灯不亮的情况，说明存在某些线接触不良或断路等现象，此时，最好先用压线钳用力压制两端水晶头。再次测试，如果故障依旧存在，只能剪断水晶头，重新进行制作。

(2)交换机的连接

第5.4节所选择的交换机的端口只有24个，而办公室共有35台电脑，还有一台服务器，所以，选购的两个交换机都要用上，需要把两台交换机级联。

做一根交叉线(一头按T568A线序压制，另一头按T568B线序压制)，方法参考5.5.1小节，两个头分别连接到交换机任意一个普通以太网端口，如图5.13所示。

如果选购的交换机有Uplink口，则做一根直通线(两头都按T568B线序压制)，网线的一端插入一台交换机的普通以太网端口，另一端插入另一个交换机的Uplink端口，如图5.14所示。

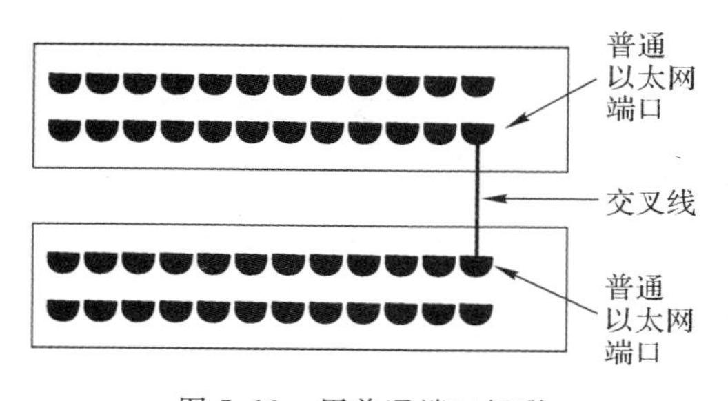

图5.13 用普通端口级联

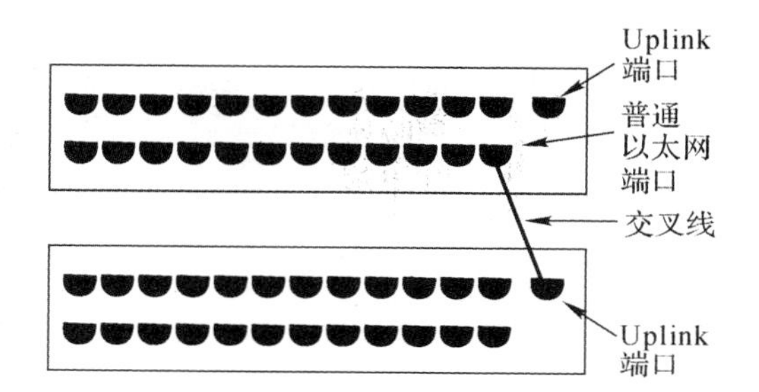

图5.14 用Uplink端口级联

至此，主要的网络连接设备连接完毕，剩下的就是将其他设备(服务器、客户机)用网线连接到交换机上。如果随着公司发展，交换机端口不够用，可以购置新的交换机，照上面的方法级联进来即可。

(3)Modem连接

从外面接进来的线(通常称进线)，一般由宽带运营商负责制作完成，然后连接到Modem上。用户只要将其上电，再添置一根网线，一头插在Modem的RJ-45端，另一头接在路由器的WLAN口上，然后查看两个设备上对应的指示灯是否亮。若均亮则说明连接成功；否则，需要查看是否已开机，或是其他原因等。

(4)路由器连接

将路由器接通电源，使用网线将WALN口与Modem的RJ-45口连接，然后LAN口则作为路由的出口，通过双绞线与内部局域网中的交换机相连，之后再由交换机分出连接到各工作区的计算机上。

(5)企业普通办公电脑连接到网络

做一根直通线(两头都按T568B线序压制),方法参考前面,一端连接到普通办公电脑的一块网卡,如图5.15所示,另一头插入交换机的任意一个以太网(Ethernet)端口。

图5.15　跳线插入普通电脑网卡

用同样的方法,把所有35台电脑连接到交换机。

(6)设置路由器

通常路由器在出厂时会有个默认的IP地址,用户通过主机与此IP地址进行连接,然后,进行相关配置。具体IP地址请查看设备说明手册。设置路由器的操作方法如下:

1)使用一根网线,一端接交换机上的某个LAN口,一端接路由器。

2)将用户主机的IP地址设置成与路由器默认IP地址相同网段的IP地址。

3)在用户主机上打开网页浏览器,输入路由管理IP地址,链接到路由器上。

4)输入默认登录用户及口令,通常为admin和admin,具体请查看设备说明及操作手册。

5)路由器WLAN口设置。这通常是指路由器以何种方式连接到互联网上,配置方式一般有PPPoE(宽带账号)、动态地址(DHCP获取)及静态地址(专用IP地址)等三种形式,本例使用PPPoE方式进行拨号连接,所以将供应商提供的宽带账号和密码填好,点击"连接"即可。

6)路由器LAN设置。通常为该设备在内部局域网中的IP地址及子网掩码设置,以便管理员进行维护及作为客户机网关的指向。如内网IP地址计划使用192.168.2.0网段,那么只要将此处的IP地址设置为192.168.2.1,假设掩码为255.255.255.0填上点击"应用"即可。

7)路由器DHCP设置。若启用动态分配IP地址,则可针对实际需求对其做更改。比如,开启内网IP地址动态分配,从192.168.2.100～199,那么只要在这里将"地址池起始地址"设置为"192.168.2.100","地址池结束地址"设置为"192.168.2.199",其他如"地址租约"、"主DNS服务器"、"辅DNS服务器"根据需要进行合理设置。

8)开启防火墙。为了将连接到互联网上的路由器更好地保护起来,减少被黑的可能,请将路由器的防火墙功能打开。

7. 测试网络是否通畅

Linux 系统安装成功后,会默认装好 TCP/IP 协议。只要设置好服务器和公司内部任意一台电脑的 IP 地址,将它们连接到交换机上,就可以使用 Linux 终端下的 ping 命令测试网络是否连通。

在服务器上直接连接交换机的网卡的 IP 地址,这里先设置为 192.168.0.1,子网掩码为 255.255.255.0,网关为 192.168.0.1;设置任一已连接好电脑的 IP 地址,这里设置为 192.168.0.106,子网掩码为 255.255.255.0,网关为 192.168.0.1。

用公司内部连接到交换机并设置好 IP 地址后的电脑,在 Linux 终端下用命令 ping 测试服务器的 IP 地址 192.168.0.1 是否连接,操作如下:

```
[root@localhost root]# ping 192.168.0.1
PING 192.168.0.1(192.168.0.1) 56(84) bytes of data.
From 192.168.0.1 icmp_seq=1 Destination Host Unreachable
From 192.168.0.1 icmp_seq=2 Destination Host Unreachable
From 192.168.0.1 icmp_seq=3 Destination Host Unreachable
```

如果显示如上,说明我们设置成 192.168.0.106 的这台电脑和服务器之间的连接存在问题,请检测每根跳线和跳线相连的所有端口指示灯是否正常。再测试:

```
[root@ localhost root]#ping 192.168.0.1
PING 192.168.0.1 (192.168.0.1) 56(84) bytes of data.
64 bytes from 192.168.0.1: icmp_seq=1 ttl=128 time=0.873 ms
64 bytes from 192.168.0.1: icmp_seq=2 ttl=128 time=0.655 ms
64 bytes from 192.168.0.1: icmp_seq=3 ttl=128 time=0.674 ms
```

如果显示如上,恭喜你,这台电脑到服务器的连接正常,公司其他的电脑也一样是连接成功的,公司内部的网络就基本组建完成。如果要完全实现公司的服务,公司内部实现完全电子办公,包括电子邮件、Web 服务(外部访问)、FTP 服务、文件共享、内部媒体服务(点播)、提供内部服务器域名解析、IP 地址自动分配功能等,则只需更改服务器的配置,具体请参照后面几章内容。

5.4 Linux 系统的网络接入方式

5.4.1 通过 ADSL 接入互联网

操作步骤

步骤 1 点击【系统】→【首选项】→【网络连接】菜单,弹出如图 5.16 所示的对话框。

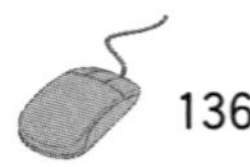

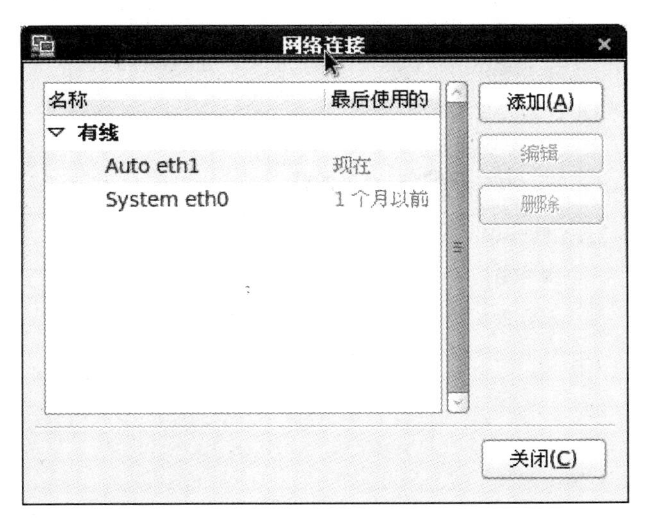

图 5.16 “网络连接”对话框

步骤 2 在图 5.16 中，单击【添加】按钮，弹出如图 5.17 所示的对话框，并选择“DSL”连接方式。

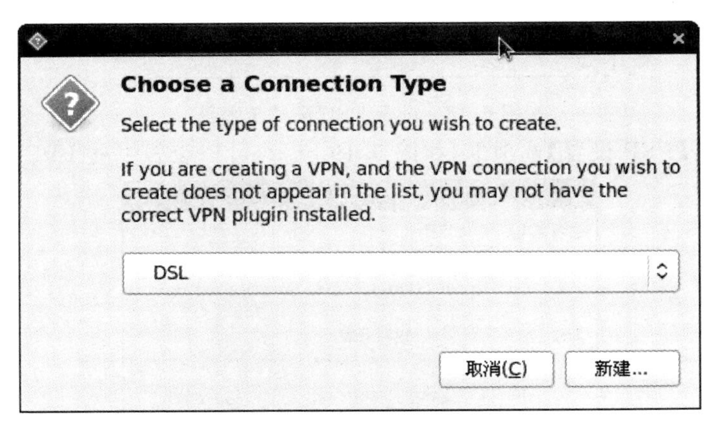

图 5.17 选择网络类型

步骤 3 单击【新建】按钮，弹出如图 5.18 所示图框，设置用户与密码。

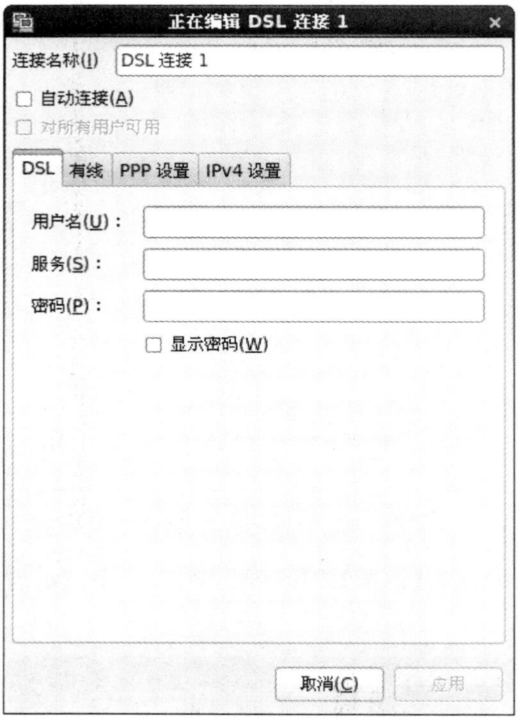

图 5.18　设置 DSL 账号与密码

步骤 4　单击【PPP 设置】选项卡，如图 5.19 所示，可以设置一些 PPP 的属性。

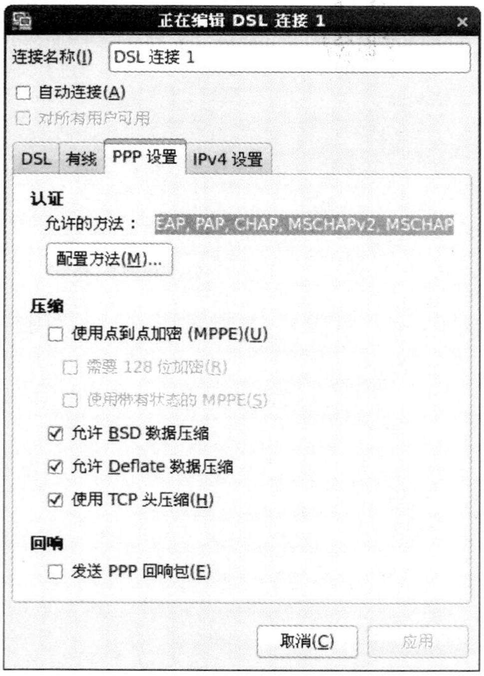

图 5.19　PPP 设置

步骤 5　单击【IPv4 设置】选项卡，如 5.20 图所示，设置 IP 地址获取方式。

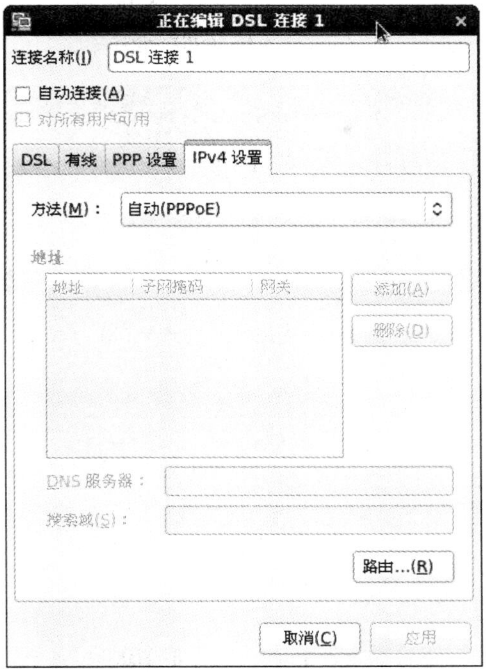

图 5.20　IPv4 设置

5.4.2　通过有线局域网接入

操作步骤

步骤 1　点击【系统】→【首选项】→【网络连接】菜单，在弹出的对话框中，双击本地网卡，如本章中的“Auto eth1”，如图 5.21 所示。

图 5.21　有线网络 mac 地址

步骤 2 在图 5.21 中,点击【ipv4 设置】选项卡,如图 5.22 所示,并设置 IP 地址获取方式。选择动态分配还是选择手动设置,完全根据实际情况决定。

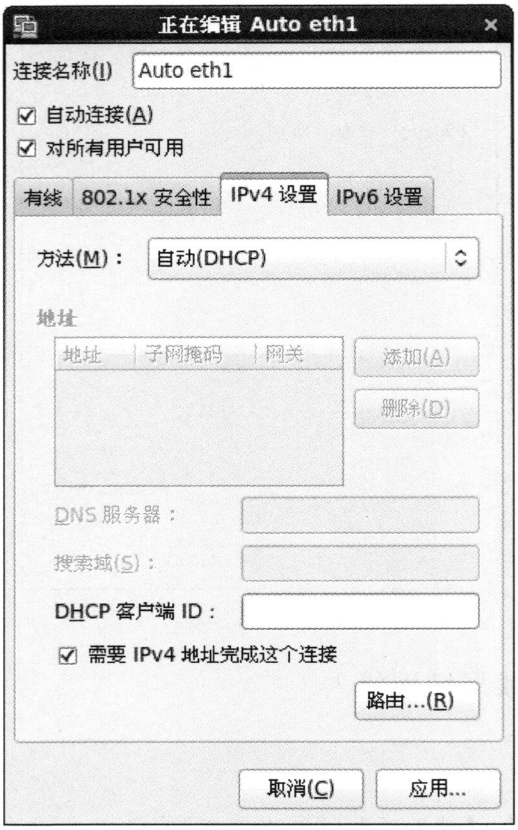

图 5.22 设置 IP 地址的获取方式

5.4.3 通过无线局域网接入

单击桌面顶部面板上的【网络连接】图标,然后,选择可用无线接入点,如图 5.23 所示,输入密码即可接入。

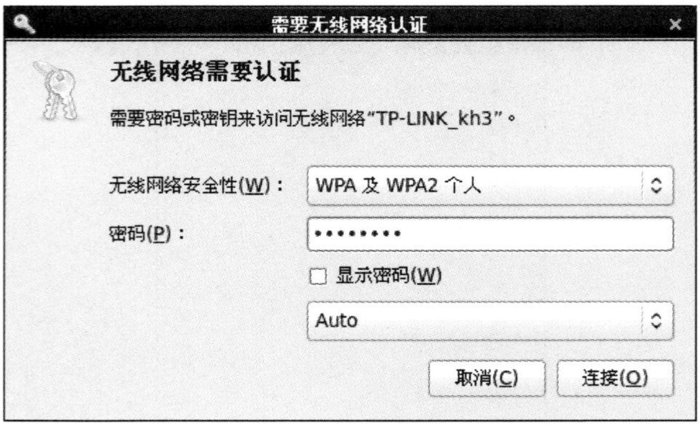

图 5.23 连接无线网络

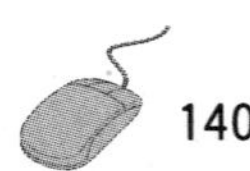

5.5　Linux 无线热点设置

5.5.1　无线热点概述

无线热点即 HotSpot，指在公共场所提供无线局域（WLAN）接入 Internet 服务点。这些场所多数是咖啡馆、机场、车站、酒店等。有的热点提供的无线宽带接入服务是收费的，有些则是免费的。用户可以通过装有内置或外置无线网卡的设备来实现 Internet 的接入，例如有无线功能的笔记本电脑、手机以及其他移动设备。

无线热点具有类似于无线路由器的功能。可在本地有线网络的基础上，通过设置无线热点实现无线路由器的功能。

5.5.2　设置无线热点

在 Linux 系统中设置无线热点，方法如下：

步骤1　单击【系统】→【首选项】→【网络连接】菜单，在弹出的对话中，然后，单击【添加】，弹出如图 5.24 所示的对话框，并选择“无线”。

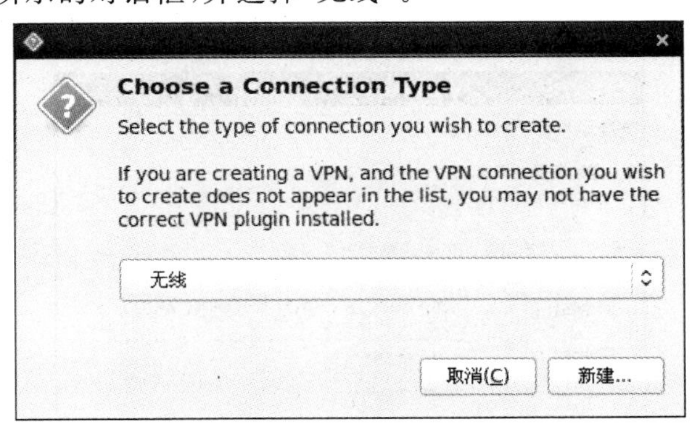

图 5.24　设置创建网络连接类型

步骤2　单击【新建...】按钮，弹出如图 5.25 所示的对话框。设置“连接名称”、“SSID”，设置模式为“Ad-hoc”。

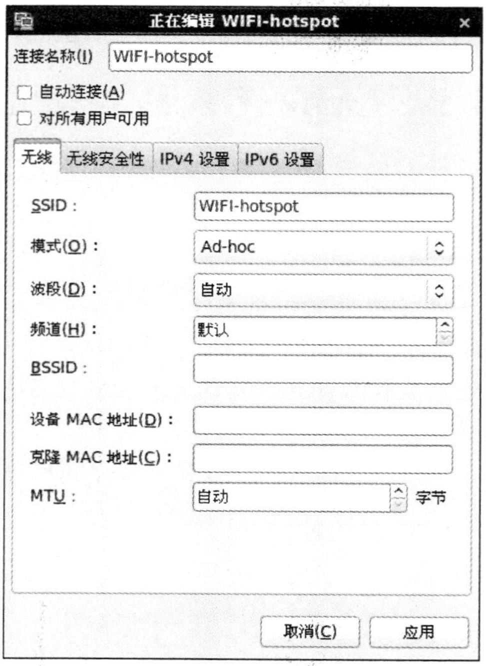

图 5.25　设置连接模式

步骤 3　在【无线安全性】选项卡中，设置“安全性”和“密钥”，如图 5.26 所示。

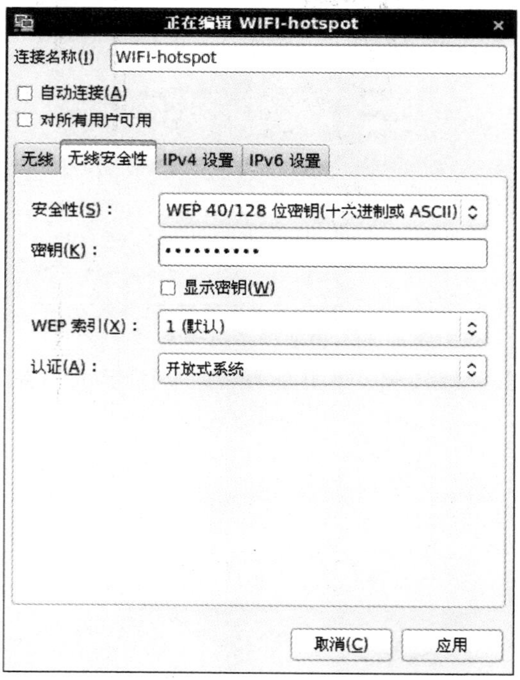

图 5.26　设置安全方式与密钥

步骤 4　在【IPv4 设置】选项卡中，设置“方法”为“与其他计算机共享”，如图 5.27 所示。

图 5.27　设置 IP 地址获取方式

步骤 5　测试连接。

在测试主机上，点击桌面顶部面板上的【网络连接】图标，然后，单击“连接到隐藏的无线连接……”，然后，在弹出的对话框中，选择“WIFI-hotspot”，如图 5.28 所示，最后，点击【连接】按钮。

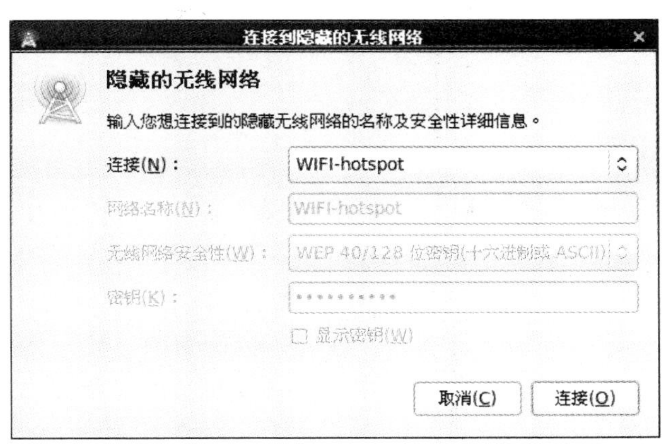

图 5.28　连接网络接入点

思考与实验

1. 如果两台机器的网卡直接用跳线连接，应该怎么做这根跳线？
2. 公司发展后，扩展端口数目可以级联和堆叠，什么情况下采用堆叠？
3. 随着公司的发展壮大，如果不得不采用结构化布线系统时，该怎么设计公司网络？

第 6 章

Iptables 防火墙

本章重点

- 了解和熟悉 Iptables 的基本概念。
- 了解和熟悉 Iptables 的基本语法规则。
- 掌握 Iptables 包过滤防火墙的配置。

本章导读

本章介绍了包过滤防火墙的设置方法，其中包括 Iptables 的基本概念、Iptables 的基本语法规则，介绍了 Iptables 的一些基础操作，以及通过 Iptables 实现路由功能，通过 Iptables 架构 NAT 服务器。

6.1 Iptables 简介

6.1.1 Netfilter/Iptables

传统意义上的防火墙技术，可分为三类：包过滤技术、应用代理技术和状态检测技术。本章只介绍包过滤技术。

Linux 平台提供了一个非常优秀的防火墙工具，即 Netfilter/Iptables。Netfilter/Iptables 是一个用来指定 Netfilter 规则和管理内核包过滤的工具。其实 Netfilter/Iptables 是两个组件，Netfilter 是内核的一部分，它由一些数据包过滤表组成，这些表用来存放控制数据包过滤处理的规则集。而 Iptables 组件是一种工具，它使得用户插入、修改和删除数据包过滤表中的规则变得容易，所以，也称 Iptables 组件为“用户空间”，称 Netfilter 为“内核空间”。

Netfilter/Iptables 包过滤防火墙是开源的、免费的工具，它可代替昂贵的商业防火墙解决方案，完成封包过滤、封包重定向和网络地址转换 NAT 等功能。

6.1.2 Iptables 工作原理

规则存放在内核的数据包过滤表中，这些规则告诉内核对来自某些源、前往某些目的地或某些协议类型的数据包的处理方式。如果某个数据包与规则匹配，那么使用目标 ACCEPT 允许该数据包通过，或者使用目标 DROP 或 REJECT 来阻塞数据包。

具体过程：数据包从外网传送到防火墙后，防火墙抢在 IP 层向 TCP 层传送之前，将数据包转发给检查模块进行处理。其过程如下：

(1)首先与第一个过滤规则比较。

(2)如果与第一个模块相同，则对它进行审核，判断是否要转发该数据包，如果审核的结果是转发数据包，则将数据包发送到 TCP 层进行处理，否则就将它丢弃。

(3)如果与第一个过滤规则不同，则接着与第二个规则相比较，如果相同则对它进行审核，过程与上一步相同。

(4)如果与第二个过滤规则不同，则继续与下一个过滤规则比较，直到与所有的过滤规则比较完成。要是不满足所有过滤规则，就将数据丢弃。

包检查器并不检查数据包的所有内容，它通常只检查下列几项：IP 源地址、IP 目标地址、TCP 或 UDP 的源端口号、TCP 或 UDP 的目的端口号、协议类型、ICMP 消息类型、TCP 报头中的 ACK 位、TCP 的序列号和确认号、IP 校验和。

Iptables 的工作原理如图 6.1 所示。

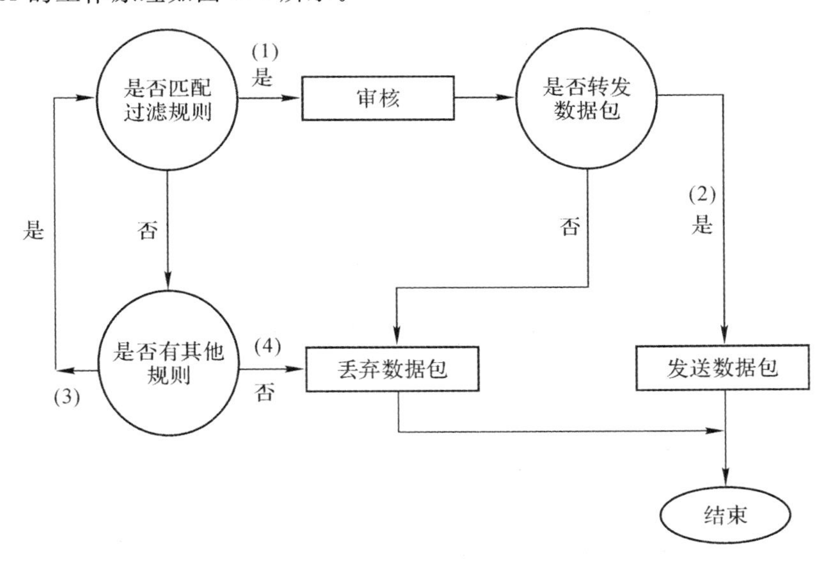

图 6.1 Iptables 的工作原理

6.2 Iptables 基础知识

在 Linux 系统中，创建一条 Iptables 规则，其语句如下：

```
Iptables [-t table] command [match] [target]
```

从上面的语法可知，用户在通过设置 Iptables 规则来提高操作系统安全性之前，需要熟悉 table、command、match 以及 target 等基础知识。

6.2.1 表(table)与链(chain)

Iptables 规则表有三个，分别是 filter、nat 和 mangle。在指定规则表时，可以用－t 参数，当不指定时，默认为 filter 表。

1. filter

这是默认的表，包含了内建的链 INPUT(处理进入的包)、FORWORD(处理通过的包)和 OUTPUT(处理本地生成的包)。这个规则表顾名思义是用来进行封包过滤的处理动作，例如 DROP、LOG、ACCEPT 或 REJECT 等动作，一般来说，基本规则都建立在此规则表中。

- INPUT 链：存放的规则，用于处理进入防火墙的数据包。
- OUTPUT 链：存放的规则，用于处理防火墙发出去的数据包。
- FORWORD 链：存放的规则，用于处理防火墙转发的数据包。

2. nat

这个表被查询时表示遇到了产生新的连接的包，由以下三个内建的链构成。

- PREROUTING 链：主要用在有一个合法的 IP 地址，要把对防火墙的访问重定向到其他机器上。即改变的是目的地址，以使包能重新路由到某台主机上。
- OUTPUT 链：网络地址转换用于防火墙产生的数据包，不常使用。
- POSTROUTING 链：此链的作用和 MASQUERADE 完全一样，只是计算机的负荷稍微多一点。因为对每个匹配的包，MASQUERADE 都要查找可用的 IP 地址，而 SNAT 用的 IP 地址是配置好的。

3. mangle

主要用于 mangle 包，可以使用 mangle 匹配来改变包的 TOS、TTL、MARK 等特性。此规则表拥有 PREROUTING、FORWARD 和 POSTROUTING 三个规则链。

- TOS 操作用来设置或改变数据包的服务类型域。常用来设置网络上的数据包如何被路由等策略。

注意

这个操作并不完善，有时得不所愿。它在 Internet 上还不能使用，而且很多路由器不会注意到这个域值。换句话说，不要设置发往 Internet 的包，除非你打算依靠 TOS 来路由，比如用 iproute2。

- TTL 操作用来改变数据包的生存时间域。
- MARK 用来为包设置特殊的标记。

由于 mangle 表使用率不高，本章不讨论 mangle 的用法。

6.2.2 命令(command)

Iptables 语法中的 command 部分是 Iptables 命令的最重要的部分。command 决定了

Iptables 的具体操作，如，插入规则、添加规则、删除规则等，下面列出常用命令。

- 命令：－A，－－append

范例：Iptables －A INPUT...

说明：新增规则到某个规则链中，该规则将会成为规则链中的最后一条规则。

- 命令：－D，－－delete

范例：Iptables －D INPUT －－dport 80－j DROP

Iptables －D INPUT 1

说明：从某个规则链中删除一条规则，可以输入完整规则，或直接指定规则编号加以删除。

- 命令：－R，－－replace

范例：Iptables －R INPUT 1 －s 192.168.0.1－j DROP

说明：取代现行规则，规则被取代后并不会改变顺序。

- 命令：－I，－－insert

范例：Iptables －I INPUT 1 －－dport 80 －j ACCEPT

说明：插入一条规则，原本该位置上的规则将会往后移动一个顺位。

- 命令：－L，－－list

范例 1：Iptables －L INPUT

说明：列出某规则链中的所有规则。

范例 2：Iptables －t nat－L

说明：列出 nat 表所有链中的所有规则。

- 命令：－F，－－flush

范例：Iptables －F INPUT

说明：删除 filter 表中 INPUT 链的所有规则。

- 命令：－Z，－－zero

范例：Iptables －Z INPUT

说明：将封包计数器归零。封包计数器用来计算同一封包出现次数，是过滤阻断式攻击不可或缺的工具。

- 命令：－N，－－new－chain

范例：Iptables －N allowed

说明：定义新的规则链。

- 命令：－X，－－delete－chain

范例：Iptables －X allowed

说明：删除某个规则链。

- 命令：－P，－－policy

范例：Iptables －P INPUT DROP

说明：定义过滤政策。也就是不符合过滤条件的封包默认的处理方式。可以是 ACCEPT：未经禁止全部许可；DROP：未经许可全部禁止。

- 命令：－E，－－rename－chain

范例：Iptables －E allowed disallowed

说明：修改某自定义规则链的名称。

- 命令：－h -Help

说明：帮助。给出当前命令语法非常简短的说明

还可以指定下列附加选项：

```
-v - verbose
```

详细输出。这个选项让 list 命令显示接口地址、规则选项(如果有)和 TOS(Type of Service)掩码。包和字节计数器也将被显示，分别用 K、M、G(前缀)表示 1000、1000000 和 1000000000 倍(不过请参看－x 标志改变它)，对于添加、插入、删除和替换命令，这会使一个或多个规则的相关详细信息被打印。

```
-n - numeric
```

数字输出。IP 地址和端口会以数字的形式打印。在默认情况下，程序试显示主机名、网络名或者服务(只要可用)。

```
-x - exact
```

扩展数字。显示包和字节计数器的精确值，代替用 K、M、G 表示的约数。这个选项仅能用于－L 命令。

```
- - line - numbers
```

当列表显示规则时，在每个规则的前面加上行号，与该规则在链中的位置相对应。

6.2.3　匹配(match)

Iptable 命令的可选 match 部分指定数据包与规则所应用的特征(如源和目的地址、协议等)。匹配分两大类：通用匹配和特定于协议的匹配。以下列出一些重要且常用的通用匹配及其范例和说明。

- 参数：－p，－－protocol

范例：Iptables －A INPUT－p tcp

说明：匹配通讯协议类型是否相符，可以使用！运算符进行反向匹配，例如：

－p ！ tcp

意思是指除 tcp 以外的其他类型，如 udp、icmp 等。

如果要匹配所有类型，则可以使用 all 关键词，例如：

－p all

- 参数：－s，－－src，－－source

范例：Iptables －A INPUT －s 192.168.1.1

说明：用来匹配封包的来源 IP，可以匹配单机或网络，匹配网络时请用数字来表示子网掩码，例如：

－s 192.168.0.0/24

匹配 IP 时可以使用“！”运算符进行反向匹配，例如：

－s ！ 192.168.0.0/24。

- 参数：－d，－－dst，－－destination

范例：Iptables －A INPUT－d 192.168.1.1

说明：用来匹配封包的目的地 IP，设定方式同上。

● 参数：－i，－－in－interface

范例：Iptables －A INPUT－i eth0

说明：用来匹配封包是从哪块网卡进入的，可以使用通配字符“＋”来做大范围匹配，例如：

－i eth＋

所有的 ethernet 网卡也可以使用“！”运算符进行反向匹配，例如：

－i ！ eth0

● 参数：－o，－－out－interface

范例：Iptables －A FORWARD－o eth0

说明：用来匹配封包要从哪块网卡送出，设定方式同上。

6.2.4　目标(target)

目标是由规则指定的、对那些与规则匹配的数据包执行的操作。除了允许用户定义的目标之外，还有很多的可用的目标选项。

－j 参数用来指定要进行的处理动作。常用的处理动作包括：ACCEPT、REJECT、DROP、REDIRECT、MASQUERADE、LOG、DNAT、SNAT、MIRROR、QUEUE、RETURN、MARK。分别说明如下。

ACCEPT：将封包放行，进行完此处理动作后，将不再匹配其他规则，直接跳往下一个规则链(natostrouting)。该目标被指定为－j ACCEPT。

REJECT：作为对匹配的包的响应，返回一个错误的包。其他情况下和 DROP 相同。

此目标只适用于 INPUT、FORWARD 和 OUTPUT 链以及调用这些链的用户自定义链。该目标被指定为－j REJECT。

范例：Iptables －A FORWARD －p TCP －dport 22 －j　REJECT

DROP：丢弃封包不予处理，进行完此处理动作后，将不再匹配其他规则，直接中断过滤程序。该目标被指定为－j DROP

RETURN：结束在目前规则链中的过滤程序，返回主规则链继续过滤。如果把自定义规则链看成是一个子程序，那么这个动作就相当于提前结束子程序并返回到主程序中。该目标被指定为－j RETURN。

范例：Iptables －A FORWARD －d 203.16.2.88 －jump RETURN

用于建立高级规则的目标还包括：LOG、REDIRECT、MARK、MIRROR 和 MASQUERADE 等。本章不进行介绍了。

6.3 Iptables基础命令操作

1. 启动和停止防火墙

(1)启动 Iptables 服务。命令如下：

```
[root@H1 ~]# /etc/init.d/iptables start
```

或者

```
[root@H1 ~]# server iptables start
```

(2)停止 Iptables 服务。命令如下：

```
[root@H1 ~]# /etc/init.d/iptables stop
```

或者

```
[root@H1 ~]# server iptables stop
```

(3)重启 Iptables 服务。命令如下：

```
[root@H1 ~]# /etc/init.d/iptables restart
```

或者

```
[root@H1 ~]#server iptables restart
```

2. 查看当前规则

查看 Iptables 当前规则，方法如下：

```
[root@H1 ~]# /etc/init.d/iptables status
```

或者

```
[root@H1 ~]# iptables -L -n -v
```

其中，参数－L 表示列出某链的所有规则，参数－n 表示 IP 地址、端口号以数字形式输出，参数－v 表示详细输出，如显示接口名称等。

3. 默认规则

在用户没有添加或删除 Iptables 规则之前，Iptables 有一个默认的策略。默认策略可以使数据无限制地流出，但不允许数据流入。默认规则如下：

```
[root@H1 ~]# iptables -P INPUT DROP
[root@H1 ~]# iptables -P FORWARD DROP
[root@H1 ~]# iptables -P OUTPUT ACCEPT
```

以上三句语句中，INPUT DROP 表示本机不接收流入的数据包，FORWORD DROP 表示本机不接收需要转发的数据，OUTPUT ACCEPT 表示允许数据流出本主机。

4. 清除当前规则

```
[root@H1 ~]# iptables -F
```

参数－F 表示清除预设表 filter 中的所有规则链的规则。

```
[root@H1 ~]# iptables -X
```

参数－X 表示清除预设表 filter 中使用者自定链中的规则。

5. 增加规则

在默认规则下数据是只允许出不允许进的。假如，需要接收某网段主机的数据，就需要增加规则。增加规则可用－A 选项。

例如，允许接收 192.168.2.0/24 网段的主机的数据，命令如下：

```
[root@H1 ~]# iptables -t filter -A INPUT -s  192.168.2.0/24 -j ACCEPT
```

其中，"－t filter"可以缺省，因为缺省时就是对 filter 表进行设置。同时，以命令方法添加规则，添加的规则是存放在所有规则的后面的，所以，用户需要保证此规则前面的规则不与它冲突，否则，这条规则将不起作用。但是，用户可以为规则指定顺序，例如：

```
[root@H1 ~]# iptables -I INPUT 1 -s  192.168.2.0/24 -j ACCEPT
```

其中，"－I INPUT 1"表示将此规则放置在 INPUT 链的第 1 条规则。

6. 删除规则

当不需要某一现有规则时，应当将其删除，以免对某些用户产生影响。删除规则可以用－D 选项。

例如，将以上增加的规则删除。命令如下：

```
[root@H1 ~]# iptables -D INPUT -s  192.168.2.0/24 -j ACCEPT
```

或者

```
[root@H1 ~]# iptables -D INPUT  1
```

在用户清楚要删除某个链中第几条规则的情况下，可以使用以上命令。

7. 保存规则

新增或删除规则后，在 Iptables 重启时，会丢失这些规则，所以，需要将规则进行保存。命令如下：

```
[root@H1 ~]# iptables-save  > /etc/sysconfig/iptables
```

Iptables 服务默认的配置文件为/etc/sysconfig/Iptables，当 Iptables 服务启动时，执行的就是此配置文件，当用户添加或删除规则后，进行保存，建议写入到此文件中。

当然，用户也可以直接对此文件进行修改，然后，重启 Iptables 服务。

6.4 Iptables配置实战

6.4.1 Iptables基础配置实例

1. 项目说明

根据公司网络环境，以不影响服务器提供应用服务为原则，通过设置 Iptables 规则，为服务器创建一个安全、可靠的环境。

2. 项目要求

公司内部有两个局域网：192.168.3.0/24 和 192.168.8.0/24，两个网络之间互通。其中在 192.168.8.0/24 网络中部署着一台应用服务器，其操作系统为 CentOS 6.4，IP 地址为 192.168.8.120，Iptables 版本为 v1.47，应用服务器提供的服务有 SSH、Web、FTP、DNS、sendmail 等。

要求：

(1)应用服务器不回应 ICMP 封包。

(2)只允许 IP 地址为 192.168.8.129 的主机访问应用服务器上的 SSH 服务。

(3)只允许 192.168.8.0/24 网段的所有主机访问应用服务器上的 FTP 服务。

(4)开放应用服务器上的 Apache、sendmail、DNS 服务端口，但是不允许 IP 地址为 192.168.3.111 主机访问服务器的 Web 服务。

3. 配置过程

操作步骤

步骤 1 设置默认规则。

```
[root@H1 ~]# iptables  -F
[root@H1 ~]# iptables  -X
```

步骤 2 设置不回应 ICMP 封包。

```
[root@H1 ~]# iptables -A INPUT -p icmp -j DROP
```

步骤 3 只允许 IP 地址为 192.168.8.129 的主机访问服务器上的 SSH 服务。

```
[root@H1 ~]# iptables -A INPUT -p tcp -s  192.168.8.129 --dport 22 -j ACCEPT
```

步骤 4 只允许 192.168.8.0/24 网段的所有主机访问 FTP 服务器。

```
[root@H1 ~]# iptables -A INPUT -p tcp -s 192.168.8.0/24 -m  multiport --ports 20,21
-j ACCEPT
```

步骤 5 开放 Apache、sendmail、DNS 服务端口，但是，不允许 IP 地址为 192.168.3.111 主机访问服务器的 Web 服务。

```
[root@H1 ~]# iptables -A INPUT -p tcp -s 192.168.3.111 --ports 80 -j DROP
[root@H1 ~]# iptables -A INPUT -p tcp -s 192.168.8.0/24 -m  multiport --ports 80,
25,110,143,993,995,53,953 -j ACCEPT
```

步骤 6　保存规则至/etc/sysconfig/Iptables 配置文件中。

```
[root@H1 ~]# iptables-save > /etc/sysconfig/iptables
```

步骤 7　重启 Iptables 服务。

```
[root@H1 ~]# /etc/init.d/iptables restart
```

步骤 8　测试。

6.4.2　用 Iptables 设置路由功能实例

1. 项目说明

通过 Iptables 实现路由功能，使两个网络之间可以互相访问。

2. 项目要求

公司内部有两个局域网：192.168.100.0/24 和 192.168.200.0/24，两个网络之间互不相通。其中，作为路由器的主机，其操作系统为 CentOS 6.4，有双网卡：eth0 和 eth1，分别连接 192.168.100.0/24 和 192.168.200.0/24 网络。eth0 的 IP 地址为 192.168.100.1；eth1 的 IP 地址为 192.168.200.1。Iptables 版本为 v1.47，其应用服务器提供的服务有 SSH、Web、FTP、DNS、sendmail 等服务。

要求通过此路由服务器，实现两个网络之间互相访问。

3. 配置过程

操作步骤

步骤 1　在路由服务器上分别为 eth0 和 eth1 设置 IP 地址为“192.168.100.1”和“192.168.200.1”。

步骤 2　将 192.168.100.0/24 网络上所有主机的网关设置为 192.168.100.1；将 192.168.200.0/24 网络上所有主机的网关设置为 192.168.200.1。

步骤 3　开启转发功能。

```
[root@H1 ~]# echo "1" > /proc/sys/net/ipv4/ip_forward
```

步骤 4　在路由服务器上，配置如下：

```
[root@H1 ~]# iptables  -F
[root@H1 ~]# iptables  -X
[root@H1 ~]# iptables -A  INPUT -s  192.168.100.0/24 -j  ACCEPT
[root@H1 ~]# iptables -A  OUTPUT -d  192.168.100.0/24 -j  ACCEPT
[root@H1 ~]# iptables -A  FORWARD -s  192.168.100.0/24 -j ACCEPT
[root@H1 ~]# iptables -A  FORWARD -d  192.168.100.0/24 -j ACCEPT
[root@H1 ~]# iptables -A  INPUT -s  192.168.200.0/24 -j ACCEPT
[root@H1 ~]# iptables -A  OUTPUT -d  192.168.200.0/24 -j ACCEPT
```

```
[root@H1 ~]# iptables -A FORWARD -s 192.168.200.0/24 -j ACCEPT
[root@H1 ~]# iptables -A FORWARD -d 192.168.200.0/24 -j ACCEPT
```

步骤5 保存规则至/etc/sysconfig/Iptables配置文件中。

```
[root@H1 ~]# iptables-save > /etc/sysconfig/iptables
```

步骤6 重启Iptables服务。

```
[root@H1 ~]# /etc/init.d/iptables restart
```

步骤7 测试。效果如图6.2所示。从图中可知两个网络之间可以互通。

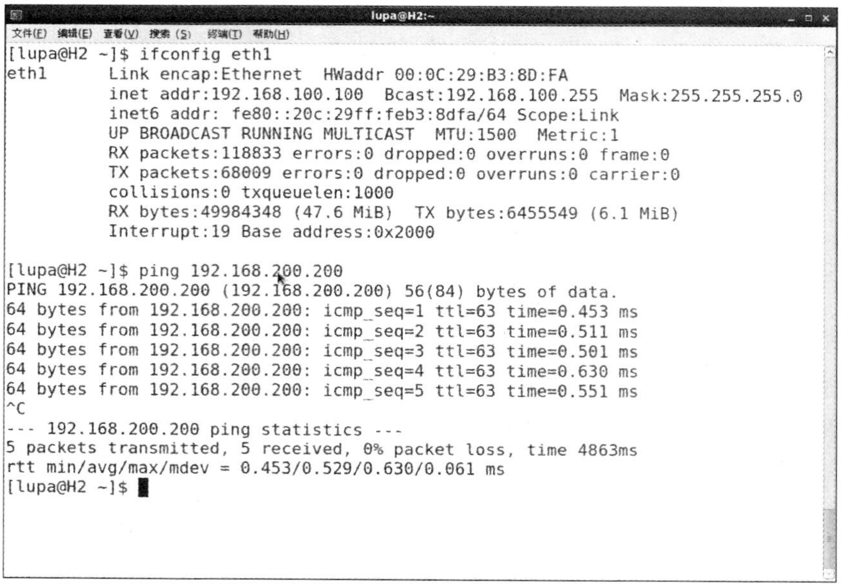

```
lupa@H2:~
文件(F) 编辑(E) 查看(V) 搜索(S) 终端(T) 帮助(H)
[lupa@H2 ~]$ ifconfig eth1
eth1      Link encap:Ethernet  HWaddr 00:0C:29:B3:8D:FA
          inet addr:192.168.100.100  Bcast:192.168.100.255  Mask:255.255.255.0
          inet6 addr: fe80::20c:29ff:feb3:8dfa/64 Scope:Link
          UP BROADCAST RUNNING MULTICAST  MTU:1500  Metric:1
          RX packets:118833 errors:0 dropped:0 overruns:0 frame:0
          TX packets:68009 errors:0 dropped:0 overruns:0 carrier:0
          collisions:0 txqueuelen:1000
          RX bytes:49984348 (47.6 MiB)  TX bytes:6455549 (6.1 MiB)
          Interrupt:19 Base address:0x2000

[lupa@H2 ~]$ ping 192.168.200.200
PING 192.168.200.200 (192.168.200.200) 56(84) bytes of data.
64 bytes from 192.168.200.200: icmp_seq=1 ttl=63 time=0.453 ms
64 bytes from 192.168.200.200: icmp_seq=2 ttl=63 time=0.511 ms
64 bytes from 192.168.200.200: icmp_seq=3 ttl=63 time=0.501 ms
64 bytes from 192.168.200.200: icmp_seq=4 ttl=63 time=0.630 ms
64 bytes from 192.168.200.200: icmp_seq=5 ttl=63 time=0.551 ms
^C
--- 192.168.200.200 ping statistics ---
5 packets transmitted, 5 received, 0% packet loss, time 4863ms
rtt min/avg/max/mdev = 0.453/0.529/0.630/0.061 ms
[lupa@H2 ~]$
```

图6.2 测试两个网络的互通性

6.5 构建Linux的NAT服务器

6.5.1 什么是NAT

NAT(Network Address Translation)网络地址转换,它是一种把内部私有网络IP地址转换成合法网络IP地址(公网地址)的技术。它可以让内部网络中的主机通过IP地址转换为合法的公网IP地址,实现与Internet的连接,解决了公网IP地址不足的问题,还可以通过均衡负载、端口转发以及透明代理等功能,提高应用服务器性能与安全。

NAT的基本工作原理是当私有网主机和公共网主机通信的IP包经过NAT网关时,将IP包中的源IP或目标IP在私有IP和NAT的公共IP之间进行转换。NAT可以分为源NAT(SNAT)和目的NAT(DNAT)。

SNAT：修改数据包的源地址，它改变第 1 个数据包的来源地址并永远会在数据包发送到网络之前完成。例如，数据包伪装（MASQUERADE）。

DNAT：修改数据包的目标地址，它与 SNAT 相反，是改变第 1 个数据包的目标地址。例如，均衡负载、端口转发以及透明代理。

6.5.2　构建 NAT 服务器实例

1. 项目说明

搭建一个 Linux 的 NAT 服务器，通过它实现内网与外网之间的互访。

2. 项目要求

ISP 提供商为公司提供了一个 IP 地址为 122.224.88.237 的公网，而公司内部有一个网络，其 IP 地址为 192.168.100.0/24。在内部网络有一台装有 CentOS 6.4 系统的主机，打算用此主机作为 NAT 服务器，此 NAT 服务器上有双网卡：eth0 和 eth1。

eth0 接口连接 192.168.100.0/24 网络，eth0 的 IP 地址为 192.168.100.100，子网掩码为 255.255.255.0；

eth1 接口连接外网，eth1 为 122.224.88.237，子网掩码为 255.255.255.248，网关为 122.224.88.233，DNS 服务器地址为 8.8.8.8。

在内部网络中有一台装有 CentOS 6.4 的应用服务器，网卡为 eth1，其连接 192.168.100.0/24 网络，eth1 接口 IP 地址为 192.168.100.150，子网掩码为 255.255.255.0，网关为 192.168.100.100。提供的服务包括 Web、FTP 等。

要求：

（1）公司内网所有主机通过 Linux NAT 服务器，实现对公网的访问。

（2）外网所有主机可以通过 Linux NAT 服务器，实现对内网应用服务器中的 Web 和 FTP 服务访问。

3. 配置步骤说明

（1）配置相关主机的网络参数。

（2）开启 NAT 服务器操作系统的转发功能。

（3）配置 NAT 服务器的 SNAT。

（4）配置 NAT 服务器的 DNAT。

（5）重启 Iptables 防火墙。

（6）配置应用服务器服务以及开放相应端口号。

（7）测试。

4. 配置过程

操作步骤

步骤 1　根据项目要求，配置 NAT 服务器网络接口（eth0 和 eth1）的网络参数。

步骤 2　根据项目要求，设置内部 Linux 应用服务器的网络接口的网络参数。

步骤 3　在 NAT 服务器上开启转发功能。

[root@H1 ~]# echo "1" > /proc/sys/net/ipv4/_ip_forward

步骤 4 清除 filter 和 nat 表中的规则。

[root@H1 ~]# iptables -F

[root@H1 ~]# iptables -X

[root@H1 ~]# iptables -t nat -F

[root@H1 ~]# iptables -t nat -X

步骤 5 配置 FORWARD 转发规则。

[root@H1 ~]# iptables -A FORWARD -i eth0 -j ACCEPT

步骤 6 配置 SNAT。

[root@H1 ~]# iptables -t nat -A POSTROUTING -s 192.168.100.0/24 -o eth1 -j SNAT --to -source 122.224.88.237

步骤 7 保存 Iptables 规则至/etc/sysconfig/iptables 配置文件中。

[root@H1 ~]# iptables-save > /etc/sysconfig/iptables

步骤 8 测试内网主机是否可以访问外网。

对 192.168.100.0/24 网络中的某台主机，设置网络接口的网络参数：IP 地址为 192.168.100.200，子网掩码设置为 255.255.255.0，网关设置为 192.168.100.100，DNS 地址为 8.8.8.8。

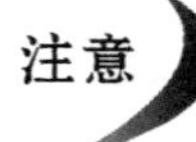

注意 测试主机的网络参数，可以通过内部应用服务器(192.168.100.150)的 DNS 服务获取 DNS 域名，然后，通过 DHCP 服务自动分配获取。

在正常情况下，测试主机(192.168.100.200)可以通过 NAT 服务器访问网外，如图 6.3 所示。

```
lupa@localhost:~
文件(F) 编辑(E) 查看(V) 搜索(S) 终端(T) 帮助(H)
[lupa@localhost ~]$ ifconfig  eth0
eth0      Link encap:Ethernet  HWaddr 00:0C:29:5E:38:07
          inet addr:192.168.100.200  Bcast:192.168.100.255  Mask:255.255.255.
          inet6 addr: fe80::20c:29ff:fe5e:3807/64 Scope:Link
          UP BROADCAST RUNNING MULTICAST  MTU:1500  Metric:1
          RX packets:50332 errors:0 dropped:0 overruns:0 frame:0
          TX packets:30298 errors:0 dropped:0 overruns:0 carrier:0
          collisions:0 txqueuelen:1000
          RX bytes:16041107 (15.2 MiB)  TX bytes:1672395 (1.5 MiB)
          Interrupt:19 Base address:0x2000

[lupa@localhost ~]$ ping baidu.com
PING baidu.com (220.181.111.86) 56(84) bytes of data.
64 bytes from 220.181.111.86: icmp_seq=1 ttl=53 time=31.9 ms
64 bytes from 220.181.111.86: icmp_seq=2 ttl=53 time=32.6 ms
64 bytes from 220.181.111.86: icmp_seq=3 ttl=53 time=32.6 ms
64 bytes from 220.181.111.86: icmp_seq=4 ttl=53 time=32.8 ms
64 bytes from 220.181.111.86: icmp_seq=5 ttl=53 time=32.0 ms
^C
--- baidu.com ping statistics ---
5 packets transmitted, 5 received, 0% packet loss, time 4821ms
rtt min/avg/max/mdev = 31.920/32.414/32.807/0.398 ms
[lupa@localhost ~]$
```

图 6.3 内网主机连接外网

步骤 9 允许外网通过 NAT 服务器访问内网的 HTTP 和 FTP 服务。

```
[root@H1 ~]# iptables -A INPUT -t tcp --sport 80 -j ACCEPT
[root@H1 ~]# iptables -A INPUT -t tcp --sport 443 -j ACCEPT
[root@H1 ~]# iptables -A INPUT -t tcp --sport 21 -j ACCEPT
[root@H1 ~]# iptables -A INPUT -t tcp --sport 20 -j ACCEPT
```

步骤 10 配置 DNAT,实现端口映射。

```
[root@H1 ~]# iptables -t nat -A PREROUTING -p tcp -d  122.224.88.237 --dport 8000 -j DNAT --to 192.168.100.150:80
[root@H1 ~]# iptables -t nat -A PREROUTING -p tcp -d  122.224.88.237 --dport 21 -j DNAT --to 192.168.100.150:21
[root@H1 ~]# iptables -t nat -A PREROUTING -p tcp -d  122.224.88.237 --dport 20 -j DNAT --to 192.168.100.150:20
```

步骤 11 重启 Iptables 服务。

```
[root@H1 ~]# /etc/sysconfig/iptables restart
```

步骤 12 在内网应用服务器(192.168.100.150)中,开放 80、20、21 等端口号。操作如下:

```
[root@H2 ~]# iptables -F
[root@H2 ~]# iptables -X
[root@H2 ~]# iptables -t nat -F
[root@H2 ~]# iptables -t nat -X
[root@H2 ~]# iptables -A INPUT -p tcp -m  multiport --dport 80,20,21 -j ACCEPT
[root@H2 ~]# /etc/init.d/iptables restart
```

步骤 13 测试外网主机是否可以访问内网的应用服务器,即测试在互联网上的某一台主机访问 NAT 服务器(122.224.88.237)。图 6.4 所示是外网访问内网应用服务器的 Web 服务。

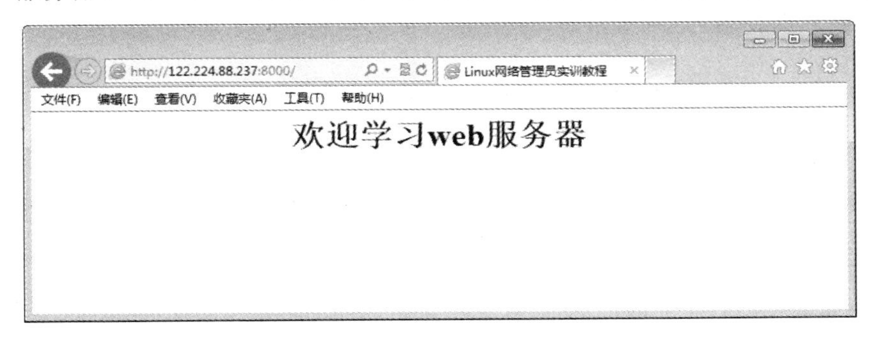

图 6.4 外网主机访问内网 Web 服务器

思考与实验

1. 理解 filter、nat 和 mangle 三种表。
2. 详细表述 NAT 的工作原理,并画出原理图。
3. 禁止所有 IP 访问 80 端口。
4. 记录访问 80 端口的日志。

第 7 章 DHCP 服务器

本章重点

- 熟悉 DHCP 服务器的地址租约原理。
- 掌握 DHCP 服务器的配置方法。
- 掌握 DHCP 服务器中继代理的配置方法。
- 了解和熟悉 DHCP 客户端的设置方法。

本章导读

本章详细介绍了 DHCP 的基本知识、DHCP 服务器的安装和启动、DHCP 服务器的配置、DHCP 中继代理的配置方法、DHCP 客户端的设置等内容。

7.1 DHCP 概述与工作原理

7.1.1 DHCP 简介

动态主机分配协议(DHCP)是一个简化主机 IP 地址分配管理的 TCP/IP 标准协议。用户可以利用 DHCP 服务器管理动态的 IP 地址分配及其他相关的环境配置工作(如 DNS、WINS、网关的设置)。DHCP 使用客户端/服务器模式,请求配置信息的计算机叫做 DHCP 客户端,而提供信息的叫做 DHCP 服务器。

在使用 TCP/IP 协议的网络上,如果采用静态 IP 地址的分配方法将增加网络管理员的负担,并易产生冲突,而 DHCP 服务器能将 IP 地址动态地分配给局域网中的客户端,从而减轻了网络管理员的负担。

7.1.2 DHCP 工作原理

DHCP 客户端获得 IP 租约,一般需要经过 6 个阶段与 DHCP 服务器建立联系,如图 7.1 所示。

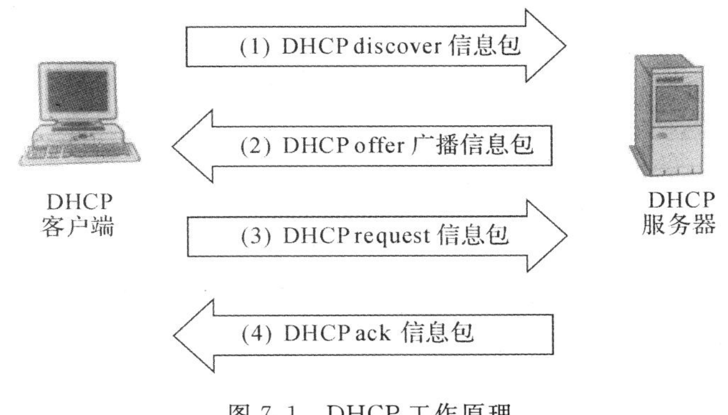

图 7.1　DHCP 工作原理

1. 发现阶段

发现阶段即 DHCP 客户端查找 DHCP 服务器的阶段。DHCP 客户端启动后，向网络上广播一个 DHCP discover 信息包，目的是希望网络上任何一个 DHCP 服务器能提供 IP 租约。

2. 提供阶段

提供阶段即 DHCP 服务器提供 IP 地址的阶段。网络上所有的 DHCP 服务器都会收到来自客户端的 DHCP discover 信息包，每一台 DHCP 服务器都会回应一个 DHCP offer 广播信息包，提供一个 IP 地址(之所以广播，是因为客户端还没有 IP 地址)。

3. 选择阶段

选择阶段即 DHCP 客户端选择某台 DHCP 服务器提供 IP 地址的阶段。客户端从不止一台 DHCP 服务器接收到提供信息后，会选择第一个收到的 DHCP offer 包，并向网络广播一个 DHCP request 信息包，表明自己已经接收了一个 DHCP 服务器提供的 IP 地址。该广播包中包含所接受的 IP 地址和服务器的 IP 地址。

4. 确认阶段

确认阶段即 DHCP 服务器确认所提供的 IP 地址的阶段。被客户端选择的 DHCP 服务器在收到 DHCP request 广播信息包之后，会广播返回给客户端一个 DHCP ack 信息包，表明已经接受客户端的选择，并将这一 IP 地址的合法租用以及其他的配置信息放入该广播包发给客户端。

5. 重新登录

以后 DHCP 客户端每次重新登录网络时，不需要发送 DHCP discover 信息包，而是直接发送包含前一次所分配的 IP 地址的 DHCP request 信息包。当 DHCP 服务器收到这条信息包后，它会尝试让 DHCP 客户端继续使用原来的 IP 地址，并回答一个 DHCP ack 信息包。如果此 IP 地址已无法再分配给原来的 DHCP 客户端使用(比如，此 IP 地址可能已经被其他主机占用)，则 DHCP 服务器给 DHCP 客户端回答一个 DHCP nack 信息包。当原来的 DHCP 客户端收到此信息包后，必须重新发送 DHCP discover 信息来请求新的 IP 地址。

6. 更新租约

DHCP 服务器向 DHCP 客户端出租 IP 地址一般都有一个租借期限，期满后 DHCP 服务器便会收回该 IP 地址。如果 DHCP 客户端要延长其 IP 租约，则必须更新其 IP 租约。DHCP 客户端启动时和 IP 租约期限过一半时，DHCP 客户端都会自动向 DHCP 服务器发送更新其 IP 租约的信息。

7.2 DHCP 服务器的安装与配置

7.2.1 安装 DHCP 服务器

在对 DHCP 服务器配置之前，首先，查看一下系统是否已经安装了 DHCP 服务程序。操作如图 7.2 所示。

```
lupa@H2:~
文件(F) 编辑(E) 查看(V) 搜索(S) 终端(T) 帮助(H)
[lupa@H2 ~]$ rpm -qa |grep dhcp
dhcpdump-1.7-1.el6.rf.i686
dhcp-common-4.1.1-34.P1.el6.centos.i686
dhcp-devel-4.1.1-34.P1.el6.centos.i686
dhcp-4.1.1-34.P1.el6.centos.i686
dhcping-1.2-2.2.el6.rf.i686
[lupa@H2 ~]$
```

图 7.2 查看 DHCP 服务相关程序

从图 7.2 中可知系统已经安装了 dhcp、dhcp-devel 以及 dhcp-common 程序，说明系统已经安装了与 DHCP 服务器与客户端的相关程序。

假如，系统没有安装相关程序，可以通过 rpm 命令或用 yum 命令来安装，具体如下：

```
[lupa@H2 ~]$ sudo rpm -ivh  /media/CentOS_6.4_Final/Packages/dhcp*
```

或者

```
[lupa@H2 ~]$ sudo yum -y install dhcp*
```

7.2.2 DHCP 服务器的基本配置实例

1. 项目说明

DHCP 服务器控制一段 IP 地址范围，实现客户机自动获得由 DHCP 服务器分配的 IP 地址。

2. 项目要求

基于 Linux 系统配置 DHCP 服务器，DHCP 服务器 IP 地址为 192.168.0.5，子网掩码为 255.255.255.0，默认网关为 192.168.0.1。为同一局域网内的所有客户机自动分配网络参数。

客户机能自动获取的网络参数如下：

(1)客户端能获取的 IP 地址为 192.168.0.10～192.168.0.100 之间。

(2)客户机获取的网关为 192.168.0.1。

(3)客户机获取的域名为 zb.org，且 DNS 服务器地址为 192.168.1.1。

(4)设置动态分配的 IP 租期为 7 天，最长为 14 天。

(5)要求有一台 DHCP 客户端采用网卡绑定，其网卡的物理地址为 00：0C：29：6C：C6：95，给它的 IP 地址必须是 192.168.0.20。

3. 配置步骤说明

(1)服务器网络参数设置。

(2)配置 DHCP 服务器的主配置文件。

(3)启动 DHCP 服务。

(4)测试。

4. 配置过程

操作步骤

步骤 1　在作为 DHCP 服务器的主机上手动(静态)方式配置服务器 IP 地址。设置 IP 地址为 192.168.0.5，子网掩码为 255.255.255.0，默认网关为 192.168.0.1。

单击【系统】→【首选项】→【网络连接】菜单，如图 7.3 所示，然后，选择网卡，单击【编辑】按钮，再单击【ipV4】选项卡，设置“方式”为“手动”，然后，单击【添加】按钮，并设置 IP 地址、子网掩码以及网关，如图 7.4 所示，最后，单击【应用】按钮。

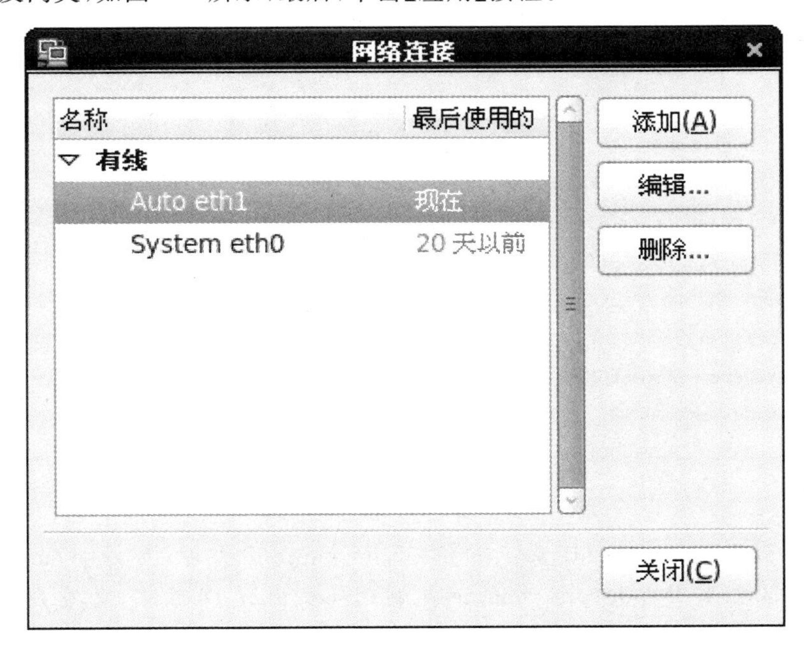

图 7.3　打开“网络连接”

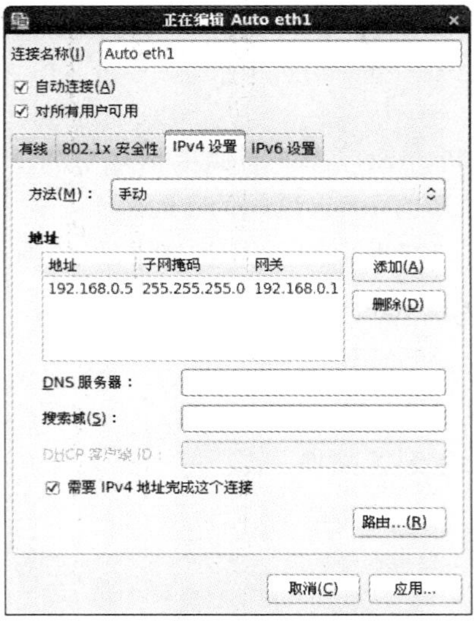

图 7.4 静态方式设置网络参数

步骤 2 配置/etc/dhcpd.conf 主配置文件。根据项目要求,配置文件内容如下:

```
ddns-update-style interim;
ignore client-updates;
subnet 192.168.0.0 netmask 255.255.255.0 {
#---default gateway
    option routers                  192.168.0.1;
    option subnet-mask              255.255.255.0;
    option domain-name              "zb.org";
    option domain-name-servers      192.168.1.1;
    option time-offset              -18000; # Eastern Standard Time
    range dynamic-bootp 192.168.0.10 192.168.0.100;
    default-lease-time 604800;
    max-lease-time 1209600;
    # we want the nameserver to appear at a fixed address
    host  pc1{
        hardware ethernet 00:0C:29:6C:C6:95;
        fixed-address 192.168.0.20;
    }
}
```

注意 假如/etc/dhcp/目录下并没有 dhcpd.conf 文件,可以将/usr/share/doc/dhcp-4.1.1/dhcpd.conf.sample 复制到/etc/dhcp/目录下,并重命名为 dhcpd.conf。

步骤 3 测试配置文件语句是否正确。

```
[lupa@H2 ~]$ sudo  dhcpd configtest
```

步骤 4　启动 dhcpd 服务。

```
[lupa@H2 ~]$ sudo  /etc/init.d/dhcpd start
```

重启服务命令：

```
[lupa@H2 ~]$ sudo  /etc/init.d/dhcpd restart
```

停止服务命令：

```
[lupa@H2 ~]$ sudo  /etc/init.d/dhcpd stop
```

查看状态命令：

```
[lupa@H2 ~]$ sudo  /etc/init.d/dhcpd status
```

步骤 5　查看 dhcpd 运行的端口。

```
[root@localhost ~]# netstat -nutap |grep dhcpd
udp     0      0 0.0.0.0:67      0.0.0.0:*              18975/dhcpd
```

DHCP 服务器的默认监听端口为 67，通过此端口监听客户端的请求，然后，通过比此 UDP 端口大一位的端口号，即 68 端口回应客户端。

注意　监听端口是可以指定的，故回应客户端端口号也随之变化。

步骤 6　测试。客户机系统以 Centos 系统为例。

首先，设置客户机 IP 地址等网络参数以“自动(DHCP)”方式获取。如图 7.5 所示。

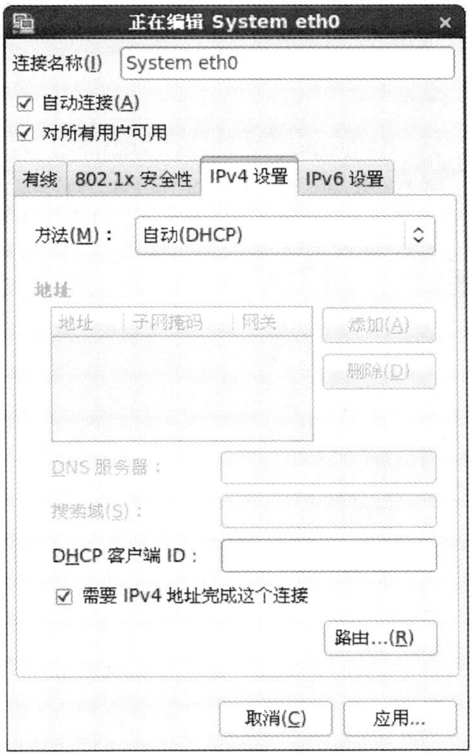

图 7.5　设置动态获取方式

注意 有些老版本 Linux 系统，可能通过图形下设置 IP 地址动态获取，并不起作用，用户可以用“dhclient”命令来获取。

然后，检验是否正确地自动获取了 IP 地址等信息。单击【应用程序】→【系统工具】→【终端】菜单，打开“终端”，并分别操作查看 IP 地址、DNS 域名以其地址等信息，结果如图 7.6 和图 7.7 所示。

```
[lupa@H1 ~]$ ifconfig eth0
eth0      Link encap:Ethernet  HWaddr 00:0C:29:77:37:EB
          inet addr:192.168.0.11  Bcast:192.168.0.255  Mask:255.255.255.0
          inet6 addr: fe80::20c:29ff:fe77:37eb/64 Scope:Link
          UP BROADCAST RUNNING MULTICAST  MTU:1500  Metric:1
          RX packets:383914 errors:1 dropped:1 overruns:0 frame:0
          TX packets:199500 errors:0 dropped:0 overruns:0 carrier:0
          collisions:0 txqueuelen:1000
          RX bytes:109935773 (104.8 MiB)  TX bytes:19831989 (18.9 MiB)
          Interrupt:19 Base address:0x2000

[lupa@H1 ~]$
```

图 7.6 查看 IP 地址

```
[lupa@H1 ~]$ cat /etc/resolv.conf
; generated by /sbin/dhclient-script
search zb.org
nameserver 192.168.1.1
[lupa@H1 ~]$
```

图 7.7 查看 DNS 域名与地址

最后，在网卡物理地址(MAC 地址)为“00：0C：29：6C：C6：95”的主机上，操作，结果如图 7.8 所示。

```
[lupa@kh-peter ~]$ ifconfig eth0
eth0      Link encap:Ethernet  HWaddr 00:0C:29:6C:C6:95
          inet addr:192.168.0.20  Bcast:192.168.0.255  Mask:255.255.255.0
          inet6 addr: fe80::20c:29ff:fe6c:c695/64 Scope:Link
          UP BROADCAST RUNNING MULTICAST  MTU:1500  Metric:1
          RX packets:35953 errors:0 dropped:0 overruns:0 frame:0
          TX packets:11275 errors:0 dropped:0 overruns:0 carrier:0
          collisions:0 txqueuelen:1000
          RX bytes:9953874 (9.4 MiB)  TX bytes:2580042 (2.4 MiB)
          Interrupt:19 Base address:0x2000

[lupa@kh-peter ~]$
```

图 7.8 查看网卡绑定主机的 IP 地址

从以上测试结果来看，本项目的 DHCP 服务器的配置是正确的。

7.2.3 DHCP服务器的中继转发代理

1. 项目说明

配置DHCP中继转发代理，实现用一台DHCP服务器给不同的网段分配IP地址。

2. 项目要求

准备两台Linux服务器(均以CentOS 6.4为例)，一台Linux作为DHCP服务器，一台具有双网卡的Linux作为dhcprelay中继代理服务器。

DHCP服务器的IP地址是192.168.100.5，子网掩码是255.255.255.0，默认网关是192.168.100.1。

DHCP中继代理服务器有两块网卡，eth0的IP地址为192.168.100.1，子网掩码是255.255.255.0；eth1的IP地址为192.168.200.1，子网掩码是255.255.255.0。

当前，有两个局域网络，要求如下：

(1)A网络中所有主机IP地址分配范围为192.168.100.20～192.168.100.100，DNS域名为zb.org，DNS地址为202.101.172.35，IP租期为7天，最长为14天。

(2)B网络中所有主机IP地址分配范围为为192.168.200.20～192.168.200.150，DNS域名为cb.org，DNS地址为202.101.172.46，IP租期为7天，最长为14天。

3. 配置步骤说明

(1)分别设置DHCP服务器和DHCP中继代理服务器上各网络接口参数设置。

(2)配置DHCP服务器的主配置文件。

(3)启动DHCP服务。

(4)配置DHCP中继服务。

(5)启动DHCP中继服务。

(6)测试。

4. 配置过程

为了方便测试，本章的Linux系统均安装在VMware虚拟机上，所以，以下测试环境均在虚拟机下进行。

操作步骤

步骤1 在VMware虚拟上，添加VMnet2和VMnet5虚拟网络。

单击【Edit】→【Virtual Network Editor】菜单，然后，单击【Add a Virtual Network】按钮，然后，选择“VMnet2”，单击【ok】按钮即可生成VMnet2虚拟网络，最后，在VMnetw虚拟网络的“subnet IP”处，设置网段为“192.168.100.0”，在“Subnet mask”处设置为“255.255.255.0”；如图7.9所示。

创建VMnet5虚拟网络的方式类似以上操作，只要在“Subnet IP”处设置为“192.168.200.0”。如图7.10所示。

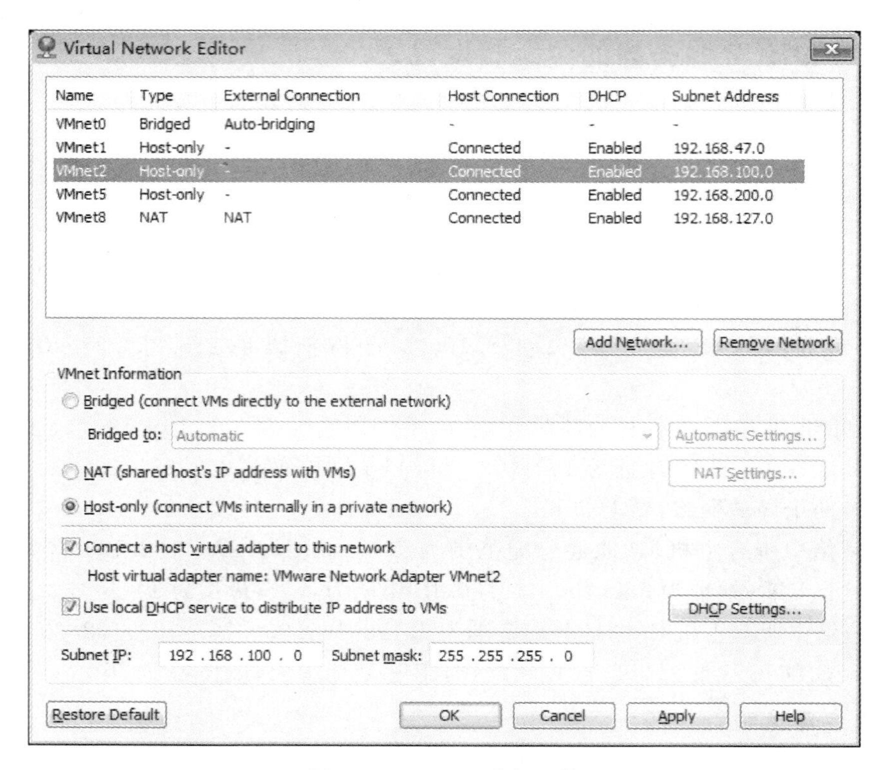

图 7.9　VMnet2 虚拟网络

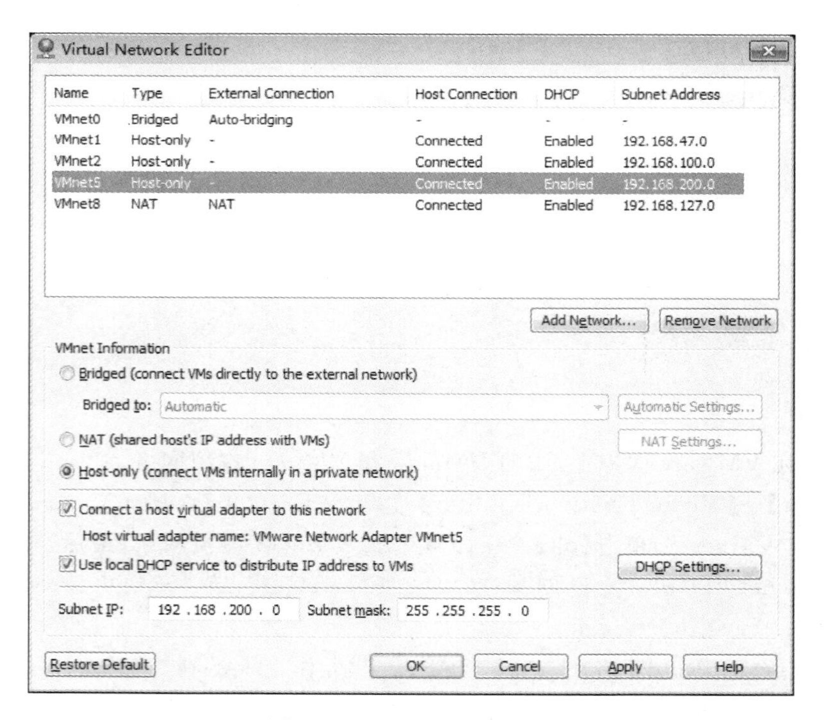

图 7.10　VMnet5 虚拟网络

步骤 2　设置 DHCP 服务器的网卡网络参数。IP 地址设置为 192.168.100.5，子网掩码为 255.255.255.0，网关为 192.168.100.1，如图 7.11 所示。

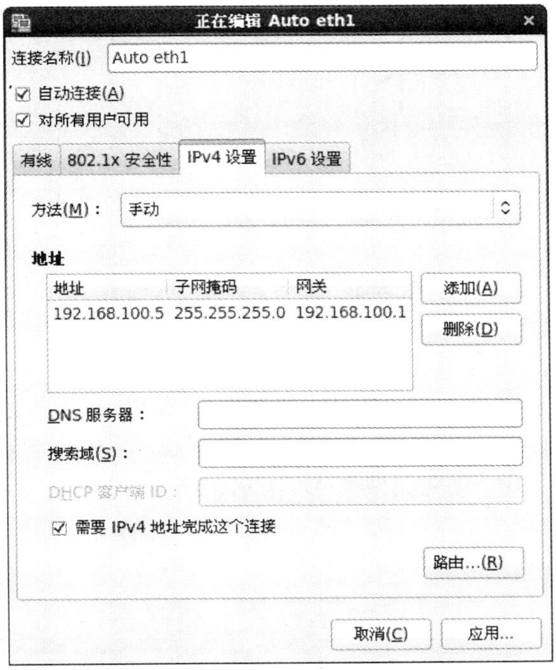

图 7.11　设置 DHCP 服务器网络参数

步骤 3　配置 DHCP 服务器。

dhcpd.conf 配置文件内容如下：

```
ddns - update - style interim;
ignore client - updates;
subnet 192.168.100.0 netmask 255.255.255.0 {
# - - - default gateway
    option routers                  192.168.100.1;
    option subnet - mask            255.255.255.0;
    option domain - name            "zb.org";
    option domain - name - servers      202.101.172.35;
    option time - offset            - 18000;     # Eastern Standard Time
    range dynamic - bootp 192.168.100.20 192.168.100.100;
    default - lease - time 604800;
    max - lease - time 1209600;
}
subnet 192.168.200.0 netmask 255.255.255.0{
# - - - default gateway
    option routers                  192.168.200.1;
    option subnet - mask            255.255.255.0;
    option domain - name            "cb.org";
    option domain - name - servers      202.101.172.46;
```

```
    option time - offset        - 18000;      # Eastern Standard Time
    range dynamic - bootp 192.168.200.20 192.168.200.150;
    default - lease - time 604800;
    max - lease - time 1209600;
}
```

步骤 4 启动 DHCP 服务。

步骤 5 为 DHCP 中继代理服务器添加一块网卡，并将两块网卡分别指向 VMnet2 和 VMnet5。

将第一块网卡指向 VMnet2 虚拟网络，在虚拟机中，单击“Edit virtual machine settings”，然后，在“hardware”选项卡中，选中“Network Adapter”，然后，选中“Custom：specific virtual network”，再选择“VMnet2(Host-only)”，如图 7.12 所示。

添加一块网卡并将其指向 VMnet5 虚拟网络。在虚拟机上，单击“Edit virtual machine settings”，在上图 7.12 中，点击“Add...”按钮，弹出如图 7.13 所示窗口，选中“Network Adapter”，单击“Next”按钮，弹出如图 7.14 所示的界面。选中“Custom：specifice virtual network”，再选择“VMnet5(Host-only)”即可，如图 7.15 所示。

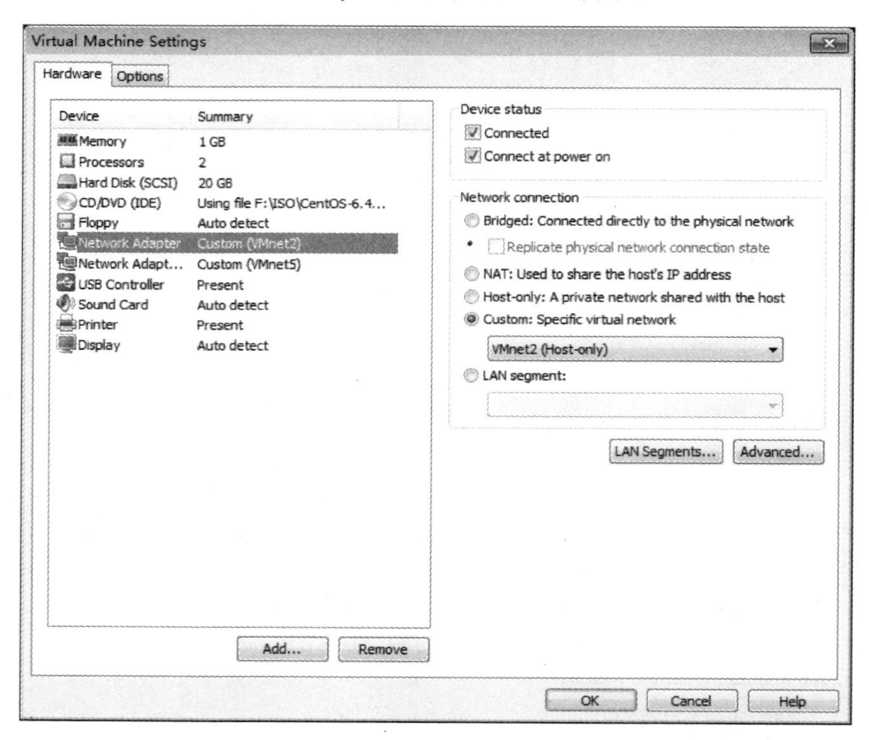

图 7.12　设置第 1 块网卡指向 VMnet2 虚拟网络

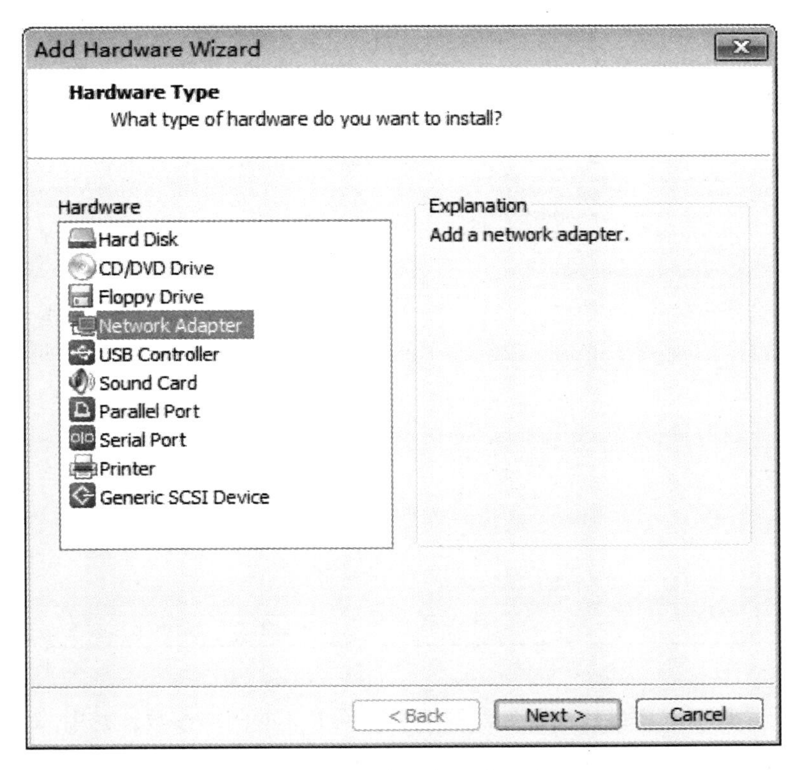

图 7.13　增加一块虚拟网卡

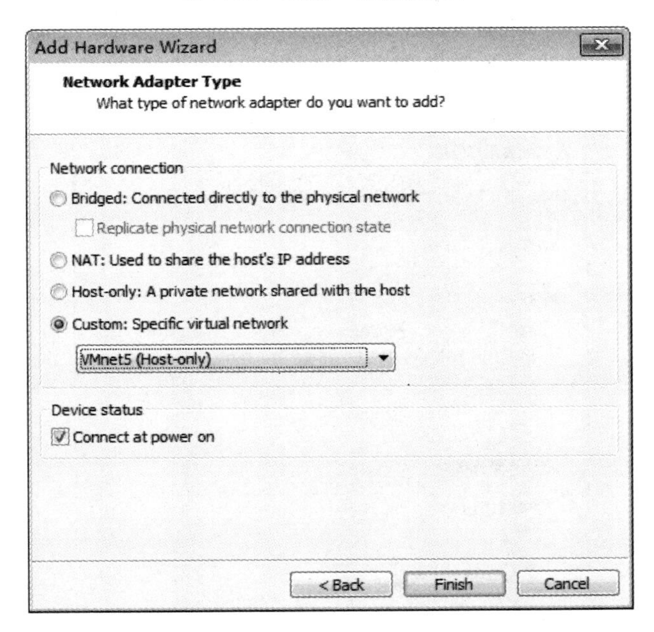

图 7.14　将新增网卡指向 VMnet5 虚拟网络

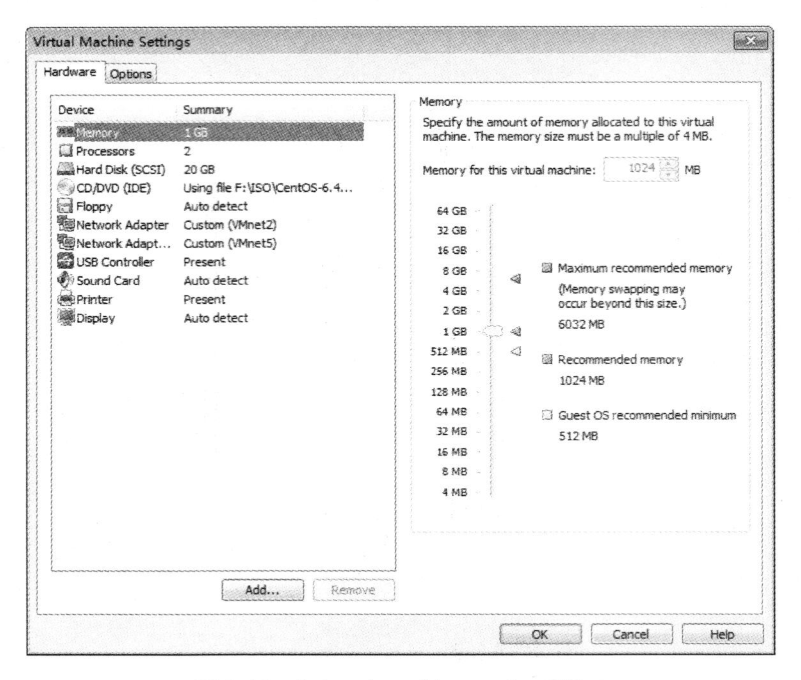

图 7.15 “virtual machine settings”窗口

步骤 6 设置 DHCP 中继代理服务器网卡 1 和网卡 2 的网络参数。其中,第 1 块网卡 eth0 的网络参数:IP 地址为 192.168.100.1,子网掩码为 255.255.255.0,如图 7.16 所示;第 2 块网卡 eth1 的网络参数:IP 地址为 192.168.200.1,子网掩码为 255.255.255.0,如图 7.17 所示。

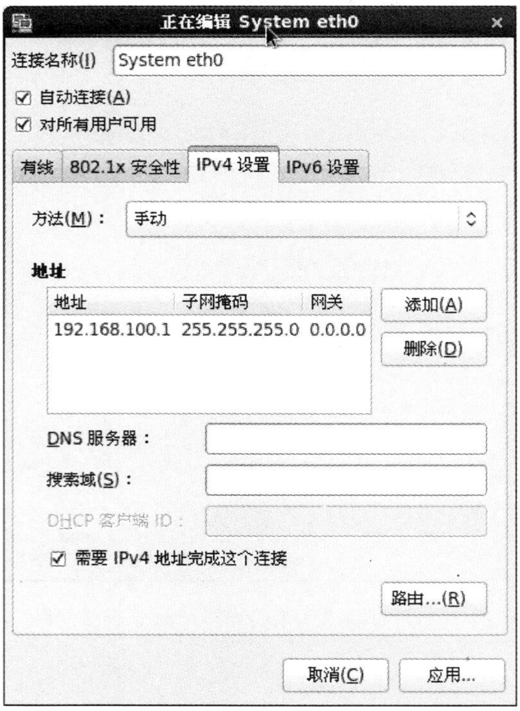

正在编辑 System eth0
连接名称(I) System eth0
☑ 自动连接(A)
☑ 对所有用户可用
有线 802.1x 安全性 IPv4 设置 IPv6 设置
方法(M): 手动
地址
地址 子网掩码 网关
192.168.100.1 255.255.255.0 0.0.0.0
添加(A)
删除(D)
DNS 服务器:
搜索域(S):
DHCP 客户端 ID:
☑ 需要 IPv4 地址完成这个连接
路由...(R)
取消(C) 应用...

图 7.16 第 1 块网卡 eth0 网络参数

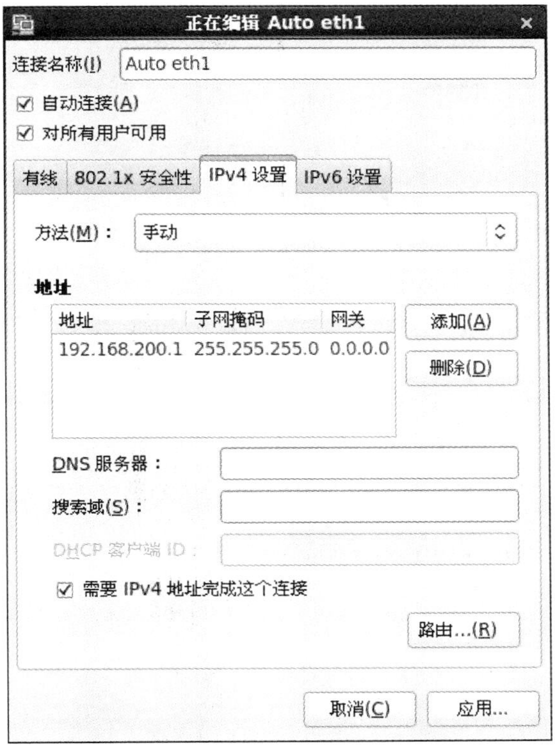

正在编辑 Auto eth1

连接名称(I)　Auto eth1

☑ 自动连接(A)

☑ 对所有用户可用

有线　802.1x 安全性　IPv4 设置　IPv6 设置

方法(M)：　手动

地址

地址	子网掩码	网关
192.168.200.1	255.255.255.0	0.0.0.0

添加(A)　删除(D)

DNS 服务器：

搜索域(S)：

DHCP 客户端 ID：

☑ 需要 IPv4 地址完成这个连接

路由…(R)

取消(C)　应用…

图 7.17　第 2 块网卡 eth1 的网络参数

步骤 4　在 dhcprelay 服务器(双网卡主机)上设置允许 DHCP 中继转发代理。

```
[lupa@H2 ~]$  sudo  vim /etc/sysctl.conf
```

内容修改为：

```
net.ipv4.ip_forward = 1
```

将 0 修改为 1。

步骤 5　重新加载 sysctl.conf 配置文件，使设置生效。

```
[lupa@H2 ~]$  sudo  sysctl -p  /etc/sysctl.conf
```

步骤 6　配置 dhcprelay 服务。

```
[lupa@H2 ~]$  sudo vim /etc/sysconfig/dhcrelay
```

修改内容如下：

```
INTERFACES = "eth0 eth1"
DHCPSERVERS = "192.168.100.5"
```

其中，INTERFACES 指定本机的网络接口，DHCPSERVERS 指定 DHCP 服务器的 IP 地址。

步骤 7　启动 dhcprelay 服务。

```
[lupa@H2 ~]$ sudo /etc/init.d/dhcrelay  restart
```

```
启动 dhcrelay:                                        [确定]
```

显示如上,表示启动服务成功。至此服务器的配置已经完成,可以通过客户端来获取 IP 地址了。

步骤 8 测试。分别用 PC1 和 PC2 两台机器测试。

(1)主机 PC1 测试

将主机 PC1 的网卡指向 VMnet2 虚拟网络,然后,将网卡参数获得方式设置为"自动(DHCP)"。最后,在"终端"中,用 ifconfig 命令查看 eth0 网卡获取的网络参数。如图 7.18 所示。

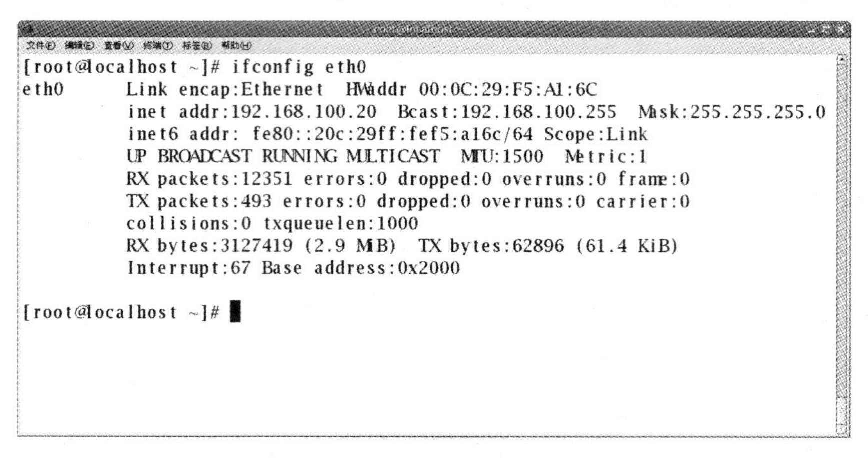

图 7.18 主机 PC1 获取的网络参数

(2)主机 PC2 测试

将主机 PC2 的网卡指向 VMnet5 虚拟网络,然后,将网卡参数获得方式设置为"自动(DHCP)"。最后,在"终端"中,用 ifconfig 命令查看 eth0 网卡获取的网络参数。如图 7.19 所示。

```
[lupa@kh-peter ~]$ ifconfig eth0
eth0      Link encap:Ethernet  HWaddr 00:0C:29:6C:C6:95
          inet addr:192.168.200.20  Bcast:192.168.200.255  Mask:255.255.255.0
          inet6 addr: fe80::20c:29ff:fe6c:c695/64 Scope:Link
          UP BROADCAST RUNNING MULTICAST  MTU:1500  Metric:1
          RX packets:55312 errors:0 dropped:0 overruns:0 frame:0
          TX packets:17482 errors:0 dropped:0 overruns:0 carrier:0
          collisions:0 txqueuelen:1000
          RX bytes:23206149 (22.1 MiB)  TX bytes:3200348 (3.0 MiB)
          Interrupt:19 Base address:0x2000

[lupa@kh-peter ~]$
```

图 7.19 主机 PC2 获取的网络参数

从图 7.18 和图 7.19 中可知,PC1 和 PC2 主机分别获得的网络参数是不同网络段,也是符合此项目的要求的。

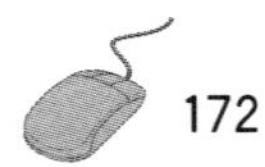

7.3 常见故障及其排除

1. 对指定某台客户机分配固定的IP地址。经测试发现，该指定客户机并未分配到IP地址，而且获得了其他的IP地址。

请对DHCP服务的配置文件/etc/dhcpd.conf中的主机绑定IP声明进行复查。首先，看该文件的主机声明中是否有“hardware etherent”参数这行，如果没有将它补上；其次，比对之后的MAC地址同预指定客户机的MAC是否相同。

2. 网络中的客户机能获取到IP地址，但DNS服务器的地址发现是错误。

在配置文件中，查看“option domain－name－servers”的语句是否配置正确。

3. 网络中只有1台客户机能获取到IP地址，其他客户机都未能获取到IP地址

分析可知，DHCP服务已正常运行，且有客户机能正确的获取设定的IP地址。那原因应该出在除那台能正常获取IP之外的客户机上。

操作步骤

步骤1 查看其他客户机是否启动。

步骤2 它们是否已经手动设置了IP地址，如果是这样的话，将其改为DHCP自动获取，重启客户机。

步骤3 查看服务器和客户机是否处在同一个局域网内。

思考与实验

1. 请修改主配置文件，要求DHCP服务器分配的IP地址在192.168.254.2～192.168.254.88之间。

2. 请修改主配置文件，指定DHCP客户机网关为192.168.254.254。

3. 请修改主配置文件，要求网络所属的DNS域的域名为www.liu.org(不是DNS服务器的域名)。

4. 请修改主配置文件。指定DHCP服务器默认地址租期为1小时，最长地址租期为2小时。

第 8 章

SAMBA 服务器

本章重点

- SAMBA 简介及工作原理。
- SAMBA 服务器基础配置。
- SAMBA 服务器安全配置。

本章导读

本章介绍了 SAMBA 服务器的工作原理、SAMBA 常用配置参数和共享配置参数，叙述了共享文件的配置以及测试。

8.1 SAMBA 简介与工作原理

8.1.1 SAMBA 简介

SAMBA 由几个 SMB(Microsoft Session Message Block，Microsoft 会话消息块)协议组成。SMB 协议是局域网上共享文件和打印机的一种协议。SAMBA 主要是为基于 UNIX 设备开发的 SMB 协议的免费实现，然而 SAMBA 也可以移植到其他平台上。它可以访问远程文件系统和打印机，在 Windows 术语中被称为“共享”。

为什么要使用 SAMBA? 在 Linux 系统之间主要使用 NFS 来共享文件。但是由于 Windows 本身并不支持 NFS 协议，所以，任何人如果要想从 Windows 访问 Linux 服务器上的文件，通常需要通过第三方供应商购买 NFS 驱动程序。而 SAMBA 为 UNIX 和 Windows 之间的通信架起了一座桥梁，它支持基于 Unix 与基于 Windows 的主机共享文件与打印机。

8.1.2 SMB 协议

SMB 协议是局域网上共享文件和打印机的一种网络通信协议。为了使 Windows 主机间的资源能够共享，微软于 1980 年开发了 SMB(Server Message Block)通信协议，并通过

SMB 通信协议，使网络上各台主机之间能够共享文件、打印机、串行端口和通讯等资源。目前类似这种资源共享的通信协议还有 NFS、Appletalk、Netware 等等。

8.1.3 SAMBA 服务器工作原理

SMB 通信协议以客户端/服务器架构组成，如图 8.1 所示。担任 SMB 服务器的主机提供文件系统、打印服务和其他网络资源，以响应来自客户端的请求，而客户端计算机可以通过网络来请求服务器上的资源。

图 8.1 SMB 客户/服务器工作原理

SMB 客户端在连接 SMB 服务器时可以使用的通信协议有很多，例如 TCP/IP、NetBEUI 或是 IPX/SPX.。在成功连接服务器后，SMB 客户端即可使用 SMB 命令，在文件系统中进行访问或其他的工作，这一切动作都必须通过网络来进行。

SAMBA 软件的功能：

(1)共享 Linux 的文件系统

(2)共享安装在 SAMBA 服务器上的打印机

(3)支持 Windows 客户使用网上邻居浏览网页

(4)使用 Windows 系统共享的文件和打印机

(5)支持 Windows 域控制器和 Windows 成员服务器对使用 SAMBA 资源的用户进行认证

(6)支持 WINS 名字服务器解析及浏览

(7)支持 SSL 安全套接层协议

8.2 SAMBA 服务器的基本配置

1. 项目说明

配置 SAMBA 服务器以实现在 Windows 计算机与 Linux 计算机之间的用户级的资源共享。

2. 项目要求

以 Centos 6.4 为 SAMBA 服务器，IP 地址设为 192.168.3.111，子网掩码是 255.255.255.0，默认网关是 192.168.3.1。客户机分别是 Linux 和 Windows。

要求：

1)使 Linux 客户机和 Windows 客户机能访问 Linux 服务器，访问时必须输入用户名

hz,密码 123456。

2)使 Linux 客户机和 Windows 客户机能访问 Linux 服务器上的共享文件夹/home/samba,共享名为 share,对 SAMBA 目录有可读写权限。

3)使 Linux 客户机和 Windows 客户机不能访问 Linux 服务器上用 hz 用户创建的默认目录/home/hz

3. 项目配置过程

操作步骤

步骤 1 在进行配置之前,需要检测一下系统是否已安装了相关 SAMBA 软件包。可以通过以下操作检测:

```
[lupa@localhost ~]$ rpm -qa|grep samba
samba-client-3.6.9-151.el6
samba-common-3.6.9-151.el6
samba-3.6.9-151.el6
```

若显示如上信息,说明系统已经安装了 SAMBA 服务程序。在 CentOS 中提供了如下 RPM 包。

(1)samba-client:SAMBA 客户端软件。

(2)samba-common:包括 SAMBA 服务器和客户端均需要的文件。

(3)samba:Samba 服务器端软件。

Samba 主要的配置文件是/etc/samba/smb.conf,其中有很多选项,但是,一般只需掌握一部分常用的配置语句即可实现实际需要。通过查看配置文件后可以发现,有些语句前面会出现"#"或";"号,"#"表示描述性文字,";"号表示默认失效语句,假如要使某失效语句生效,则只需将";"号删除即可。

步骤 2 在/home 目录下创建 samba 目录,在 samba 目录里创建 hello 文件,输入命令如下。

```
[lupa@localhost ~]$ sudo mkdir /home/samba
[lupa@localhost ~]$ cd /home/samba
[lupa@localhost samba]$ sudo touch hello
```

步骤 3 添加账号 hz 和密码,命令如下:

```
[lupa@localhost samba]$ sudo useradd hz
[lupa@localhost samba]$ sudo passwd hz
[lupa@localhost samba]$ cd..
[lupa@localhost home]$ sudo chown hz samba
```

步骤 4 把账号 hz 设置为 SAMBA 账号,并设置口令。命令如下:

```
[lupa@localhost home]$ sudo smbpasswd  -a  hz
```

回车后输入密码,确认。

步骤 5 设置服务器的 IP 地址为 192.168.3.111,并在防火墙中开启 137、138 和 139

端口号。

步骤 6　在终端窗口中输入“$ sudo vi /etc/samba/smb.conf”，修改主配置文件如下。

```
……
#
#================Global Settings=======================
[global]
# workgroup = NT-Domain-Name or Workgroup-Name
   workgroup = Workgroup              #设置服务器所要加入的工作组的名称 Workgroup
# server string is the equivalent of the NT Description field
   server string = Samba Server       #设置服务器主机的描述信息为 Samba Server
   netbios name = sambaserver         #设置在“网络邻居”中显示的主机名
# This option is important for security. It allows you to restrict
……
……
# security_level.txt for details.
   security = user                    #设置 SAMBA 服务器的安全级别为 user
# Use password server option only with security = server
…………
…………
;[homes]                              #用户个人的主目录设置内容
;     comment = Home Directories      #主目录注释
;     browseable = no                 #是否允许其他用户浏览个人主目录。
;     writeable = yes                 #是否允许写入个人主目录
# Un-comment the following and create the netlogon directory for Domain Logons
……
;[myshare]
;   comment = Mary's and Fred's stuff
;   path = /usr/somewhere/shared
;   valid users = mary fred
;   public = no
;   writable = yes
;   printable = no
;   create mask = 0765
[share]                               #网络上看到的目录名是 share，要求是共享目录的位置
comment = share's Service             #共享资源所作的说明是 share's Service
path = /home/samba                    #设置共享目录的位置
public = no                           #值为 NO，表示不允许用户不使用账号和密码便能访问此资源
writable = yes                        #设置共享的资源的读、写权限
valid users = hz                      #只有 hz 可以访问
```

步骤 7　在配置完成后，查看 smb.conf 配置文件的当前配置情况，可以用以下命令：

```
[lupa@localhost ~]$ grep -v "#" /etc/samba/smb.conf |grep -v ";"
```

此命令可以忽略以“#”和“;”号开头的语句，并显示其他配置语句。

步骤 8 测试配置文件的正确性。

```
[lupa@localhost ~]$ testparm
```

步骤 9 在命令行窗口输入“sudo service smb start”启动，如出现如图 8.2 所示结果，则表示 SAMBA 服务器启动成功。

图 8.2 SAMBA 服务器启动成功

SAMBA 的核心是两个守护进程，即 smbd 和 nmbd。smbd 监听 139 TCP 端口；nmbd 监听 137 和 138 UDP 端口。smbd 和 nmbd 使用的全部配置信息保存在 smb.conf 文件中，smb.conf 向 smbd 和 nmbd 两个守护进程说明输出什么、共享输出给谁及如何输出以便共享。smbd 进程的作用是处理到来的 SMB 数据包，为使用该数据包的资源与 Linux 协商；nmbd 进程使其他主机能浏览 Linux 服务器。smbd.log 与 nmbd.log 日志文件存放在/var/log/samba/目录中。

针对项目的要求，配置文件已经配置完成。下面分别以 Windows 客户机和 Linux 客户机进行测试。

1. 在 Windows 客户机上测试

步骤 1 在 Windows 系统上，点击“开始”菜单→“运行”输入“\\192.168.3.111”，出现如图 8.3 所示登录对话框，输入用户名：hz，密码：123456。

图 8.3 登入界面

步骤 2 单击【确定】按钮，成功登录后，出现如图 8.4 所示窗口。

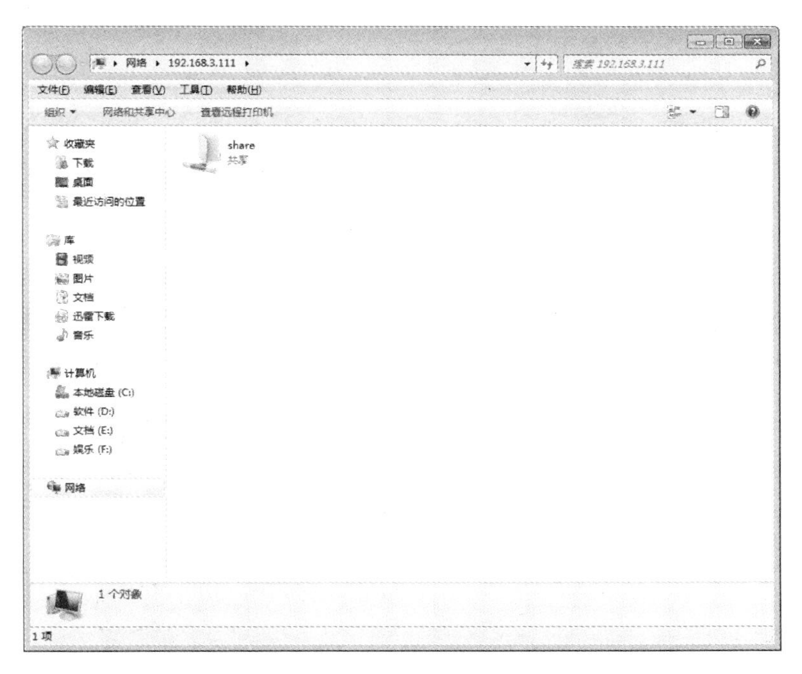

图 8.4　查看共享目录

步骤 3　双击【share】图标，share 目录里有 hello 文件，如图 8.5 所示，这时已可使用 Linux 服务器的资源。

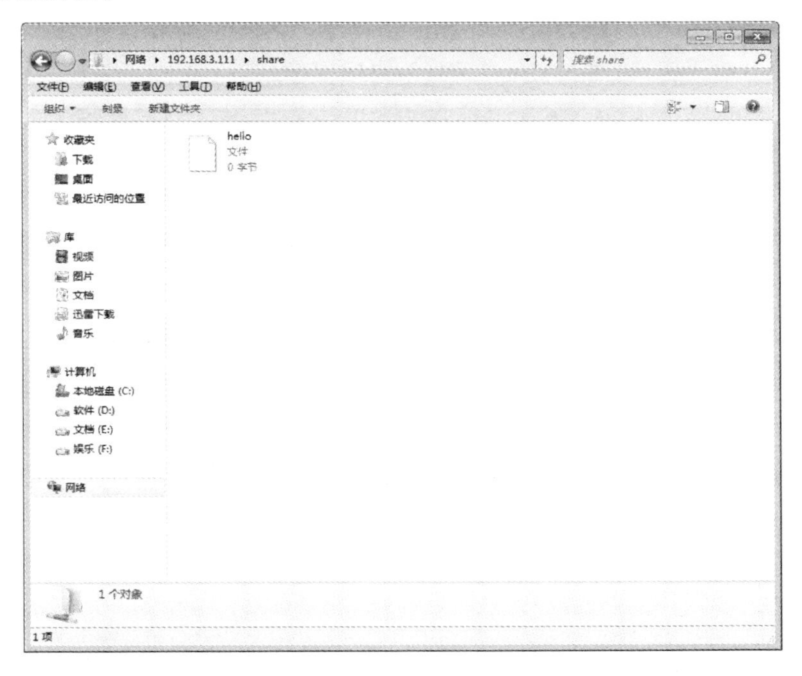

图 8.5　查看共享文件

2. 在 Linux 客户机上测试

步骤 1 查看共享主机及共享目录。

在命令行窗口输入“smbclient -L 192.168.3.111 -U hz”回车，提示输入密码，之后直接按回车，系统输出的信息如图 8.6 所示。smbclient 是查看主机的共享资源信息的命令。

格式：

```
smbclient - L 主机名(或主机的 IP 地址) - U 用户名
```

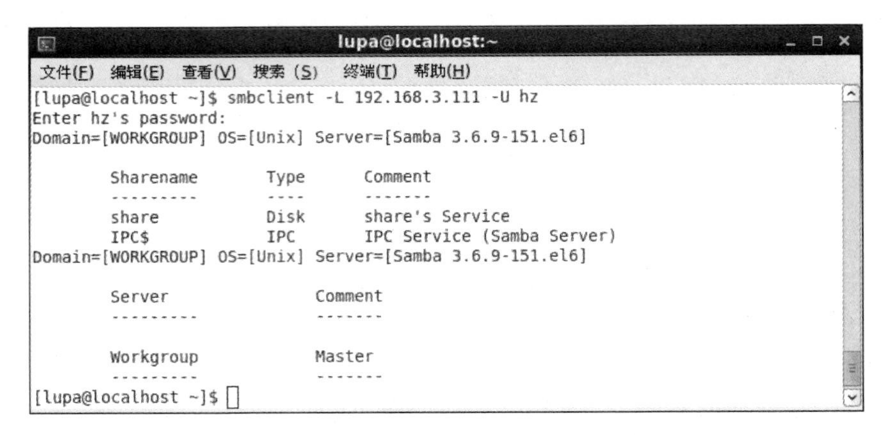

图 8.6 Linux 客户端登录 SAMBA 服务器

步骤 2 把共享文件挂载到/mnt 目录。

在命令行窗口输入“smbmount //192.168.3.111/share /mnt -o username=hz”。

按回车，提示输入密码，输入密码 123456，再按回车。

注意：在 CentOS 6.4 系统下，已经没有 smbmount 命令了，可以用 mount.cifs 或 mount 命令代替。

用 ls 命令查看挂载上来的文件，如图 8.7 所示。

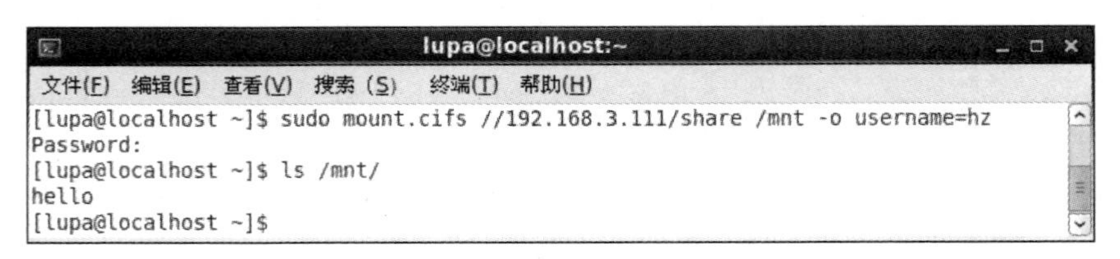

图 8.7 挂载服务器上的文件

步骤 3 卸载共享目录。

```
[lupa@localhost ~]$ sudo umount /mnt
```

8.3　增加 SAMBA 服务器的安全性

8.3.1　不要使用明码

修改/etc/samba/smb.conf,添加以下两行:

```
encrypt passwords = yes
smb passwd file = /etc/samba/smbpasswd
```

8.3.2　尽量不使用 share 级别安全

SAMBA 提供的共享级别安全机制其原理为共享权限只分配一个密码,而不是针对具有用户和相应密码的合法用户。但其安全性比较差,因为网络中每个人都共同使用一个密码。不仅每个人都很容易查找到密码,而且更改这一密码相当困难。对于比较小的网络,共享级别安全普遍引起人们的注意。

8.3.3　尽量不使用浏览器服务访问

另一种保证系统安全的方法是不要让不相关的用户知道这一系统的存在。通过阻止用户浏览这一系统的方式,将大大减少系统成为被攻击对象的可能。这一过程非常容易,只要关闭共享浏览功能即可。

8.3.4　通过网络接口控制 SAMBA 访问

在配置文件/etc/samba/smb.conf 中,添加如下内容:

```
interfaces =  192.168.8.0/24 127.0.0.1
bind interfaces only = yes
```

8.3.5　通过主机名称和 IP 地址列表控制 SAMBA 访问

使用 hosts allow 列表属性控制 SAMBA 访问,允许指定可以访问的主机和 IP 地址,IP 地址列表可以是子网掩码。在配置文件/etc/samba/smb.conf 中添加如下语句:

```
hosts deny = ALL
hosts allow = 192.168.8.0/24 127.0.0.1
```

也可以用主机名称代替 IP 地址:

```
hosts deny = ALL
hosts allow = lupa   Centos
```

或者使用白名单模式,把所有可以访问的用户和组列出来,如:

```
valid users = peter,james,sandy,@staff @sales
```

8.4　常见故障及其排除

(1)SAMBA服务器的安全级别为share,启动SMB服务后,测试发现,客户机能看到共享目录,但无法进入共享目录。

导致此故障的原因,可能有两个方面。第一,确认共享的目录权限;第二,共享目录语句可能设置为"public=no"。

排除故障的方法:一是可以修改共享目录的权限;二是将"public=no"修改为"public=yes"

(2)SAMBA服务器的安全级别为share,启动SMB服务后,测试发现,客户机能够看到共享目录,进入共享连接需要输入用户名和密码。

导致此故障的原因,可能是共享目录设置为"public=no"。

(3)SAMBA服务器的安全级别为share,启动SMB服务后,测试发现,客户机能够进入共享连接,也不需要输入用户名和密码,但是对共享中的文件不能够删除,也不能写入文件。

导致此现象的原因,可能是共享目录没有设置写的权限,只要设置"read only=no"或者"writable=yes",这样就共享了目录写的权限。

思考与实验

1. Linux作为服务器,IP地址是192.168.0.10,服务器上有一文件夹/home/lupa,文件里有一个hi文件。实现lupa文件夹的共享,实现无用户无密码的共享,客户机分别是Windows和Linux,实现访问lupa文件。

2. 在服务器上创建一个home/samba目录,目录里有一个"hello"文件。只允许192.168.0.88的主机去访问,客户端最多只能打开10个文件,只允许aa组用户写入,其他用户只能访问,不能写入。

3. 为自己的学校或公司小型局域网络架设SAMBA服务器,要求安全设置为本SAMBA服务器审查用户账号和密码。分别创建不同权限的共享目录。客户机分别用Linux平台和Windows平台。

第 9 章

NFS 服务器

本章重点

- 了解和熟悉 NFS 的基本概念。
- 了解和熟悉 NFS 的基本语法规则。
- 掌握 NFS 服务器的配置。

本章导读

本章介绍了 NFS 服务器的设置方法,其中包括 NFS 的基本知识、NFS 的基本语法规则以及 NFS 服务器的设置。

9.1 NFS 简介与工作原理

NFS(Network File System)是网络文件系统的缩写,它可以在计算机之间共享文件系统。NFS 由 SUN Microsystem terns 公司在 1984 年推出。其原本只是作为无盘客户机的一种替代文件系统,但是这个协议经证实设计得很好,于是被作为一种通用的文件共享解决方案。

现如今 NFS 仅用于 Linux 和 Unix 主机之间共享文件。Windows 客户机只能使用 CIFS/SAMBA 来获得文件共享服务。

NFS 由几个部分组成,包括一个协议与服务,以及几个诊断工具。其服务端和客户端软件都有一部分驻留在内核中。

NFS 服务并没有提供资料传递的协议,它的文件共享的原理是 NFS 使用了远程过程调用(Remote Procedure Call,RPC)。NFS 也可以看成是一个 RPC 服务器。需要说明的是,要挂载 NFS 服务器的客户端也需要同步启动远程过程调用。这样 Server 端和客户端才能根据远程过程调用协议进行数据共享。

使用 NFS 可以提高资源的使用率,也可以节省客户端的本地存储空间,同时便于对资源进行集中管理。

使用 NFS 服务器需要启动至少两个守护进程(daemons),一个用来管理客户端是否可以登录，另一个管理登录主机后的客户端所拥有的文件权限。

1. rpc. nfsd

这是 NFS 守护进程，管理客户端登录主机的权限，其中包含对登录者的 ID 判别。

2. rpc. mountd

这是 RPC 安装守护进程，管理 NFS 的文件系统。当客户端通过 rpc. ndsd 登录 NFS 服务器之后，还必须取得使用权限的验证，rpc. mountd 程序通过 NFS 的/etc/exports 文件来比对客户端的权限。

激活 NFS 必须包括两个系统服务：portmap 和 nfs。

NFS 服务器可以被视为一个 RPC 服务器。在激活任何一个 RPC 服务器之前，portmap 服务都会做好端口的对应(mapping)工作。portmap 的主要功能是进行端口映射工作，当客户端尝试连接并使用 RPC 服务器时，portmap 会将所管理的与服务对应的端口号提供给客户端，从而客户端可以通过该端口向服务器发出请求服务。

9.2 安装与配置 NFS 服务器

9.2.1 安装 NFS 服务器

在配置 NFS 服务器之前，需要检测一下系统是否已安装了 NFS 软件包。操作如下：

```
[lupa@H2 ~]$ rpm -qa|grep nfs
nfs-utils-1.2.3-36.el6.i686
nfs-utils-lib-devel-1.1.5-6.el6.i686
nfs-utils-lib-1.1.5-6.el6.i686
```

以上显示，表明系统在安装时默认安装 NFS 组件。假如没有安装，可以挂载安装光盘，并通过以下命令进行安装。

```
[lupa@H2 ~]$ sudo  rpm -ivh  /media/CentOS_6.4_Final/Packages/nfs*
```

9.2.2 /etc/exports 配置文件

NFS 服务主配置文件为/etc/exports，不过系统并没有默认值，所以，这个文件不一定存在，需要用户自己创建。

用户可以把需要共享的文件系统直接编辑到此文件中，这样，当 NFS 启动时系统就会自动读取/etc/exports 文件，从而告诉内核要输出的文件系统和相关的存取权限。

/etc/exports 配置语句的格式如下：

```
Directory  Hostname  [options]
```

1. Directory 为 NFS 服务共享的目录，必须使用绝对路径，而不能使用符号链接。

2. Hostname 为受 NFS 服务限制一台或多台主机，大概可以分为

(1)单个机器:一个全限定域名(能够被服务器解析)、主机名(能够被服务器解析)或IP地址。

(2)使用通配符来指定的机器系列,使用"*"或"?"字符来指定一个字符或指定一个字符串匹配。IP地址中不使用通配符。如果反向DNS查询失败,它们可能会碰巧有用。在完整域名中指定通配符时,点(.)不包括在通配符中。例如,*.example.com包括one.example.com,但不包括one.two.example.com。

(3)某个或多个IP网络段:例如,192.168.1.0/24或192.168.1.0/255.255.255.0。

3. options为可选项,有以下几种。

(1)rw:可读写权限。

(2)ro:只读权限。

(3)no_root_squash:当登录NFS主机使用共享目录的使用者是root时,其权限将被转换成匿名使用者,通常它的UID与GID都会变成nobody身份。

(4)root_squash:当登录NFS主机使用共享目录的使用者是root时,那么对于这个共享的目录来说,它具有root的权限。

(5)all_squash:忽略登录NFS使用者的身份,其身份都会被转换为匿名使用者,通常即nobody。

(6)anonuid:通常为nobody,也可以自行设定这个UID的值,UID必须存在于/etc/passwd中。

(7)anongid:同anonuid,但是变为GID。

(8)sync:同步写入资料到内存与硬盘中。

(9)async:资料会先暂存于内存中,而非直接写入硬盘。

9.2.3　NFS服务器配置实例

项目1

1. 项目说明

安装NFS文件服务器,并对它进行简单配置。

2. 项目要求

在本地主机上搭建NFS服务器,主机IP地址为192.168.8.122,主机名为H1,主机的用户为lupa,要求如下:

(1)对用户主目录下的pub目录进行权限设置,子网192.168.3.0/24中的所有客户机具有读权限,而其他网络中的客户机具有读写权限。

(2)test.net域中的所有客户机对目录/home/foodstuff具有读写权限。

(3)当登录NFS主机使用共享目录的使用者是root时,其权限将被转换成匿名使用者,通常它的UID与GID都会变成nobody身份。

3. 配置步骤说明

配置分两步骤。

(1)安装NFS的服务器。

(2)设置NFS服务器。

4. 配置过程

操作步骤

步骤 1 配置/etc/exports 文件。配置内容如图 9.1 所示。

```
[lupa@H1 ~]$ sudo vi /etc/exports
```

```
lupa@H1:~
文件(F) 编辑(E) 查看(V) 搜索(S) 终端(T) 帮助(H)
/home/lupa/pub 192.168.3.*(ro,no_root_squash) *(rw,no_root_squash)
/home/lupa/domian *.lupa.net(rw,no_root_squash)
~
~
~
~
~
~
                                                1,24          全部
```

图 9.1 配置 NFS 服务

步骤 2 启动 NFS 服务，如图 9.2 所示。

```
[lupa@H1 ~]$ sudo /etc/init.d/nfs start
```

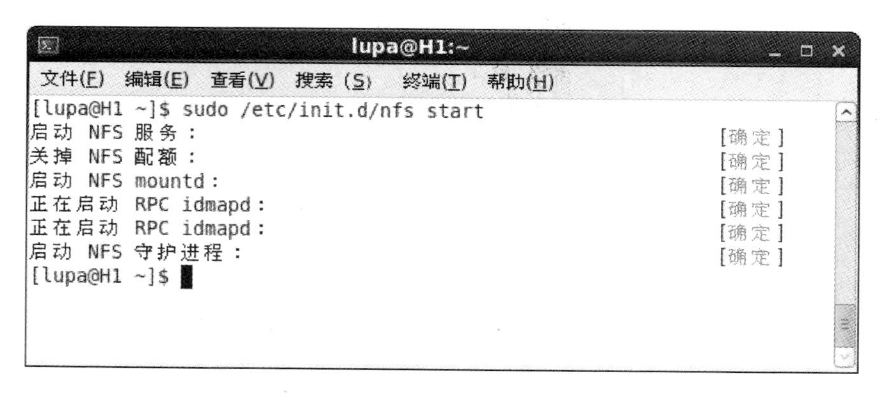

图 9.2 启动 NFS 服务

步骤 3 设置防火墙规则。开放 111(RPC)和 2049(NFS)端口。

```
[lupa@H1 ~]$ sudo iptables -A INPUT -p tcp --doprt 111 -j ACCEPT
[lupa@H1 ~]$ sudo iptables -A INPUT -p tcp --doprt 2049 -j ACCEPT
```

步骤 4 本地主机上查看挂载信息。

可以用 showmount 命令查看远程主机(192.168.8.122)的 NFS 服务的配置信息，操作如图 9.3 所示。

```
[lupa@H2 ~]$ showmount -e 192.168.8.122
```

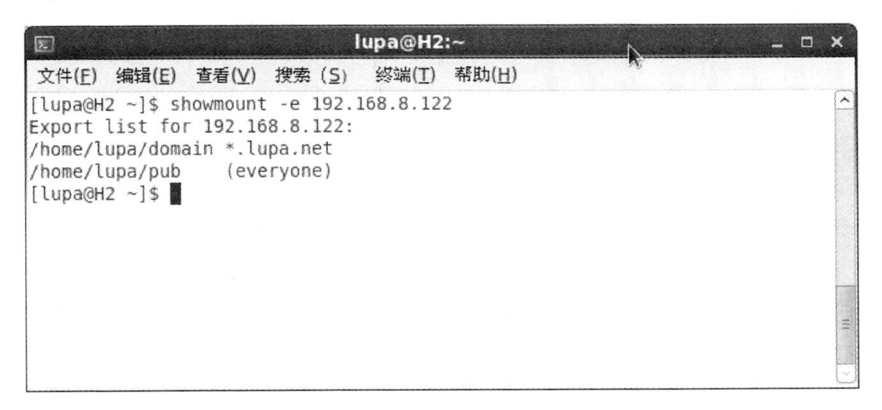

图 9.3　showmount 查看 NFS 服务器配置信息

命令格式为：

showmount ［参数］ 【hostname】

主要参数和含义如表 9.1 所示。

表 9.1　showmount 命令的参数和含义

参　数	参数说明
－a	用来显示指定的 NFS 服务器的所有客户端主机及其所连接的目录。
－e	用来显示指定的 NFS 服务器已被客户端连接的所有输出目录。
－d	用来显示指定的 NFS 服务器上所有输出的共享目录。

步骤 5　在本地主机上挂载 NFS 网络文件系统。可以用 mount 命令来实现挂载。根据以上要求，此处分两步测试。

(1)客户端主机 IP 地址为 192.168.8.121，主机名为 H2，进行测试访问。

首先，用 mount 命令在本地主机上挂载远程主机的共享目录，挂载成功后，可以进入挂载点 temp 目录下，根据要求允许用户对挂载点进行读或写的操作。具体操作如图 9.4 所示。

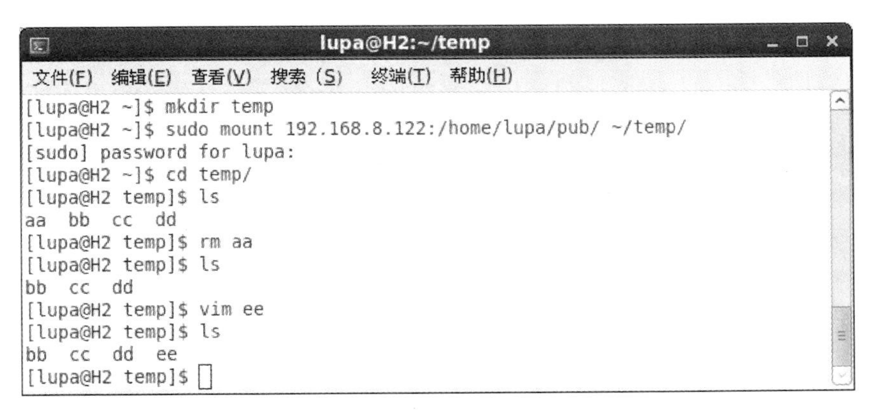

图 9.4　客户端(192.168.8.121)测试

(2)客户端主机为 192.168.3.100，主机名为 debian，用户名为 wind，进行测试访问。

同样用 mount 命令挂载，然后，进入挂载点，对文件进行写操作，结果显示本主机只有只读权限。具体操作如图 9.5 所示。

wind@debian: /mnt/temp
文件(F) 编辑(E) 查看(V) 搜索(S) 终端(T) 帮助(H)
wind@debian:~$ sudo mount 192.168.8.122:/home/lupa/pub /mnt/temp/
wind@debian:~$ cd /mnt/temp/
wind@debian:/mnt/temp$ ls
bb cc dd ee
wind@debian:/mnt/temp$ sudo rm -Rf bb
rm: 无法删除"bb": 只读文件系统
wind@debian:/mnt/temp$ sudo touch aa
touch: 无法创建"aa": 只读文件系统
wind@debian:/mnt/temp$

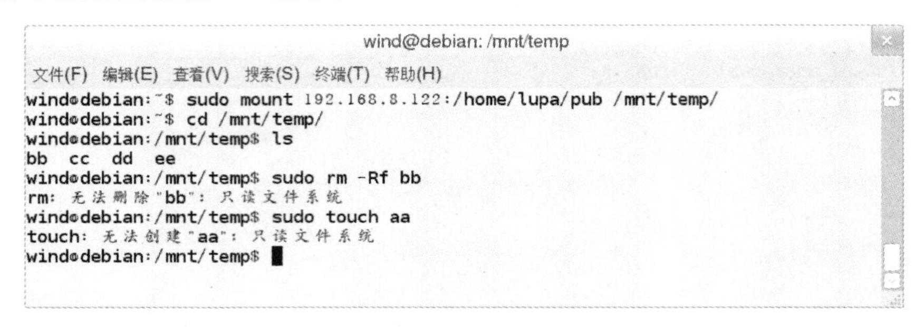

图 9.5　客户端(192.168.3.100)测试

步骤 6　卸载网络文件系统。操作如图 9.6 所示。

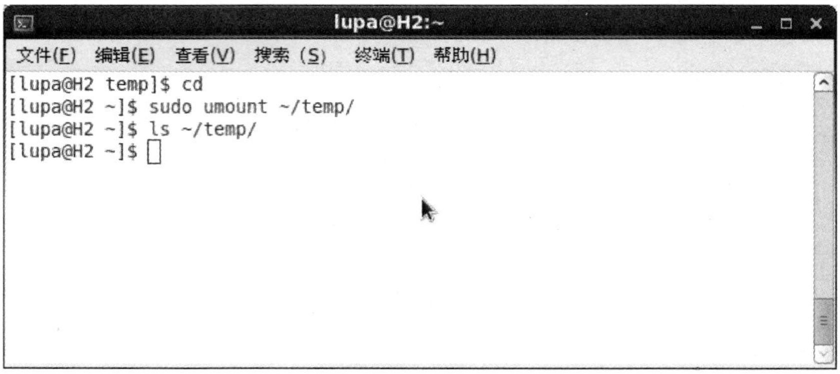

lupa@H2:~
文件(F) 编辑(E) 查看(V) 搜索(S) 终端(T) 帮助(H)
[lupa@H2 temp]$ cd
[lupa@H2 ~]$ sudo umount ~/temp/
[lupa@H2 ~]$ ls ~/temp/
[lupa@H2 ~]$

图 9.6　卸载网络文件系统

项目 2

1. 项目说明

在项目 1 的基础上，对 NFS 服务作进一步配置。

2. 项目要求

远程 NFS 服务器的 IP 为 192.168.8.122。NFS 服务要求如下：

(1)共享目录/tmp，采用不限制使用者身份的方式，分享给 192.168.8.0/24 网段的所有主机。

(2)共享目录/home/nfs，权限为只读，可提供除了局域网中的所有主机，还可向互联网提供共享。

(3)共享目录/home/upload 作为局域网网络内的上传目录，其中，这个目录的使用者及所属群组为 nfs-upload，其 UID 和 GID 均为 110。

(4)/home/peter 这个目录只提供给 192.168.8.121 主机使用。

3. 配置过程

操作步骤

步骤 1　/etc/exports 配置文件内容如图 9.7 所示。

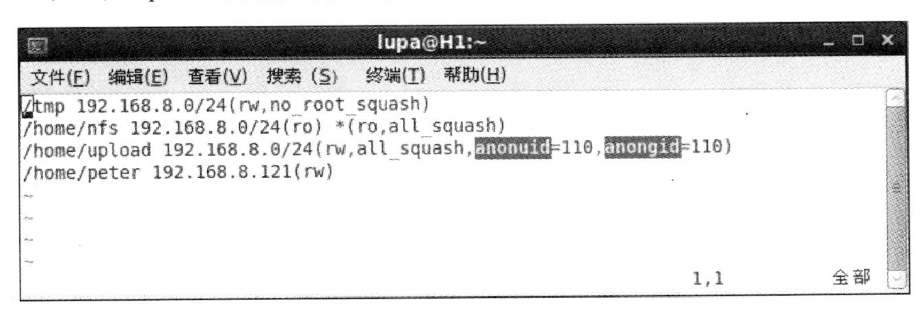

图 9.7　NFS 配置内容

步骤 2　在 NFS 服务器上创建共享目录/home/nfs，并设置此目录的权限为 755。具体操作如图 9.8 所示。

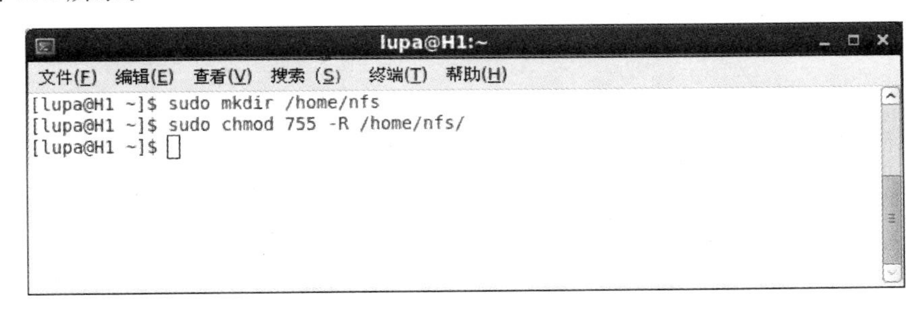

图 9.8　创建/home/nfs 共享目录并设置权限

步骤 3　创建共享目录/home/upload，并设置其“属主：属组”为“nfs-upload ： nfs-upload”。具体操作如图 9.9 所示。

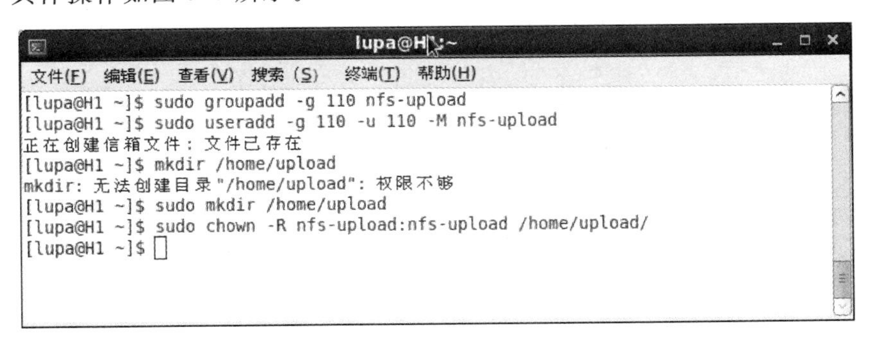

图 9.9　创建/home/upload 共享目录及属性

步骤 4　创建用户 peter，同时会在/home 目录生成一个 peter 主目录。具体操作如图 9.10 所示。

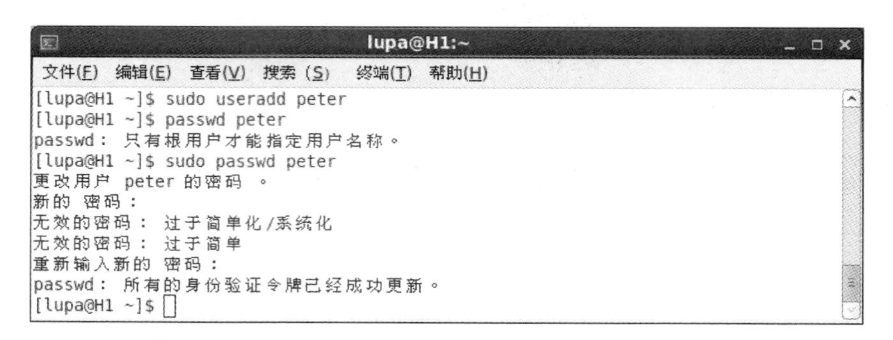

图 9.10　创建 peter 用户

步骤 5　启动 NFS 服务和关闭防火墙。

步骤 6　在本地主机上查看远程服务器上的 NFS 配置信息，如图 9.11 所示。

```
lupa@H2:~
文件(F) 编辑(E) 查看(V) 搜索(S) 终端(T) 帮助(H)
[lupa@H2 ~]$ showmount -e 192.168.8.122
Export list for 192.168.8.122:
/home/peter   192.168.8.121
/home/upload 192.168.8.0/24
/home/nfs     (everyone)
/tmp          192.168.8.0/24
[lupa@H2 ~]$
```

图 9.11　查看 NFS 服务器信息

步骤 7　在本地主机上，创建各挂载点，并挂载各网络文件系统，具体操作如图 9.12 所示。

```
lupa@H2:~
文件(F) 编辑(E) 查看(V) 搜索(S) 终端(T) 帮助(H)
[lupa@H2 ~]$ sudo mkdir -p /mnt/{tmp,nfs,upload,peter}
[lupa@H2 ~]$ mount -t nfs  192.168.8.122:/tmp /mnt/tmp/
mount: only root can do that
[lupa@H2 ~]$ sudo mount -t nfs  192.168.8.122:/tmp /mnt/tmp/
[lupa@H2 ~]$ sudo mount -t nfs  192.168.8.122:/home/nfs /mnt/nfs
[lupa@H2 ~]$ sudo mount -t nfs  192.168.8.122:/home/upload /mnt/upload
[lupa@H2 ~]$ sudo useradd peter
[lupa@H2 ~]$ sudo passwd peter
更改用户 peter 的密码 。
新的 密码：
无效的密码： 过于简单化/系统化
无效的密码： 过于简单
重新输入新的 密码：
passwd： 所有的身份验证令牌已经成功更新。
[lupa@H2 ~]$ sudo mount -t nfs  192.168.8.122:/home/peter /mnt/peter
[lupa@H2 ~]$
```

图 9.12　创建挂载点

步骤 8　查看挂载点/mnt/tmp。此目录下是 192.168.8.122 的/tmp 目录的内容，存放着一些临时文件，如图 9.13 所示。

```
lupa@H2:~
文件(F) 编辑(E) 查看(V) 搜索(S) 终端(T) 帮助(H)
[lupa@H2 ~]$
[lupa@H2 ~]$ ls /mnt/tmp/
hsperfdata_root         virtual-lupa.rKNuac
hsqldb.S65XBPoD         virtual-lupa.s3WZrA
icedteaplugin-lupa      virtual-lupa.SmWUtP
keyring-0HQoIV          virtual-lupa.sygLSO
keyring-8WNe4f          virtual-lupa.wqQIqm
keyring-AtKdMS          virtual-lupa.WzSau1
keyring-qSxAto          virtual-lupa.XTJaTZ
lupa                    virtual-lupa.z2lR5i
lupamysqld.sock         virtual-root.7nhUlw
orbit-gdm               virtual-root.0PDMn8
orbit-lupa              yum.log
pulse-0PswDuHCdgGR      yum_save_tx-2013-07-17-17-44cleOTJ.yumtx
pulse-fK3p0zGobmvN      yum_save_tx-2013-07-18-17-01L1bKuZ.yumtx
pulse-ixrTBHOyI9WG      yum_save_tx-2013-07-18-17-05VyDPUc.yumtx
```

图 9.13　查看/mnt/tmp 挂载点

步骤 9　测试挂载点/mnt/nfs。此目录下是 192.168.8.122 的/home/nfs 目录，根据要求此目录的权限为只读，如图 9.14 所示。

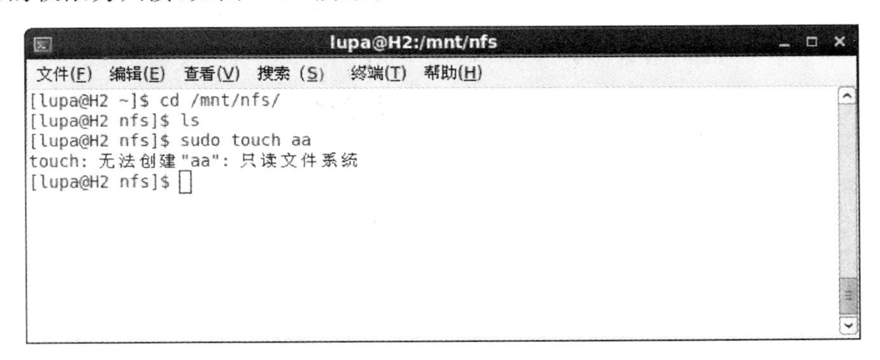

图 9.14　查看/mnt/nfs 挂载点

步骤 10　查看挂载点/mnt/upload。此目录下是 192.168.8.122 的/home/upload 目录，根据要求此目录有读写权限，如图 9.15 所示。

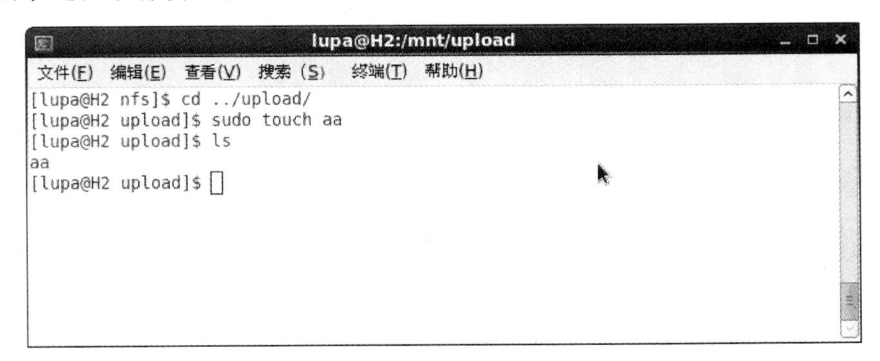

图 9.15　查看/mnt/upload 挂载点

步骤 11　查看挂载点/mnt/peter。此目录下是 192.168.8.122 的 peter 用户主目录，根据要求只允许 peter 用户进行读写操作，不允许其他用户访问。需要注意的是在本地必须也有 peter 用户，且 UID 和 GID 必须一致，如图 9.16 所示。

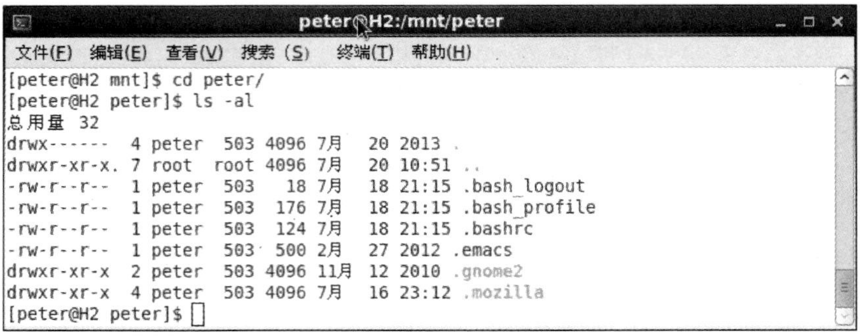

```
peter@H2:/mnt/peter
文件(F) 编辑(E) 查看(V) 搜索(S) 终端(T) 帮助(H)
[peter@H2 mnt]$ cd peter/
[peter@H2 peter]$ ls -al
总用量 32
drwx------  4 peter  503 4096 7月   20 2013  .
drwxr-xr-x. 7 root   root 4096 7月  20 10:51 ..
-rw-r--r--  1 peter  503   18 7月   18 21:15 .bash_logout
-rw-r--r--  1 peter  503  176 7月   18 21:15 .bash_profile
-rw-r--r--  1 peter  503  124 7月   18 21:15 .bashrc
-rw-r--r--  1 peter  503  500 2月   27 2012  .emacs
drwxr-xr-x  2 peter  503 4096 11月  12 2010  .gnome2
drwxr-xr-x  4 peter  503 4096 7月   16 23:12 .mozilla
[peter@H2 peter]$ 
```

图 9.16　查看/mnt/peter 挂载点

9.3　常见故障及其排除

1. 在本地主机上挂载 NFS 网络文件系统时，提示“mount. nfs : requested NFS version or transport protocol is not supported”。

出现以上问题，可以修改“/etc/sysconfig/nfs”配置，将“ #RPCNFSDARGS=”-N 4””前面的“#”去掉。

2. 如果出现“RPC : Unable to receive,errno 113 (no route to host)”，则可能是服务端没有启动 rcpbind 服务；如果已经启动，则可能是被防火墙屏蔽了。

3. 显示“设备正忙”无法卸载

在使用 umount 命令卸载远程 NFS 共享目录时，出现“设备正忙”等卸载失败消息。通常可能的原因是有一个进程仍然在使用这个目录，可以使用 lsof 命令来查看是否有进程正在使用该共享目录。

4. 客户端提示“RPC failed”时，即远程过程调用失败消息，则很可能是因为服务器上带有约束性的防火墙错误地阻止了 NFS 客户端挂载 NFS 共享，即防火墙封锁了 NFS 或 RPC 端口。为了解决这个问题，可以使用 Iptables 命令打开服务器上的 111(RPC)和 2049(NFS)端口，允许 NFS 客户端访问服务器。

思考与实验

1. 主要配置文件 /etc/exports 中，每行语句各组成部分的含义是什么？
2. 如果要查阅更详细的共享出来的目录属性，要看那个文件？
3. 如何使用/etc/fstab 来挂载 NFS?
4. 如何使用 autofs 来挂载 NFS?

第 10 章 FTP服务器

本章重点

- FTP 基础知识及工作原理。
- FTP 服务器基础配置。

本章导读

本章介绍了 FTP 服务器的工作原理，详细说明了 FTP 常用配置参数，并介绍了如何配置 FTP 服务器，使其可完成用户登录、上传及下载文件以及如何进行测试。

10.1 FTP 简介与工作原理

10.1.1 FTP 简介

FTP 的全称为 File Transfer Protocol，中文意思为文件传输协议。该协议定义了一个在远程计算机系统和本地计算机系统之间的传输文件的标准。FTP 是 TCP/IP 的一种具体应用，它工作在 OSI 模型的第 7 层以及 TCP/IP 模型的第 4 层，即应用层。FTP 使用 TCP 传输，这样 FTP 客户端在和服务器建立连接前就要经过一个“三次握手”的过程，从而保证了客户端与服务器的连接的可靠性，也保证了数据传输的可靠性。

通过对 FTP 的使用可以让 Internet 上的用户获得下载/上传服务。我们把各类远程网络上的文件传送到本地计算机的过程称为“下载”；用户通过 FTP 将自己本地机上的文件传送到远程网络上的计算机上的过程称为“上传”。同时，FTP 在文件传输过程中还支持断点续传功能，可以大幅度地减小 CPU 和网络带宽的开销。

FTP 也是一个客户端/服务器系统。用户通过一个支持 FTP 协议的客户端程序，连接到在远程主机上的 FTP 服务器程序。在实现文件传输服务之前，用户必须对 FTP 服务器进行连接，即登录到服务器。FTP 服务器登录模式有匿名用户登录和本地用户登录两种模式。匿名登录时，用户只要使用“guest”或“anonymous”账号即可；而本地用户登录时，必须拥有该服务器的账号和口令才行。

10.1.2 FTP服务器工作原理

FTP的数据连接模式主要有两种:一种模式叫做PORT模式,也称主动模式;一种是PASV模式,也称被动模式。PORT模式是FTP的客户端发送PORT命令到FTP服务器;PASV模式是FTP的客户端发送PASV命令到FTP服务器。

1. PORT模式

当FTP的控制连接建立,客户提出目录列表并传输文件时,客户端发生出PORT命令与服务器协商,FTP服务器使用一个标准端口20作为服务器的数据连接端口(FTP－DATA)与客户建立数据连接。端口20只用于连接源地址是服务器的情况,并且端口20没有监听进程而是监听客户请求。在PORT模式下,FTP的数据连接和控制连接方向相反,由服务器向客户端发起一个用于数据传输的连接,客户端的连接端口由服务器和客户端通过协商确定,即FTP服务器使用端口20与客户端的临时端口连接并传输数据,客户端只是处于接收状态。

图10.1所示是一个PORT模式的数据交换过程示意图。

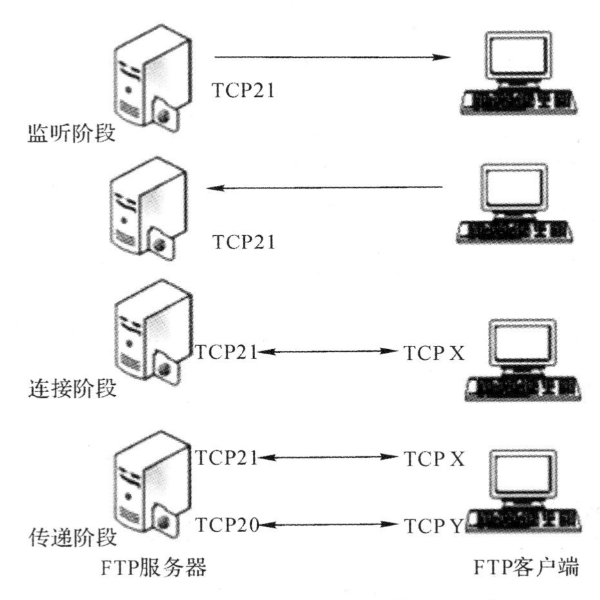

图10.1 FTP服务器的PORT模式的工作原理

(1)FTP服务器默认用端口21监听是否有客户端请求连接,当客户端请求连接时,则建立ftp－server控制连接。

(2)当建立ftp－server控制连接后,客户端利用ftp－server信道给FTP服务器发送了一条PORT命令的数据包,请求建立ftp－data数据连接,并告诉FTP服务器,客户端某端口已经准备好了。

(3)FTP服务器以ftp－data端口(默认为20)主动向客户端某端口进行连接。

(4)客户端响应服务器连接,并继续完成三次握手后,ftp－data连接建立,开始传送数据。当数据传输完毕后,服务器ftp－data端口就处于等待关闭状态。

2. PASV 模式

在 PASV 模式中，控制连接和数据连接都由客户端发起。当 FTP 的控制连接建立时，客户端打开两个任意的非特权本地端口（N > 1024 和 N+1）。第一个端口连接 FTP 服务器的 21 端口，但与主动方式的 FTP 不同，客户端不会提交 PORT 命令并允许服务器来回连它的数据端口，而是提交 PASV 命令。这样做的结果是服务器会开启一个任意的非特权端口（P > 1024），并发送 PORT P 命令给客户端。然后，客户端发起从本地端口 N+1 到 FTP 服务器的端口 P 的连接，用来传送数据。

为什么要使用 PASV 模式的数据连接？PASV 模式的主要目的是为了数据传输安全。因为，PORT 模式使用固定 20 端口进行传输数据，那么，黑客很容易使用 sniffer 等探嗅器抓取 FTP 数据，这样一来通过 PORT 模式传输数据很容易被黑客窃取，因此使用 PASV 方式来架设 FTP 服务器是最安全的绝佳方案。

但是，使用 PASV 方式会给网络安全带来很大的隐患，因为 PASV 模式需要开启服务器 TCP 大于 1024 的所有端口，这样对服务器的安全保护是非常不利的。

10.2　FTP 服务器的配置

在 Linux 下的 FTP 软件目前使用最多的是 Wu-ftp、Vsftpd、PureFTPD 和 ProFTPD。本章主要介绍 Vsftpd 服务器。

Vsftpd 的全称为“very secure FTP daemon”，从名称可以看出，软件的编写者非常注重其安全性。一台 Vsftpd 服务器最多可以支持 1500 个并发用户，24 小时可以保存 2.6TB 数据。Vsftpd 的功能和特点如下：

(1)是一个安全、高速且稳定的 FTP 服务器。

(2)可设定多个基于 IP 的虚拟 FTP 服务器。

(3)设定匿名 FTP 服务器十分容易。

(4)匿名 FTP 的根目录不需要任何特殊的目录结构、系统程序或其他系统文件。

(5)不执行任何外部程序，从而减少了安全隐患。

(6)支持虚拟用户，且每个虚拟用户具有独立的配置。

(7)可以设置为从 xinetd 启动，或者是独立 FTP 服务器两种模式。

(8)支持 PAM 或 xinetd/tcp_wrappers 的认证模式。

(9)支持带宽限制。

10.2.1　安装 Vsftpd 服务器

1. 安装 Vsftpd 服务器

在配置 Vsftpd 服务器之前，需要检测系统是否已安装了 Vsftp 服务相关程序。

命令操作如下：

```
[lupa@H2 ~]$ rpm -qa|grep vsftpd
```

```
vsftpd-2.2.2-11.el6_4.1.i686
```

若显示如上信息，说明系统已经安装了 Vsftp 服务程序。

2. Vsftpd 配置文件

Vsftpd 服务器的相关文件：

- /usr/sbin/vsftpd：vsftpd 主程序。
- /etc/rc.d/init.d/vsftpd：启动脚本。
- /etc/vsftpd/vsftpd.conf：主配置文件。
- /etc/pam.d/vsftpd：PAM 认证文件。
- /etc/vsftpd/ftpusers：禁止使用 vsftpd 的用户列表文件。
- /etc/vsftpd/user_list：禁止或允许使用 vsftpd 的用户列表文件。
- /var/ftp：匿名用户的默认主目录。
- /var/ftp/pub：匿名用户的默认下载目录。

10.2.2 匿名用户的权限设置实例

1. 项目说明

配置 Vsftpd 服务器，允许匿名用户登录，并设置其访问权限。

2. 项目要求

某公司需要配置一台 FTP 服务器供内部员工进行文件访问，作为服务器的计算机，系统为 CentOS 6.4，其 IP 地址是 192.168.8.129，子网掩码是 255.255.255.0，默认网关是 192.168.8.1。

要求如下：

(1)允许匿名用户登录 FTP 服务器，且设置匿名用户的主目录为/home/lupa/ftpserver/。

(2)允许匿名用户上传和下载文件。

(3)只允许下载可阅读的文件。

(4)隐藏文件的所有者和组信息，匿名用户看到的文件的所有者和组全变为 ftp。

(5)设置匿名用户下载文件时的最快速度为 100Kb/s。

(6)启用日志记录，且日志文件为/var/log/vsftpd.log。

3. 配置步骤说明

(1)设置 vsftpd.conf 配置文件。

(2)创建 FTP 共享目录。

(3)启动 Vsftpd 服务。

(4)测试。

4. 配置过程

操作步骤

步骤 1 配置 vsftpd.conf 配置文件。本例配置如下：

```
/*允许匿名用户登录*/
anonymous_enable=YES
```

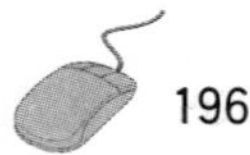

```
/ * 指定匿名用户的主目录 * /
anon_root = /home/lupa/ftpserver
/ * 允许对修改文件的权限 * /
write_enable = YES
/ * 允许匿名用户的上传文件操作 * /
anon_upload_enable = YES
/ * 只允许下载可阅读的文件 * /
anon_world_readable_only = YES
/ * 隐藏文件的所有者和组信息,匿名用户看到的文件的所有者和组全变为 ftp * /
hide_ids = YES
/ * 设置匿名用户下载文件时的最快速度为 100Kb/s * /
anon_max_rate = 102400
/ * 采用 Vsftpd 自己的日志记录方式,并记录所有的 FTP 请求和响应 * /
dual_log_enable = YES
log_ftp_protocol = YES
```

步骤 2　创建匿名用户的主目录,同时,在主目录下创建一个 anon_ftp 目录,用于下载和上传文件,且此目录属主设置为 ftp。

```
[lupa@H2 ~]$   mkdir -p   /home/lupa/ftpserver/anon_ftp
[lupa@H2 ~]$   sudo   chown   ftp   /home/lupa/ftpserver/anon_ftp
```

注意　此处用 chown 修改的不是匿名用户主目录下的子目录属主,而是匿名用户主目录本身。同时,还要注意 anon_ftp 目录的权限。

步骤 3　启动 Vsftpd 服务。

```
[lupa@H2 ~]$   sudo   /etc/init.d/vsftpd   start
```

步骤 4　关闭防火墙或开放 20 和 21 端口。

步骤 5　测试。

访问 FTP 服务器的方法主要有两种:命令行、客户端 FTP 软件访问。

(1)命令行

操作步骤如下:

①登录 FTP 服务器,进入 FTP 服务器主目录。登录操作命令如图 10.2 所示。

```
lupa@H1:~
文件(F) 编辑(E) 查看(V) 搜索(S) 终端(T) 帮助(H)
[lupa@H1 ~]$ ftp 192.168.8.129
Connected to 192.168.8.129 (192.168.8.129).
220 (vsFTPd 2.2.2)
Name (192.168.8.129:lupa): anonymous
331 Please specify the password.
Password:
230 Login successful.
Remote system type is UNIX.
Using binary mode to transfer files.
ftp> ls
227 Entering Passive Mode (192,168,8,129,30,253).
150 Here comes the directory listing.
drwxrwxr-x    2 ftp      ftp          4096 Aug 06 08:25 anon_ftp
226 Directory send OK.
ftp> 
```

图 10.2　登录 FTP 服务器

在图 10.2 中，输入的用户名为“anonymous”并回车，然后不用输入密码，直接回车，进入后，可以用 ls 命令来查看当前目录下的文件与目录。

②进入 anon_ftp 目录，可以使用 cd 命令，操作如图 10.3 所示。

```
ftp> cd anon_ftp
250 Directory successfully changed.
ftp> ls
227 Entering Passive Mode (192,168,8,129,107,202).
150 Here comes the directory listing.
-rw-rw-r--    1 ftp      ftp            46 Aug 06 08:25 aa.txt
226 Directory send OK.
ftp> 
```

图 10.3　切换目录

③下载 FTP 服务器上的某个文件，可以用 get 命令，操作如图 10.4 所示。

```
ftp> get aa.txt
local: aa.txt remote: aa.txt
227 Entering Passive Mode (192,168,8,129,175,211).
150 Opening BINARY mode data connection for aa.txt (46 bytes).
226 Transfer complete.
46 bytes received in 6.1e-05 secs (754.10 Kbytes/sec)
ftp> 
```

图 10.4　下载 FTP 服务器上的文件

在 FTP 会话中，下载单个文件还可以用 recv 命令。下载多个文件可以使用 mget 命令来实现。

④上传一个本地文件至 FTP 服务器上，可以使用 put 命令，如图 10.5 所示。

```
ftp> put bb.txt
local: bb.txt remote: bb.txt
227 Entering Passive Mode (192,168,8,129,209,150).
150 Ok to send data.
226 Transfer complete.
26 bytes sent in 0.000228 secs (114.04 Kbytes/sec)
ftp> ls
227 Entering Passive Mode (192,168,8,129,175,34).
150 Here comes the directory listing.
-rw-rw-r--    1 ftp      ftp            46 Aug 06 08:25 aa.txt
-rw-------    1 ftp      ftp            26 Aug 06 09:01 bb.txt
226 Directory send OK.
ftp> 
```

图 10.5　上传本地文件至 FTP 服务器

在 FTP 会话中，上传单个文件还可以用 send 命令。上传本地多个文件可以使用 mput 命令来实现。

⑤查看在 FTP 会话中可以使用哪些命令。可以使用 help 命令(或者“?”命令)来查看，如图 10.6 所示。

```
lupa@H1:~
文件(F)  编辑(E)  查看(V)  搜索(S)  终端(T)  帮助(H)
ftp> help
Commands may be abbreviated.  Commands are:

!               debug           mdir            sendport        site
$               dir             mget            put             size
account         disconnect      mkdir           pwd             status
append          exit            mls             quit            struct
ascii           form            mode            quote           system
bell            get             modtime         recv            sunique
binary          glob            mput            reget           tenex
bye             hash            newer           rstatus         tick
case            help            nmap            rhelp           trace
cd              idle            nlist           rename          type
cdup            image           ntrans          reset           user
chmod           lcd             open            restart         umask
close           ls              prompt          rmdir           verbose
cr              macdef          passive         runique         ?
delete          mdelete         proxy           send
ftp> 
```

图 10.6　查看 FTP 命令

⑥退出 FTP 会话过程，可以用 bye 命令，也可以用 quit 或 exit，如图 10.7 所示。

图 10.7　退出 FTP 会话过程

(2)FTP 客户端软件访问

FTP 客户端软件有很多。如 gFTP、FileZilla、CuteFTP、LeapFTP 等，本章以 gFTP 为例。

步骤如下：

①启动 gFTP 客户端，并登陆 FTP 服务器。

单击【应用程序】→【Internet】→【gFTP】，弹出如图 10.8 所示登录界面。在【主机】栏中输入 FTP 服务器地址“192.168.8.129”，在【用户名】处输入“anonymous”，最后回车。对话框左边显示的是本地主机当前用户(lupa)的主目录，右边则为 FTP 服务器的匿名用户的主目录。

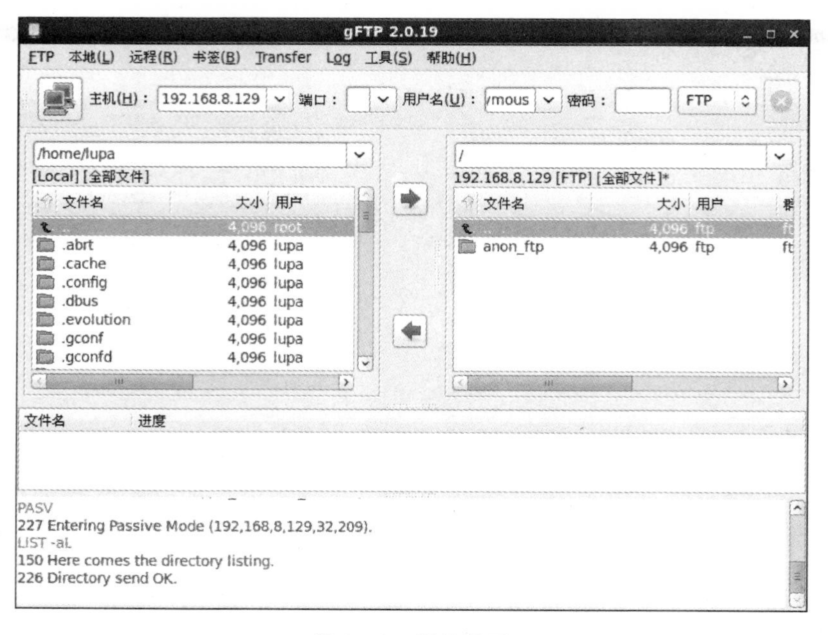

图 10.8 登录界面

②下载和上传文件。

下载文件名为 aa.txt 的文件到本地主机上。首先，进入 anon_ftp 目录(只要双击 anon_ftp 目录即可)，然后，选中 aa.txt 文件，最后，单击"←"箭头按钮即可下载。

上传本地文件到 FTP 服务器上。首先，进入 anon_ftp 目录，然后，选中在本地主机上的文件，最后单击"→"箭头按钮，即可将文件上传到 FTP 服务器上，如图 10.9 所示。

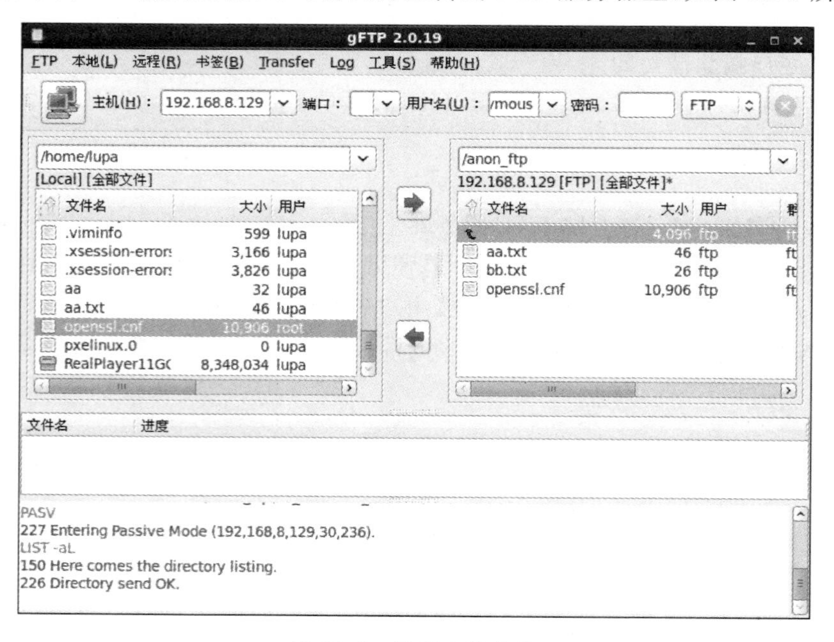

图 10.9 匿名上传文件

访问 FTP 服务器还有一种比以上两种都简单便捷的方法。只要打开文件浏览器，然

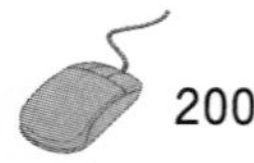

后,在文件浏览器的地址栏输入:ftp://192.168.8.129,回车即可,如图 10.10 所示。此种方法既不用执行命令,又不用安装 FTP 客户端。

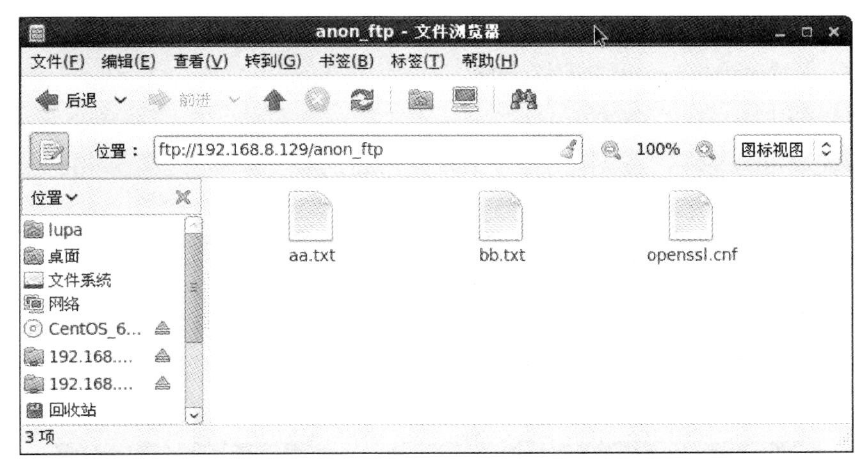

图 10.10　文件浏览器访问 FTP 服务器

以上是一个典型的匿名用户的 FTP 服务器的配置方式。假如在此基础上想让匿名用户可以在共享目录中创建文件或目录,可以修改、删除、覆盖文件,则只需添加以下两个语句,并重启 Vsftpd 服务器即可。

```
/* 允许匿名用户创建文件或目录 */
anon_mkdir_write_enable = YES
/* 允许匿名修改、删除、覆盖文件等操作 */
anon_other_write_enable = YES
```

10.2.3　本地用户的权限设置实例

1. 项目说明

配置 Vsftpd 服务器,设置本地用户登录,并设置其访问权限。

2. 项目要求

配置一台 Linux 服务器,其 IP 地址是 192.168.9.129,子网掩码是 255.255.255.0,默认网关是 192.168.9.1。

要求:

(1)只允许本地用户登录 FTP 服务器。

(2)当本地用户登录时,限制在自家主目录下工作。

(3)限制同时连接数为 50 个,且每个 IP 最大的链接数为 5 个。

3. 配置步骤说明

(1)设置 vsftpd.conf 配置文件。

(2)启动 Vsftpd 服务。

(3)测试。

4. 配置过程

操作步骤

步骤 1 配置 vsftpd.conf 主配置文件。

设置内容如下：

```
anonymous_enable = NO                //不允许匿名登录
local_enable = YES                   //允许本地用户登录
chroot_local_user = YES              //限制所有本地用户在自家主目录下
max_clients = 50                     //设置 FTP 服务器最多能同时连接 50 台客户端
max_per_ip = 5                       //每个 IP 最多的连接数为 5 个
```

步骤 2 重启 Vsftp 服务。

步骤 3 测试。如图 10.11 所示。

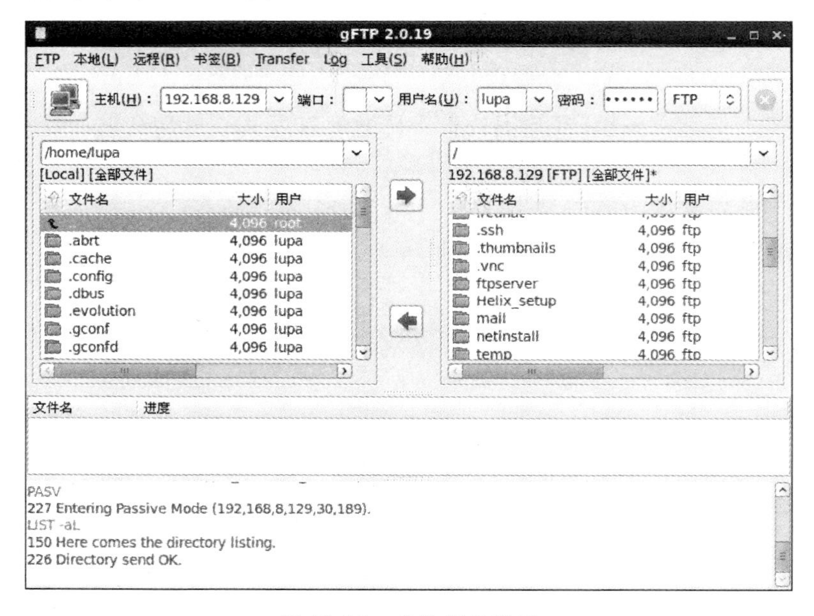

图 10.11 本地用户登录

在图 10.11 中，设置 chroot，本地用户登录后只能访问用户主自家主目录及子目录，无法访问其他目录。

假如，要限制部分本地用户在自家主目录下，则配置如下：

```
chroot_local_user = NO
chroot_list_enable = YES
chroot_list_file = /etc/vsftpd/chroot_list
```

在/etc/vsftpd/chroot_list 文件中加入要限制的本地用户名，每个用户占一行。假如，没有将 peter 用户添加到 chroot_list 文件内，结果如图 10.12 所示。从右侧目录可以看出，当前目录为根目录；而将 stu 用户添加到 chroot_list 中，结果如图 10.13 所示，可以看出当前目录为 stu 用户的主目录。

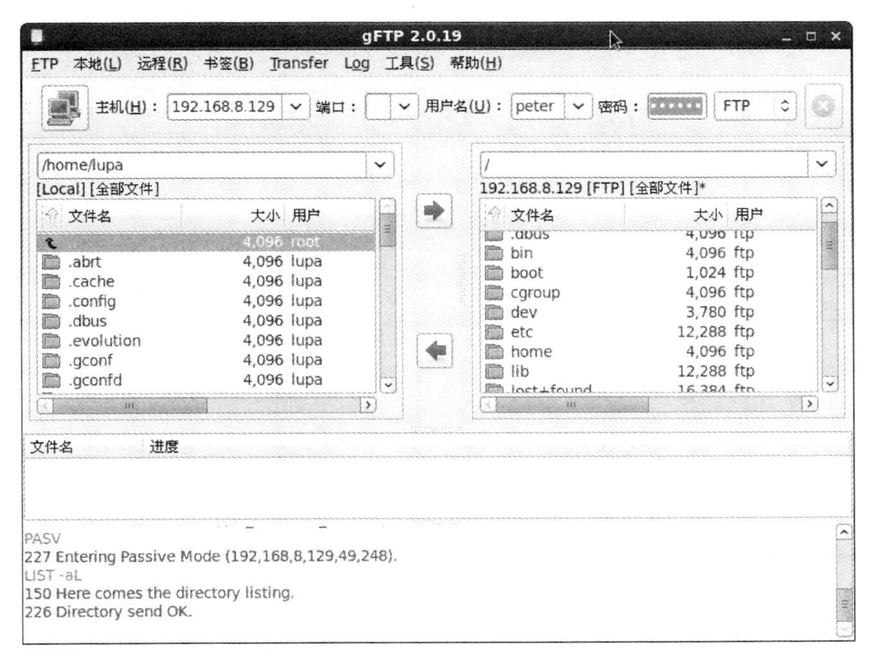

图 10.12　peter 用户登录 FTP 服务器

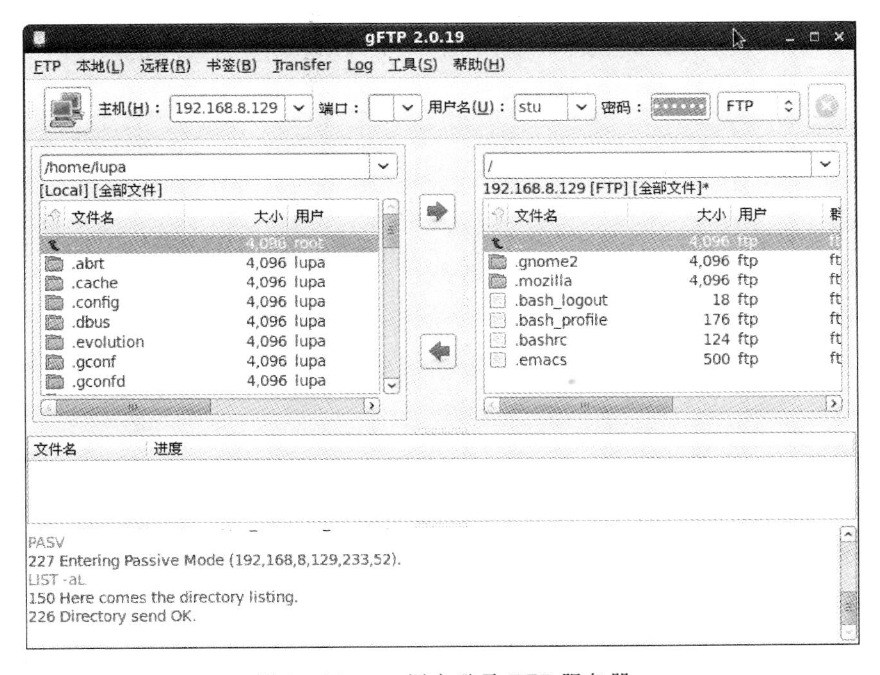

图 10.13　stu 用户登录 FTP 服务器

假如，要修改本地用户的 FTP 服务器的 chroot 主目录，例如，将主目录指向/home，可以增加以下两行：

```
chroot_local_user = YES
local_root = /home
```

10.3 常见故障及其排除

10.3.1 日志文件

日志文件对于故障排除非常重要，Vsftpd 有两种日志格式：Vsftpd 专有日志格式和 Xferlog 日志格式。

Vsftpd 专有日志格式的主要配置语句有“dual_log_enable”和“log_ftp_protocol”，在 Vsftp 配置文件中，设置 Vsftpd 专有日志格式，方法如下：

```
/ * 启用 vsftpd 自己的日志记录方式 * /
dual_log_enable = YES
log_ftp_protocol = YES
/ * 禁用 xferlog 格式的日志 * /
xferlog_enable = NO
#xferlog_file = /var/log/xferlog
xferlog_std_format = NO
```

Vsftpd 专有日志存放的默认路径为/var/log/vsftpd.log，此日志记录了客户端登录的时间，以及下载、上传等操作记录，且会记录错误的信息，如图 10.14 所示。

```
, "550 Failed to change directory."
Tue Aug  6 17:57:19 2013 [pid 4160] [ftp] FTP command: Client "192.168.8.120",
 "PASV"
Tue Aug  6 17:57:19 2013 [pid 4160] [ftp] FTP response: Client "192.168.8.120"
, "227 Entering Passive Mode (192,168,8,129,56,99)."
Tue Aug  6 17:57:19 2013 [pid 4157] [ftp] FTP command: Client "192.168.8.120",
 "SIZE /pub"
Tue Aug  6 17:57:19 2013 [pid 4157] [ftp] FTP response: Client "192.168.8.120"
, "550 Could not get file size."
Tue Aug  6 17:57:19 2013 [pid 4160] [ftp] FTP command: Client "192.168.8.120",
 "LIST -a"
Tue Aug  6 17:57:19 2013 [pid 4160] [ftp] FTP response: Client "192.168.8.120"
, "150 Here comes the directory listing."
Tue Aug  6 17:57:19 2013 [pid 4160] [ftp] FTP response: Client "192.168.8.120"
, "226 Directory send OK."
Tue Aug  6 18:02:19 2013 [pid 4157] [ftp] FTP response: Client "192.168.8.120"
, "421 Timeout."
Tue Aug  6 18:02:19 2013 [pid 4160] [ftp] FTP response: Client "192.168.8.120"
, "421 Timeout."
[lupa@H2 ~]$
```

图 10.14 FTP 服务器日志

在 vsftpd.conf 配置文件中，还有一种日志格式为 Xferlog 格式，它是早期 wu-ftp 服务的日志格式。它只记录上传和下载格式。设置方法如下：

```
/ * 禁用 Vsftpd 自己的日志记录方式 * /
dual_log_enable = NO
log_ftp_protocol = NO
/ * 设置 Xferlog 格式的日志 * /
```

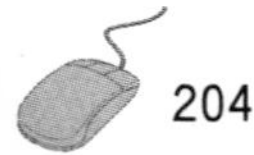

```
xferlog_enable = YES
xferlog_file = /var/log/xferlog
xferlog_std_format = YES
```

Xferlog 日志记录格式如图 10.15 所示。

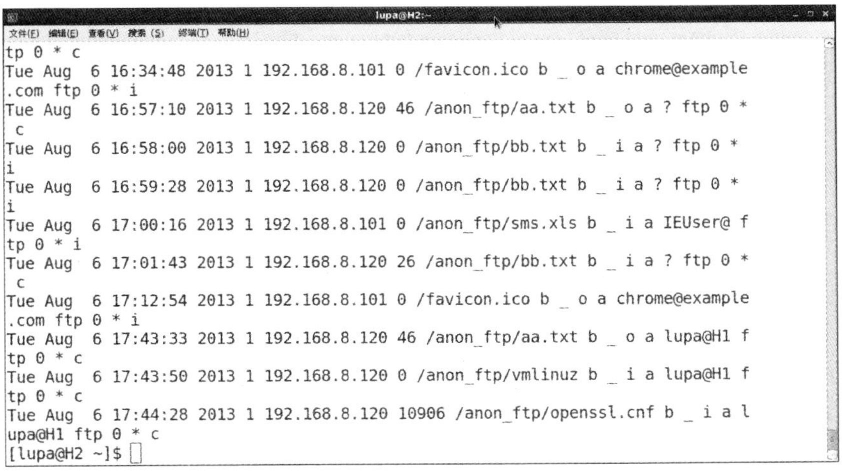

```
tp 0 * c
Tue Aug  6 16:34:48 2013 1 192.168.8.101 0 /favicon.ico b _ o a chrome@example
.com ftp 0 * i
Tue Aug  6 16:57:10 2013 1 192.168.8.120 46 /anon_ftp/aa.txt b _ o a ? ftp 0 *
 c
Tue Aug  6 16:58:00 2013 1 192.168.8.120 0 /anon_ftp/bb.txt b _ i a ? ftp 0 *
i
Tue Aug  6 16:59:28 2013 1 192.168.8.120 0 /anon_ftp/bb.txt b _ i a ? ftp 0 *
i
Tue Aug  6 17:00:16 2013 1 192.168.8.101 0 /anon_ftp/sms.xls b _ i a IEUser@ f
tp 0 * i
Tue Aug  6 17:01:43 2013 1 192.168.8.120 26 /anon_ftp/bb.txt b _ i a ? ftp 0 *
 c
Tue Aug  6 17:12:54 2013 1 192.168.8.101 0 /favicon.ico b _ o a chrome@example
.com ftp 0 * i
Tue Aug  6 17:43:33 2013 1 192.168.8.120 46 /anon_ftp/aa.txt b _ o a lupa@H1 f
tp 0 * c
Tue Aug  6 17:43:50 2013 1 192.168.8.120 0 /anon_ftp/vmlinuz b _ i a lupa@H1 f
tp 0 * c
Tue Aug  6 17:44:28 2013 1 192.168.8.120 10906 /anon_ftp/openssl.cnf b _ i a l
upa@H1 ftp 0 * c
[lupa@H2 ~]$
```

图 10.15　Xferlog 日志格式

10.3.2　常见故障与排除

1. 出现“200 PORT command successful. Consider using PASV. Failed to establish connection”。

操作步骤

步骤 1　添加语句：

```
/* 即默认情况下,FTP  PASV 被动模式被启用 */
pasv_enable = YES
/* 设定在 PASV 模式下,建立数据传输所可以使用 PORT 范围的下界和上界 */
pasv_min_port = 30000
pasv_max_port = 31000
```

步骤 2　防火墙设置。

```
sudo  iptables -A INPUT -m state --state NEW -m tcp -p tcp --dport 30000:31000 -j ACCEPT
```

步骤 3　查看服务器端 FTP 数据传输时使用的端口：netstat—ap | grep ftp。

2. 用户上传文件访问出现 403 或者 Access denied。

这个主要是权限问题。在用户 vsftpd.conf 中，添加：“anon_umask=022 或者 anon_umask=133”，022 指目录权限为 755；133 指权限为 644，再将上传文件权限设置为 644。

3. 用户无法上传文件，出现 550 或者是 553 错误。

可能是用户组有问题。比如，网站用 www 这个用户来访问，那么就将 vsftpd.conf 中的 guest_username=XXX 改成 www。

4. 日志文件文件出现错误信息“500 OOPS：vsFTPd：not found：directory given in 'secure_chroot_dir'：/usr/share/empty”。

操作步骤

步骤1 vsftpd.conf 添加一行：

```
secure_chroot_dir = /opt/usr/share/empty
```

步骤2 建立一个目录。

```
mkdir /opt/usr/share/empty
```

步骤3 然后关闭匿名登录。

将“anonymous_enable = YES”修改为“anonymous_enable = NO”。

5. 怎么配置 Linux Vsftpd 服务器来 chroot 虚拟用户？

在 Vsftpd 下 chroot 虚拟用户的时候，在 vsftpd.conf 配置文件中设置：

```
guest_enable = yes
guest_username = FTP
chroot_local_user = YES
user_sub_token = $ USER
```

6. Vsftp 中怎样限制用户只能在自己的 home 目录下？

可以编辑/etc/vsftpd/vsftpd.conf 文件，添加一行：chroot_local_user＝YES，然后，重启服务，此时，FTP 所有用户都将受限制，只能访问他们 home 目录的文件了。

思考与实验

1. 架设一个 FTP 服务器，要求只能匿名登录，匿名用户有读写权限，最大支持连接数为100个，每个 IP 最多能支持 5 个连接。

2. 架设一个 FTP 服务器，不允许用户匿名登录，本地用户对自己的目录有读写权限。

3. 配置一台 FTP 服务器，假设其 IP 地址是 192.168.2.84，子网掩码是255.255.255.0，默认网关是 192.168.2.1，创建一个站点，站点位置为/var/ftp/ftp_server目录。

要求：

(1)允许匿名用户和本地用户登录。

(2)禁止匿名用户上传文件。

(3)允许本地用户上传、新建、删除和重命名文件。

(4)假如，你的主机有两个 IP 地址，让这两个 IP 代表两个完全不同的 FTP 站点，请思考，应如何实践？

第 11 章

DNS 服务器

本章重点

- DNS 工作原理。
- DNS 服务器基础配置。
- DNS 客户端设置与查询。
- DNS 服务器的安全配置。

本章导读

本章介绍了 DNS 服务器的工作原理，同时介绍基于 CentOS 6.4 的操作系统进行 DNS 配置，包括主域名服务器、从域名服务器的配置方法，以及如何增强 DNS 服务器的安全性。

11.1 DNS 简介与工作原理

11.1.1 DNS 简介

DNS(Domain Name Service)也称域名服务。它是 Internet 中的一个 TCP/IP 服务，用于映射网络地址，即 Internet 域名与 IP 地址之间的转换关系。把 IP 地址转化为域名称为反向解析，把域名转化为 IP 地址称为正向解析。

11.1.2 DNS 服务器工作原理

DNS 由主机名解析成 IP 地址使用了一个全局且层次性的分布式数据库系统。该数据库系统包含 Internet 上所有域名及 IP 的对应信息。数据库的层次性允许将域名空间划分成独立的管理部分，并称为“域”。数据库的分布式特性允许将数据库的各个不同的部分分配到不同的网络域名服务器上，这样各域名服务器可以实现独立管理。

互联网上的域名可谓千姿百态，主要分为两种：地理域和通用域。地理域是为世界上每个国家或地区设置的，由 ISO3166 定义，如中国是 cn、美国是 us、日本是 jp；通用域是指按照机构类别设置的顶级域，主要有六大类，如表 11.1 所示。

表 11.1 域名的领域分类

名 称	代表意义
com	公司、企业
org	组织、机构
edu	教育单位
gov	政府单位
net	网络、通讯单位
mil	军事单位

域名的结构是一个树状结构，称为域名空间，如图 11.1 所示。域名空间表示 DNS 这个分布式数据库的逆向树层次结构，完整域名由从树叶节点到根节点的一条路径的所有节点以分隔符“.”按顺序连接而成。例如，从最右边看，最右边的“.”表示根域，“cn”为顶级域，“gov”为二级域，“lupa”为三级域，“www”为主机名。

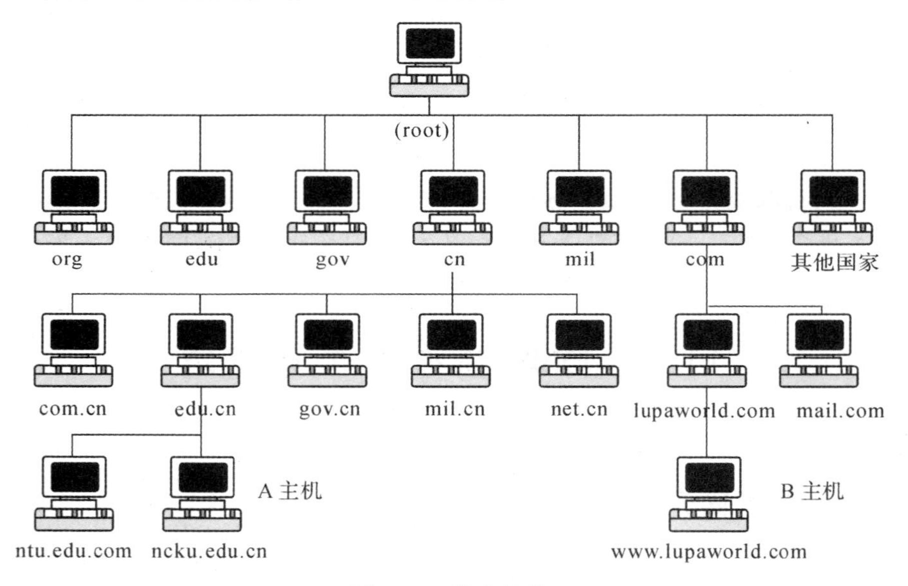

图 11.1 域名结构

当主机 A 要访问 www.lupaworld.com(B 主机)时，先查看 DNS 服务器(.edu.cn)有没有记录，有的话返回结果给主机 A，没有的话就向 DNS 服务器(.cn)查询。如果还没有就查询顶级域(root)，root 会返回.com 服务器的地址，DNS 服务器再去管理 .com 的服务器查询，得到管理 .lupaworld.com 的服务器地址，然后到管理 .lupaworld.com 的服务器查询。当查到 www.lupaworld.com 的主机时，就把此主机的 IP 地址返回给主机 A，并存入本地缓存中。

11.2　DNS 服务器的基本配置

BIND(Berkeley Internet Name Domain)是 DNS 协议的一个实现，提供了 DNS 主要功能的开放实现，包括域名服务器、DNS 解析库函数、DNS 服务器运行调试的所有的工具。它是一款开放源码的 DNS 服务器软件，由美国加州大学 Berkeley 分校开发和维护的。BIND 也就是我们常说的 named，由于多数网络应用程序使用其功能，所以 BIND 的很多弱点均及时被发现并被修复。BIND 主要有三个版本：v4、v8、v9。其中，v9 是最新的版本，在 2000 年 10 月推出，据调查 v9 版本的 BIND 是最安全的。

查看系统是否安装 BIND，操作如下：

```
[root@H1 ~]# rpm -qa|grep bind
```

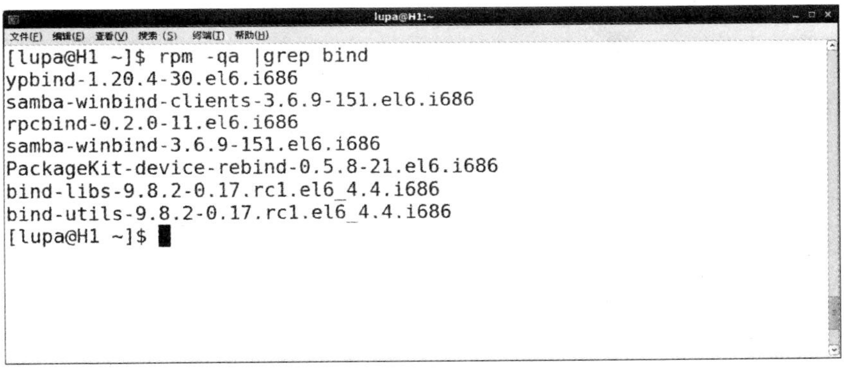
lupa@H1:~
文件(F) 编辑(E) 查看(V) 搜索(S) 终端(T) 帮助(H)
[lupa@H1 ~]$ rpm -qa |grep bind
ypbind-1.20.4-30.el6.i686
samba-winbind-clients-3.6.9-151.el6.i686
rpcbind-0.2.0-11.el6.i686
samba-winbind-3.6.9-151.el6.i686
PackageKit-device-rebind-0.5.8-21.el6.i686
bind-libs-9.8.2-0.17.rc1.el6_4.4.i686
bind-utils-9.8.2-0.17.rc1.el6_4.4.i686
[lupa@H1 ~]$

图 11.2　查看 BIND 程序

如图 11.2 所示，说明系统已经安装了 BIND。图中列出的软件包与 DNS 服务器相关的，主要有：bind、bind-chroot、bind-utils。

(1)bind：提供了域名服务的主要程序及相关文件。

(2)bind-utils：提供了对 DNS 服务器的测试工具程序，如 nslookup、dig 等。

(3)bind-chroot：为 bind 提供一个伪装的根目录以增强安全性。

假如，此三个包软件没有安装或缺少，可以用以下命令来安装：

```
[root@H1 ~]# yum -y install bind*
```

11.2.1　什么是 chroot 技术

chroot(change root directory)，即更改根目录。在使用 chroot 之后，DNS 服务器的工作目录将在一个指定的位置，而这个指定的位置为/var/named/chroot 目录。例如，DNS 服务器的配置文件存放的位置为/var/named/chroot/etc；系统自带的区域数据文件及自己建立的区域数据文件的存放位置为/var/named/chroot/var/named/目录下。当然，也可以停用 chroot 技术，只要将/etc/sysconfig/named 文件中 ROOTDIR 语句注释掉即可。

> **注意** 在 CentOS 6.X 版本中，由于使用 mount——bind 功能进行目录链接，所以，在使用 chroot 时，无需切换到/var/named/chroot 目录，进行相应的配置，而是直接对/etc/named.conf 进行配置。

11.2.2 配置主(master)域名服务器实例

1. 项目说明

本项目主要熟悉如何配置主(master)域名服务器方法。

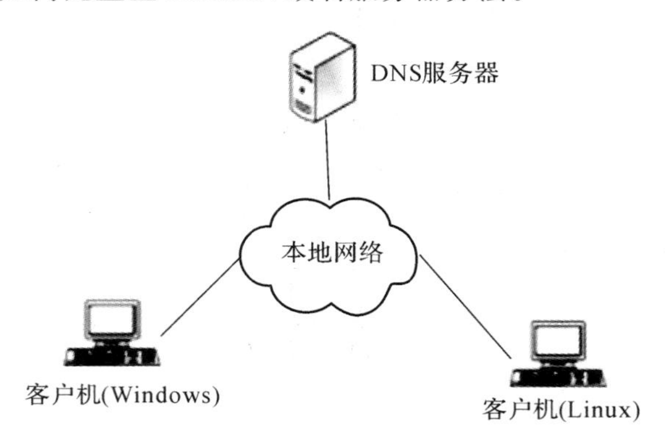

图 11.3 示意图

2. 项目要求

某公司需要配置一台基于 Linux 环境下的 DNS 服务器，服务器的 IP 地址是 192.168.200.100，子网掩码是 255.255.255.0，默认网关是 192.168.200.1。客户机的操作系统分别是 Linux 和 Windows，如图 11.3 所示。

要求：

(1)正向解析域名 www.liu.org 和域名 ftp.liu.org 的 IP 地址 192.168.200.100。

(2)设置 server.liu.org 为 www.liu.org 的别名。

(3)反向解析 IP 地址 192.168.200.100 的域名为 ftp.liu.org。

3. 项目配置过程

操作步骤

步骤 1 配置 DNS 主配置文件。

```
[root@H1 ~]# cd /etc
[root@H1  etc]# cp named.conf  named.conf_bak
[root@H1  etc]# vim named.conf
```

修改内容如下：

```
options {
    listen-on port 53 { any; };          #此处非常关键，表示对 53 端口进行监听。
    listen-on-v6 port 53 { ::1; };
    directory       "/var/named";
```

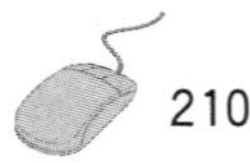

```
    dump - file        "/var/named/data/cache_dump.db";
    statistics - file "/var/named/data/named_stats.txt";
    memstatistics - file "/var/named/data/named_mem_stats.txt";
    allow - query      { any; };
};
logging {
    channel default_debug {
        file "data/named.run";
        severity dynamic;
    };
};
zone“.” IN {
        type hint;
        file“named.ca”;
};
include“/etc/named.rfc1912.zones”;
include“/etc/named.root.key”;
```

步骤 2　添加正向区文件和反向区文件声明。

```
[root@H1  etc]# vim  /etc/named.rfc1912.zones
```

添加内容如下：

```
#添加正向区声明
zone "liu.org" IN {
    type master;                #类型指定主域名服务器
    file "liu.org.zone";        #指定正向解析数据库文件
    };
#添加反向区声明
zone "200.168.192.in - addr.arpa" IN {
    type master;
    file "200.168.192.rev";
    };
```

步骤 3　配置正向解析文件 liu.org.zone。

具体操作如下：

```
[root@H1  etc]# cd  /var/named
[root@H1  named]# vim liu.org.zone
```

配置内容如下：

```
$TTL     86400
@                    IN SOA  ftp.liu.org        root. (
                                               2013081919
                                               28800
                                               14400
```

```
                                                3600000
                                                86400)
@    IN NS      liu.org.       #设置域名服务记录
     IN NS      192.168.200.100
ftp         IN A          192.168.200.100  # ftp.liu.org的IP地址192.168.200.100
www     IN A          192.168.200.100  # www.liu.org的IP地址192.168.200.100
server   IN CNAME      www.liu.org.     # www.liu.org的别名为server.liu.org
```

步骤4 配置反向解析文件200.168.192.rev,实现反向解析IP地址192.168.200.100的域名为ftp.liu.org。

```
[root@H1  named]$ vim 200.168.192.rev
```

配置内容如下:

```
$TTL     86400
@                 IN SOA   ftp.liu.org       root. (
                                                2013081919
                                                28800
                                                14400
                                                3600000
                                                86400)
@          IN       NS       liu.org.          #设置域名服务记录
100        IN       PTR      ftp.liu.org.
#设置反向指针记录,请注意必须添加“.”号。
```

步骤5 重新启动named进程,使named.conf配置文件生效。

```
[root@H1  named]# /etc/init.d/named restart
```

步骤6 设置防火墙规则。

```
[root@H1  named]# iptables -A INPUT -m state NEW -m tcp -p tcp --dport 53 -j ACCEPT
[root@H1  named]# iptables -A INPUT -m state NEW -m udp -p udp --dport 53 -j ACCEPT
[root@H1  named]# iptables -A INPUT -m state NEW -m tcp -p tcp --dport  953 -j ACCEPT
```

步骤7 测试。

1. 在Windows系统下对DNS服务器查询主机时,同样也需要设置后才能测试。

步骤如下:

①设置IP地址与DNS服务器IP地址为同网段。

②设置DNS地址为DNS服务器IP地址。

③点击“开始”→“运行…”菜单,然后输入“cmd”,在命令界面下,测试操作同在Linux系统下一样,如图11.4所示。

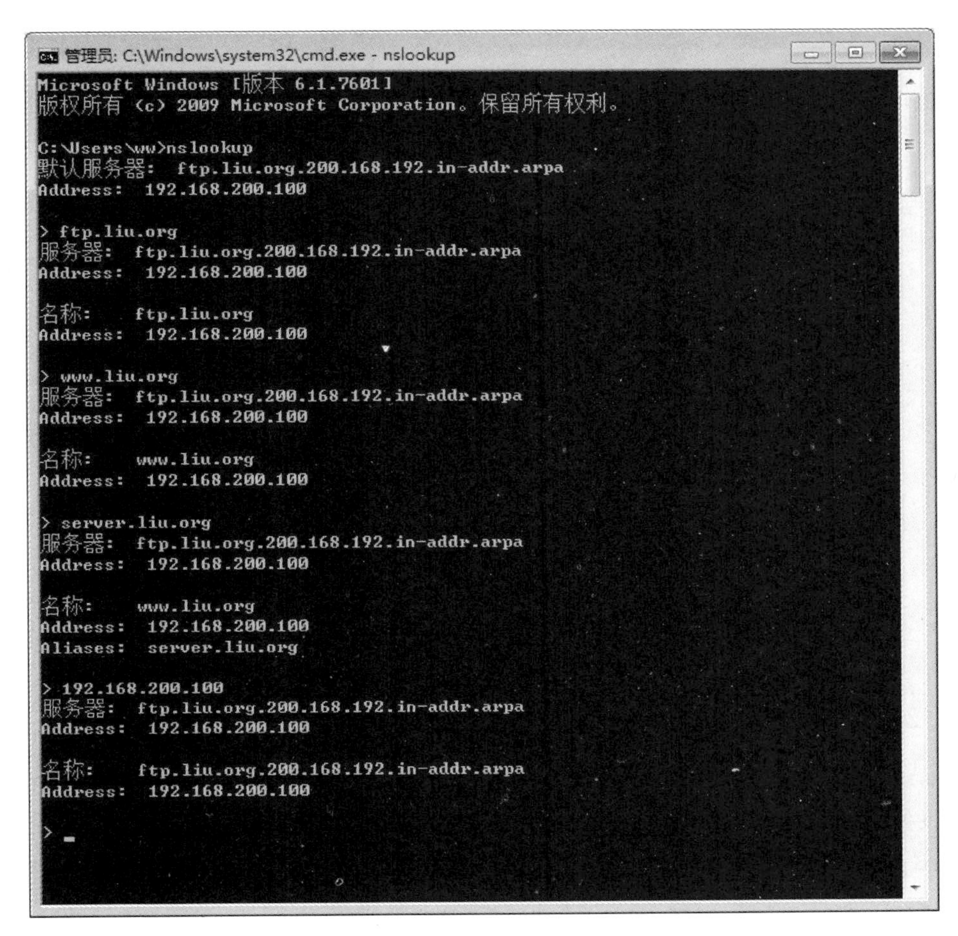

图 11.4　Windows 下 nslookup 测试结果

2. 在 Linux 客户机上测试

在 Linux 系统的客户机上要实现 DNS 服务器查询主机时，必须通知转换程序使用的域名服务器，即在客户端上添加域名服务器的 IP 地址。可以编辑/etc/resolv.conf 文件或者通过图形界面设置 DNS 地址。

操作如下：

```
[root@H2  named]# vim /etc/resolv.conf
```

添加内容：

```
nameserver 192.168.200.100
```

以上操作实际上就是设置客户端的 DNS 地址为 192.168.200.100，这样就可以在终端下进行查询主机了。效果如图 11.5 所示。

```
root@H2:~
文件(F) 编辑(E) 查看(V) 搜索(S) 终端(T) 帮助(H)
[root@H2 ~]# nslookup
> ftp.liu.org
Server:         192.168.200.100
Address:        192.168.200.100#53

Name:   ftp.liu.org
Address: 192.168.200.100
> www.liu.org
Server:         192.168.200.100
Address:        192.168.200.100#53

Name:   www.liu.org
Address: 192.168.200.100
> server.liu.org
Server:         192.168.200.100
Address:        192.168.200.100#53

server.liu.org  canonical name = www.liu.org.
Name:   www.liu.org
Address: 192.168.200.100
> 192.168.200.100
Server:         192.168.200.100
Address:        192.168.200.100#53

100.200.168.192.in-addr.arpa    name = ftp.liu.org.200.168.192.in-addr.arpa
.
```

图 11.5 Linux 下 nslookup 测试结果

11.2.3 配置 slave(辅助)域名服务器实例

辅助域名服务器的作用是为主域名服务器提供备份,也可以进行域名解析。在作为辅助域名服务器的系统上同样也必须安装 bind 相关的软件。

1. 项目说明

本项目主要熟悉如何配置 slave(辅助)域名服务器的方法。

2. 项目要求

在 11.2.2 项目的基础上,IP 地址为 192.168.200.100 的主机作为 DNS 主域名服务器,IP 地址为 192.168.200.101 的主机作为 DNS 辅助域名服务器。

要求:

(1)在主域服务器上增加一个邮件域名:mail.liu.org,其地址指向 DNS 辅助域名服务器(192.168.200.101)。

(2)当 DNS 主域名服务器宕机时,DNS 辅助域名服务器可以提供 11.2.2 项目的所有服务。

3. 项目配置过程

操作步骤

步骤 1 根据以上要求,修改 DNS 主域名服务器的正向解析和反向解析文件。

(1)在 11.2.2 项目的基础上,在正向解析文件 liu.org.zone 中,添加如下语句:

```
@      IN      MX     10     mail.liu.org
Mail           IN     A     192.168.200.101
```

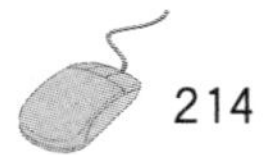

(2)在反向解析文件 200.168.192.rev 中,添加如下语句:

```
101          IN      PTR          mail.liu.org.
```

注意　需要重启 named 服务。

步骤 2　复制 DNS 主域名服务器中的 named.rfc1912.zones 到 DNS 辅助域名服务器上。

```
[root@H1   named]# scp /etc/named.rfc1912.zones   192.168.200.101:/etc/
```

步骤 3　在 DNS 辅助域名服务器上,修改 named.rfc1912.zones 配置文件。

具体修改如下:

```
zone "liu.org" IN {
    type slave;        #设置为辅助域名服务器
    file "liu.org.zone";
    masters {192.168.200.100};   #指定主域名服务器的 IP 地址
};
zone "200.168.192.in-addr.arpa" IN {
    type slave;
    file "200.168.192.rev";
    masters {192.168.200.100};
};
```

注意　在 DNS 辅助域名服务器上,不需要手动配置正向与反向解析文件。但需要修改 named.conf,修改方法与 DNS 主域名服务器方式一样。

步骤 4　将 DNS 辅助域名服务器的/var/named 目录属主设置为 named.named,否则,将由于权限问题无法复制正向解析文件与反向解析文件。操作如下:

```
[root@H2   ~]# chown named.named /var/named
```

步骤 5　启动辅助域名服务器。

```
[root@H2   ~]# /etc/init.d/named restart
```

在正常情况下,此时在/var/named 目录下生成 liu.org.zone 和 200.168.192.rev 两个文件。

假如没有生成的话,可以查看/var/log/message 文件,它记录了无法生成的原因。操作如下:

```
[root@H1   ~]# tail -20 /var/log/message
```

步骤 6　停止主域名服务器。

步骤 7　测试。

首先,在测试机上的/etc/revolv.conf 配置文件中,添加以下语句:

```
nameserver 192.168.200.100
```

```
nameserver 192.168.200.101
```

然后，用 nslookup 命令来测试，测试结果如图 11.6 所示。

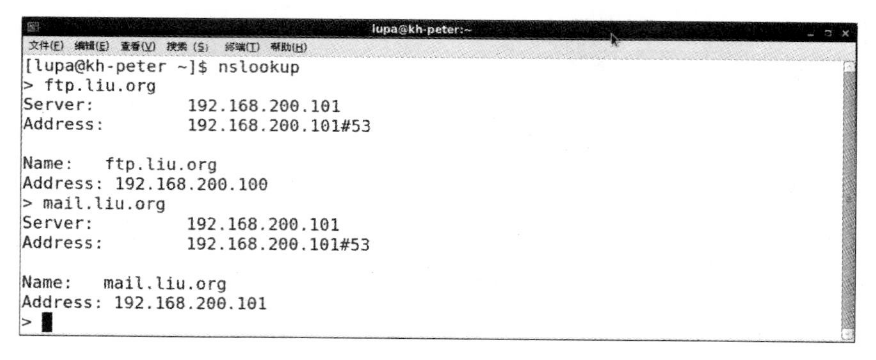

图 11.6　验证辅导域名服务器

从图 11.6 中可以看出，ftp.liu.org 域名本来由 192.168.200.100 主域名服务器来提供正向解析服务，而现在由 192.168.200.101 辅助域名服务器来提供服务了。而 mail.liu.org 域名本身就指向 192.168.200.101 辅助域名服务器来提供服务的。

11.2.4　配置 cache-only(缓存)域名服务器

建立具有转发的缓存域名服务器。转发指某一台 DNS 遇到非本机负责的区(zone)查询请求时，将不直接向 root Server 查询，而把请求转交给指定的另一台 DNS(forwarder)代为查询。即将自己扮成一个 DNS 客户端，向 forwarder 送出同样的请求，然后等待查询结果。而逐级向下查询的动作，则交由 forwarder 负责。无论这个结果是直接查询得来的，还是 forwarder 返回的，DNS 都会保存一份数据在缓存中。这样，其后的相同的查询就快多了，对于 DNS 所服务的客户而言效率更高了。方法如下：

在 named.conf 中添加如下行：

```
forwarders {192.168.200.101;};        #表示转发至 192.168.200.101 上
forward only;                          # only 表示假如在指定的转发器找不到，不会去向根查询
```

11.2.5　DNS 客户端设置与查询

1. 域名客户端相关的文件

(1)/etc/host.conf

此配置文件告诉网络域名服务器如何查找主机名。一般内容如下：

```
order hosts,bind
multi on
```

其中，order 选项指定了按照哪种顺序来尝试不同的名字解析机制，按列出的顺序来进行指定的解析服务。如上面的“order hosts,bind”语句表示首先通过查找本地/etc/hosts 文件来解析名字，然后使用 DNS 域名服务器来解析名字。它们之间用“,”号隔开。multi 选项为 off 或 on 参数，与 hosts 查询一起使用，用来确定一台主机是否在/etc/hosts 文件中指定

了多个 IP 地址。

(2)/etc/resolv.conf

此配置文件是转换程序配置文件，主要实现当配置转换程序使用 bind 查询主机时，必须通过转换程序使用的域名服务器。基本选项如下：

- nameserver：利用 IP 地址让转换识别查询域信息的服务器。最多可以使用 3 个 nameserver 选项。格式为"nameserver　域名服务器的 IP 地址"。
- domain：用来声明主机的本地域名，转换程序会将默认域名挂在任何不含点的主机名后面。
- search：指定域名搜索列表，最多 6 个。
- sortlist：允许将得到的域名结果进行特定的排序。

一个典型的/etc/resolv.conf 文件如下：

```
domain  lupa.cn
nameserver  192.168.2.84
serach  lupa.cn
```

2. 域名服务器的常用查询命令

- nslookup 命令

此命令用来查找 DNS 服务器上的 DNS 记录。可以指定查询的类型、DNS 记录的生存时间以及使用哪台 DNS 服务器进行解析。常见的操作有：

(1)检查正向 DNS 解析。

```
[root@H1 ~]#  nslookup
> liu.org
Server:            192.168.200.100
Address:           192.168.200.100#53        #liu.org 域名的 IP 地址及 53 端口
Name:  liu.org
Address: 192.168.200.100
>
```

以上通过输入域名，检查对应的 IP 地址。需要注意的是 DNS 域名服务器上要打开 53 端口，还需要屏蔽 SELinux。

(2)检查反向 DNS 解析。

```
> 192.1611.200.100
Server:            192.168.200.100
Address:           192.168.200.100#53
200.168.192.in-addr.arpa        name = ftp.liu.org.
>
```

以上是通过输入 IP 地址来检查对应的域名。

- dig 命令

此命令向 DNS 服务器发送 named 查询，它可以查询一台或多台域名服务器。其功能比 nslookup 要强大得多，且使用简单，不需要设置 set 选项。

比较常用的命令如下：

```
dig @server  域名                          #用 dig 命令实现正向解析域名
dig - x  域名服务器的 IP 地址  @server      #用 dig 命令实现反向解析
dig  域名. +nssearch                        #查找一个域的授权 DNS 服务器
dig  域名 +trace                            #从根服务器开始追踪一个域名的解析过程
dig  @server  域名.  AXFR                   #用 dig 查看 zone 数据传输
dig  @server  域名.  IXFR=N                 #用 dig 查看 zone 数据的增量传输
```

● whois 命令

此命令查找并显示指定用户的相关信息，因为它在 network solutions 的 whois 数据库中查找，所以该项用户名称必须在其中注册，并且名称没有大小写区别。如图 11.7 所示。

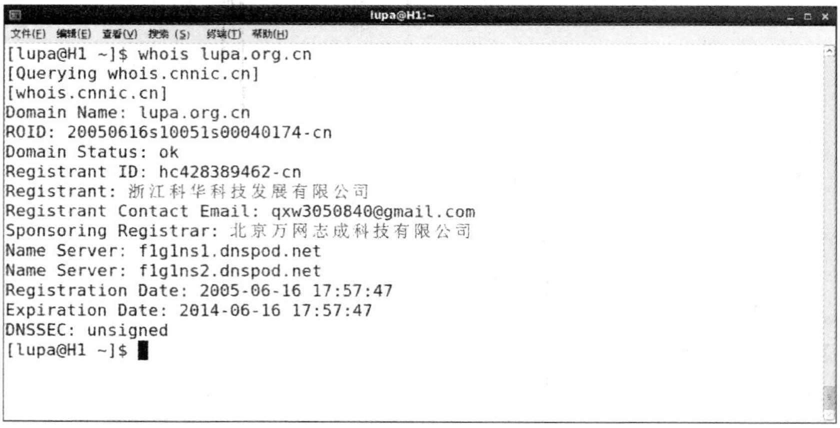

```
lupa@H1:~
文件(F) 编辑(E) 查看(V) 搜索(S) 终端(T) 帮助(H)
[lupa@H1 ~]$ whois lupa.org.cn
[Querying whois.cnnic.cn]
[whois.cnnic.cn]
Domain Name: lupa.org.cn
ROID: 20050616s10051s00040174-cn
Domain Status: ok
Registrant ID: hc428389462-cn
Registrant: 浙江科华科技发展有限公司
Registrant Contact Email: qxw3050840@gmail.com
Sponsoring Registrar: 北京万网志成科技有限公司
Name Server: f1g1ns1.dnspod.net
Name Server: f1g1ns2.dnspod.net
Registration Date: 2005-06-16 17:57:47
Expiration Date: 2014-06-16 17:57:47
DNSSEC: unsigned
[lupa@H1 ~]$
```

图 11.7 whois 查看域名信息

whois 除了可以查询 DNS 服务器的 IP 地址外，还可以查询到其他具体物理位置及电话传真。

● host 命令

此命令能够用来查询域名，并输出更多的信息。常见命令格式有：

```
host -a  域名        #显示这个主机的所有域名信息
host  域名           #显示该主机域名所对应的 IP 地址，即正向解析
host  IP 地址        #通过反向解析获得该主机的域名
host -v 域名         #以详细的方式显示域名信息
```

例如，已知某主机域名为 lupaworld.com，查看其 IP 地址。

```
[root@H1 ~]# host lupaworld.com
lupaworld.com is an alias for www.lupaworld.com.
www.lupaworld.com has address 115.238.54.139
```

例如，已知某域名服务器 IP 地址，查询其对应的域名。

```
[root@H1 ~]# host 12.130.152.116
116.152.130.12.in-addr.arpa domain name pointer 12-130-152-116.attens.net.
```

11.3　增强 DNS 服务器的安全性

DNS 服务器应用于许多服务中，DNS 服务的重要性不言而喻，所以 DNS 服务器的安全性同样尤为重要。如果在主辅 DNS 服务器之间不做安全验证措施，如，“allow-transfter {辅助服务器 IP;};”很容易被恶意攻击。又如 DNS 欺骗等，黑客一旦获取 DNS 的 Zone 文件，就可以获得服务器的很多信息。使用 TSIG 保护 DNS 服务器，可以保护主辅 DNS 之间传输的安全性，同时，可以确保黑客无法获得 Zone 文件。

1. 什么是 TSIG 技术

Transaction Signatures (TSIG)，通常是一种确保 DNS 消息安全并提供安全的服务器与服务器之间通讯(通常是在主从服务器之间)的机制。TSIG 可以保护以下类型的 DNS 服务器：

- Zone 转换
- Notify
- 动态升级更新
- 递归查询邮件

TSIG 适用于 Bind v8.2 及以上版本。TSIG 使用共享秘密和单向散列函数来验证的 DNS 信息。TSIG 是易于使用的轻便解析器和命名机制。

2. 使用 TSIG 保护 DNS 服务器案例

(1)项目说明

本项目主要学会如何使用 TSIG 加密来保护 DNS 服务器。

(2)项目要求

在 11.2.3 项目的基础上，通过对主/辅 DNS 服务器设置 TSIG 加密，确保主/辅 DNS 之间传输的安全性，同时，可以确保黑客无法获得 Zone 文件。

主域名服务器：192.168.200.100。

辅助域名服务器：192.168.200.101。

(3)项目配置过程

操作步骤

- DNS 主域名服务器配置步骤

步骤 1　在 DNS 主域名服务器上，创建 TSIG 密钥。

```
[root@H1  named]# dnssec-keygen -a hmac-md5 -b 128 -n host server-client
```

其中，参数－a 表示加密方式，参数－b 表示密码长度，参数－n 后面跟上密钥类型与名称。此时，在/var/named 目录下会生成一对密钥文件：Ktsig－client.＋157＋435536.key 和 Ktsig－client.＋157＋435536.private。

步骤 2 配置 key 文件。

```
[root@H1  named]# mv  Ktsig-client.+157+435536.key  lupa.key
[root@H1  named]# chown  root.named lupa.key
[root@H1  named]# chmod  640  lupa.key
[root@H1  named]# vim lupa.key
```

文件内容修改为：

```
key  "tsig-client" {
    algorithm     hmac-md5;
    secret         "rfl+o1j3cYKOKEK1eXxpgg==";
};
```

步骤 3 配置/etc/named.conf。添加或修改以下几处：

1)在文件底部，添加以下一行：

```
include"/var/named/lupa.key";
```

2)在"options"中，添加以下一行：

```
allow-transfer    { kdy tsig-client;};
```

步骤 4 重启 named 服务。

● DNS 辅助域名服务器配置步骤。

步骤如下：

①复制 DNS 主域名服务器上的 lupa.key 至辅助域名服务器上，并确保其权限的正确性。

```
[root@H2  named]# scp 192.168.200.100:/var/named/lupa.key  /var/named/lupa.key
[root@H2  named]# chown  root.named lupa.key
[root@H2  named]# chmod  640  lupa.key
```

②修改/etc/named.conf 主配置文件。修改以下几处：

1)在文件底部添加以一行：

```
include"/var/named/lupa.key";
```

2)在"option"段处，添加以下语句：

```
allow-transfer  {none;};
```

3)添加以下语句段：

```
server 192.168.200.100 {
    keys { tsig-client;};
    };
```

③删除旧的 liu.org.zone 和 200.168.192.rev 文件。

```
[root@H2  named]# rm -f liu.org.zone  200.168.192.rev
```

④重启启动 named 服务。

```
[root@H2  named]# /etc/init.d/named restart
```

此时，在/var/named/目录下会重新生成 liu.org.zone 和 200.168.192.rev 文件。

- 测试

步骤如下：

①在辅助域名服务器上测试，测试命令如下，效果如图 11.8 所示。

```
[root@H2  named]# dig -y tsig-client:rfl+o1J2cYKOKEK1eXxpgg== @192.168.200.100 liu.org axfr
```

```
root@H2:~
文件(F) 编辑(E) 查看(V) 搜索(S) 终端(T) 帮助(H)
[root@H2 ~]# dig -y tsig-client:rfl+o1J3cYKOKEK1eXxpgg== @192.168.200.100 liu.org axfr

; <<>> DiG 9.8.2rc1-RedHat-9.8.2-0.17.rc1.el6_4.5 <<>> -y tsig-client @192.168.200.100 liu.
org axfr
; (1 server found)
;; global options: +cmd
liu.org.                86400   IN      SOA     liu.org. root.liu.org. 2013081919 28800 144
00 3600000 86400
liu.org.                86400   IN      NS      liu.org.
liu.org.                86400   IN      MX      10 mail.liu.org.
liu.org.                86400   IN      A       192.168.200.100
liu.org.                86400   IN      A       192.168.200.101
dns2.liu.org.           86400   IN      A       192.168.200.101
ftp.liu.org.            86400   IN      A       192.168.200.100
mail.liu.org.           86400   IN      A       192.168.200.101
server.liu.org.         86400   IN      CNAME   www.liu.org.
www.liu.org.            86400   IN      A       192.168.200.100
liu.org.                86400   IN      SOA     liu.org. root.liu.org. 2013081919 28800 144
00 3600000 86400
tsig-client.            0       ANY     TSIG    hmac-md5.sig-alg.reg.int. 1376981397 300 16
 ULz+Evg36pa3FeAwY/gk6w== 13321 NOERROR 0
;; Query time: 2 msec
;; SERVER: 192.168.200.100#53(192.168.200.100)
;; WHEN: Tue Aug 20 14:50:15 2013
;; XFR size: 11 records (messages 1, bytes 348)

[root@H2 ~]# 
```

图 11.8　在 salve 域名服务器上测试

②在其他主机上测试，测试命令如下，效果如图 11.9 如示。

```
[lupa@kh-peter ~]$ dig @192.168.200.100 liu.org axfr
```

```
lupa@kh-peter:~
文件(F) 编辑(E) 查看(V) 搜索(S) 终端(T) 帮助(H)
[lupa@kh-peter ~]$ dig @192.168.200.100 liu.org axfr

; <<>> DiG 9.7.0-P2-RedHat-9.7.0-5.P2.el6 <<>> @192.168.200.100 liu.org axfr
; (1 server found)
;; global options: +cmd
; Transfer failed.
[lupa@kh-peter ~]$ 
```

图 11.9　在其他主机上测试

从图 11.8 和图 11.9 中可知，此时只能在辅助(salve)域名服务器上才能查看 DNS 服务器的详细信息，而在其他主机则无法查看。

11.4　常见故障及其排除

1. 当用 nslookup 命令测试域名时，提示“connection timed out; no servers could be

reached”。

第一，应当确认DNS域名服务器配置是否正确，并且named服务已经启动；第二，确认防火墙是否屏蔽了named进程的53端口号；第三，在测试主机上，是否在/etc/resolv.conf文件中，添加了以下语句：

```
nameserver   DNS服务器的IP地址
```

2. 在TSIG保护DNS服务器配置过程中，当主域名服务器上启动named服务后，在/var/log/message日志文件中，提示以下错误信息：

```
Aug  8 22:38:16 H2 named-sdb[15176]: loading configuration: permission denied
Aug  8 22:38:16 H2 named-sdb[15176]: exiting (due to fatal error)
```

此错误很有可能是key文件权限问题，可以用以下命令来解决：

```
chown root.named   密钥文件名.key
```

3. 在TSIG保护DNS服务器配置过程中，当从域名服务器上启动named服务后，在/var/log/message日志文件中，提示以下错误信息：

```
Aug  8 22:39:13 H2 named-sdb[15289]: zone 200.168.192.in-addr.arpa/IN: refresh: failure
trying master 192.168.200.100#53 (source 0.0.0.0#0): clocks are unsynchronized
```

导致此错误的原因是master/salve域名服务器的系统时间不一致，解决方法是将master与salve域名服务器的系统时间设置为一致。

4. 在TSIG保护DNS服务器配置过程中，当主域名服务器上启动named服务后，提示以下错误信息：

```
[root@H1 named]# /etc/init.d/named restart
停止 named:                                              [确定]
启动 named:/etc/init.d/named: line 97: 19937 已放弃            (core dumped) /usr/sbin/
named-checkconf $ckcf_options ${named_conf} > /dev/null 2>&1
Error in named configuration:
/etc/named.conf:46: bad secret 'bad base64 encoding'
mem.c:1246: REQUIRE(ctx->references == 1) failed.
```

导致此错误的原因是key文件内容格式不对。解决方法是修改key文件，语句格式为：

```
key "tsig-client" {
    algorithm     hmac-md5;
    secret         "rfl+o1J3cYKOKEK1eXxpgg==";
};
```

思考与实验

1. 从光盘启动安装DNS服务器程序。

2. 架设一个小型局域网络的DNS服务器，要求具有主DNS服务器和辅助DNS服务器。

3. 使用VIEW实现DNS智能解析

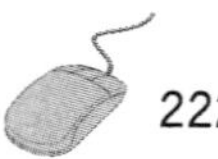

第 12 章

邮件服务器

本章重点

- 邮件服务器简介。
- 邮件服务器工作原理。
- 邮件服务器配置。
- OpenWebMail 配置。

本章导读

本章介绍了邮件服务器的工作原理和邮件服务器配置步骤，叙述了邮件服务器的使用，并介绍了安装与使用 OpenWebMail 系统。

12.1 邮件服务器简介

电子邮件是 Internet 最广泛的应用之一。配置一个邮件服务器相当于建设一个邮局。用户使用电子邮件客户端工具完成“投递”、“收取”、“阅读”等任务。实现邮件服务的基础是邮件服务器。邮件服务器的产品很多，例如 Sendmail、Postfix。

12.2 邮件服务器的工作原理

12.2.1 邮件服务器工作原理

在邮件服务器中涉及两个主要协议：POP3 和 SMTP。

SMTP（简单邮件传输协议）使用 TCP 25 端口，负责邮件的发送和传输。写好的电子邮件发送给 SMTP 服务器，SMTP 将邮件转换为 ASCII 码并添加报头，进行发送，邮件通过 Internet 到达目的地的邮件服务器，并由 SMTP 将邮件的 ASCII 码解码。

POP3(电子邮局协议)使用 TCP 110 端口,负责保存用户的邮件,并提供客户端登录下载邮件。当本地服务器收到外界发送过来的邮件时,就暂时储存在 POP3 邮局里,等到客户机通过密码账号认证登录后,再传送到客户手上。

12.2.2 本地网络邮件传输

如果电子邮件的发件人和收件人邮箱都位于同一台邮件服务器中,它会利用以下方法进行邮件传递。

(1)MUA(邮件客户代理)先利用 TCP 连接端口 25,将电子邮件传送到邮件服务器(MTA),然后这些邮件会先保存在队列中。

(2)经过服务器的判断,如果收件人属于本地网络的用户,则此邮件就会交由 MDA 进行处理,之后直接传送到收件人邮箱。

(3)收件人利用 POP 或 IMAP 软件(MUA),连接到邮件服务器下载或直接读取电子邮件,整个邮件传递过程也随之完成,如图 12.1 所示。

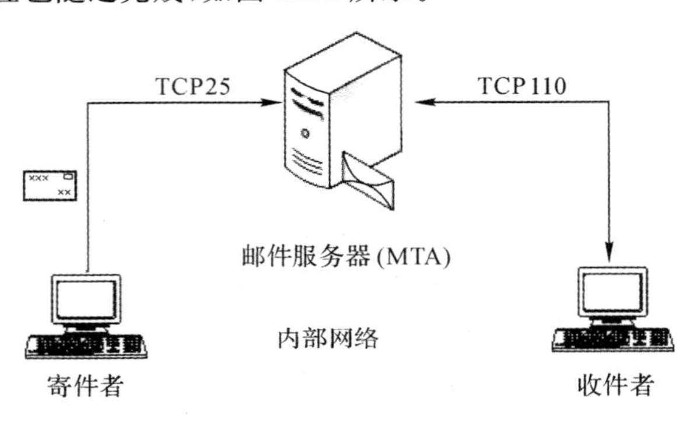

图 12.1 本地网络邮件传递流程

12.2.3 远程网络邮件传输

(1)MUA 先利用 TCP 连接端口 25,将电子邮件传送到 MTA,此时发件人必须正确定义收件人的电子邮件地址,然后这些邮件会先保存在队列中。

(2)经过服务器的判断,如果收件人属于远程网络的用户,则此服务器会先向 DNS 服务器要求解析远程服务器的 IP 地址。如果解析失败,则无法进行邮件的传递;如果成功解析,则利用 SMTP 将邮件传送到远程。

(3)SMTP 将尝试和远程的邮件服务器连接。如果远程服务器目前无法接收邮件,则会继续停留在队列中,然后在指定的重试间隔内再次尝试连接,直到成功或放弃传送为止。

(4)如果传送成功,则远程 MTA 就会将此邮件交由 MDA 处理,并放入用户邮箱。之后收件人即可利用 POP 或 IMAP 软件,连接到邮件服务器下载或读取电子邮件,而整个邮件传递过程也随之完成。

邮件传输流程如图 12.2 所示。

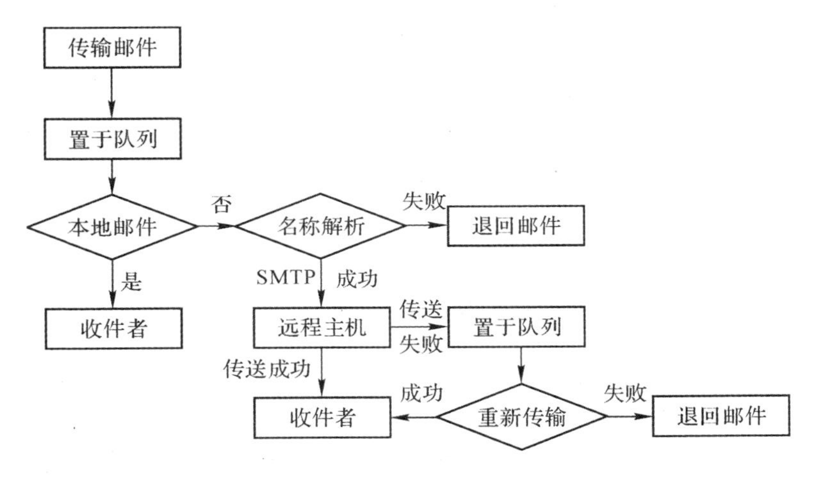

图 12.2　完整的邮件传输流程

12.3　配置 Sendmail 邮件服务器

12.3.1　安装 Sendmail

1. 查看系统是否已经安装 Sendmail 服务

查看命令如下：

```
[lupa@H21～]$ rpm –qa|grep sendmail
```

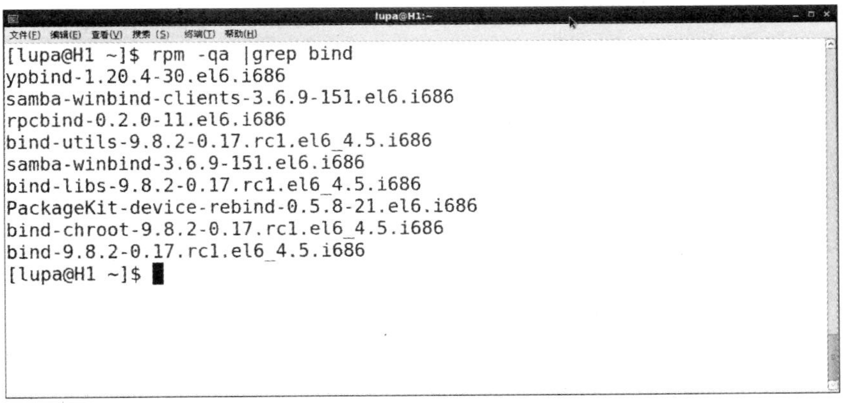

```
lupa@H1:~
文件(F) 编辑(E) 查看(V) 搜索(S) 终端(T) 帮助(H)
[lupa@H1 ~]$ rpm -qa |grep bind
ypbind-1.20.4-30.el6.i686
samba-winbind-clients-3.6.9-151.el6.i686
rpcbind-0.2.0-11.el6.i686
bind-utils-9.8.2-0.17.rc1.el6_4.5.i686
samba-winbind-3.6.9-151.el6.i686
bind-libs-9.8.2-0.17.rc1.el6_4.5.i686
PackageKit-device-rebind-0.5.8-21.el6.i686
bind-chroot-9.8.2-0.17.rc1.el6_4.5.i686
bind-9.8.2-0.17.rc1.el6_4.5.i686
[lupa@H1 ~]$
```

图 12.3　查看 bind 软件包

从图 12.3 可知，系统已经安装了 Sendmail 服务程序。

2. 安装 Sendmail 服务

如果没有安装，请执行如下命令：

```
[lupa@H1 ~]$ sudo rpm -ivh  /media/CentOS_6.4_Final/Packages/sendmail-*
```

或者

```
[lupa@H1 ~]$ sudo yum -y install sendmail*
```

12.3.2 Sendmail 服务器配置实例

1. 项目说明

用 Sendmail 配置一个邮件服务器，实现邮件传输。

2. 项目要求

e-mail 主机地址为 192.168.200.100，它的域名是 mail.liu.org。

本项目中所涉及的配置文件如表 12.1 所示。

表 12.1 配置文件列表

文件名	功　能
/etc/mail/access	Sendmail 访问数据库文件
/etc/mail/local-host-names	Sendmail 接收邮件主机列表
/etc/mail/sendmail.mc	Sendmail 的配置文件

3. 配置步骤说明

(1)配置 DNS。

(2)修改/etc/mail/sendmail.mc。

(3)修改/etc/mail/access 文件。

(4)编译生成 access.db。

(5)编译产生 sendmail.cf。

(6)修改/etc/mail/local-host-names。

(7)配置 dovecot。

(8)启动 DNS、sendmail、dovecot 服务器。

配置流程如图 12.4 所示。

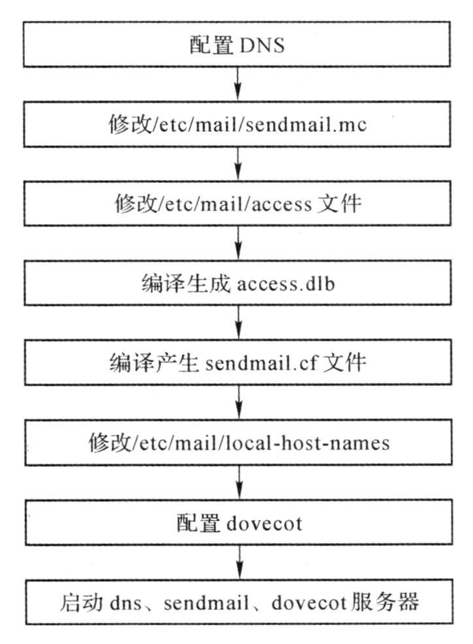

图 12.4　配置流程

4. 配置过程

操作步骤

步骤 1　配置 DNS，mail. liu. org 的 IP 地址 192. 168. 200. 100。

注意　具体配置参考第 11 章。

步骤 2　修改 sendmail. mc 配置文件。操作如下：

```
[lupa@H1 ~]$ cd  /etc/mail/
[lupa@H1 mail]$ sudo  vi  /etc/mail/sendmail.mc
```

找到

```
DAEMON_OPTIONS('Port = smtp,Addr = 127. 0. 0. 1, Name = MTA')dnl
```

修改为

```
DAEMON_OPTIONS('Port = smtp,Addr = 0. 0. 0. 0, Name = MTA')dnl
```

找到

```
dnl TRUST_AUTH_MECH('EXTERNAL DIGEST - MD5 CRAM - MD5 LOGIN PLAIN')dnl
dnl define('confAUTH_MECHANISMS', 'EXTERNAL GSSAPI DIGEST - MD5 CRAM - MD5 LOGIN PLAIN')dnl
```

修改为

```
TRUST_AUTH_MECH('EXTERNAL DIGEST - MD5 CRAM - MD5 LOGIN PLAIN')dnl
define('confAUTH_MECHANISMS', 'EXTERNAL GSSAPI DIGEST - MD5 CRAM - MD5 LOGIN PLAIN')dnl
```

将以上两语句前面的“dnl”去掉，表示 Sendmail 服务器支持安全认证。

步骤 3 修改 access 配置文件，添加允许接入的域和网段。

```
[lupa@H1 mail] $ sudo vim  access
# Check the /usr/share/doc/sendmail/README.cf file for a description
# of the format of this file. (search for access_db in that file)
# The /usr/share/doc/sendmail/README.cf is part of the sendmail-doc
# package.
#
# by default we allow relaying from localhost...
Connect:localhost.localdomain          RELAY
Connect:localhost                RELAY
Connect:127.0.0.1                RELAY
Connect:mail.liu.org              RELAY              #该域可以通过服务器中继
Connect:192.168.200          RELAY          #192.168.200 网段可以通过服务器中继
```

步骤 4 使 access 修改生效。命令如下：

```
[lupa@H1 mail] $ sudo makemap hash access.db < access
```

步骤 5 编译产生 sendmail.cf 文件。

```
[lupa@H1 mail] $ sudo m4 sendmail.mc >sendmail.cf
```

步骤 6 修改 local-host-names 配置文件，添加邮箱域。

```
[lupa@H1 mail] $ sudo vim  local-host-names
# local-host-names - include all aliases for your machine here.
mail.liu.org
192.168.200.100
```

步骤 7 配置 dovecot。dovecot 是一个开源的 IMAP 和 POP3 邮件服务器。POP/IMAP 是 MUA 从邮件服务器中读取邮件时使用的协议。

```
[lupa@H1 mail] $ sudo vim /etc/dovecot/dovecot.conf
```

找到

```
#protocols = imap pop3 lmtp
```

修改为

```
protocols = imap pop3 lmtp
[lupa@H1 mail] $ sudo vim /etc/dovecot/conf.d/10-mail.conf
```

找到

```
#mail_location = mbox:~/mail:INBOX = /var/mail/%u
```

修改为

```
mail_location = mbox:~/mail:INBOX = /var/mail/%u
```

步骤8 启动 dns、dovecot、sendmail 服务。

```
[lupa@H1 mail]$ sudo /etc/init.d/named restart
[lupa@H1 mail]$ sudo /etc/init.d/sendmail restart
[lupa@H1 mail]$ sudo /etc/init.d/dovecot restart
```

步骤9 设置防火墙规则,开放 25、110、143、993、995、53、953 等端口。

当 Iptables 服务启动时,它会执行/etc/sysconfig/iptables 配置文件,所以,可以在/etc/sysconfig/iptables 文件中添加规则,然后,重启 Iptables 服务使之生效。此处配置如下(加粗语句):

```
# Firewall configuration written by system-config-firewall
# Manual customization of this file is not recommended.
*filter
:INPUT ACCEPT [0:0]
:FORWARD ACCEPT [0:0]
:OUTPUT ACCEPT [0:0]
-A INPUT -m state --state ESTABLISHED,RELATED -j ACCEPT
-A INPUT -p icmp -j ACCEPT
-A INPUT -i lo -j ACCEPT
-A INPUT -i eth0 -p tcp -m multiport --dport 25,110,143,993,995,53,953 -j ACCEPT
-A INPUT -j REJECT --reject-with icmp-host-prohibited
-A FORWARD -j REJECT --reject-with icmp-host-prohibited
COMMIT
```

注意 从以上规则可以看出,添加规则时,需要将规则放置在 REJECT 之前,否则,规则将不会生效。

步骤10 创建邮件账号。创建 aa 和 bb 账号,操作如下:

```
[lupa@H1 mail]$ sudo useradd -g mail aa
[lupa@H1 mail]$ sudo passwd aa
Changing password for user aa.
New password:                #设置密码
Retype new password:         #确认密码
Passwd: all authentication tokens updated successfully.
[lupa@H1 mail]$ sudo useradd -g mail bb
[lupa@H1 mail]$ sudo passwd bb
Changing password for user bb
New password:                #设置密码
Retype new password:         #确认密码
Passwd: all authentication tokens updated successfully.
```

以上邮箱账号 aa 和 bb,其邮件地址将对应为 aa@mail.liu.org 和 bb@mail.liu.org。

12.3.3 通过 Evolution 邮件客户端访问 Sendmail 服务器

测试环境:CentOS 6.4。

测试软件：Evolution。

测试内容：局域网 A、B 两台电脑(必须与 Sendmail 指定的 IP 地址属于同一局域网)，使用 Evolution 软件互发邮件。

操作步骤

步骤 1 打开 Evolution，单击【应用程序】→【办公】→【Evolution 邮件及日历】菜单，如图 12.5所示。

图 12.5 Evolution 主页面

步骤 2 设置邮箱全名和电子邮件地址。

单击【编辑】→【首选项】菜单，如图 12.6 所示。单击“添加”按钮，进入创建向导对话框，单击“进步”按钮，如图 12.7 所示。输入邮箱“全名”为“aa”，电子邮件地址为“aa@mail.liu.org”。

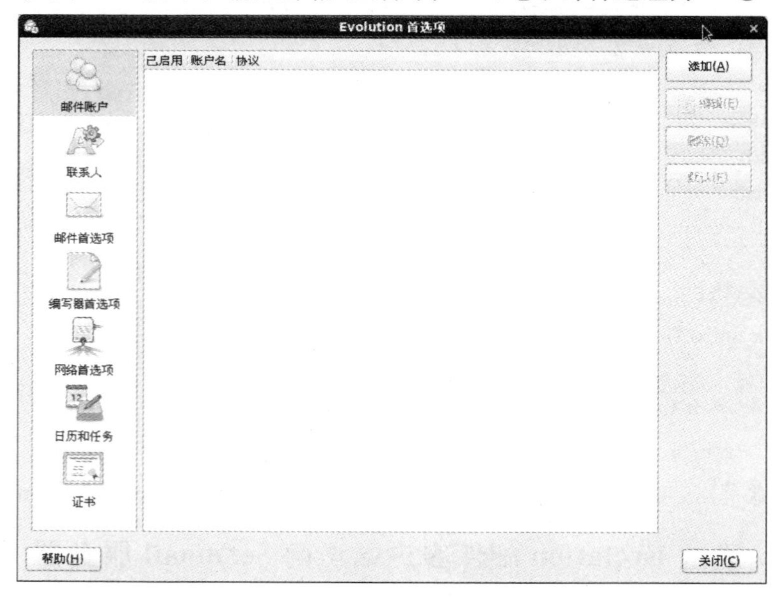

图 12.6 Evolution 首选项

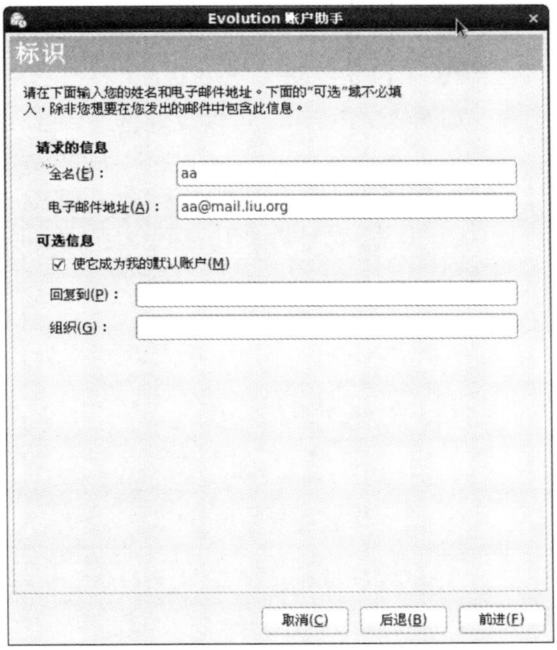

图 12.7　设置全名与电子邮件地址

步骤 3　设置邮件接收服务器。

在图 12.8 中，选择“服务器类型”为“pop”，“服务器：”为“mail. liu. org”，“用户名”为“aa”，“安全”处选择“TLS 或 SSL 加密”，单击“前进”按钮。

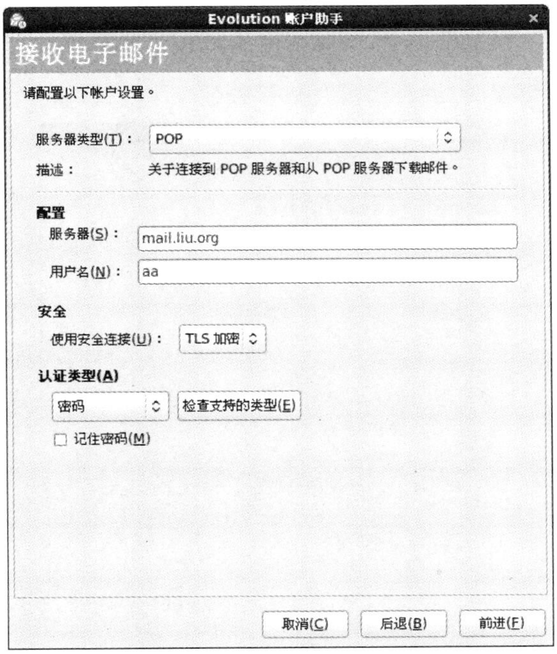

图 12.8　设置 POP 接收

注意 “服务器”处域名一定要与/etc/mail/access 中一致，而“安全”处一定要选择“TLS 加密或 SSL 加密”。

步骤 4 设置接收选项。如图 12.9 所示。可以设置检查新邮件的时间间隔，以及保存信件的天数。

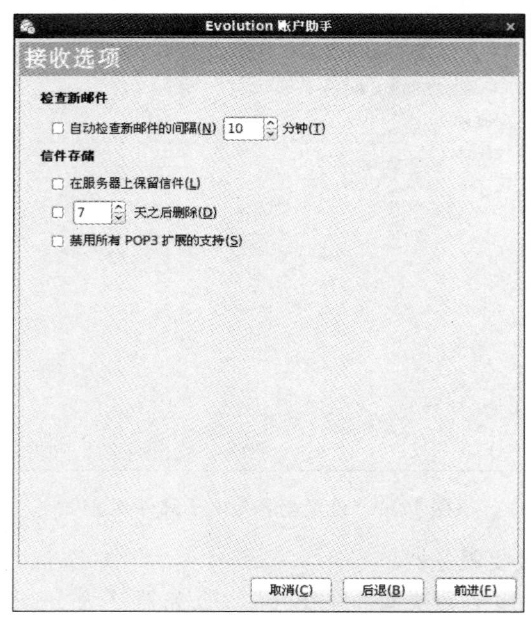

图 12.9 设置接收属性

步骤 5 设置邮件发送服务器。

在图 12.10 中，选择“服务器类型”为“SMTP”，“服务器：”为“mail. liu. org”，选中“服务器需要认证”，“用户名”设置为“aa”，单击“前进”按钮。

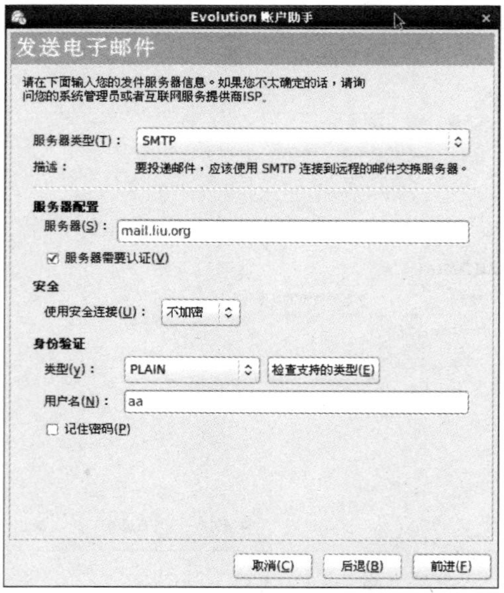

图 12.10 设置 SMTP 发送

步骤 6 Evolution 发送邮件。

创建账号完毕后。单击"新建",弹出如图 12.11 所示。填写收件人、主题以及邮件内容,最后,单击"发送"。

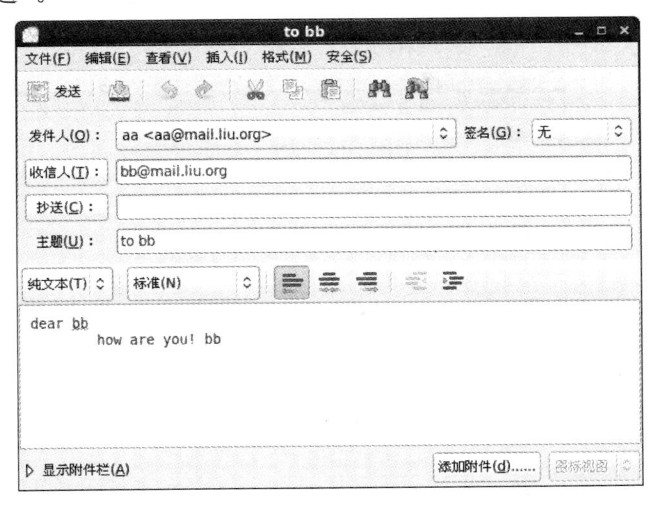

图 12.11

步骤 7 接收邮件。

单击"发送/接收",如图 12.12 所示,输入 bb 账号的密码,假如 Sendmail 正常运行,则接收成功,如图 12.13 所示。

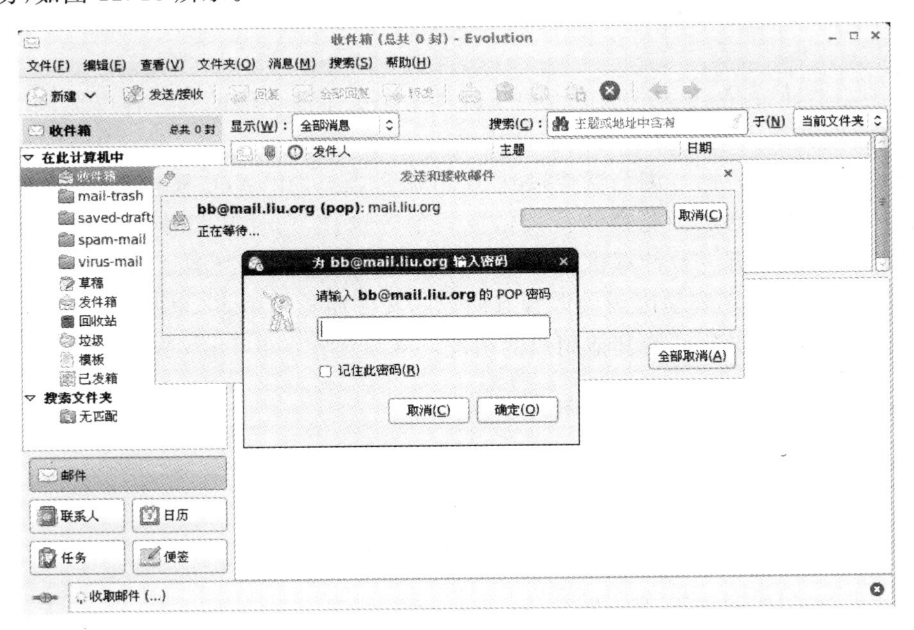

图 12.12 输入 bb 账号密码

注意 在 aa 和 bb 账号的主机上,一定要在/etc/resolv.conf 文件中,设置 DNS 服务器地址。

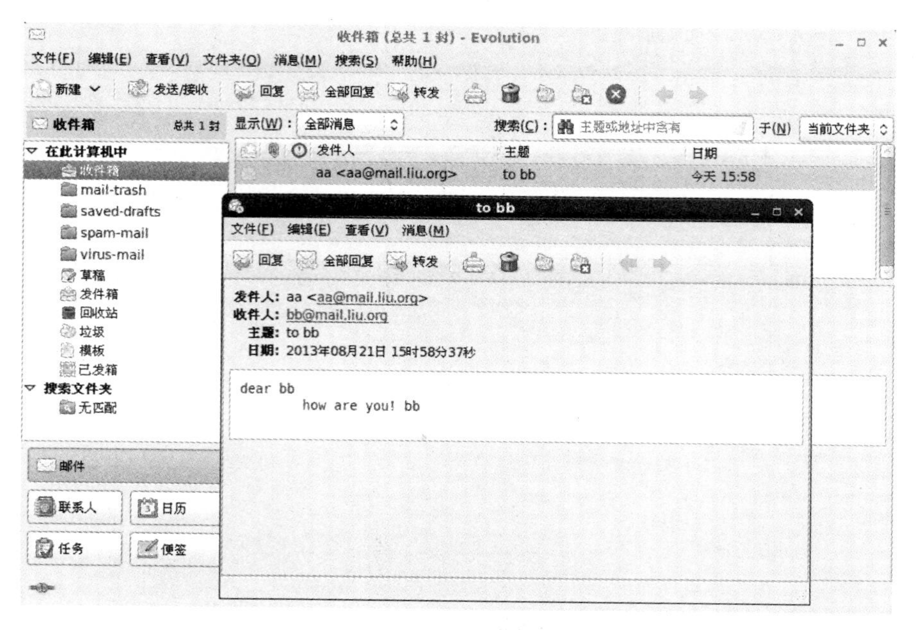

图 12.13　查看邮件

12.4　配置基于 Sendmail 的 Webmail

利用浏览器通过 Web 方式来收发电子邮件的服务不需要借助邮件客户端，可以说只要能上网就能使用，极大地方便了用户收发邮件。

Webmail 允许用户通过浏览器连接到 Web 服务器，而由 Web 服务器上的程序负责收信和发信。用户直接通过浏览器执行读信或写信等操作，信件其实并不在用户计算机上。因此无论用户用的是哪一台计算机，只要可以连接网络，都可以读到之前与新收到的信件。另一优势是 Webmail 不容易因为读取含有病毒的文件而导致中毒，更不会发生个人邮件系统中毒后寄送大量病毒信件给其他用户的情况。本章使用的是 OpenWebMail。

12.4.1　安装 OpenWebMail

操作步骤

步骤 1　下载 OpenWebMail 安装源。操作如下：

```
[lupa@H1 mail]$ cd /etc/yum.repos.d
[lupa@H1 yum.repos.d]$ sudo wget -q http://openwebmail.org/openwebmail/download/redhat/rpm/release/openwebmail.repo
```

步骤 2　安装 OpenWebMail。操作如下：

```
[lupa@H1 mail]$ sudo yum -y install openwebmail
```

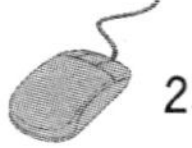

12.4.2　配置 OpenWebMail

操作步骤

步骤 1　OpenWebMail 初始化，检查 OpenWebMail 是否有问题。

```
[lupa@H1 ~]$ /var/www/cgi-bin/openwebmail/openwebmail-tool.pl --init
```

执行以上命令，显示如图 12.14 所示。

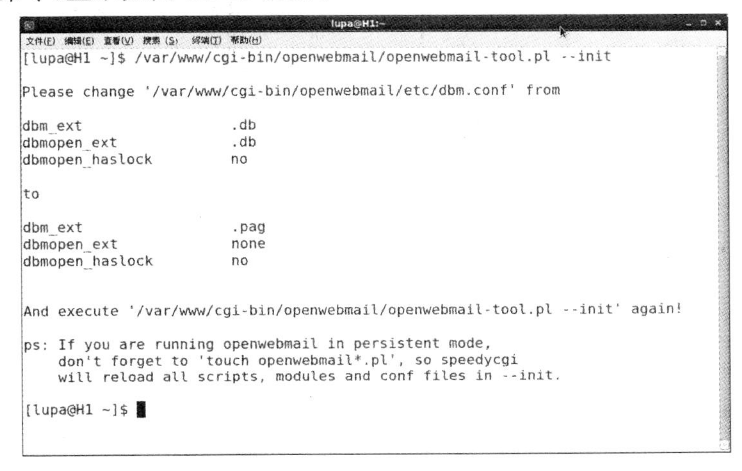

图 12.14　Openwebmail 初始化

步骤 2　根据图 12.14 所示，对/var/www/cgi-bin/openwebmail/etc/dbm.conf 进行修改，修改语句如下：

找到

```
dbm_ext            .db
dbmopen_ext        .db
dbmopen_haslock        no
```

修改为

```
dbm_ext            .pag
dbmopen_ext        none
dbmopen_haslock        no
```

步骤 3　修改/var/www/cgi-bin/openwebmail/etc/openwebmail.conf 配置文件。

修改内容如下：

找到

```
domainnames auto
```

修改为

```
domainnames mail.liu.org
```

找到

```
default_language en
```

修改为

```
default_language zh_CN.GB2312
```

步骤 4 修改/var/www/cgi-bin/openwebmail/etc/defaults/openwebmail.conf 配置文件。

修改内容如下：

找到

```
smtpserver 127.0.0.1
```

修改为

```
smtpserver 192.168.200.100
```

找到

```
authpop3_server localhost
```

修改为

```
authpop3_server 192.168.200.100
```

步骤 5 修改/var/www/cgi-bin/openwebmail/etc/defaults/dbm.conf 配置文件。

修改内容如下：

找到

```
dbmopen_ext   nome
```

修改为

```
dbmopen_ext        .db
```

找到

```
dbmopen_haslock no
```

修改为

```
dbmopen_haslock yes
```

添加：

```
smtpserver      192.168.200.100
```

步骤 6 重启 OpenWebMail 执行以下命令后，如图 12.15 所示。

```
[lupa@H1 ~]$ sudo /var/www/cgi-bin/openwebmail/openwebmail-tool.pl --init
```

```
lupa@H1:~
文件(F) 编辑(E) 查看(V) 搜索(S) 终端(T) 帮助(H)
langconv pt_BR.ISO8859-1 -> pt_BR.UTF-8
langconv pt_PT.ISO8859-1 -> pt_PT.UTF-8
langconv ro_RO.ISO8859-2 -> ro_RO.UTF-8
langconv ru_RU.KOI8-R -> ru_RU.UTF-8
langconv sk_SK.ISO8859-2 -> sk_SK.UTF-8
langconv sl_SI.CP1250 -> sl_SI.UTF-8
langconv sr_CS.ISO8859-2 -> sr_CS.UTF-8
langconv sv_SE.ISO8859-1 -> sv_SE.UTF-8
langconv th_TH.TIS-620 -> th_TH.UTF-8
langconv tr_TR.ISO8859-9 -> tr_TR.UTF-8
langconv uk_UA.KOI8-U -> uk_UA.UTF-8
...done.

Welcome to the OpenWebMail!

This program is going to send a short message back to the developer,
so we could have the idea that who is installing and how many sites are
using this software, the content to be sent is:

OS: Linux 2.6.32-358.14.1.el6.i686 i686
Perl: 5.010001
WebMail: OpenWebMail 2.53 20080123

Send the site report?(Y/n) n
```

图 12.15　启动 openwebmail

步骤 7　修改 httpd. conf。

修改以下语句：

```
#Servername
```

设置为：

```
ServerName   mail.liu.org
```

步骤 8　重启 httpd 服务。

```
[lupa@H1 ~]$ sudo /etc/init.d/httpd restart
```

步骤 9　设置防火墙规则，开放 80、443 端口。

步骤 10　登录 OpenWebMail。

打开浏览器，在地址处，输入"http://mail. liu. org/cgi-bin/openwebmail/openwebmail. pl"，弹出如图 12.16 所示窗口。然后，输入账号 aa 及其密码，最后，单击"登录"按钮即可登录。进入后，单击"new"按钮，可以编写新邮件并发送，单击"pop3"按钮，可以进入收件箱，如图 12.17 所示。查看某邮件，如图 12.18 所示。

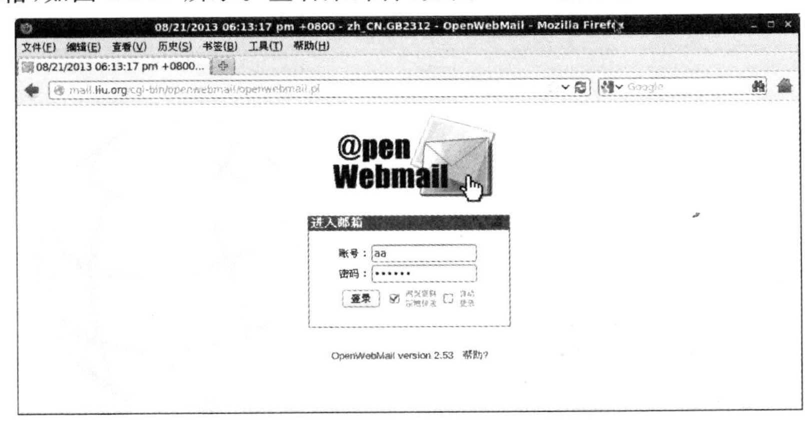

图 12.16　openwebmail 登录窗口

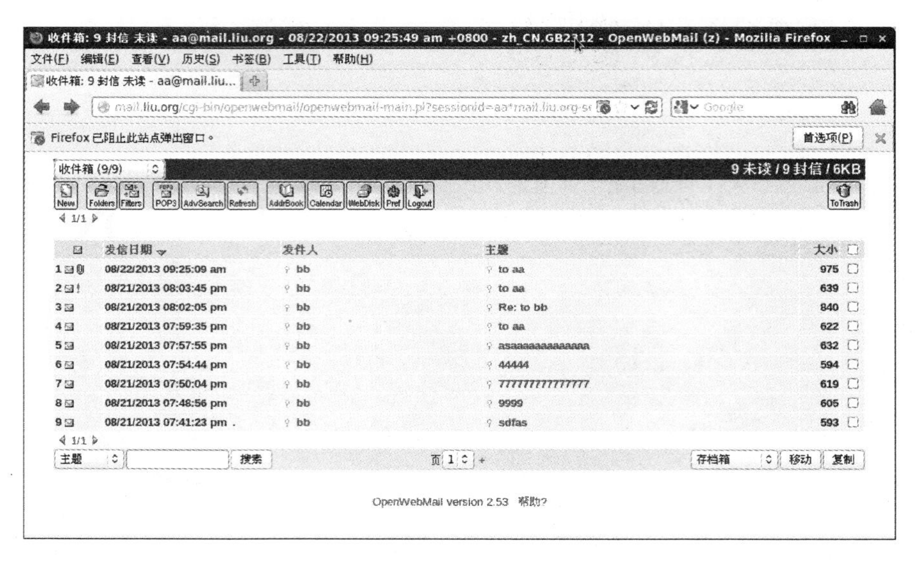

图 12.17 收件箱

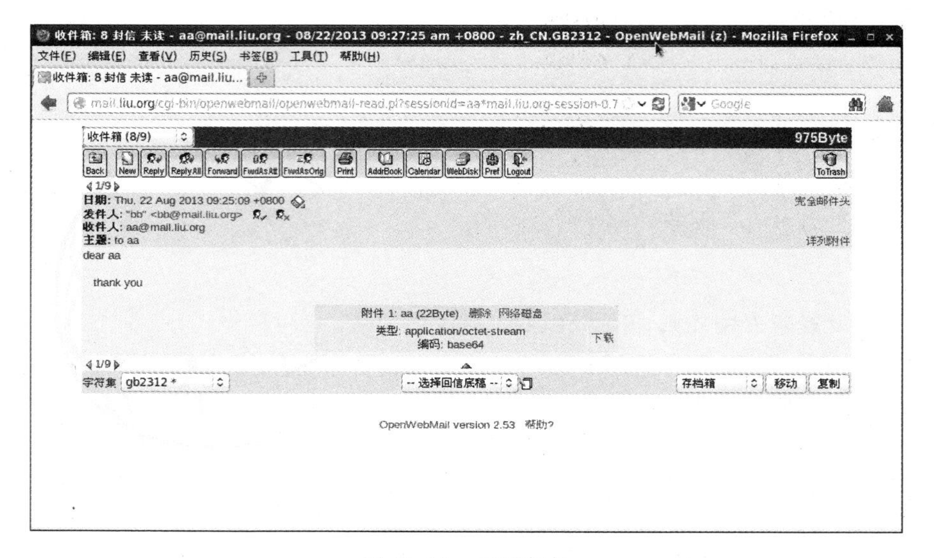

图 12.18 查看邮件

12.5 常见故障及其排除

1. 对方一直没有收到邮件，应该如何解决？

可以查看/var/log/maillog 或是 mail，以确认邮件服务器是否传递完成。

Sendmail 与 DNS 有密切的关系，如果 DNS 无法解析收件者的地址，它会暂存到 mail 中。直到解析正确才会发送，所以要确认 DNS 的设置是否正确。如果有别名，要记录在本地端网域中检查 pop3 或是 imap 是否已经激活。

2. Sendmail 服务器提示："Sendmail config error: mail loops back to me (MX problem?)"

查看/etc/mail/access 和/etc/mail/local-host-names 定义的域名是否与 DNS 服务器定义的邮件域名一致。

3. SendMail 服务器上提示"Relaying denied. IP name lookup failed"错误。

出现此类错误，可以查看/etc/mail/access 文件中"Connect"语句。例如，允许某网段访问 Sendmail，定义语句应该为：

```
Connect : 192.168.200              RELAY
```

或者

```
Connect : 192.168                  RELAY
```

而不能是

```
192.168.200.0     RELAY
```

4. 在 Evolution 接收邮件时，提示"-ERR Plaintext authentication disallowed on non-secure (SSL/TLS) connections"。

可能是创建账户设置接收电子邮件安全连接方式时没有使用加密方式，可以将"使用安全连接"设置为"TLS 或 SSL 加密"。

5. 在确认 Sendmail 和 DNS 服务器配置上没有问题的情况下，当用户通过 Evolution 邮件客户端相互收发信件，发现可以发送，但对方收不到。

在 Sendmail 和 DNS 服务器配置完全正常的前提下，发生此种问题，很有可能是本地主机上没有设置 DNS 地址。可以在/etc/resolv.conf 配置文件中，添加以下语句：

```
nameserver   dns 服务器 IP 地址。
```

思考与实验

1. 用 Sendmail 配置一个邮件服务器，实现邮件传输。

2. 安装并使用 Postfix 服务器。

第 13 章

Apache 服务器

本章重点

- Apache 工作原理。
- Apache 服务器的虚拟主机配置。
- Apache 服务器与动态语言。
- Apache 服务器与 ACL。
- Apache 服务器与安全验证。

本章导读

本章介绍了 Apache 服务器的工作原理，详细说明了 Apache 主配置文件参数，通过实例介绍 Apache 服务器的基本原理、虚拟主机配置、实现支持 PHP、MYSQL 等额外模块，还有访问控制列表配置以及安全设置。

13.1 Apache 简介与工作原理

13.1.1 Apache 简介

Internet 已经成为生活中不可缺少的一部分，而 Internet 上许多网站都是架设在 Linux 平台上的。目前有很多软件可以让用户在 Linux 系统中建立自己的 Web 服务器，如 Apache、Boa、Roxen 等。Apache 是 Linux 系统中功能强大的 Web 服务器自由软件，已成为大多数 Linux 版本的标准 Web 服务器。

Apache 服务器是由名为 Apache Group 的组织所开发的。第一次公开版本的 Apache 服务器问世于 1995 年 4 月。

因为 Apache 服务器可提供 HTTP 通信协议标准平台，所以无论是商业用途还是试验用途，都可建立极为稳定的系统。

目前，世界上的 Apache 服务器已超过 1000 万台，许多用户与程序开发人员都习惯把它作为企业中的 Web 服务器，它所具备的优点绝非其他 Web 服务器所能相提并论的。在

Web 服务器和客户端浏览器间用来彼此交互的语言就是 HTTP，不论是接收端或是传送端在数据交换时都要遵照 HTTP 标准来进行。

13.1.2 Apache 服务器工作原理

在 HTTP 客户端和服务器进行数据交换时采用"三次握手"的方式，如图 13.1 所示。

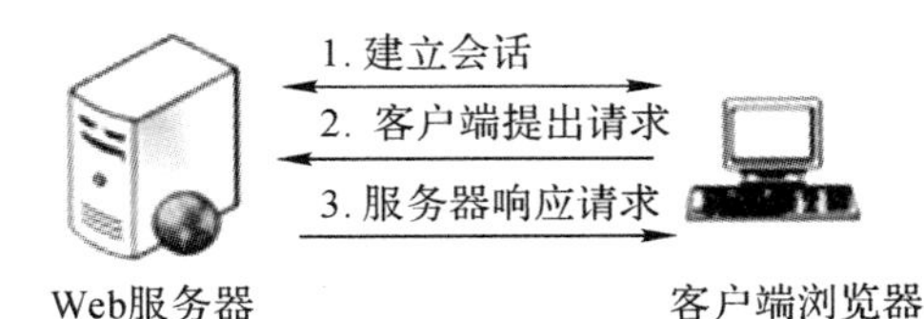

图 13.1 Apache 服务器工作原理

它是指客户端和服务器必须通过 3 个阶段才可完成数据的交换，这 3 个阶段分别是建立会话、客户端请求和服务器响应请求。

客户端浏览器利用通信层的通信协议（通常是 TCP），并通过连接端口 80（默认值）来与 HTTP 服务器建立会话。

在会话建立之后，客户端会传送标准的 HTTP 请求到服务器以得到所需的文件。通常是使用 HTTP 的 Get 方法，它必须包含几个 HTTP 报头，而这些报头将记录数据传递的方法、浏览器类型和其他的数据。

如果客户端请求的文件存在服务器中，则会直接响应客户端的请求，并将请求的文件传送到客户端计算机；如果请求的文件无法取得，则服务器会响应客户端错误的信息。

13.1.3 Apache 服务器的特征

Apache 的主要特征如下：

（1）支持 HTTP1.1 协议。Apache 是最先使用 HTTP1.1 协议的 Web 服务器之一，它完全兼容 HTTP1.1 协议并与 HTTP1.0 协议向后兼容，同时为新协议所提供的全部内容做好了必要的准备。

（2）支持 CGI(通用网关接口)。Apache 用 mod_cgi 模块来支持 CGI，它遵守 CGI/1.1 标准并且提供了扩充的特征。

（3）支持 HTTP 认证。Apache 支持基于 Web 的基本认证，还为支持基于消息摘要的认证做好了准备。它通过使用标准的口令文件 DBM SQL 调用，或通过对外部认证程序的调用来实现基本的认证。

（4）支持 CGI 脚本，如 Perl 和 PHP 等。

（5）支持虚拟主机。即通过在一台机器上使用不同的主机名来提供多个 HTTP 服务。Apache 支持包括基于 IP、名字和 PORT 共 3 种类型的虚拟主机服务。

（6）支持动态共享对象。Apache 的模块可在运行时动态加载，这意味着这些模块可以被装入服务器进程空间，从而减少系统的内存开销。

（7）支持安全 Socket 层（SSL）。

（8）支持服务器包含命令 SSI。Apache 提供扩展的服务器包含该项命令功能，为 Web 站点开发人员提供了更大的灵活性。

（9）支持 Java Servlets。Apache 的 mod_jserv 模块支持 Java Servlets，该项功能可使 Apache 运行服务器的 Java 应用程序

（10）支持多进程。当负载增加时，服务器会快速生成子进程来处理，从而提高系统的响

应能力。

(11)其他功能。

13.2 Apache 服务器的安装与启动

1. 安装 Apache 服务程序

本节主要是基于 CentOS 来介绍 Apache 服务器。要检测系统是否安装了 Apache 服务程序。可用以下命令来检测：

```
[lupa@localhost ~]$ rpm -qa|grep httpd
httpd-manual-2.2.15-28.el6
httpd-2.2.15-28.el6
```

如上所示，表明系统已经安装了 Apache 服务程序。可以看出 Apache 的版本号为 2.2。假如没有安装，则只需要插入安装光盘，并找到以上两个安装文件，最后用以下命令安装即可：

```
[lupa@localhost ~]$ sudo rpm -ivh httpd-2.2.15-26.el6.centos.i686.rpm
[lupa@localhost ~]$ sudo rpm -ivh httpd-manual-2.2.15-26.el6.centos.noarch.rpm
```

2. Apache 服务器的常用命令

以下是对 Apache 服务器的常用操作命令。

(1)查看 Apache 服务运行状态。

```
[lupa@localhost ~]$ sudo service httpd status
```

当客户端无法访问 Apache 服务器时，首先，使用以上命令来查看服务是否启动，包含显示进程号。

(2)启动 Apache 服务。

```
[lupa@localhost ~]$ sudo service httpd start
```

当用户为 Internet 或局域网内的主机提供 Apache 服务时，必须使用以上命令启动 Apache 服务。

(3)停止 Apache 服务。

```
[lupa@localhost ~]$ sudo service httpd stop
```

当用户要停止提供 Apache 服务，可用以上命令实现。

(4)重启 Apache 服务。

```
[lupa@localhost ~]$ sudo service httpd restart
```

当用户对 Apache 服务器进行配置后，需要重新启动 Apache 服务，才能使修改后的配置生效。

(5)查看 Apache 进程。

```
[lupa@localhost ~]$ps - ef |grep httpd
```

(6)查看 Apache 服务器的默认配置。

```
[lupa@localhost ~]$grep - v“#” /etc/httpd/conf/httpd.conf
```

用以上命令来查看配置文件中除了以“#”号开头的行的所有语句。

(7)开机后自动启动 Apache 服务。

```
[lupa@localhost ~]$sudo chkconfig - - level 345 httpd on
```

当以上命令实现,系统运行级别在 3、4、5 级别上时,Apache 服务会自动启动,无须手动启动服务。

3. Apache 服务器的目录结构

在 CentOS 6.4 系统下,Apache 服务器的主要目录结构如下。

(1)主配置文件:/etc/httpd/conf/httpd.conf。

(2)服务器的根目录:/etc/httpd。

(3)根文档目录:/var/www/html。

(4)日志目录:/var/log/httpd。

(5)模块存放目录:/usr/lib/httpd/modules。

当安装好 Apache 服务程序后,在不进行任何配置的情况下,只要启动 Apache 服务程序,Apache 服务器也能正常运行,用户就可以访问到 Apache 服务器。如图 13.2 所示:

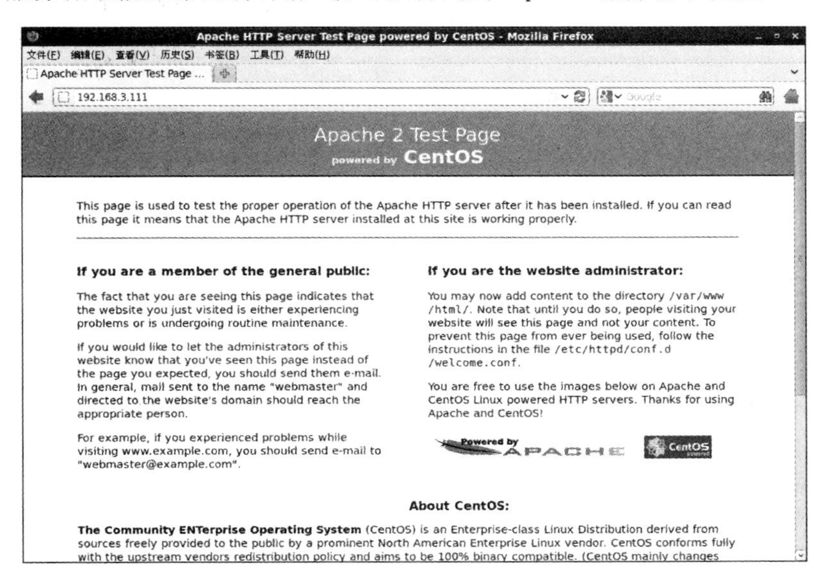

图 13.2　Apache 服务器测试页面

Apache 服务器同样也有文件共享功能。只要在 Apache 服务器的文档根目录下创建一个目录,然后,将要共享的文件存放在此目录下,客户端就可以访问到共享文件。如图 13.3 所示。

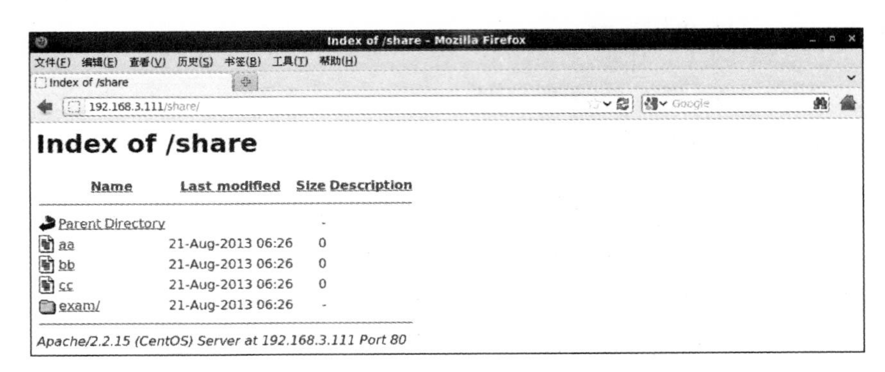

图 13.3　Apache 服务器的文件共享功能

13.3　Apache 服务器的虚拟主机配置

虚拟主机是使用特殊的软硬件技术把一台运行在 Internet 上的服务器主机分为多台“虚拟”的主机，每一台虚拟主机都具有独立的域名或 IP 地址，以及完整的 Internet 服务器(例如，WWW、FTP 服务器)功能。虚拟主机之间完全独立，并可由用户自行管理。

虚拟主机主要有以下两种类型：

1. 基于 IP 地址的虚拟主机

此类服务器中每个基于 IP 的虚拟主机必须拥有不同的 IP 地址，可以通过配置多个真实的物理网络接口或使用几乎所有流行的操作系统都支持的虚拟界面来达到这一要求。

2. 基于域名的虚拟主机

基于域名的虚拟主机是根据客户端提交的 HTTP 头中标识主机名的部分决定的。使用这种技术，很多虚拟主机可以共享一个 IP 地址。基于域名的虚拟主机相对比较简单，因为只需要配置 DNS 服务器将每个主机名映射到正确的 IP 地址。然后配置 Apache HTTP 服务器，令其辨识不同的主机名即可。基于域名的服务器也可以缓解 IP 地址不足的问题。所以，如果没有特殊原因必须使用基于 IP 的虚拟主机，最好还是使用基于域名的虚拟主机。

13.3.1　基于相同 IP 不同端口的虚拟主机配置实例

1. 项目说明

配置一台基于相同 IP 不同端口的 Apache 虚拟主机配置。

2. 项目要求

Apache 服务器的操作系统为 CentOS 6.4，其 IP 地址为 192.168.3.111，Apache 服务程序的版本为 2.2.15。

要求：

(1)测试网页 ceshi1.html 放在/var/www 目录下，测试网页 ceshi2.html 放在/home/

html 目录下，具有目录浏览功能。

（2）在客户端访问网页时，显示简体中文 GB2312。

（3）配置 IP 地址相同但端口不同的虚拟主机，其中网页 ceshi1. html 对应 8888 端口，ceshi2. html 对应 6666 端口。

3. 项目配置过程

操作步骤

步骤 1　准备工作。在/var/www/目录下创建一张 ceshi1. html 网页如图 13. 4 所示，在/home 目录下创建 html 目录，然后创建一张 ceshi2. html 网页，如图 13. 5 所示。

```
[lupa@localhost ~]$ sudo vim /var/www/ceshi1.html
[lupa@localhost ~]$ sudo mkdir /home/html
[lupa@localhost ~]$ sudo vim /home/html/ceshi2.html
```

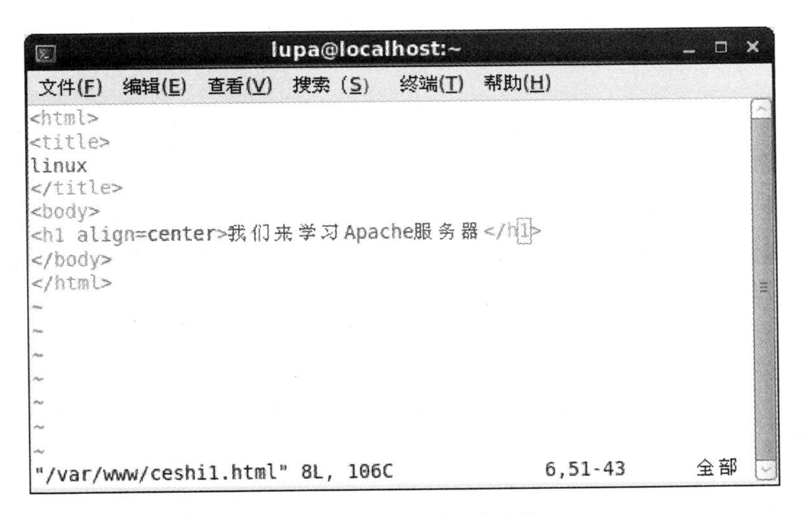

图 13. 4　ceshi1. html 内容

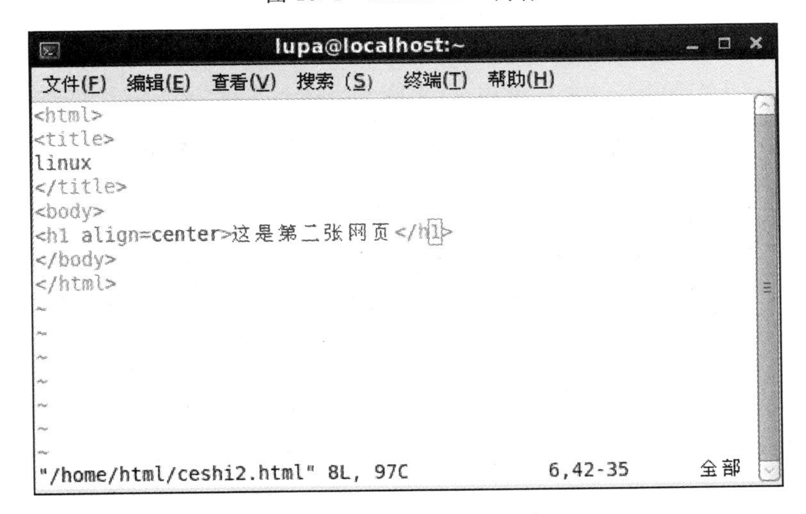

图 13. 5　ceshi2. html 内容

步骤 2 打开主配置文件并加以修改。

```
[lupa@localhost ~]$ sudo vim  /etc/httpd/conf/httpd.conf
```

添加以下内容：

```
#添加监听端口 8888 和端口 6666
Listen 8888
Listen 6666
#添加搜索页面,当客户端访问服务器时依下列顺序搜索
DirectoryIndex index.html index.html.var ceshi1.html ceshi2.html
#设置默认字符集为 GB2312
AddDefaultCharset GB2312
#设置虚拟主机及端口
<VirtualHost 192.168.3.111:8888>
DocumentRoot /var/www/          #给虚拟主机指定根目录
</VirtualHost>
<VirtualHost 192.168.3.111:6666>
DocumentRoot /home/html
</VirtualHost>
```

步骤 3 启动服务器，输入以下命令。

```
[lupa@localhost ~]$ sudo service httpd restart
```

步骤 4 在客户端，打开浏览器，在地址栏输入 192.168.3.111：8888，页面自动跳转到 ceshi1.html，如图 13.6 所示。

图 13.6　8888 端口测试

步骤 5 打开浏览器，在地址栏输入 192.168.3.111：6666，页面自动跳转到 ceshi2.html，如图 13.7 所示。

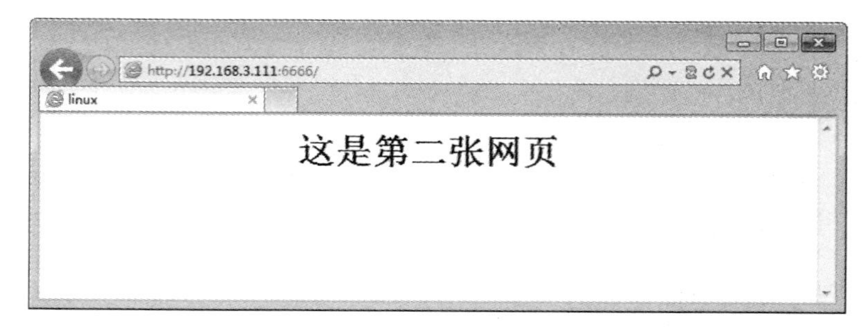

图 13.7　6666 端口测试

13.3.2　基于相同端口不同 IP 地址的虚拟主机实例

1. 项目说明

配置一台基于相同端口不同 IP 地址的 Apache 虚拟主机。

2. 项目要求

Apache 服务器的操作系统为 CentOS 6.4，其 IP 地址为 192.168.3.111，Apache 服务程序的版本为 2.2.15。

要求：

(1)给 Apache 服务器的 eth0 添加一个新 IP 地址，地址为 192.168.3.112。

(2)配置不同的 IP 地址但相同端口的虚拟主机，其中网页 ceshi1.html 指定给 192.168.3.111 的 80 端口，ceshi2.html 指定给 192.168.3.112 的 80 端口。

3. 项目配置过程

操作步骤

步骤 1　给服务器的网卡 eth0 添加一个新的 IP 地址。

```
[lupa@localhost ~] $ sudo cd /etc/sysconfig/network - scripts/
[lupa@localhost network - scripts] $ sudo cp ifcfg - eth0 ifcfg - eth0 : 1
```

其中，ifcfg-eth0 文件是网卡 eth0 的配置文件，当要给网卡 eth0 添加一个新的 IP 地址时，只要将 ifcfg-eth0 复制并重命名，如 ifcfg-eth0 : 1，然后，对 ifcfg-eth0 : 1 文件进行修改即可创建一个新的 IP 地址。方法如下：

```
[lupa@localhost network - scripts] $ sudo vim ifcfg - eth0 : 1
```

修改后内容如下：

```
DEVICE = eth0 : 1
BOOTPROTO = none
TYPE = Ethernet
USERCTL = no
IPV6INIT = no
PEERDNS = no
NETMASK = 255.255.255.0
IPADDR = 192.168.3.112
GATEWAY = 192.168.3.1
ONPARENT = yes
[lupa@localhost network - scripts] $ sudo service network restart
```

修改完成后，请务必重新启动 Network 服务，方能生效。

步骤 2　编辑主配置文件，添加内容如下：

```
Listen 80
DirectoryIndex index.html index.html.var ceshi1.html ceshi2.html
```

```
<VirtualHost 192.168.3.111:80>
DocumentRoot /var/www/
</VirtualHost>

<VirtualHost 192.168.3.112:80>
DocumentRoot /home/html
</VirtualHost>
```

步骤 3 重启 Apache 服务。

```
[lupa@localhost ~]$ sudo service httpd restart
```

步骤 4 在客户端的浏览器上，当输入"http://192.168.3.111"时，显示 ceshi1.html 网页；当输入"http://192.168.3.112"时，则显示 ceshi2.html 网页。

13.3.3 基于域名的虚拟主机实例

1. 项目说明

配置一台基于域名的 Apache 虚拟主机。

2. 项目要求

Apache 服务器的操作系统为 CentOS 6.4，其 IP 地址为 192.168.3.111，Apache 服务程序的版本为 2.2.15。

要求：

(1)给 Apache 服务器设置两个域名，分别为 www.exam1.com 和 www.exam2.com。

(2)当输入 www.exam1.com 域名时，在客户端的浏览器上显示/var/www/html/web1/目录下的 index.html；当输入 www.exam2.com 域名时，在客户端的浏览器上显示/var/www/html/web2/目录下的 index.html。

3. 项目配置过程

操作步骤

步骤 1 配置 DNS 服务，相关内容请参考第 11 章。

步骤 2 分别在/var/www/html/目录下，创建 web1 和 web2 目录，并分别创建 index.html 主页文件。

步骤 3 配置 Apache 服务器。添加内容如下：

```
NameVirtualHost 192.168.3.111
<VirtualHost www.exam1.com>
DocumentRoot /var/www/html/web1
ServerName www.exam1.com
</VirtualHost>

<VirtualHost www.exam2.com>
DocumentRoot /var/www/html/web2
```

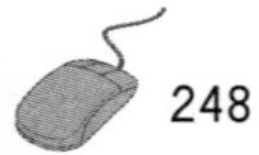

```
ServerName www.exam2.com
</VirtualHost>
```

步骤 4　启动 Apache 服务。

步骤 5　在客户端下，打开浏览器，分别输入 www.exam1.com 和 www.exam2.com。

13.4　Apache 服务器与动态网页语言

目前，常用的动态网页语言有 3 种，即 ASP（Active Server Page）、JSP（JavaServer Pages）和 PHP（Hypertext Preprocessor），其中，JSP 和 PHP 已经应用于 Linux 系统之下。

13.4.1　Apache 服务器与 CGI

CGI 是独立于语言的网关接口规范。事实上，CGI 程序可以用任何脚本语言或者是完全独立的编程语言实现，只要这个语言可以在这个系统上运行。除 Perl 外，像 Python、Ruby、PHP、C/C++、Visual Basic 也都可以用来写 CGI。

在 Linux 系统中，我们可以用 httpd -M 命令来查看 Apache 服务器是否支持 CGI。在 Apache 2.x 系列中默认安装了 CGI 模块(cgi_module)。通过它可以在 Apache 中直接使用 CGI 程序。

在 httpd.conf 配置文件中，与 CGI 模块相关的语句段设置如下。

```
ScriptAlias /cgi-bin/ "/var/www/cgi-bin/"        #设置了 CGI 目录的访问别名
<Directory "/var/www/cgi-bin">                   #设置 CGI 主目录的访问权限
    AllowOverride None
    Options None
    Order allow,deny
    Allow from all
</Directory>
AddHandler cgi-script.cgi              #允许扩展名为.cgi 的 CGI 脚本执行，默认也可以执行
```

以下有一个 CGI 脚本程序，内容很简单，只是打印一条记录“hello world!!!!”，但是，请注意要给脚本设置可执行权限。操作如下：

```
[lupa@localhost ~]$ cd /var/www/cgi-bin/
[lupa@localhost cgi-bin]$ sudo vim hello.cgi
```

脚本内容如下：

```
#! /usr/bin/perl
print "Content-type: text/html\n\n";
print "hello world!!!! \n";
[lupa@localhost cgi-bin]$ sudo chmod 755  hello.cgi
```

在以上操作后，可以打开浏览器，并在地址栏处输入“http://192.168.3.111/cgi-bin/

hello.cgi”,最终的效果显示如图 13.8 所示。

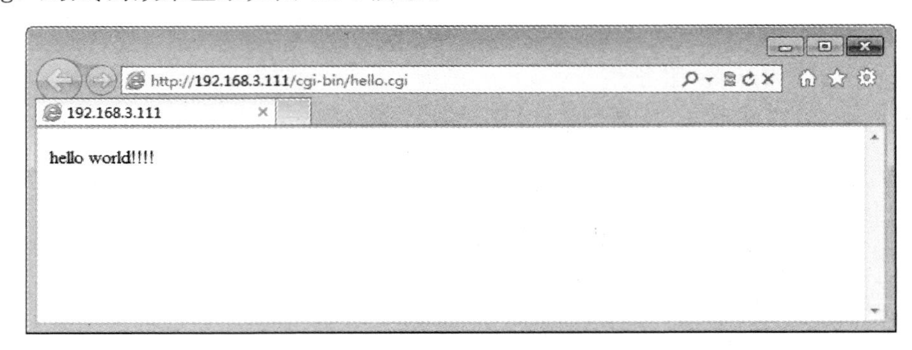

图 13.8 CGI 脚本测试

13.4.2 Apache 服务器与 PHP

PHP 是一种完全免费的、跨平台的服务器端的嵌入式脚本语言。它大量借鉴了 C、Java 和 Perl 语言的语法,并结合 PHP 自身的特性,使 Web 开发人员能够快速地写出动态页面。最新版本的 PHP 系列支持目前绝大多数数据库,如 MySQL、Oralce、PostgreSQL 和 Sybase 等等。同时,支持 PHP 的 Web 服务器有 Apache、Microsoft IIS、AOL Server 和 Netscape Enterprise 等。

在安装 CentOS 6.4 时,用户可以选择安装 PHP 以及 MySQL 数据库。以下我们来查看一下系统是否已经安装了 PHP。

1. 查看是否安装了 PHP 程序

```
[root@localhost ~]# rpm -qa|grep php
php-5.3.3-23.el6_4
php-mysql-5.3.3-23.el6_4
php-pear-1.9.4-4.el6
php-cli-5.3.3-23.el6_4
php-common-5.3.3-23.el6_4
php-ldap-5.3.3-23.el6_4
php-pdo-5.3.3-23.el6_4
php-odbc-5.3.3-23.el6_4
php-pgsql-5.3.3-23.el6_4
```

从上面显示中可以看出 CentOS 6.4 自带的 PHP 版本是 5.3 的。假如,系统没有安装 PHP,可以有两种方法:一种方法是通过安装光盘找到以下几个包,然后进行安装;另一种方法是在 PHP 官方站点上自由下载,然后进行安装。PHP 官方站点为 http://www.php.net。

2. Apache 和 PHP 配置

PHP 正确安装后,在 httpd.conf 配置文件中需要设置如下:

```
LoadModule php5_module modules/libphp5.so        #加载 PHP 的库文件
AddType application/x-httpd-php.php.php3.php4.php5      #添加 MINE 类型
```

但是,以上配置语句可能在/etc/httpd/conf. d/php. conf 配置文件中已有设置了,那就无须在 httpd. conf 中设置以上语句了。

在安装 PHP 后,在/etc/目录下会产生一个 php. ini 配置文件(本章的 PHP 程序安装是用系统盘上的 RPM 包安装的,若是源码安装可能 php. ini 配置文件不在/etc 目录下)。

以下是一个简单的例子,只为了证明 Apache 服务器支持 PHP 程序。

```
[lupa@localhost ~]$ sudo vim /var/www/html/php.php
```

内容如下:

```
<? php
phpinfo();
? >
```

最后,在浏览器上输入“http://192.168.3.111/php.php”,效果图如图 13.9 所示。

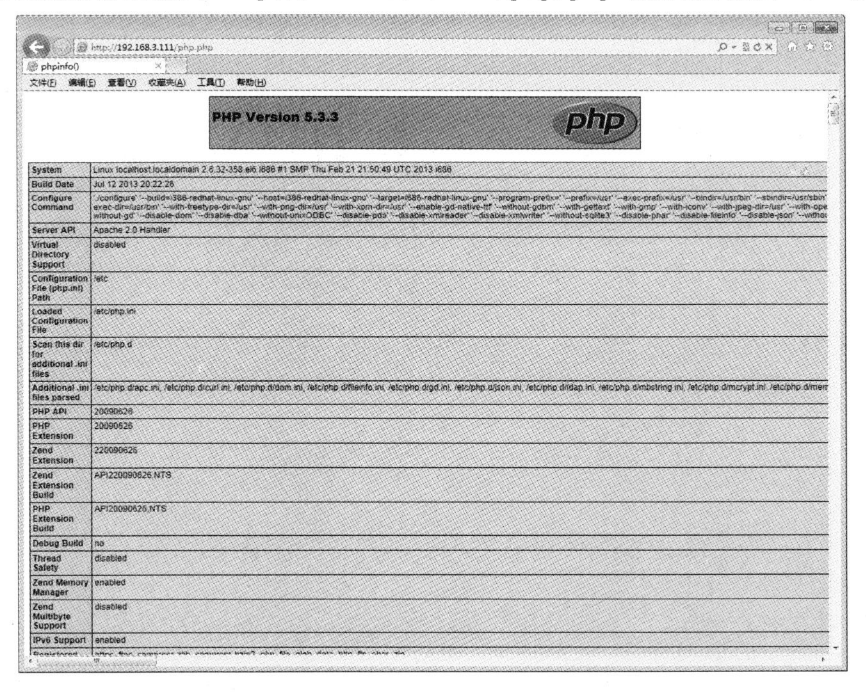

图 13.9　PHP 测试

目前,用于搭建动态网站的黄金组合是 Linux、Apache、MySQL 和 PHP(或 Perl、Python)的一个组合,我们简称为 LAMP。它们本身都是各自独立的程序,但是因为常常结合使用,拥有了越来越高的兼容度,共同组成了一个强大的 Web 应用程序平台。

13.5　Apache 服务器的访问控制列表

Apache 使用下面三个指令配置访问控制。

(1)Order:指定执行允许访问规则和执行拒绝规则的先后顺序。

(2)Deny:定义拒绝访问列表。

(3)Allow:定义允许访问列表。

Order 指令的两种形式:

(1)Order Allow,Deny:在执行拒绝访问规则之前先执行允许访问规则,默认情况下将会拒绝所有没有明确被允许的客户。

(2)Order Deny,Allow:在执行允许访问规则之前先执行拒绝访问规则,默认情况下将会允许所有没有明确被拒绝的客户。

13.5.1 禁止访问某些文件或目录

要实现禁止访问某些文件或目录,可以添加 Files 选项来控制,比如,不允许访问 .inc 扩展名的文件,保护 php 类库。语句如下,效果如图 13.10 所示。

```
<Files ~ "\.inc$">
  Order allow,deny
  Deny from all
</Files>
```

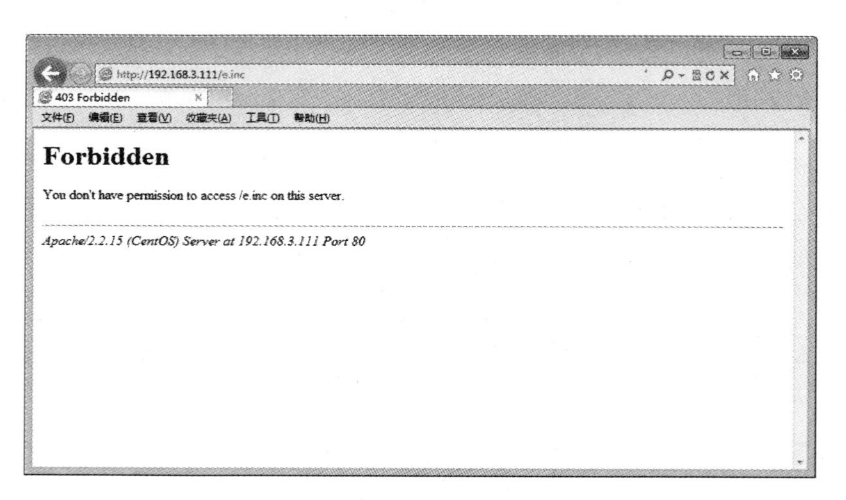

图 13.10 禁止访问某些文件

13.5.2 禁止访问某些目录

要实现禁止访问某些指定的目录,可以用“<Directory>”来进行正则匹配,例如,不允许访问/var/www/html/example 目录,语句如下,效果如图 13.11 所示。

```
DocumentRoot  "/var/www/html"
<Directory ~ "^/var/www/html/example">
  Order allow,deny
  Deny from all
</Directory>
```

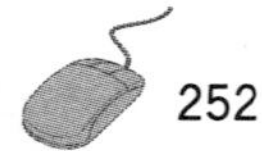

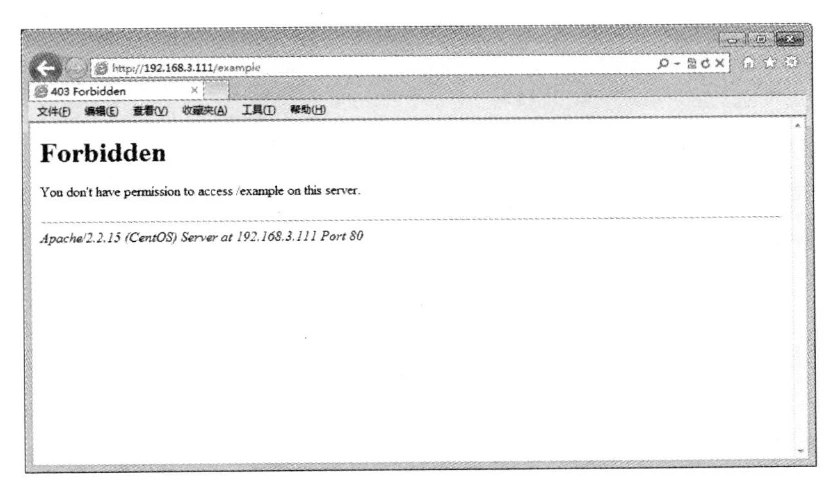

图 13.11　禁止访问某些指定的目录

13.5.3　禁止访问图片

可通过文件匹配来进行禁止访问图片，比如禁止所有针对图片的访问，语句如下，效果如图 13.12～13.15 所示。

```
<FilesMatch \.(?i:gif|jpe?g|png)$>
  Order allow,deny
  Deny from all
</FilesMatch>
```

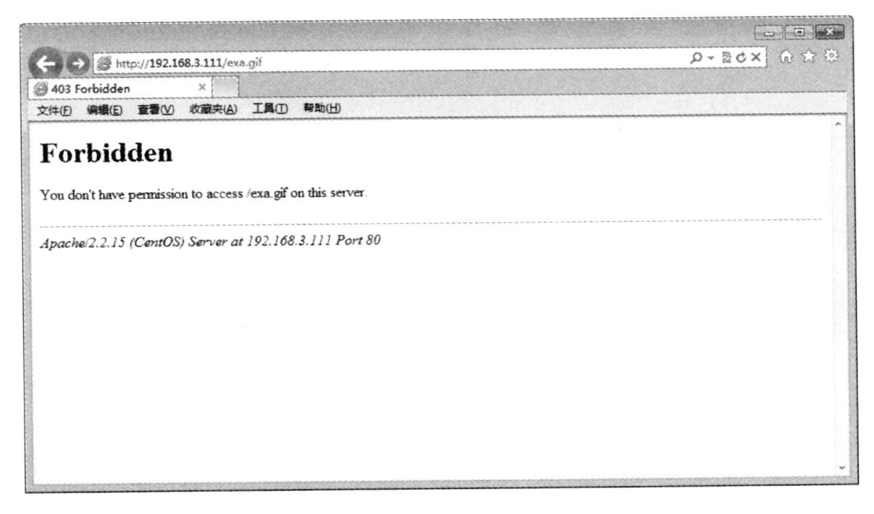

图 13.12　禁止访问 gif

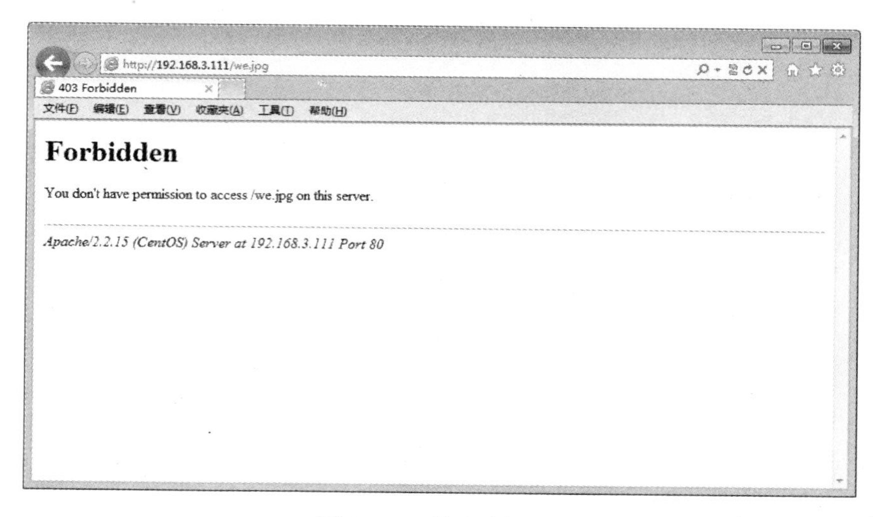

图 13.13　禁止访问 jpg

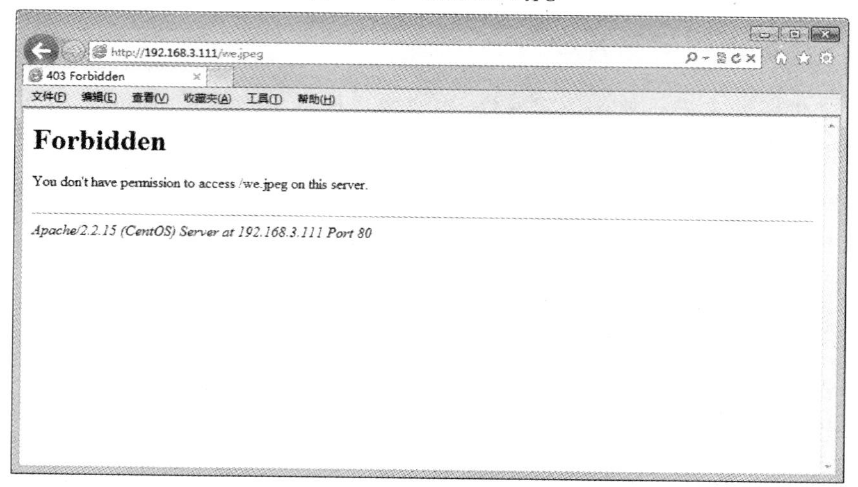

图 13.14　禁止访问 jpeg

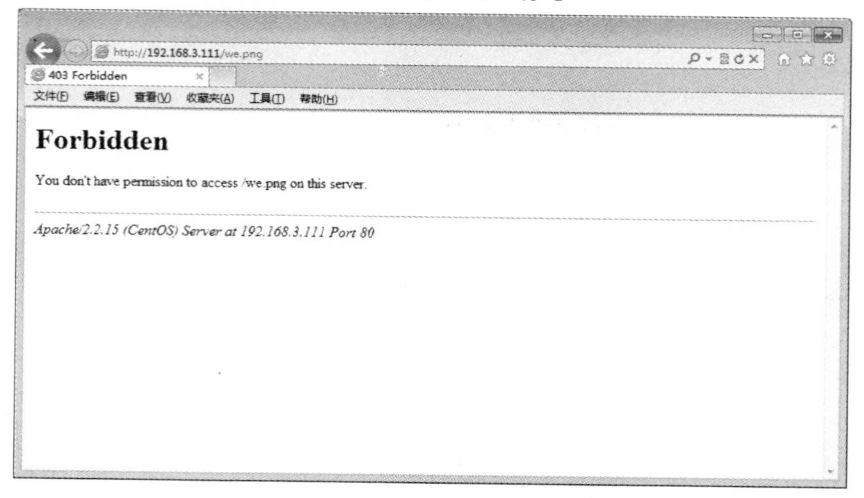

图 13.15　禁止访问 png

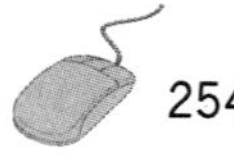

13.5.4 禁止访问 URL 相对路径

针对 URL 相对路径的禁止访问，语句如下，效果如图 13.16 所示。

```
<Location /dir/>
  Order allow,deny
  Deny from all
</Location>
```

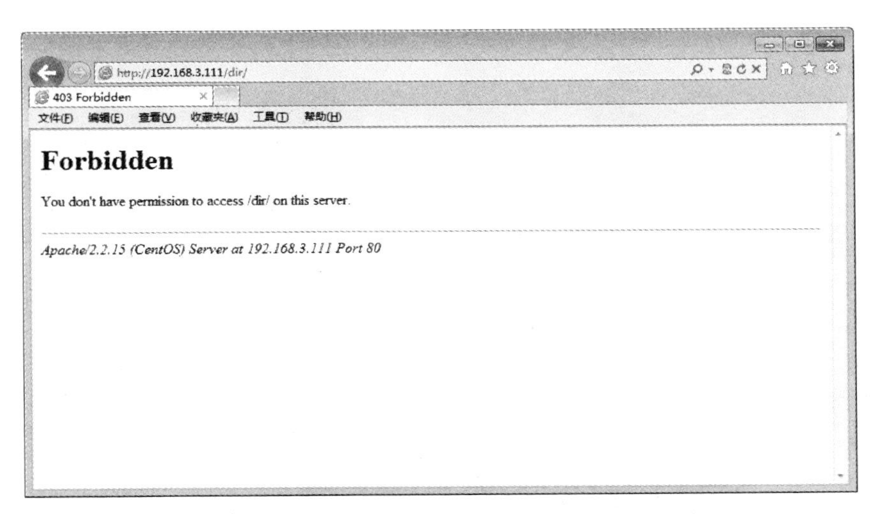

图 13.16 禁止访问 URL 相对路径

<Directory>和<Location>语句都是 Apache 配置文件 httpd.conf 中的常用语句，它们都能对指定的作用域进行访问控制。区别在于<Directory>针对的是文件系统，而<Location>针对的是网络空间。

13.5.5 禁止或允许某些 IP 访问

只允许或禁止某个 IP 地址进行目录访问，例如，禁止 192.168.3.112 访问/var/www/example 目录，而允许 192.168.8.0/24 网段所有主机访问，语句如下，效果如图 13.17 和 13.18 所示。

```
<Directory  /var/www/example >
  Order Deny,Allow
  Deny from 192.168.3.112
  Allow from 192.168.8.0/255.255.255.0
</Directory>
```

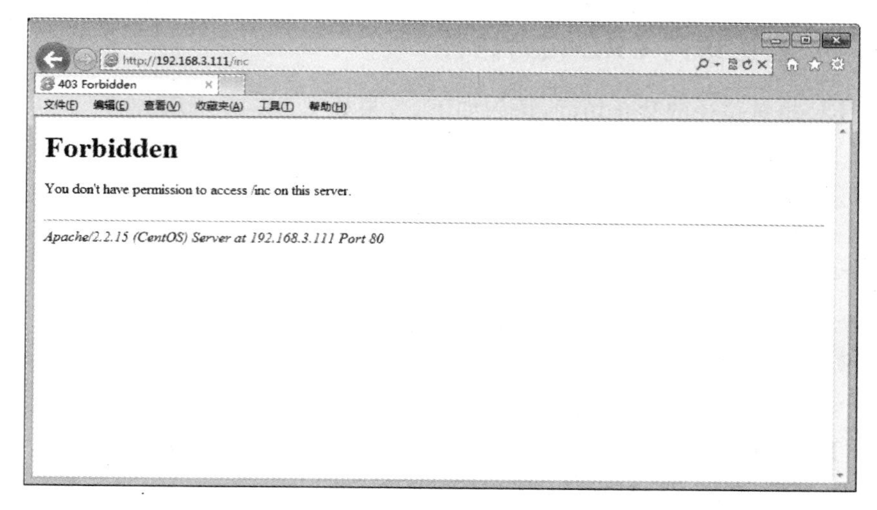

图 13.17　192.168.3.112 访问结果

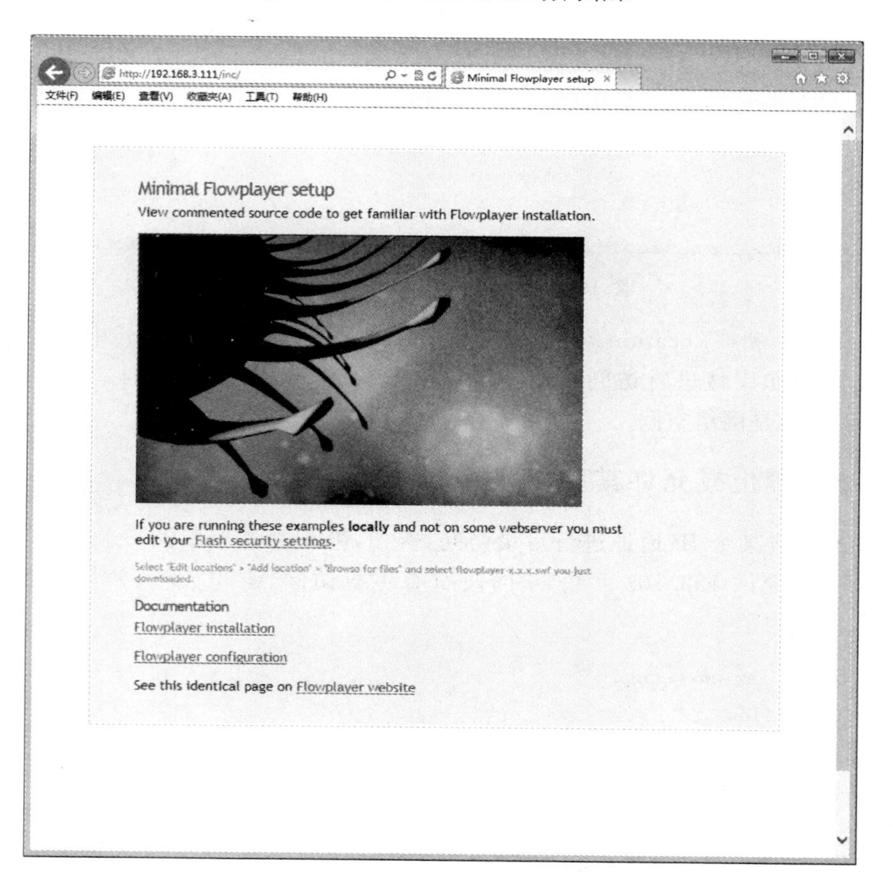

图 13.18　192.168.8.101 访问结果

13.6 Apache 服务器的安全验证

对于 Apache 服务器的重要性，众所周知，从而其安全性也自然重要。在 Apache 服务器中，有两种认证方式：基本认证(basic)和摘要认证(digest)。

Apache 默认使用 basic 模块验证，但是，基本认证使用的是明文传输，所以不太安全。而摘要认证相对基本认证要安全。

13.6.1 配置 basic 验证实例

1. 项目说明

配置一台需要通过 basic 基本认证的 Apache 服务器。

2. 项目要求

Apache 服务器的操作系统为 CentOS 6.4，其 IP 地址为 192.168.3.111，Apache 服务程序的版本为 2.2.15。

要求：针对 Apache 网站目录或 URL 位置实现用户访问基本认证。

3. 项目配置过程

操作步骤

步骤 1 查看 Apache 的主要认证模块。在 httpd.conf 文件中，几个主要认证模块配置如下(默认已配置)，如图 13.19 所示。

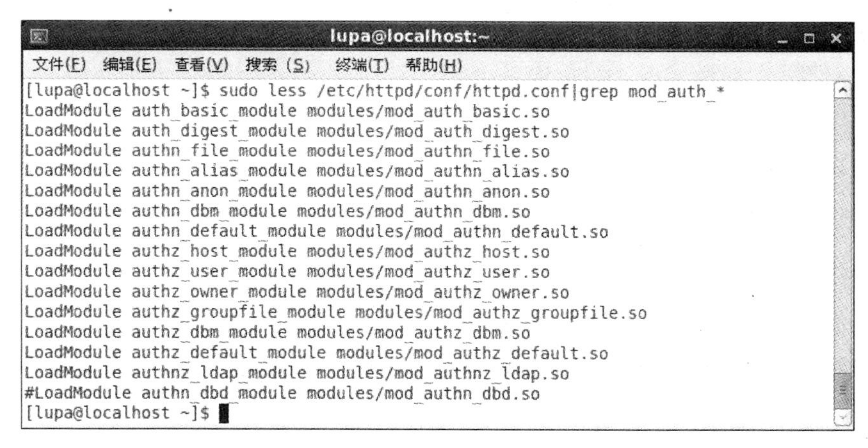

```
lupa@localhost:~
文件(F) 编辑(E) 查看(V) 搜索(S) 终端(T) 帮助(H)
[lupa@localhost ~]$ sudo less /etc/httpd/conf/httpd.conf|grep mod_auth_*
LoadModule auth_basic_module modules/mod_auth_basic.so
LoadModule auth_digest_module modules/mod_auth_digest.so
LoadModule authn_file_module modules/mod_authn_file.so
LoadModule authn_alias_module modules/mod_authn_alias.so
LoadModule authn_anon_module modules/mod_authn_anon.so
LoadModule authn_dbm_module modules/mod_authn_dbm.so
LoadModule authn_default_module modules/mod_authn_default.so
LoadModule authz_host_module modules/mod_authz_host.so
LoadModule authz_user_module modules/mod_authz_user.so
LoadModule authz_owner_module modules/mod_authz_owner.so
LoadModule authz_groupfile_module modules/mod_authz_groupfile.so
LoadModule authz_dbm_module modules/mod_authz_dbm.so
LoadModule authz_default_module modules/mod_authz_default.so
LoadModule authnz_ldap_module modules/mod_authnz_ldap.so
#LoadModule authn_dbd_module modules/mod_authn_dbd.so
[lupa@localhost ~]$
```

图 13.19 认证模块

步骤 2 修改 httpd.conf 文件，添加对目录或位置的用户验证配置。

首先，创建网站测试文件，如图 13.20 所示。

```
lupa@localhost:~
文件(F) 编辑(E) 查看(V) 搜索(S) 终端(T) 帮助(H)
[lupa@localhost ~]$ sudo mkdir -p /var/www/html/auth
[lupa@localhost ~]$ sudo sh -c "echo Root Directory.>/var/www/html/index.html"
[lupa@localhost ~]$ sudo sh -c "echo Auth Directory.>/var/www/html/auth/index.html"

[lupa@localhost ~]$ cat /var/www/html/index.html
Root Directory.
[lupa@localhost ~]$ cat /var/www/html/auth/index.html
Auth Directory.
[lupa@localhost ~]$
```

图 13.20　创建测试文件

```
[lupa@localhost ~]$ sudo mkdir -p /var/www/html/auth      #对该文件夹进行访问认证
[lupa@localhost ~]$ sudo sh -c "echo Root Directory. > /var/www/html/index.html"
[lupa@localhost ~]$ sudo sh -c "echo Auth Directory. > /var/www/html/auth/index.html"
```

然后,修改/etc/httpd/conf/httpd.conf文件,确认修改或添加以下内容:

```
<Directory"/var/ www/html/auth">
Options Indexes FollowSymLinks
AllowOverride AuthConfig
#允许读取.htaccess文件中的认证配置(AuthConfig),其他目录应按默认值 None
Order allow,deny
Allow from all
</Directory>
DirectoryIndex index.html index.php
```

最后,启动httpd服务。

```
[lupa@localhost ~]$ sudo /etc/init.d/httpd start
[lupa@localhost ~]$ sudo chkconfig --level 35 httpd on
```

步骤3　配置基本认证(basic)。

方式一:使用文本格式用户数据库

(1)创建认证用户数据库文件(文本格式),如图13.21所示。

```
[lupa@localhost ~]$ sudo htpasswd -c /etc/httpd/conf/users_txt.pwd admin
```

此命令创建文本格式用户文件,同时添加用户admin。

```
[lupa@localhost ~]$ sudo htpasswd /etc/httpd/conf/users_txt.pwd jerry
```

此命令在数据库文件中添加用户jerry。

图 13.21　创建认证用户数据库文件

(2)创建.htaccess 配置文件,如图 13.22 所示。

```
[lupa@localhost ~]$ sudo vi /var/www/html/auth/.htaccess
  AuthName "Private Contents."
  AuthType basic
  AuthUserFile /etc/httpd/conf/users_txt.pwd
  Require valid-user
```

```
lupa@localhost:~
文件(F) 编辑(E) 查看(V) 搜索(S) 终端(T) 帮助(H)
[lupa@localhost ~]$ sudo vi /var/www/html/auth/.htaccess
[lupa@localhost ~]$ cat /var/www/html/auth/.htaccess
AuthName "Private Contents."
AuthType digest
AuthUserFile /etc/httpd/conf/user_digest.pwd
Require valid-user
[lupa@localhost ~]$
```

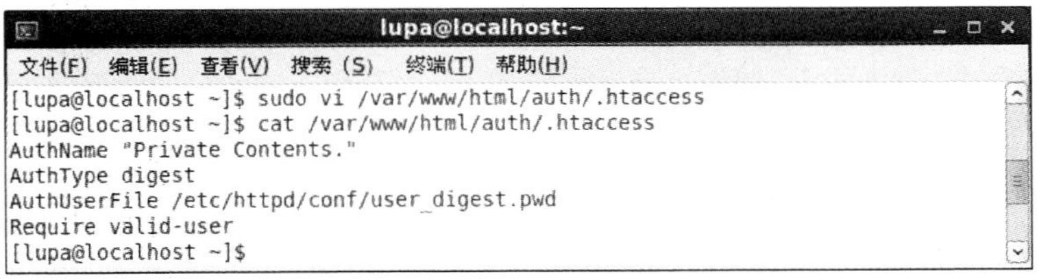

图 13.22 创建.htaccess 文件

(3)测试。

在客户端浏览器(必要时清空缓存)访问 http://192.168.3.111/auth/,以 admin 或 jerry 用户进行认证访问,如图 13.23 至图 13.26 所示。

图 13.23 admin 登录

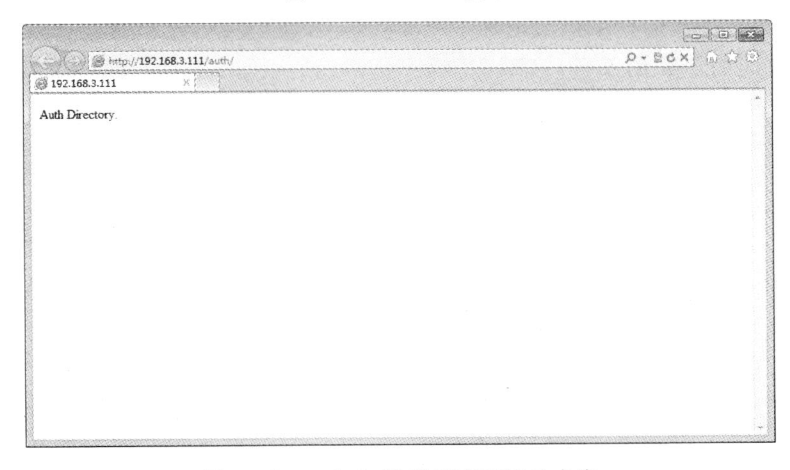

图 13.24 admin 登录后页面显示内容

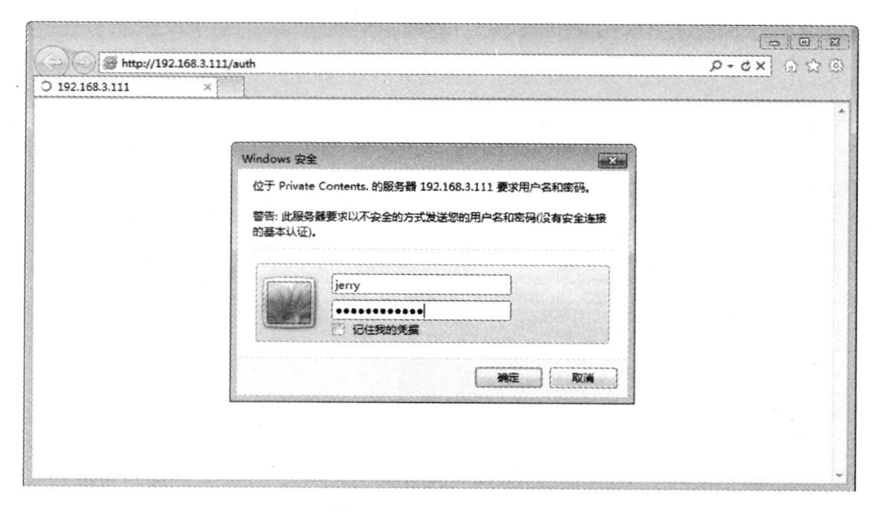

图 13.25　jerry 登录

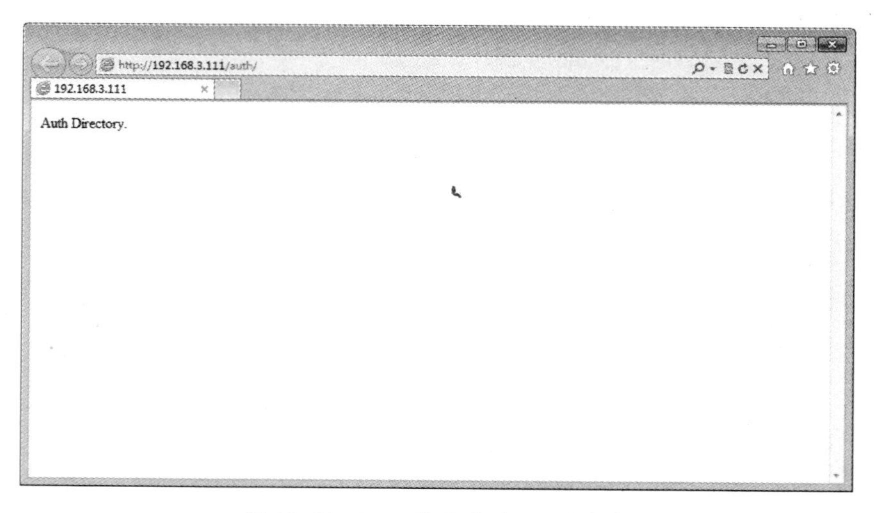

图 13.26　jerry 登录后页面显示内容

方式二：使用 dbm 格式用户数据库。

(1)创建认证用户数据库文件(Berkeley DB 格式)。

```
$ sudo htdbm - TDB - c /etc/httpd/conf/users_dbm.db kitty
```

创建 DB 格式(其他格式参考 man)用户文件，同时添加用户 kitty。

(2)修改.htaccess 配置文件。

```
$ sudo vi /var/www/html/auth/.htaccess
AuthName "Private Contents."
AuthType basic
AuthBasicProvider dbm
AuthDBMType DB
AuthDBMUserFile "/etc/httpd/conf/users_dbm.db"
Require valid - user
```

(3)测试。

在客户端浏览器中,访问 http://192.168.3.111/auth/,以 kitty 用户进行认证访问,如图 13.27、图 13.28 所示。

图 13.27　kitty 登录

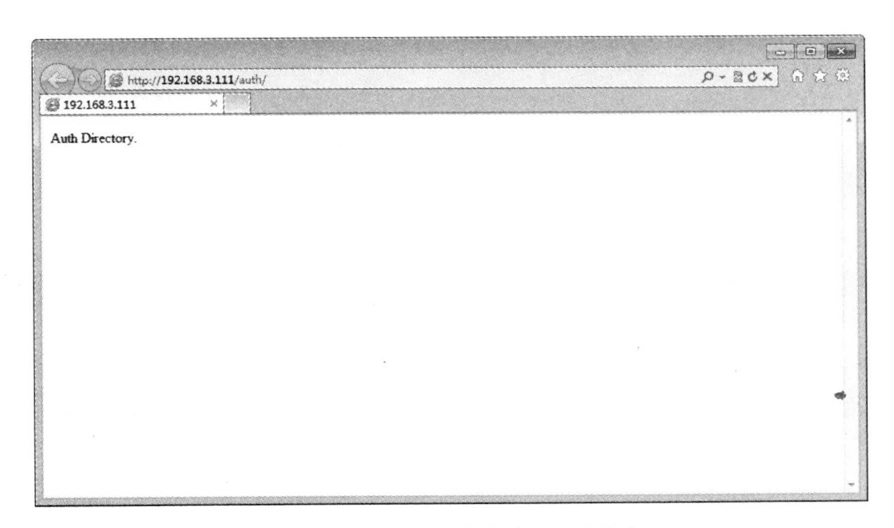

图 13.28　kitty 登录后页面显示内容

13.6.2　配置 digest 验证实例

1. 项目说明

配置一台需要通过 digest 摘要认证的 Apache 服务器。

2. 项目要求

Apache 服务器的操作系统为 CentOS 6.4,其 IP 地址为 192.168.3.111,Apache 服务程序的版本为 2.2.15。

要求:针对 Apache 网站目录或 URL 位置实现用户访问摘要认证。

3. 项目配置过程

操作步骤

步骤 1 Apache 目录权限配置。代码如下：

```
Alias /exam/ "/var/www/html/example/"
<Directory "/var/www/html/example ">
    Options None
    AllowOverride None
    Order allow,deny
    Allow from all
</Directory>
```

步骤 2 认证配置。

```
<Location /exam/>
    AuthType Digest
    AuthName "Exam Access"
    AuthDigestDomain /exam/ http://192.168.3.111/exam/
    AuthDigestProvider file
    AuthUserFile /etc/httpd/conf/exam.users
    Require valid-user
</Location>
```

步骤 3 认证模块配置。

查看 httpd.conf，是否存在以下语句：

```
LoadModule auth_digest_module modules/mod_auth_digest.so
#LoadModule auth_basic_module modules/mod_auth_basic.so
```

首先，确认 mod_auth_digest.so 存在，假如没有，需要安装。

其次，确保把 mod_auth_basic.so 这行给注释掉。因为 Apache 默认是用 basic 来认证的，如果不注释的话，即使你配置好了 digest 认证，也不会成功。

步骤 4 创建密码文件。

```
$ htdigest -c /etc/httpd/conf/exam.users "Exam Access" examadmin
```

“Exam Access”这个解释为域，需要和认证配置里面的 AuthName 保持一致，不然认证会失败。

步骤 5 测试访问。

在 Web 浏览器的地址栏处，输入 http://192.168.3.111/exam/，就会弹出窗口，提示输入用户名和密码，如图 13.29 和图 13.30 所示。

图 13.29　examadmin 登录

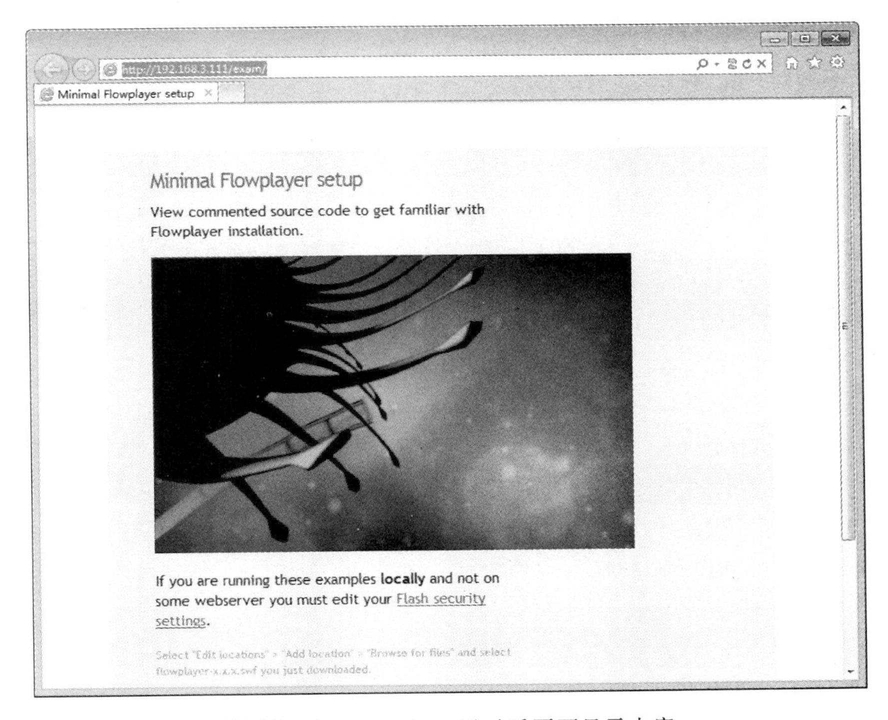

图 13.30　examadmin 登录后页面显示内容

13.7　常见故障及其排除

1. 检查配置文件的错误

可以使用 apachectl configtest 命令。

2. 使用错误日志

(1)默认的日志路径与日志等级。

```
errorLog log/error_log
LogLevel warn
```

(2)日志记录等级。

日志记录包括如下 8 个级别。

1 级 emerg:出现紧急情况使得该系统不可用,如系统宕机。

2 级 alert:需要立即引起注意的情况。

3 级 crit:危险情况的警告。

4 级 error:除了 emerg、alert 及 crit 的其他错误。

5 级 warn:警告信息。

6 级 notice:需要引起注意的情况,但不如 error 及 warn 重要。

7 级 info:值得报告的一般消息。

8 级 debug:由运行 debug 模式的程序所产生的消息。

例如:[wed oct 11 15:23:34 2013] [error] [client 127.0.01] client denied by server configuration:/export/home/live/ap/htdocs/test/

其中,第 1 项是错误发生的日期和时间;第 2 项是错误的严重性,可以看出 LogLevel 语句的日志级别应该为 error 或以上级别;第 3 项是导致错误的 IP 地址,此后是信息本身。在此例中,服务器拒绝了这个客户的访问,服务器在记录被访问文件时用的是文件系统的路径,而不是 Web 路径,错误日志会包含类似上述例子的多种类型的信息。

(3)了解错误代码响应代码。

常用的错误响应代码有

301:告知用户请求的 URL 永久地移动到新的 URL,用户可以记住新的 URL,以便日后直接使用新的 URL 访问。

302:告知用户请求的 URL 临时移动到新的 URL,用户不必记住新的 URL。如果省略错误响应则使用新的 URL 访问。

303:告知用户页面已经被替换,用户应该记住新的 URL。

401:授权失败,即密码错误。

403:Access denied,存取错误,即不可读取该文件。

404:File not found,找不到文件。

410:告知用户请求的页面已经不存在,使用此代码时不应该使用重定向的 URL 参数。

500:服务器内部错误,可能是 Web 服务器本身存在问题,也可能是编写的程序出错。

(4)检查 Apache 服务器模块问题

如果 Apache 服务器可以启动,但是某些功能无法实现,可以使用"httpd -M"查看模块加载情况,它会输出一个已经启用的模块列表,包括静态编译在服务器中的模块和 DSO 动态加载的模块,也可以使用浏览器访问 http://服务器 IP 地址/server-info/? list。

思考与实验

1. 由Linux作服务器，其IP地址为192.168.0.10，Windows作客户机实现Apache的服务器配置。

要求：

(1)管理员邮箱地址是kmy@mail.lupa.gov.cn。

(2)设置主目录为/website。默认网页文件名称为index.htm，index.html，index.php，index.jsp。具有目录浏览功能。

(3)只允许192.168.0.20～192.168.0.30机器的访问。

提示：

修改配置文件。

(1)ServerAdmin root@localhost

修改为

```
ServerAdmin   kmy@mail.lupa.gov.cn
```

(2)DirectoryIndex index.html index.html.var

修改为

```
DirectoryIndex   index.htm   index.html   index.php   index.jsp
```

(3)<Directory "/website ">

……

```
# Controls who can get stuff from this server.
#
    Order allow,deny
Allow from all
```

修改为

```
Allow from 192.168.0.20   192.168.0.30
             Deny from all
</Directory>
```

2. 由Linux作服务器，其IP地址为192.168.0.10，Windows作客户机实现Apache的服务器配置。

要求：

(1)测试网页xiti1.html放在/var/www目录下，测试网页xiti2.html放在/home目录下。

(2)使网页正常显示简体中文。

(3)配置name-based虚拟主机，准备两个名为www.aaa.gov.cn（显示xiti1.html)和www.bbb.gov.cn(显示xiti2.html)的虚拟主机。

第 14 章

MySQL 数据库

本章重点

- MySQL 数据库的操作命令。
- MySQL 数据库的备份与恢复。
- MySQL 数据库与 PHP 的应用。
- MySQL 数据库的图形化管理。

本章导读

本章首先讲解 MySQL 数据库的一些常规操作与数据库的备份和恢复，然后讲解 MySQL 数据库与 PHP 网页的应用，最后简单介绍 MySQL 数据库的图形化管理，介绍如何安装 phpMyAdmin 及其管理。

14.1 MySQL 数据库简介

MySQL 是一种精巧的、多用户和多线程的中小型结构化查询数据库系统，由一个服务器守护进程 MySQL 和很多不同的客户程序及库组成。随着 Linux、Apache 和 PHP 逐渐被人们认可，MySQL 也逐渐为大家所熟悉，这构成了一个“Linux＋Apache＋MySQL＋PHP”构建电子商务网站的黄金组合。

MySQL 具备良好的性能，甚至可以和目前的所有商用数据库系统相媲美，MySQL 还具备简单、高效、稳定性高等优点。

14.2　安装与运行 MySQL

14.2.1　安装 MySQL 服务器

首先，打开终端，在终端下输入以下命令查看是否安装了 MySQL 服务器程序。

```
[lupa@localhost ~]$ rpm - qa|grep mysql
```

如果出现图 14.1 所示的版本号说明，则说明已安装了 MySQL 服务器。

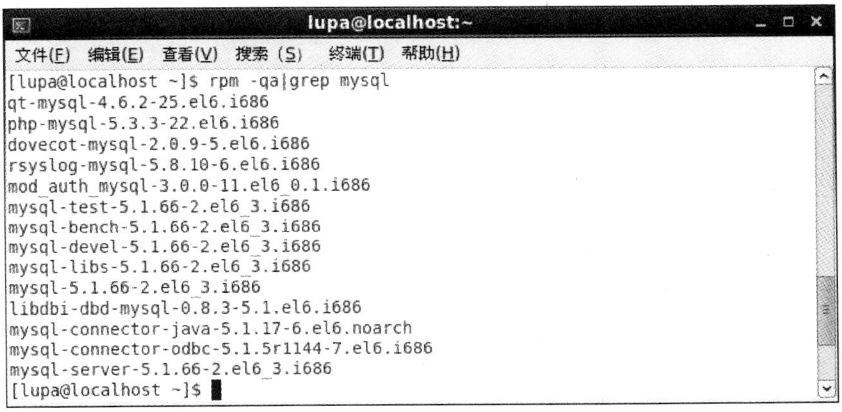

```
lupa@localhost:~
文件(F) 编辑(E) 查看(V) 搜索(S) 终端(T) 帮助(H)
[lupa@localhost ~]$ rpm -qa|grep mysql
qt-mysql-4.6.2-25.el6.i686
php-mysql-5.3.3-22.el6.i686
dovecot-mysql-2.0.9-5.el6.i686
rsyslog-mysql-5.8.10-6.el6.i686
mod_auth_mysql-3.0.0-11.el6_0.1.i686
mysql-test-5.1.66-2.el6_3.i686
mysql-bench-5.1.66-2.el6_3.i686
mysql-devel-5.1.66-2.el6_3.i686
mysql-libs-5.1.66-2.el6_3.i686
mysql-5.1.66-2.el6_3.i686
libdbi-dbd-mysql-0.8.3-5.1.el6.i686
mysql-connector-java-5.1.17-6.el6.noarch
mysql-connector-odbc-5.1.5r1144-7.el6.i686
mysql-server-5.1.66-2.el6_3.i686
[lupa@localhost ~]$
```

图 14.1　测试是否安装 MySQL 服务器

安装了 MySQL 服务器后，可以在/etc/rc. d/init. d 中找到数据库的启动脚本文件 mysqld，这是由服务器端的程序包安装的，在/usr/bin 中找到数据库命令 mysql，这是数据库客户端程序包安装后的生成的文件。

假如没有安装，安装方法可以有很多种，可以在安装盘中找到以上安装包并安装，可以下载源码包进行编译安装，可以通过网络的方式进行安装。

14.2.2　启动与停止 MySQL 服务器

1. 启动 MySQL 服务器

启动 MySQL 服务器即启动 mysqld 服务，操作命令如下：

```
[lupa@localhost ~]$ sudo  service mysqld start
```

第一次启动时，mysql_install_db 脚本初始化 MySQL 系统。这个脚本创建两个数据库：mysql 和 test。脚本在 MySQL 数据库内创建六个表（user、db、host、tables_priv、columns_priv 和 func）。默认端口号为 3306，可以通过以下命令进行查看。

```
[lupa@localhost ~]$ sudo  netstat - ant
```

假如，需要系统启动时就自动启动 MySQL 服务器，可用以下两种方法实现。

方法一：执行 ntsysv 命令

```
[lupa@localhost ~]$ sudo  ntsysv
```

然后，在“服务”界面下，选中“mysqld”的服务，并选中“确定”按钮即可。

方法二：执行 chkconfig 命令

```
[lupa@localhost ~]$ sudo  chkconfig --level 345 mysqld on
```

当操作系统运行在 3、4、5 模式下时，mysqld 服务将自动启动以上命令。

2. 停止 MySQL 服务器

停止 MySQL 服务器即停止 mysqld 服务。命令如下：

```
[lupa@localhost ~]$ sudo  service mysqld stop
```

除了启动和停止 MySQL 服务等常用命令以外，还有以下命令：

```
[lupa@localhost ~]$ sudo  service mysqld status
```

以上命令用于查看 MySQL 服务的当前状态。

```
[lupa@localhost ~]$ sudo  service mysqld restart
```

以上命令用于重启 MySQL 服务。

14.3 MySQL 数据库的常用操作命令

14.3.1 创建与修改 MySQL 管理员的口令

MySQL 服务程序一旦启动，就可以用 MySQL 客户端执行 SQL 命令，创建数据库和表、处理数据库内的数据、存取和索引数据。

1. 创建与修改 MySQL 管理员的口令

在 MySQL 数据库登陆时，默认并没有管理员账号，要连接本地的 MySQL 数据库，只需执行以下命令：

```
[lupa@localhost ~]$ sudo  mysql
```

显示如下：

```
Welcome to the MySQL monitor.  Commands end with; or \g.
Your MySQL connection id is 2
Server version: 5.0.45 Source distribution
Type 'help;' or '\h' for help. Type '\c' to clear the buffer.
mysql>
```

为了数据库的安全，应该为 MySQL 数据库创建一个管理账号，把 root 用户设置为管理员。操作如下：

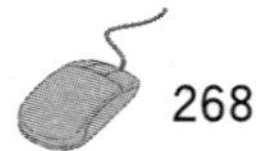

```
[lupa@localhost ~]$ sudo mysqladmin -u root password 123456
```

以上命令，通过 mysqladmin 命令创建了一个管理账号(root)，并设置其密码为 123456。此时，将无法用“mysql”命令直接连接 MySQL 数据库，而是需要通过用户与密码认证后才能连接到 MySQL 数据库，操作如下：

```
[lupa@localhost ~]$ sudo mysql -u root -p
Enter password:                          #输入 root 账号的密码
Welcome to the MySQL monitor.  Commands end with; or \g.
Your MySQL connection id is 15
Server version: 5.0.45 Source distribution
Type 'help;' or '\h' for help. Type '\c' to clear the buffer.
mysql>
```

此时，输入 root 账号的密码“123456”，即可连接数据库。假如，用户认为管理员的口令不安全，需要修改其口令，操作如下：

```
[lupa@localhost ~]$ sudo service mysqld stop
[lupa@localhost ~]$ mysqld_safe --user=mysql --skip-grant-tables --skip-networking &
[lupa@localhost ~]$ mysql -u root
mysql> UPDATE user SET password=PASSWORD('lupa123456') where USER='root';
mysql> FLUSH PRIVILEGES;              #刷新数据库
mysql> QUIT
[lupa@localhost ~]$ sudo service mysqld start
[lupa@localhost ~]$ mysql -uroot -p
Enter password:       #输入修改后的密码 lupa123456
```

假如，要从本地主机登录远程主机的 MySQL 数据库，远程主机 IP 为 192.168.2.84。操作如下：

```
[lupa@localhost ~]$ mysql -u root -h 192.168.2.84 -p
```

2. 修改 MySQL 字符编码为 UTF8

MySQL 数据库默认的字符编码为 latin1，查看当前的字符编码方法，如下所示：

```
mysql> show variables like 'character%';
+--------------------------+------------------------+
| Variable_name            | Value                  |
+--------------------------+------------------------+
| character_set_client     | latin1                 |
| character_set_connection | latin1                 |
| character_set_database   | latin1                 |
| character_set_filesystem | binary                 |
| character_set_results    | latin1                 |
| character_set_server     | latin1                 |
| character_set_system     | utf8                   |
```

```
| character_sets_dir       | /usr/share/mysql/charsets/ |
+-------------------------+----------------------------+
8 rows in set (0.00 sec)
```

需要注意的是，字符编码为 latin1 时，如果用户在数据表中插入一条字符类型(char)的记录，在显示此记录时可能会无法正常显示字符类型的数据，故此处将 MySQL 字符编码修改为 UTF8。

操作步骤

步骤 1　修改/etc/my.cnf 配置文件，修改后如下：

```
[client]
#password        = your_password
port             = 3306
socket           = /var/lib/mysql/mysql.sock
default-character-set = utf8          #设置默认编码为 UTF8

[mysqld]
datadir = /var/lib/mysql
socket = /var/lib/mysql/mysql.sock
user = mysql
default-character-set = utf8
init_connect = 'SET NAMES utf8'
# Default to using old password format for compatibility with mysql 3.x
# clients (those using the mysqlclient10 compatibility package).
old_passwords = 1

[mysqld_safe]
log-error = /var/log/mysqld.log
pid-file = /var/run/mysqld/mysqld.pid
```

步骤 2　重启 MySQL 数据库。

步骤 3　重新连接 MySQL 数据库，并查看 MySQL 的字符编码。操作如下：

```
mysql> show variables like 'character%';
+-------------------------+----------------------------+
| Variable_name           | Value                      |
+-------------------------+----------------------------+
| character_set_client    | utf8                       |
| character_set_connection | utf8                      |
| character_set_database  | utf8                       |
| character_set_filesystem | binary                    |
| character_set_results   | utf8                       |
| character_set_server    | utf8                       |
| character_set_system    | utf8                       |
```

```
| character_sets_dir         | /usr/share/mysql/charsets/ |
+--------------------------+--------------------------+
8 rows in set (0.00 sec)
```

14.3.2　MySQL 数据库的创建和使用

1. 查看数据库列表

查看当前连接的 MySQL 数据库服务器上的所有数据库。操作如下：

```
mysql> show databases;
+------------------------+
| Database               |
+------------------------+
| information_schema |
| mysql                  |
| test                   |
+------------------------+
3 rows in set (0.00 sec)
```

从上面显示可知，系统默认有三个数据库存在。INFORMATION_SCHEMA 是信息数据库，其中保存着关于 MySQL 服务器所维护的所有其他数据库的信息。在 INFORMATION_SCHEMA 中，有数个只读表。它们实际上是视图，而不是基本表，因此，你将无法看到与之相关的任何文件。

2. 创建数据库

创建一个新的数据库，格式如下：

```
create database 数据库名;
```

例 14.1　创建一个名为 students 的数据库。命令如下：

```
mysql> create database students;
Query OK, 1 row affected (0.00 sec)
mysql> show databases;
+------------------------+
| Database               |
+------------------------+
| information_schema |
| mysql                  |
| students               |
| test                   |
+------------------------+
4 rows in set (0.00 sec)
```

3. 打开数据库

在创建数据表之前，必须先打开数据库，否则，将无法创建数据表。格式如下：

```
use 数据库名
```

例 14.2 打开 students 数据库，操作如下：

```
mysql> use students
Database changed
```

需要注意的是，在执行打开数据库命令时，在后面可以不用添加“;”号。

4. 删除数据库

格式如下：

```
drop database 数据库名;
```

例 14.3 删除 students 数据库。操作如下：

```
mysql> drop database students;
Query OK, 0 rows affected (0.00 sec)
```

需要注意的是，在执行此命令时，请谨慎，在确认要删除后，方可执行此命令。

14.3.3 MySQL 数据表的创建和使用

1. 创建数据表

在创建数据表之前，必须先打开数据库。创建数据表的格式如下：

```
create table 表名(字段 字段类型(字段大小),[字段名 字段类型(字段大小)]…);
```

例 14.4 在已打开的 students 数据库中，创建 chass_1 表，包含 ID 编号、name 姓名、age 年龄、sex 性别、birthday 生日和 addr 地址等 6 个字段。

操作如下：

```
mysql> create table class_1(ID int(3),name varchar(8),age int(2),sex char(4),birthday date,
addr text);
```

2. 查看数据表结构

查看表的结构的命令及格式。格式如下：

```
describe 表名;
```

例 14.5 查看 class_1 表的结构。操作如下：

```
mysql> describe class_1;
+----------+------------+------+-----+---------+-------+
| Field    | Type       | Null | Key | Default | Extra |
+----------+------------+------+-----+---------+-------+
| ID       | int(3)     | YES  |     | NULL    |       |
| name     | varchar(8) | YES  |     | NULL    |       |
| age      | int(2)     | YES  |     | NULL    |       |
| sex      | char(4)    | YES  |     | NULL    |       |
| birthday | date       | YES  |     | NULL    |       |
```

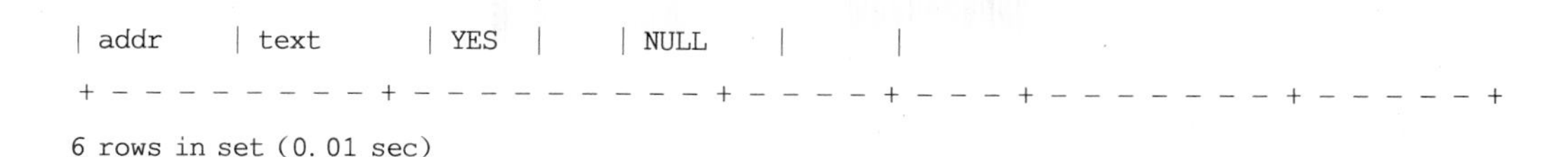

```
| addr     | text          | YES  |      | NULL     |         |
+----------+---------------+------+------+----------+---------+
6 rows in set (0.01 sec)
```

3. 向数据表中插入数据

在创建数据表之后，通常会向表中插入数据(或记录)。插入记录的命令与格式如下：

```
insert into 表名[(字段名)] values (数据列表);
```

例 14.6　向表 class_1 中插入一条 ID 编号为 1、姓名为张三、年龄为 19、性别为男、生日为 5 月 1 日、地址为浙江杭州的记录。操作如下：

```
mysql> insert into class_1 values(1,"张三",19, "男","1992-5-1","浙江杭州");
Query OK, 1 row affected (0.00 sec)
```

4. 查看数据表中记录

查看数据表的记录的命令与格式如下：

```
select 字段名 [,字段名] from 表名;
```

例 14.7　查看表 class_1 中的所有记录。操作结果如图 14.2 所示。

```
mysql> select * from class_1;
```

```
lupa@localhost:~
文件(F) 编辑(E) 查看(V) 搜索(S) 终端(T) 帮助(H)
mysql> select * from class_1;
+------+--------+------+------+------------+--------------+
| ID   | name   | age  | sex  | birthday   | addr         |
+------+--------+------+------+------------+--------------+
|    1 | 张三   |   19 | 男   | 1992-05-01 | 浙江杭州     |
|    2 | 李钰   |   20 | 女   | 1991-06-01 | 浙江杭州     |
|    3 | 赵刚   |   20 | 男   | 1991-10-01 | 浙江杭州     |
+------+--------+------+------+------------+--------------+
3 rows in set (0.00 sec)

mysql>
```

图 14.2　查看表的记录

例 14.8　查找 class_1 表中的姓名为“张三”的记录。如图 14.3 所示。

```
mysql> select * from class_1 where name='张三';
```

```
lupa@localhost:~
文件(F) 编辑(E) 查看(V) 搜索(S) 终端(T) 帮助(H)
mysql> select * from class_1 where name='张三';
+------+--------+------+------+------------+--------------+
| ID   | name   | age  | sex  | birthday   | addr         |
+------+--------+------+------+------------+--------------+
|    1 | 张三   |   19 | 男   | 1992-05-01 | 浙江杭州     |
+------+--------+------+------+------------+--------------+
1 row in set (0.00 sec)

mysql>
```

图 14.3　搜索表中符合条件的记录

5. 清除数据表中的记录

清除表中的记录的命令与格式如下：

```
delete from 表名;
```

例 14.9　删除表 class_1 中的所有记录。操作如下：

```
mysql> delete from class_1;
Query OK, 3 rows affected (0.00 sec)
```

6. 删除数据表

删除数据表的命令与格式如下：

```
drop table 表名;
```

例 14.10　将数据表 class_1 删除。操作如下：

```
mysql> drop table class_1;
Query OK, 0 rows affected (0.00 sec)
```

14.3.4　索引的创建和删除

当数据库的数据量很大时，为了能够大大提高查询效率需要创建索引。特别是当数据量非常大、查询涉及多个表时，使用索引往往能使查询速度加快成千上万倍。

1. 索引的创建

可以在创建数据表时就创建索引，也可以单独用 create index 或 alter table 语句来增加索引。

(1)alter table 语句

此语句用来创建普通索引、UNIQUE 索引或 PRIMARY KEY 索引。格式如下：

```
alter  table 表名 add  index 索引名(索引字段 1,索引字段 2…);
```

例 14.11　给 class_1 添加一个索引，索引名为 idx_name，索引字段为 name。操作如下：

```
mysql> alter table class_1 add index idx_name(name);
```

(2)create index 语句

此语句可对表增加普通索引或 UNIQUE 索引。格式如下：

```
create index 索引名 on 表名(索引字段 1,索引字段 2…);
```

例 14.12　给表 class_1 添加一个索引，索引名为 idx_age，索引字段为 age。操作如下：

```
mysql> create index idx_age on class_1(age);
```

2. 查看索引

查看索引的命令与格式如下：

```
show index from 表名;
```

例 14.13　查看表 class_1 的索引，操作如下，效果如图 14.4 所示。

```
mysql> show index from class_1;
```

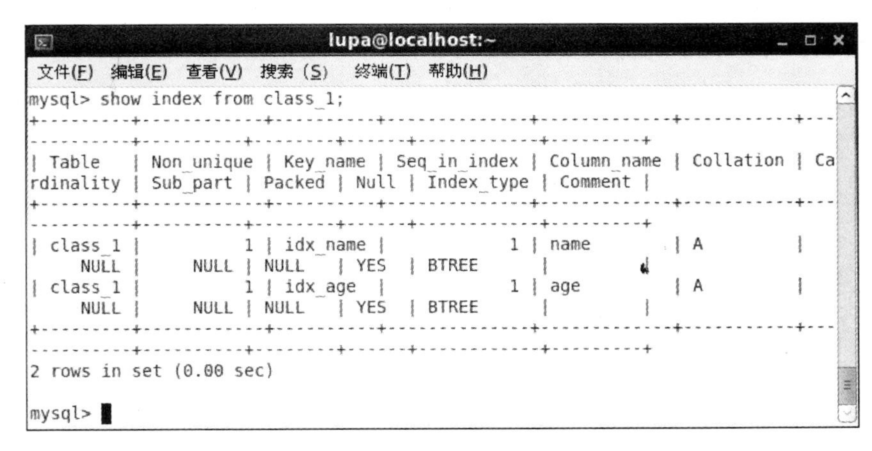

图 14.4　查看索引

3. 删除索引

删除表的索引的命令与格式如下：

```
drop index 索引名 on 表名;
```

例 14.14　删除表 class_1 中的 idx_age 索引。操作如下：

```
mysql> drop index idx_age on class_1;
```

还可以用 alter table 语句来删除索引。操作如下：

```
mysql> alter table class_1 drop index idx_name;
```

14.3.5　用户的创建和删除

1. 创建 MySQL 用户

格式如下：

```
create user 用户名 [identifiled by [password] 'password'];
```

例 14.15　给 MySQL 创建一个名为 student 的用户，密码设置为 123456，但是无任何权限。

```
mysql> create user student  identified by '123456';
```

2. 删除 MySQL 用户

格式如下：

```
drop user 用户名;
drop user student;
```

14.3.6 用户权限的设置

设置用户权限命令的格式如下：

```
grant 权限 on 数据库 to 用户；
```

例 14.16 给 student 的用户添加所有权限，应用于所有数据库。操作如下：

```
mysql> GRANT ALL PRIVILEGES ON *.* TO 'student';
```

其中，“all privileges”表示所有权限，*.*表示所有数据库的所有字段。

例 14.17 创建一个 MySQL 用户，用户名为 test，密码设置为 123456，此用户只应用于 students 数据库，权限设置有 INSERT、UPDATE、SELECT。操作如下：

```
mysql> create user test  identified by '123456';
mysql> grant insert,update,select on students.* to test;
```

例 14.18 创建一个 MySQL 用户，用户名为 lupa，密码设置为 123456，且权限设置为所有权限，并应用于所有数据库。

```
mysql> create user lupa identified by '123456';grant all privileges on *.* to lupa;
```

14.3.7 创建 MySQL 数据库实例

例 14.19 创建一个 commodity 数据库实例来说明数据库表的操作过程。该库包含一张商品库存 commodity_stocks 表。表中包括商品号、商品名、单价、库存量、单位、供应商、入库时间和到期时间等 8 个字段。设定商品号为主键，然后在数据库中导入一些数据、删除记录、合并数据等常用命令。

操作步骤

步骤 1 连接 MySQL 数据库。

```
[lupa@localhost ~]$ mysql -u root -p
```

步骤 2 创建数据库，数据库名为 commodity。

```
mysql> create database commodity;
```

步骤 3 打开 commodity 数据库。

```
mysql> use commodity
```

步骤 4 创建表 commodity_stocks，包括商品 ID、商品名、单价、库存量、单位、供应商、入库时间和到期时间等 8 个字段。其中商品 ID 为表的主键，商品名、库存量、入仓时间和到期时间均不可为空。

```
mysql> create table commodity_stocks (
-> 'ID' varchar(10) NOT NULL default '',
-> 'name' varchar(20) NOT NULL default '',
-> 'price' decimal(7,2) default NULL,
```

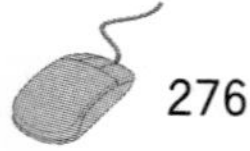

```
-> 'stocks' int(5) NOT NULL default '0',
-> 'unit' char(4) default NULL,
-> 'supplier' varchar(50) default NULL,
-> 'in_time' date NOT NULL default '0000-00-00',
-> 'deadtime' date NOT NULL default '0000-00-00',
-> PRIMARY KEY ('ID'));
```

注意，输入此命令时，字段名前后并不是单引号，而是 ESC 键下的“`”键。

步骤 5　添加记录。

```
mysql>insert into commodity_stocks ('ID','name','price','stocks','unit','supplier','in_time',
'deadtime') values
-> ('HZ07A00001','酸奶',3.00,100,'箱','光明乳业有限公司','2007-07-25','2007-08-01'),
-> ('HZ07B00001','太空杯',35.60,1000,'个','宇宙太空杯厂','2006-10-25','2015-08-01'),
-> ('HZ07C00001','《LAMP 工程师》',56.00,35,'本','LUPA','2007-07-25','2007-12-31'),
-> ('HZ07A00002','水饺',5.20,60,'包','大大水饺工厂','2007-01-05','2007-07-05');
```

步骤 6　查看表中的记录，如图 14.5 所示。

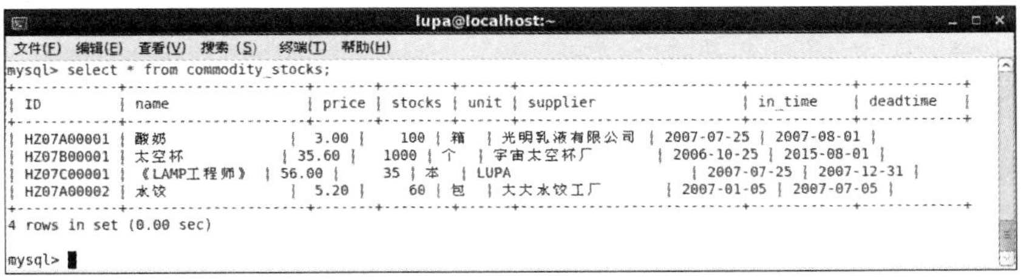

```
lupa@localhost:~
文件(F) 编辑(E) 查看(V) 搜索(S) 终端(T) 帮助(H)
mysql> select * from commodity_stocks;
+------------+----------------+-------+--------+------+------------------+------------+------------+
| ID         | name           | price | stocks | unit | supplier         | in_time    | deadtime   |
+------------+----------------+-------+--------+------+------------------+------------+------------+
| HZ07A00001 | 酸奶           |  3.00 |    100 | 箱   | 光明乳液有限公司 | 2007-07-25 | 2007-08-01 |
| HZ07B00001 | 太空杯         | 35.60 |   1000 | 个   | 宇宙太空杯厂     | 2006-10-25 | 2015-08-01 |
| HZ07C00001 | 《LAMP工程师》 | 56.00 |     35 | 本   | LUPA             | 2007-07-25 | 2007-12-31 |
| HZ07A00002 | 水饺           |  5.20 |     60 | 包   | 大大水饺工厂     | 2007-01-05 | 2007-07-05 |
+------------+----------------+-------+--------+------+------------------+------------+------------+
4 rows in set (0.00 sec)

mysql>
```

图 14.5　查看表中记录

步骤 7　删除 ID 为 HZ07A00001 的记录，如图 14.6 所示。

```
mysql>delete form commodity_stocks where ID = " HZ07A00001";
```

```
lupa@localhost:~
文件(F) 编辑(E) 查看(V) 搜索(S) 终端(T) 帮助(H)
+------------+----------------+-------+--------+------+------------------+------------+------------+
| ID         | name           | price | stocks | unit | supplier         | in_time    | deadtime   |
+------------+----------------+-------+--------+------+------------------+------------+------------+
| HZ07A00001 | 酸奶           |  3.00 |    100 | 箱   | 光明乳液有限公司 | 2007-07-25 | 2007-08-01 |
| HZ07B00001 | 太空杯         | 35.60 |   1000 | 个   | 宇宙太空杯厂     | 2006-10-25 | 2015-08-01 |
| HZ07C00001 | 《LAMP工程师》 | 56.00 |     35 | 本   | LUPA             | 2007-07-25 | 2007-12-31 |
| HZ07A00002 | 水饺           |  5.20 |     60 | 包   | 大大水饺工厂     | 2007-01-05 | 2007-07-05 |
+------------+----------------+-------+--------+------+------------------+------------+------------+
4 rows in set (0.00 sec)

mysql> delete from commodity_stocks where ID='HZ07A00001';
Query OK, 1 row affected (0.00 sec)

mysql> select * from commodity_stocks;
+------------+----------------+-------+--------+------+--------------+------------+------------+
| ID         | name           | price | stocks | unit | supplier     | in_time    | deadtime   |
+------------+----------------+-------+--------+------+--------------+------------+------------+
| HZ07B00001 | 太空杯         | 35.60 |   1000 | 个   | 宇宙太空杯厂 | 2006-10-25 | 2015-08-01 |
| HZ07C00001 | 《LAMP工程师》 | 56.00 |     35 | 本   | LUPA         | 2007-07-25 | 2007-12-31 |
| HZ07A00002 | 水饺           |  5.20 |     60 | 包   | 大大水饺工厂 | 2007-01-05 | 2007-07-05 |
+------------+----------------+-------+--------+------+--------------+------------+------------+
3 rows in set (0.00 sec)

mysql>
```

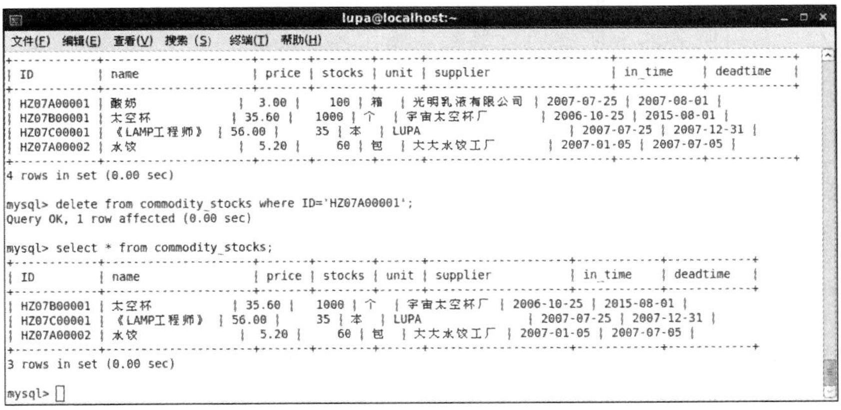

图 14.6　删除表中记录

步骤 8　退出 MySQL 数据库。

```
mysql>exit
```

14.4 MySQL数据库的备份与恢复

在数据库表丢失、损坏或系统崩溃的情况下，备份数据库就显得非常重要。通过备份数据库可以尽可能地减少数据丢失。备份数据库的方法主要有两种，一是用 MySQLdump 工具；二是直接复制数据库文件，如用 cp、cpio 或 tar 命令等，各种方法都有其优缺点。

MySQLdump 可以与 MySQL 服务器协同操作，而直接复制的方法在服务器外部执行，并且必须保证无人修改用户将复制的表。MySQLdump 比直接复制要慢些，MySQLdump 生成能够移植到其他计算机的文本文件，甚至那些有不同硬件结构的计算机上。而直接复制文件不能移植到其他机器上，除非正在复制的表使用 MyISAM 在存储格式。本节主要介绍 MySQLdump 工具备份数据库。

1. 数据库备份

例 14.19 将 students 数据库备份为 students_100507. sql 文件。操作如下：

```
[lupa@localhost ~]$ mysqldump -u root -p --database  students > students_100507.sql
```

例 14.20 备份一张表。操作如下：

```
[lupa@ localhost ~] $ mysqldump - u root - p students  class_1 >  students_class1_100507.sql
```

例 14.21 同时备份多个数据库，将服务器中的名为 students 和 member 的数据库，备份为 stu_meb_100507. sql。操作如下：

```
[lupa@localhost ~]$ mysqldump -u root  -p --database students  member > stu_member_100507.sql
```

在备份多个数据库时，要加参数“——database”，数据库名称之间用空格隔开即可。

例 14.22 备份服务器上所有的数据库。操作如下：

```
[lupa@localhost ~]$ mysqldump -u root -p --all-databases > all_databases_100507.sql
```

在备份服务器上所有的数据库时，需要添加参数——all—databases。

2. 数据库恢复

例 14.23 恢复例 14. 19 中的 students 数据库。操作如下：

```
[lupa@localhost ~]$ mysql -u root -p students < students_100507.sql
```

14.5 MySQL与PHP的应用

本节通过编写一个简单的 PHP 程序，实现在页面上显示 students 数据库的 class_1 表

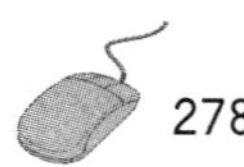

中的记录。

操作步骤

步骤 1 用 vi 编写一个 10－1.php 的程序，存放在/var/www/html 目录下。

```
[lupa@localhost ~]$ sudo vim  /var/www/html/10-1.php
<? php
$con1 = mysql_pconnect("localhost","root","lupa123456");
mysql_select_db("students", $con1);
mysql_query("SET NAMES UTF8");
$r1 = mysql_query("select * from class_1");
echo "<table align = center width = 600 border = 1>";
while( $a = mysql_fetch_array ( $r1))
{
    echo "<tr>";
    echo "<td>". $a["ID"]."</td>";
    echo "<td>". $a["name"]."</td>";
    echo "<td>". $a["age"]."</td>";
    echo "<td>". $a["sex"]."</td>";
    echo "<td>". $a["birthday"]."</td>";
    echo "<td>". $a["addr"]."</td>";
    echo "</tr>";
    }
    echo "</table>";
? >
```

需要注意的是，在 PHP 程序中显示 MySQL 数据库中的表时，假如，记录中的中文显示为"?"号，则需要给 PHP 程序中添加语句"mysql_query("SET NAMES UTF－8");"表示以 UTF－8 编码输出，当然网页编码为 GB2312，则添加语句"mysql_query("SET NAMES GB2312");"即可。

步骤 2 启动 apache 服务器。

```
[root@localhost root]# service httpd start
```

步骤 3 打开浏览器，输入：http://服务器的 IP 地址/10-1.php，如图 14.7 所示。

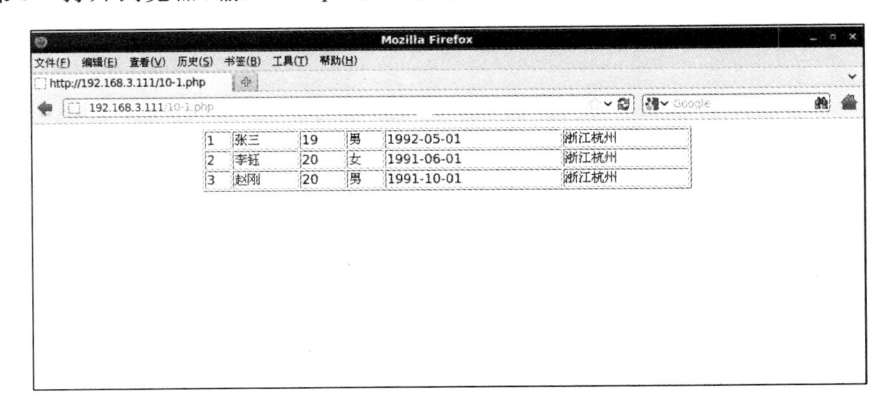

图 14.7 PHP 页面显示 MySQL 数据库表

14.6 MySQL数据库的图形化管理

phpMyAdmin就是一种MySQL的管理工具，安装该工具后，即可以通过Web形式直接管理MySQL数据，而不需要通过执行系统命令来管理。本节主要介绍phpMyAdmin的安装与基本使用。

14.6.1 phpMyAdmin的安装

操作步骤

步骤1 下载phpMyAdmin源码包。

注意，在安装phpMyAdmin时，需要选择与PHP版本号匹配的phpMyAdmin进行安装。例如，PHP的版本号为5.2或以上的，那就下载并安装phpMyAdmin版本为3.0或以上的。若PHP的版本号为5.2以下的，则安装版本为2.0的phpMyAdmin。在CentOS 6.4的系统中，默认的PHP版本号为5.3，故下载并安装版本号为4.0的phpMyAdmin源码包。本章下载的是phpMyAdmin-4.0.5-all-languages.tar.bz2。

下载地址：http://sourceforge.net/projects/phpmyadmin/files/phpMyAdmin/

步骤2 解压至/var/www/html目录下，并重命名为phpMyAdmin。

```
[lupa@localhost ~]$
wget http://jaist.dl.sourceforge.net/project/phpmyadmin/phpMyAdmin/4.0.5/phpMyAdmin-4.0.5-all-languages.tar.bz2
[lupa@localhost ~]$ sudo tar jxvf phpMyAdmin-4.0.5-all-languages.tar.bz2 -C /var/www/html/
[lupa@localhost ~]$ cd /var/www/html
[lupa@localhost html]$ sudo mv phpMyAdmin-4.0.5-all-languages  phpMyAdmin
```

步骤3 修改配置文件。

```
[lupa@localhost html]$ cd phpMyAdmin
[lupa@localhost phpMyAdmin]$ sudo sudo cp config.sample.inc.php config.inc.php
```

步骤4 进入登录界面。打开浏览器，在地址栏中输入“192.168.3.111/phpMyAdmin”，回车，如图14.8所示。

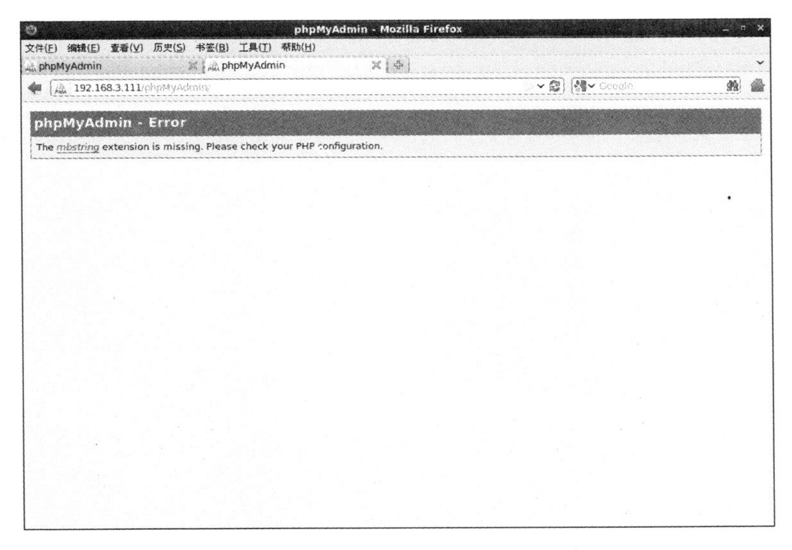

图 14.8　phpMyAdmin 登录失败界面

在图 14.8 中，提示了

"phpMyAdmin-Error The mbstring extension is missing. Please check your PHP configuration."说明"php-mbstring"扩展未安装。

解决方法如下：

```
[lupa@localhost phpMyAdmin]$ sudo yum install php-mbstring
[lupa@localhost phpMyAdmin]$ sudo vi /etc/php.ini
extension_dir=/usr/lib/php/modules/
extension=mbstring.so
[lupa@localhost phpMyAdmin]$ sudo /etc/init.d/httpd restart
```

步骤 5　登录 MySQL 管理界面。打开浏览器，输入 http://192.168.3.311/phpMyAdmin/，弹出如图 14.9 所示的登录界面。

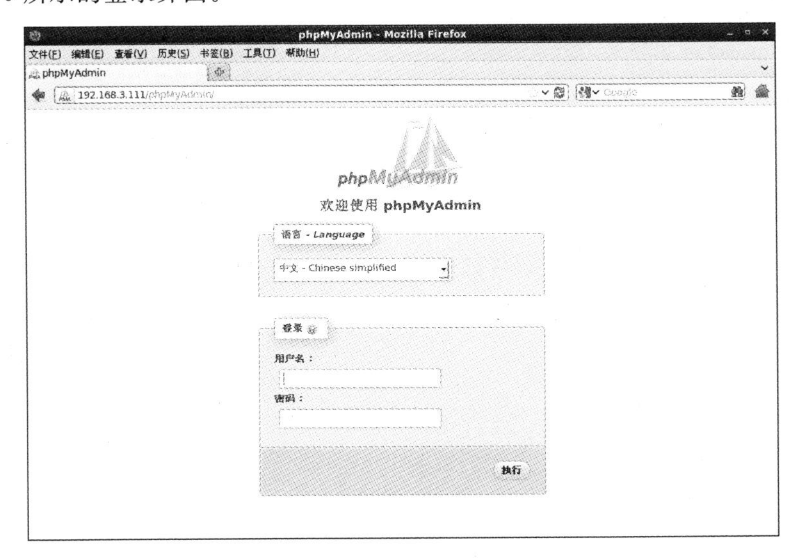

图 14.9　phpMyAdmin 正确的登录界面

然后，输入数据库的账号 root 和密码，并点击"执行"按钮，即可登录。phpMyAdmin 主目录界面如图 14.10 所示。

图 14.10 phpMyAdmin 主目录界面

主页往下拉，会在底部见到"缺少 mcrypt 扩展，请检查 PHP 配置。"的提示。

解决办法如下：

```
[lupa@localhost phpMyAdmin] $ sudo yum install php-mcrypt
[lupa@localhost phpMyAdmin] $ sudo vi /etc/php.ini
extension = mcrypt.so
[lupa@localhost phpMyAdmin] $ sudo /etc/init.d/httpd restart
```

14.6.2 phpMyAdmin 的基本使用

由于 phpMyAdmin 管理工具功能比较强大，本节重点介绍常用的操作。

1. 创建用户与权限设置

操作步骤

步骤 1 在 phpMyAdmin 主目录界面上方工具栏，点击"用户"链接，弹出如图 14.11 所示界面。

图 14.11　MySQL 用户界面

步骤 2　在图 14.11 的界面中，点击“添加用户”链接，在如图 14.12 的“添加用户”界面下，输入用户名及密码，在“全局权限”下，设置权限，最后，点击“执行”按钮即可创建一个新用户。

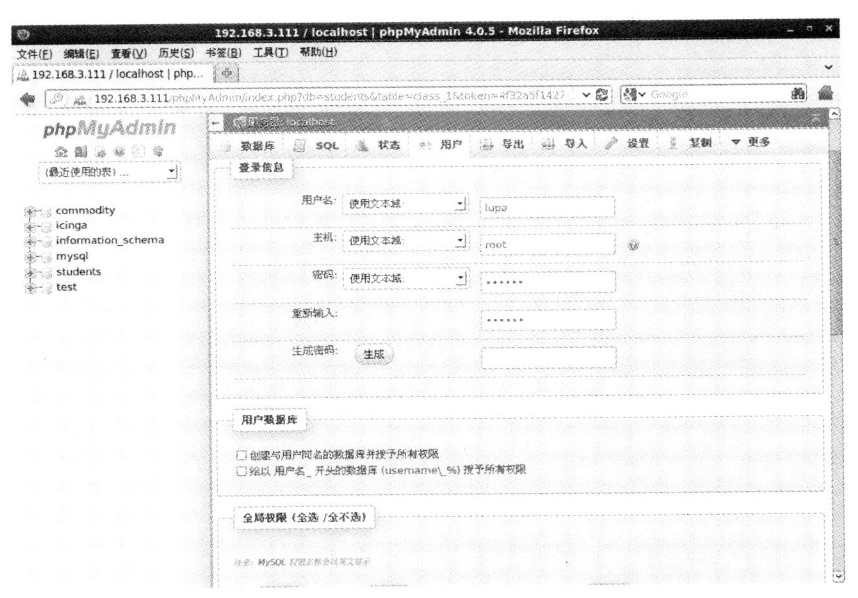

图 14.12　“添加新用户”界面

注意：要修改用户的权限，只要在图 14.11 中，点击某个用户的“编辑权限”按钮，即可修改其权限。

2. 数据库的基本操作

这里介绍在 phpMyAdmin 管理工具中，创建一个数据库、表与插入数据等基本操作。

操作步骤

步骤 1　在图 14.10 中，点击上方工具栏的“数据库”，在“新建数据库”下方的文本框中输入“exam”，点击“创建”按钮，弹出界面如图 14.13 所示。点击“exam”数据库，转至如图 14.14 所示界面创建一张新表。

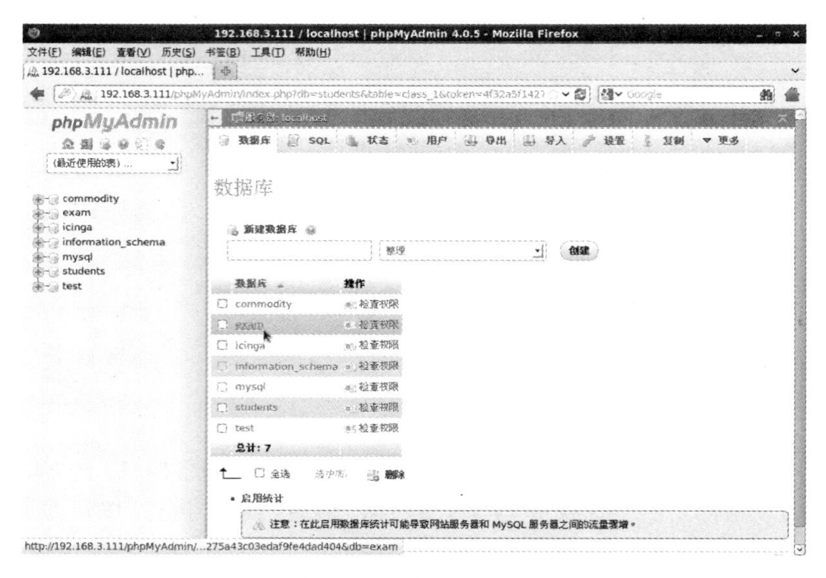

图 14.13　创建表界面

图 14.14　创建新表

步骤 2　在图 14.14 中，在“名字”后的文本框中输入“class_1”，“字段数”为 6，点击“执行”按钮，界面如图 14.15 所示。

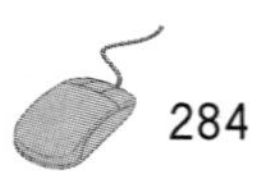

图 14.15　输入表的属性界面

步骤 3　在图 14.15 中，设置字段名称、类型、长度、属性、默认值、主键、索引等数据。

步骤 4　设置完成后，点击“保存”按钮，弹出如图 14.16 所示界面。

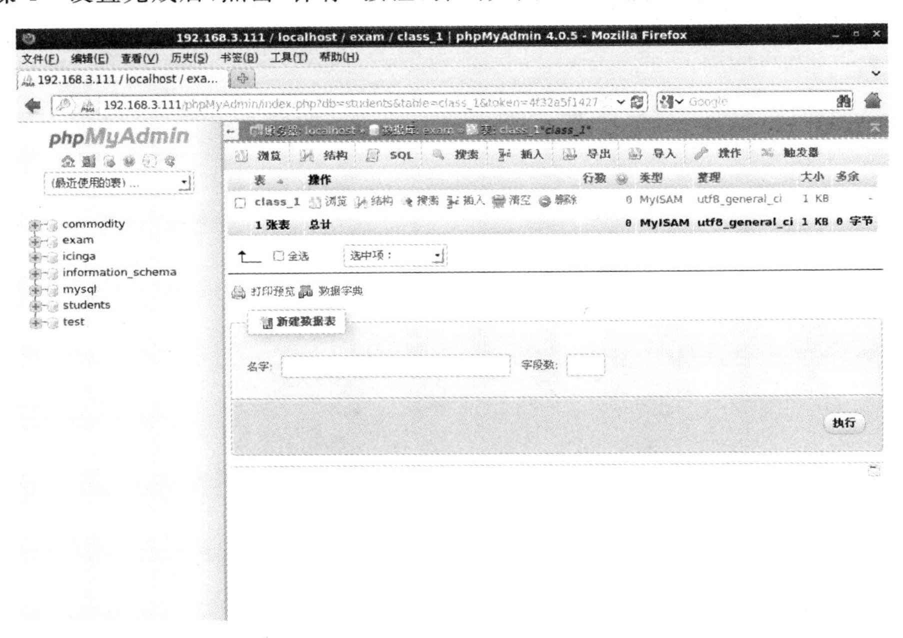

图 14.16　表创建成功信息

步骤 5　点击“插入”选项卡，输入如图 14.17 所示内容，点击“执行”。

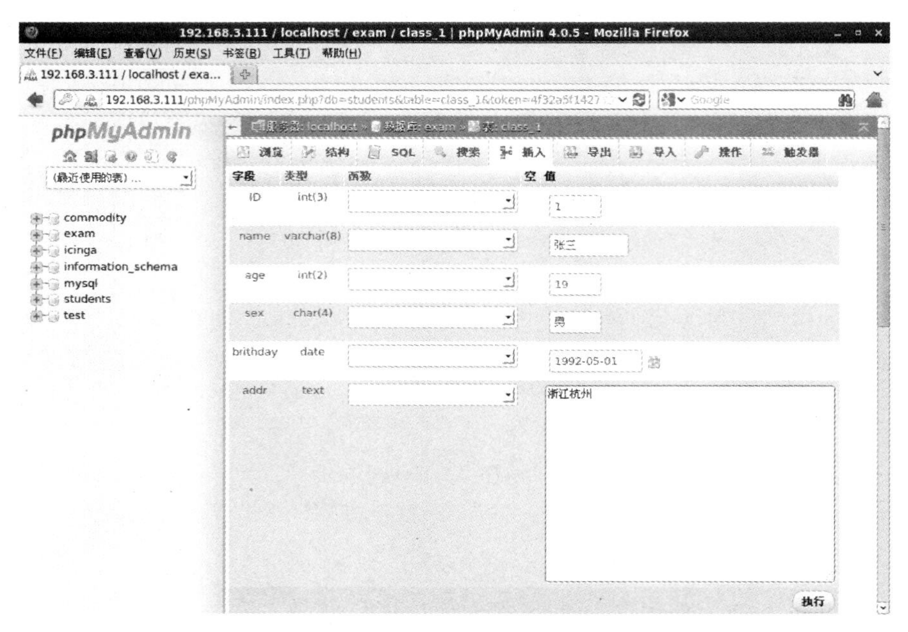

图 14.17　输入记录

步骤 6　点击“浏览”选项卡，可以查看表中的记录。如图 14.18 所示。

图 14.18　查看表中的记录

步骤 7　删除记录。首先，选中某条记录，然后，点击红色的“删除”按钮，并确认，即可删除。删除表与数据库的操作与之相似。

步骤 8　查看表的结构。只要点击“结构”选项卡即可，如图 14.19 所示。

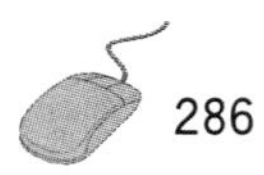

图 14.19　查看表的结构

3. 数据库的备份与恢复

在 phpMyAdmin 管理工具中，对数据库的导入与导出就是对数据库的备份与恢复。

(1)数据库的备份

操作步骤

步骤 1　首先，打开要备份的数据库。

步骤 2　点击“导出”选项卡，如图 14.20 所示。

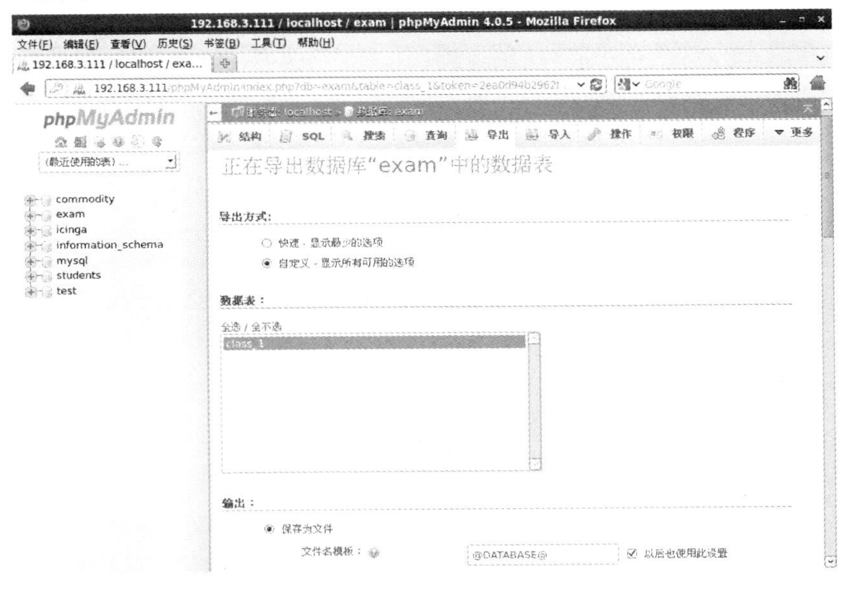

图 14.20　导出数据库界面

步骤 3 在图 14.19 所示的界面中，首先，选择要导出的表，然后，选择保存类型及其他一些属性，点击“执行”，弹出正在打开对话框，选择“保存”文件，点击“确定”即可。

(2)数据库的恢复

操作步骤

步骤 1 点击“导入/import”按钮，弹出如图 14.21 所示界面。

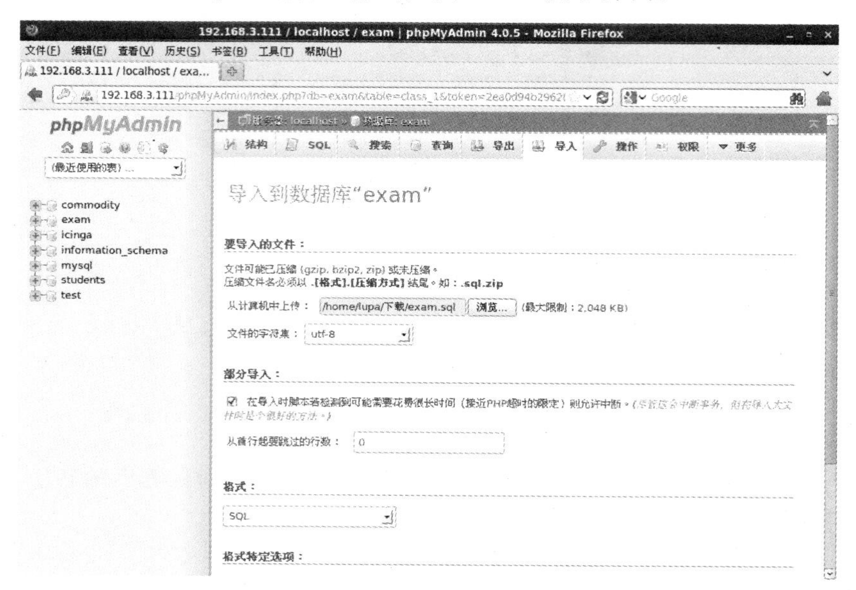

图 14.21 恢复数据库

步骤 2 点击“浏览”按钮，选中备份好的数据库，最后，点击“执行”按钮即可恢复数据库数据，如图 14.22 所示。

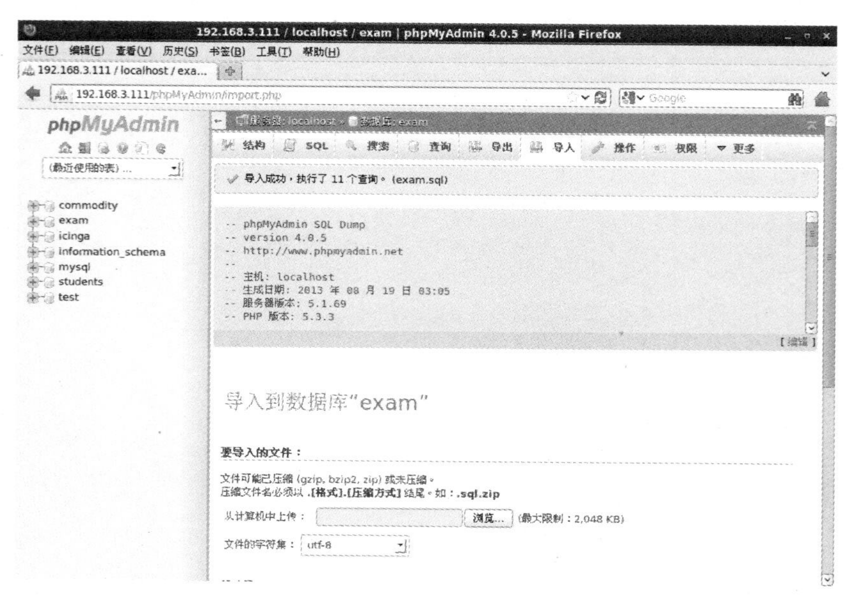

图 14.22 恢复数据库成功

phpMyAdmin 管理工具的功能是非常强大的，以上只是一小部分内容而已，要充分掌握还需要多花点时间去学习，这里就不再多介绍了。

思考与实验

1. MySQL 数据库服务器端和客户端的操作。

要求：

(1)在服务器中(IP 地址为 192.168.1.66)，以管理员的身份登录，创建名为 CW(财务)的数据库，创建用户 hangzhou，密码是“abccba”，对 CW 数据库有着全部权限。

(2)在客户端以用户 hangzhou 登录，对 CW(财务)的数据库做如下操作：创建两张表，分别是 GZ 和 ZGDA。

GZ(工资表)含有如下字段：GH(工号)、XM(姓名)、JBGZ(基本工资)、KQKK(考勤扣款)、SFGZ(实发工资)。

GH	XM	JBGZ	KQKK	SFGZ

ZGDA(职工档案表)含有如下字段：GH(工号)、XM(姓名)、BM(部门)、ZW(职务)。

GH	XM	BM	ZW

①分别向两个表中添加几条记录。

②显示两个表的结构。

③显示两个表中的记录。

(3)到服务器端，用管理员的身份备份 CW(财务)数据库。

2. 编写一个简单的 PHP 程序，显示第 1 题中 GZ 表中的记录。

第 15 章

流媒体服务器

本章重点

- 流媒体服务器的安装。
- 流媒体服务器的测试及应用。

本章导读

本章介绍了流媒体服务器的概念，对流媒体服务器的配置进行了详细说明，并对结果进行了测试。

15.1 流媒体服务器简介

Helix 服务器是 RealNetworks 公司功能强大的流媒体服务器产品，支持多种音频、视频流媒体文件的播放，对不支持的流媒体文件则还需要一些软件支持。因此 Helix Universal Platform 提供了一个功能强大的工具——Helix Producer，它可以将 Helix Server 不支持的流媒体文件转换成它支持的流媒体文件。Helix 是公认的优秀媒体服务器。

Helix 是多操作系统平台服务器软件，在 Linux 和 Windows 中都有相应的版本，并且管理界面类似。本章所用的流媒体软件是 helix-server-retail-11. 01-rhel4-setup. bin。

注意 Helix 支持的音频文件有 RealAudio、Wav. Au、MPEG-1、MPEG-2、MP3 等；支持的视频文件有 RealVideo、AVI、QuickTime 等，还支持 RealPix、RealText、GIF、JPEG、SMIL、Real G2 with Flash 等。

15.2　配置 Helix 流媒体服务器

15.2.1　Helix 流媒体配置实例

1. 项目说明

安装 Helix 流媒体服务器，并对它进行配置。

2. 项目要求

将流媒体软件 helix-server-retail-11.01-rhel4-setup.bin 复制到当前主目录的 Helix_setup 子目录中，并对 Helix 的服务器进行安装、启动，掌握 Helix 服务器的基本使用方法，实现对 Helix 服务器的管理。

注意　helix-server-retail-11.01-rhel4-setup.bin 不是自带的，可以从网上下载。

3. 配置步骤说明

配置分两步骤。

(1)安装 Helix 的服务器。

(2)设置 Helix 服务器。

配置步骤流程图如图 15.1 所示。

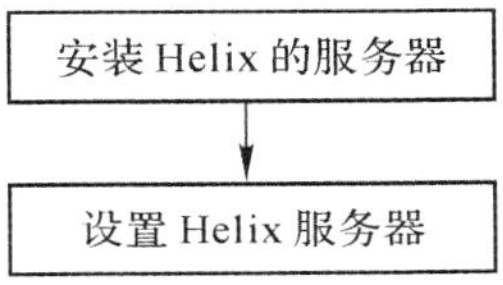

安装 Helix 的服务器 → 设置 Helix 服务器

图 15.1　配置步骤流程

4. 配置过程

操作步骤

步骤 1　下载 helix-server-retail-11.01-rhel4-setup.bin 和 DistributedLicensing.lic 两个文件，并存放在当前用户的主目录下的 Helix_setup 子目录中。

步骤 2　修改 helix-server-retail-11.01-rhel4-setup.bin 属性并执行此软件。

```
[lupa@localhost ~]$ cd Helix_setup/
[lupa@localhost Helix_setup]$ chmod 777 helix-server-retail-11.01-rhel4-setup.bin
[lupa@localhost Helix_setup]$ sudo ./helix-server-retail-11.01-rhel4-setup.bin
```

执行过程如图 15.2 所示。

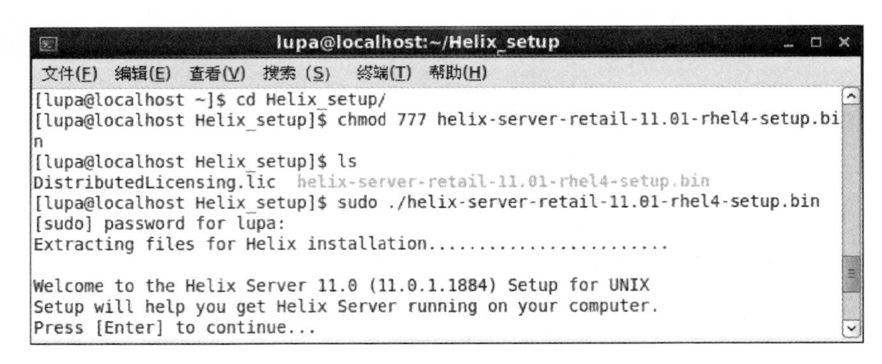

图 15.2 安装软件

步骤 3 设置许可证,如图 15.3 所示。

图 15.3 指定许可证文件

步骤 4 接受 Helix 使用协议。

步骤 5 设置 Helix 的安装路径。如图 15.4 所示,在这里输入 Helix 的安装路径:"/usr/local/helixserver"。

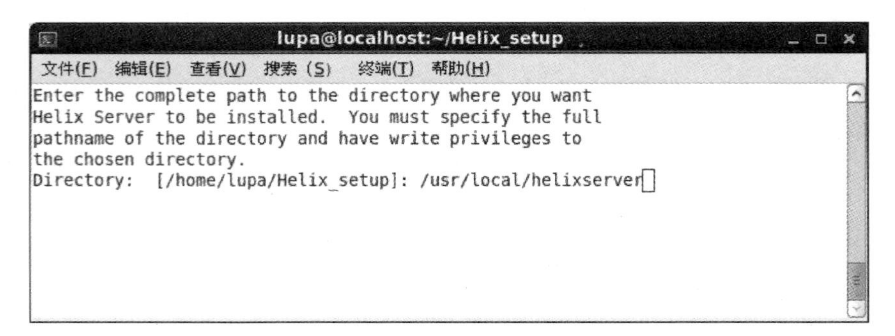

图 15.4 设置安装路径

注意 /usr/local/helixserver 目录不需要先创建,在安装的过程中会自动生成。

步骤 6 输入 Helix 服务器管理员的名称和密码。

在图 15.5 中,输入 Helix 服务器管理员的名称和密码,以便管理员进行管理与维护,这里设管理员为 admin,密码为 123456。

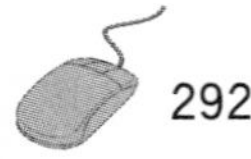

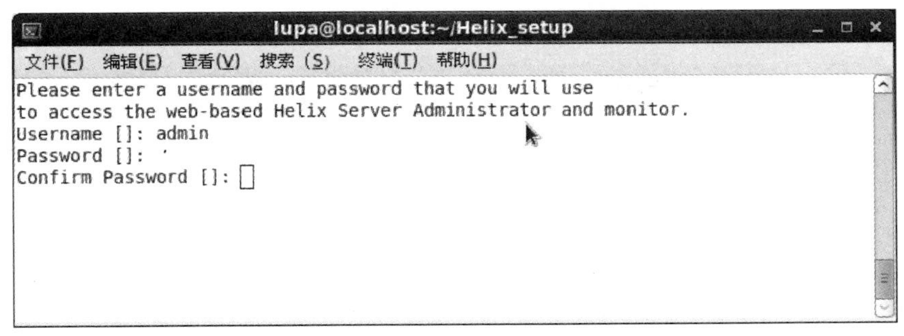

图 15.5　设管理员和密码

步骤 7　设置 rtsp 端口地址，默认是 554，如图 15.6 所示。这里采用默认设定的端口号，输入 554，按回车。

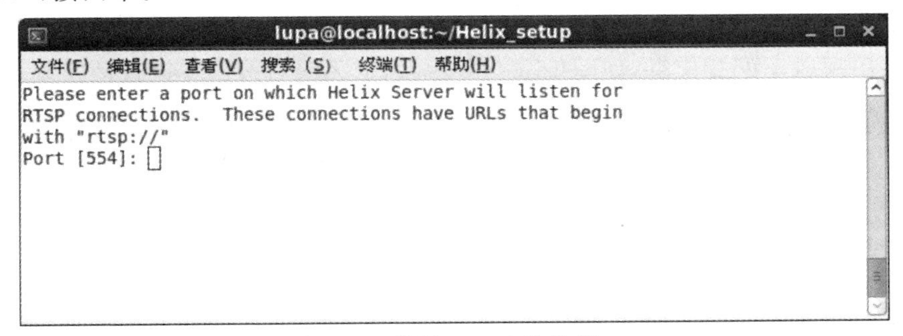

图 15.6　设置 rtsp 连接的端口

步骤 8　设置 http 端口地址，默认为 80，如图 15.7 所示。这里设置 8080，输入 8080，按回车。

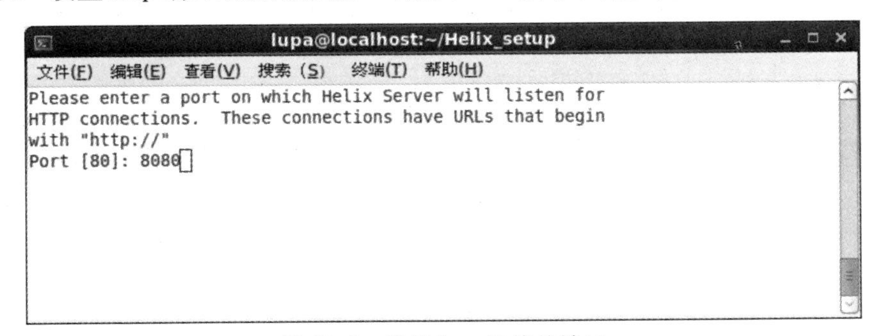

图 15.7　设置 http 连接的端口

步骤 9　设置 mms 端口地址，如图 15.8 所示。这里采用默认设定的端口号，直接按回车。

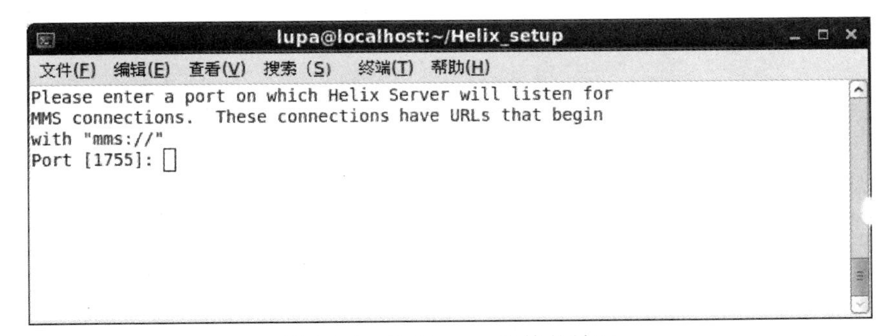

图 15.8　设置 mms 连接的端口

步骤 10 设置后台端口地址，设为 12000，如图 15.9 所示。

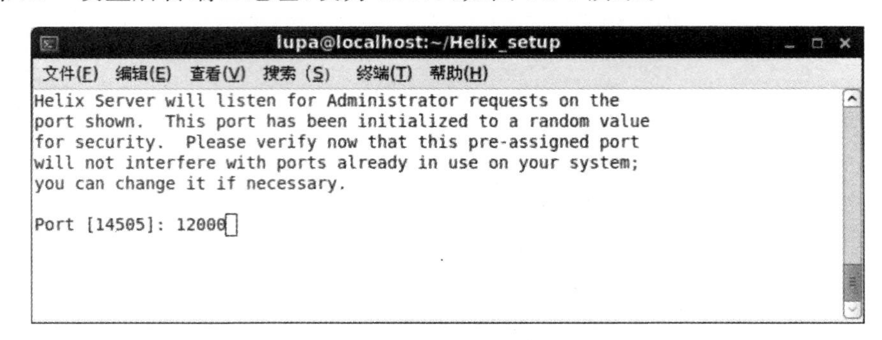

图 15.9 设置后台端口

步骤 11 自动安装过程。

最后将出现以下配置信息，如图 15.10 所示，确定无误后按回车键自动安装。

```
lupa@localhost:~/Helix_setup
文件(F) 编辑(E) 查看(V) 搜索 (S) 终端(T) 帮助(H)
Admin User/Password:     admin/****
Encoder User/Password:   admin/****
Monitor Password:        ****
RTSP Port:               554
HTTP Port:               8080
MMS Port:                1755
Admin Port:              12000
Destination:             /usr/local/helixserver

Enter [F]inish to begin copying files, or [P]revious to go
back to the previous prompts: [F]:
```

图 15.10 开始安装文件

回车之后，开始拷贝文件，如图 15.11 所示表明安装成功。

图 15.11 安装完成

步骤 12 启动 Helix 服务器。

```
[lupa@localhost ~]$ cd /usr/local/helixserver
[lupa@localhost helixserver]$ sudo  ./Bin/rmserver rmserver.cfg &
```

步骤 13 登录。用网页浏览器打开 Helix 服务器。在浏览器的地址栏输入“http://192.168.8.129：12000/admin/index.html”，登录到管理界面，输入用户名 admin 和密码，如图 15.12 所示。

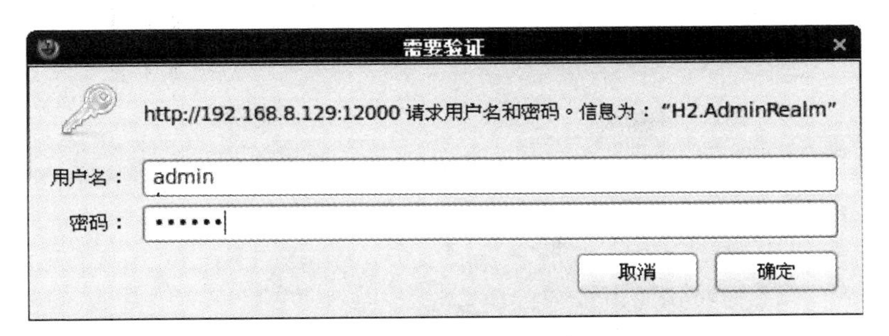

图 15.12　登录到管理界面

按【确定】按钮后，登录服务器的图形界面，Helix 服务器的管理界面分为左右两侧，左边是目录区，可以在此区域选择要管理的各项目，右边是内容区，显示所选择的管理项目的具体内容，如图 15.13 所示。

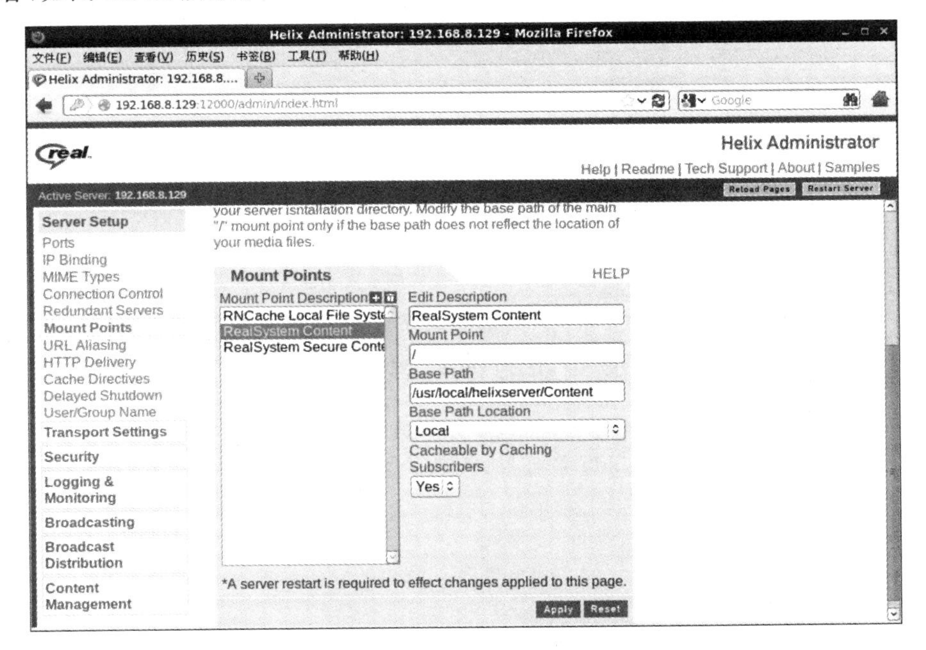

图 15.13　服务器设置

单击【应用】按钮，重启服务器。

步骤 14　测试。拷贝电影 a.rmvb，放到/usr/local/helixserver/Content，播放电影。打开 Firefox 浏览器，在地址栏上输入 rtsp://192.168.8.129：554/a.rmvb，结果如图 15.14 所示。

图 15.14　播放电影

客户端播放时，建议安装 Realplayer 或 Realone 播放器。本章使用的是 RealPlayer11GOLD.rpm

15.2.2　Helix 流媒体服务器的基本管理

在上节的图 15.13 中，左侧列有很多目录，有服务设置、传输设置、安全设置、日志和监控、广播设置、广播分发、内容管理等主目录，而每个主目录下又有一些子功能。本章介绍主要的常用设置。

1. Server setup 服务设置

(1)查看或设置端口

在安装 Helix 流媒体服务器时，设置了一些端口号，如 RTSP、HTTP、MMS、MONITOR 以及 ADMIN 等。在 Helix 流媒体服务器的管理界面中，首先，点击【Server Setup】，然后点击【Port】，可在图 15.15 中查看或修改这些端口号。假如要修改端口号，需要检查端口号是否被其他服务占用。

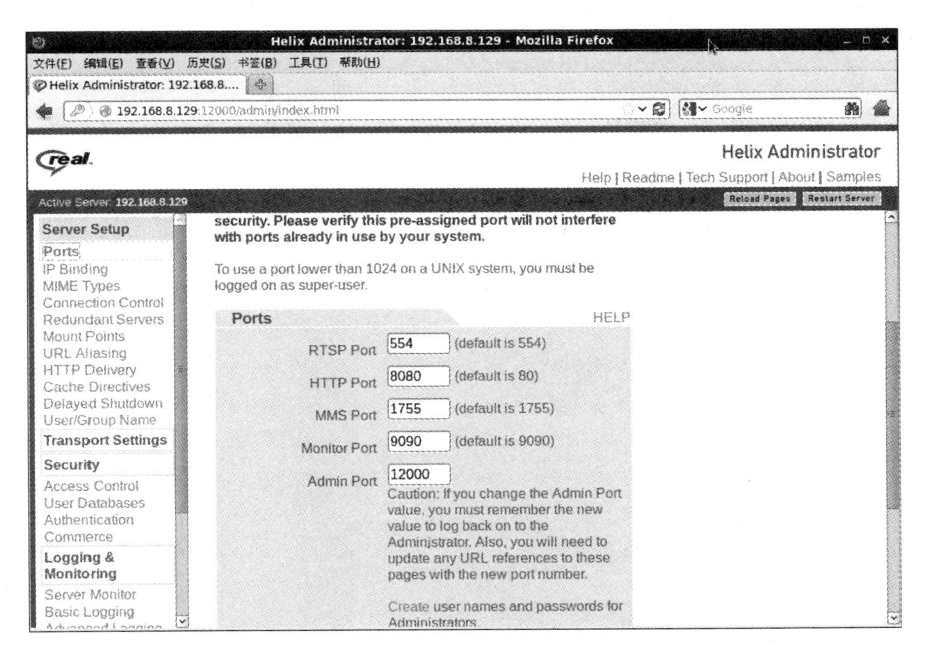

图 15.15　端口界面

(2)IP 绑定

当服务器上拥有多个 IP 地址时，需要为服务器指定一个 IP 地址，此时，需要点击【IP Binding】，在图 15.16 中绑定服务器 IP 地址。

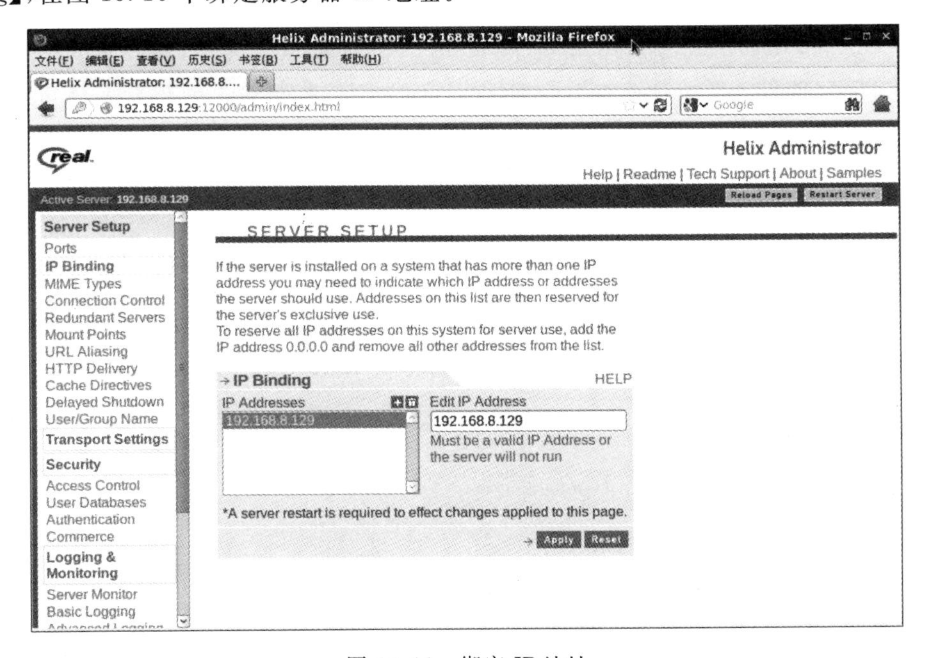

图 15.16　绑定 IP 地址

(3)连接控制

点击【Connection Control】，在图 15.17 中，可以设置服务器的最大连接数、最大允许连接数,以及用户播放器的限制,比如,仅限制 Realplayer 播放器使用或限制 PLUS 版本播放器使用等。还可以设置服务的带宽,以保证同一台服务器上的其他服务有足够的网络资源。

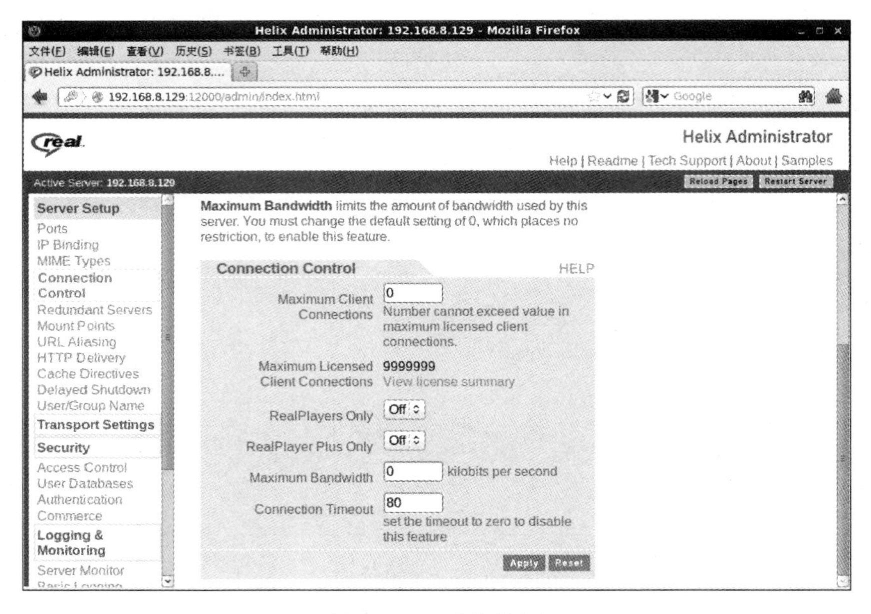

图 15.17　连接控制

(4)加载点

点击【Mount Points】,在图 15.18 中,设置流媒体文件加载点。默认有 3 个加载点,即 content、secure 和 fsforcache。默认情况下,content 的加载点名为根,路径为安装目录下的 Content 文件夹(此处为/usr/local/helixserver/Content),此路径下的视频文件可以直接访问。而访问 secure 加载点则需要输入用户名和密码,如图 15.19 所示。

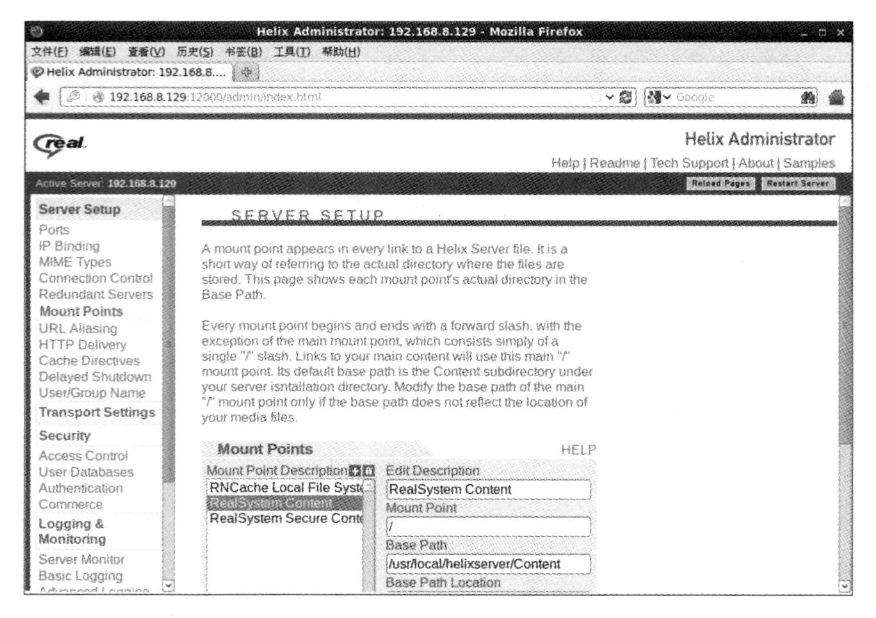

图 15.18　content 加载点

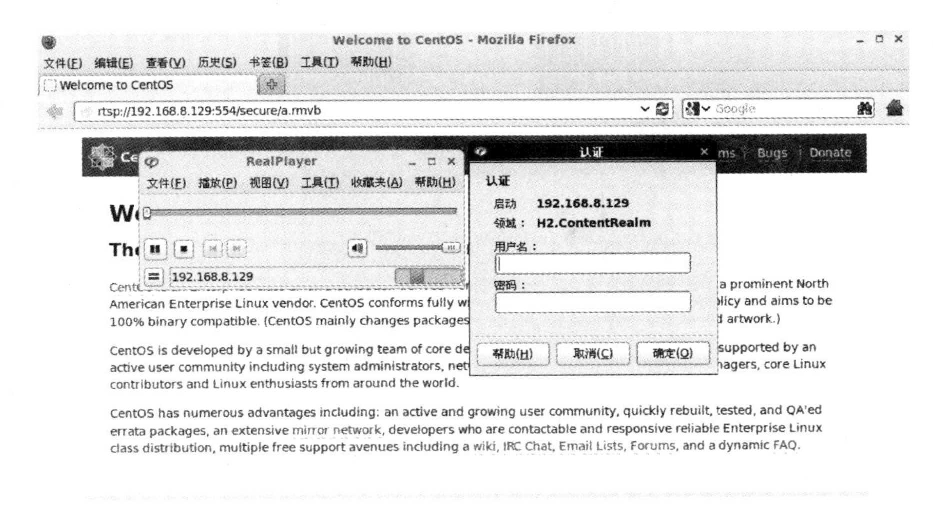

图 15.19　访问 secure 加载点

(5)别名

点击【URL Aliasing】，在图 15.20 中，设置 URL 别名，别名用于在地址中替代真实文件名和目录路径，通过使用别名，可以在发布地址时隐藏资源的真实路径，同时，也可以让发布的地址变得更为简短。

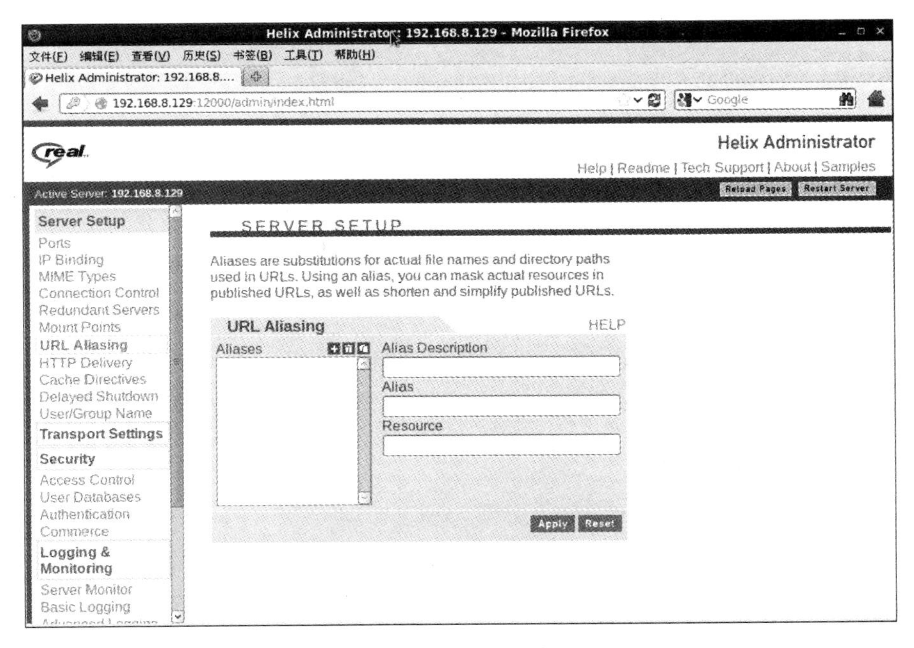

图 15.20　URL 别名

2. Security 安全设置

(1)访问控制

首先，点击【Security】，然后，点击【Access Control】，在图 15.21 中，设置是否允许本地主机连接服务器，还可以设置允许或拒绝来自某一 IP 地址或某台主机对某个端口的访问请求。

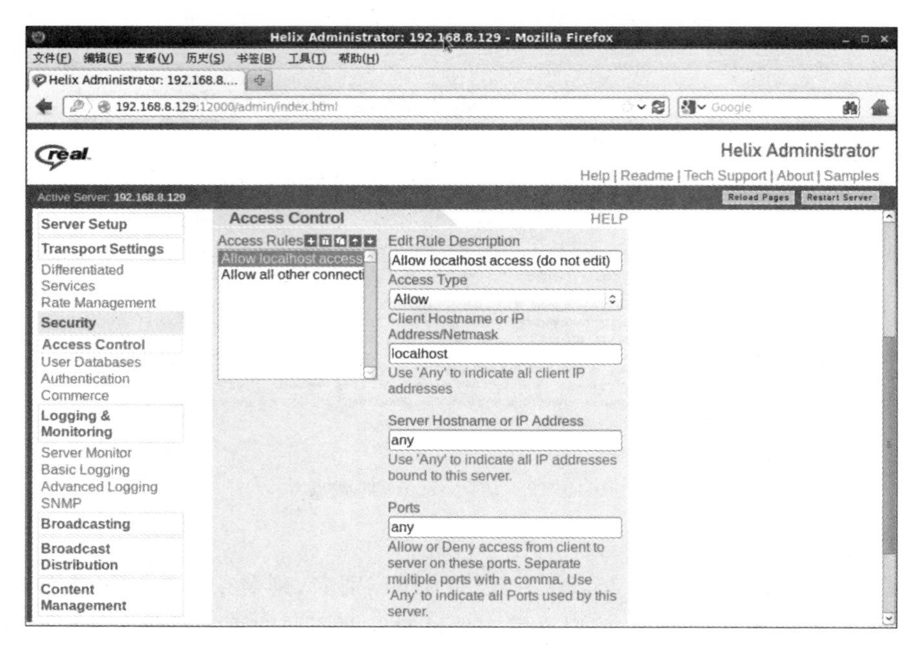

图 15.21　访问控制

(2)用户数据库

点击【User Databases】，在图 15.22 中，设置用户数据库，数据库中可以存储定义访问每个文件的权限。为了认证访问者，服务器保存用户名和密码或者客户端的 ID 号，以和用户的许可权限相关联。

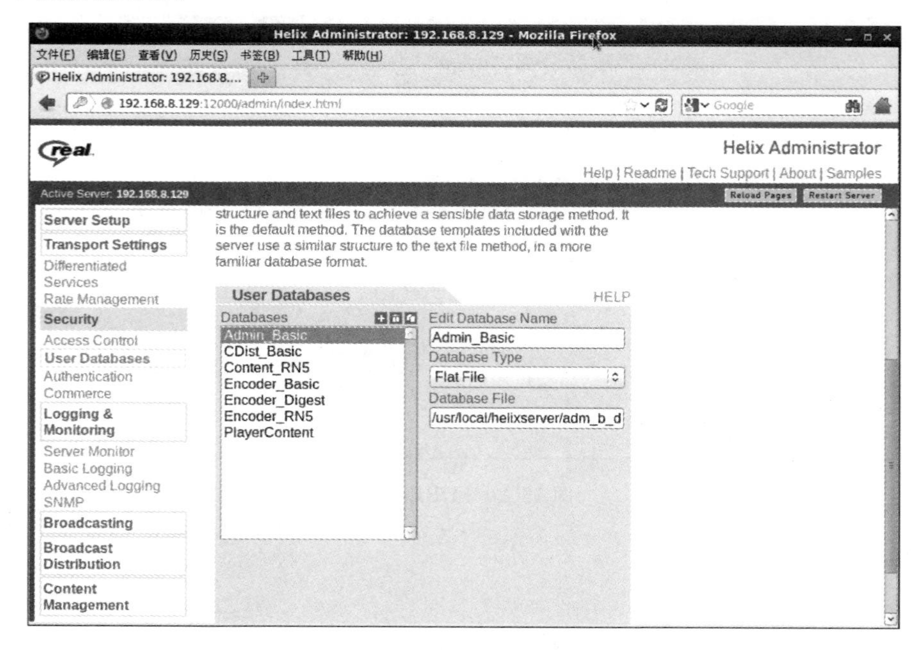

图 15.22　用户数据库

(3)用户认证

点击【Secure】,在图 15.23 中,设置用户名和认证协议,以及认证数据库。服务器可采用三种方法来认证用户身份,即 Basic、RealSystem 5.0 和 Windows NT 本地用户认证。

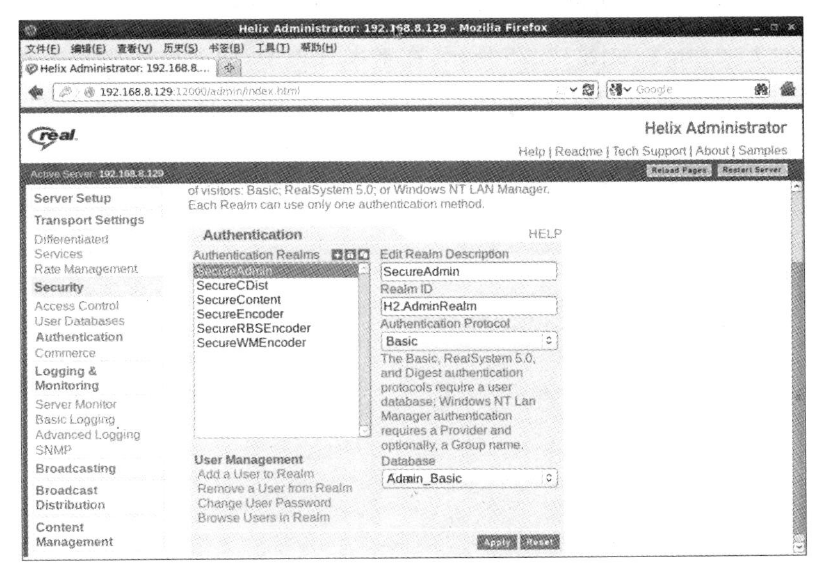

图 15.23 用户认证

3. 日志和监控

(1)服务器监控

首先,点击【Logging & Monitoring】,然后,点击【Server Monitor】,如图 15.24 所示,服务器监控显示当前的系统性能以及运行中的连接数。用其可以监控服务器的使用情况,包括使用的用户、使用最多的时间以及被经常调用的文件等。

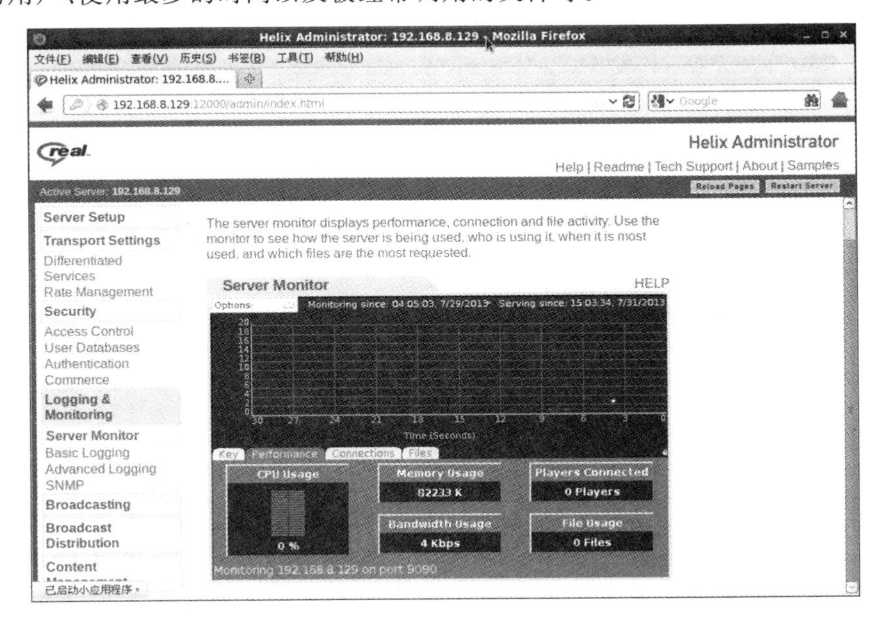

图 15.24 服务器监控

注意　浏览器必须正确安装java插件才能正常访问服务器监控界面，java插件的安装可考查16.3.2章节。

(2)基本日志

点击【Basic Logging】，如图15.25所示，在基本日志中，服务以访问日志和错误日志方式记录所有媒体文件被请求的过程、访问服务过程中发生的故障以及客户端的访问记录，所有的访问客户端都有唯一标识符供区别。

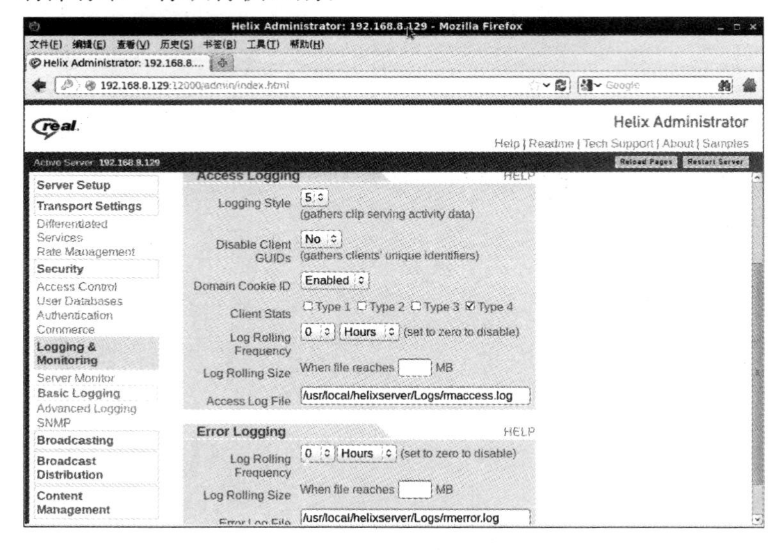

图15.25　基本日志

(3)高级日志

点击【Advanced Logging】，如图15.26所示，高级日志允许记录处理访问和错误日志以外更多的日志信息，同时也提供了多种方式来提交报告。

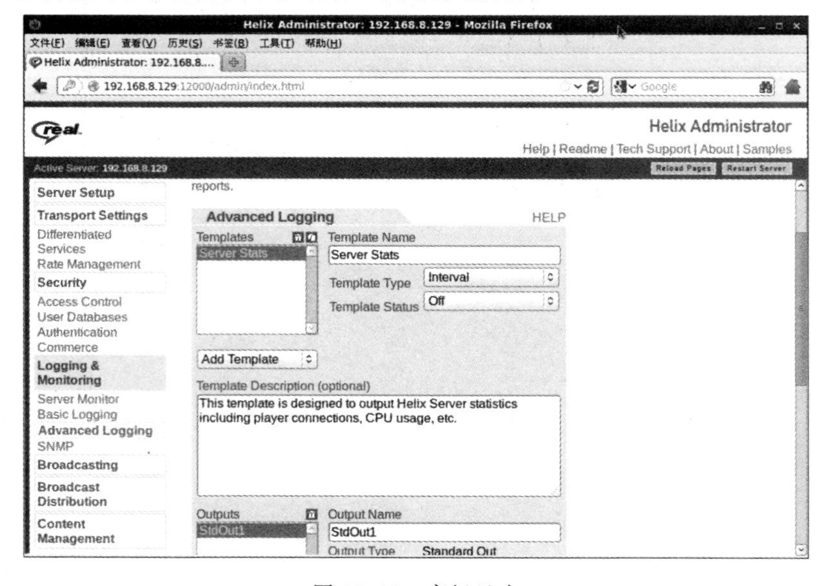

图15.26　高级日志

（4）SNMP

点击【Advanced Logging】，如图 15.27 所示，设置是否允许 SNMP 工具来查看 Helix 服务器的数据。

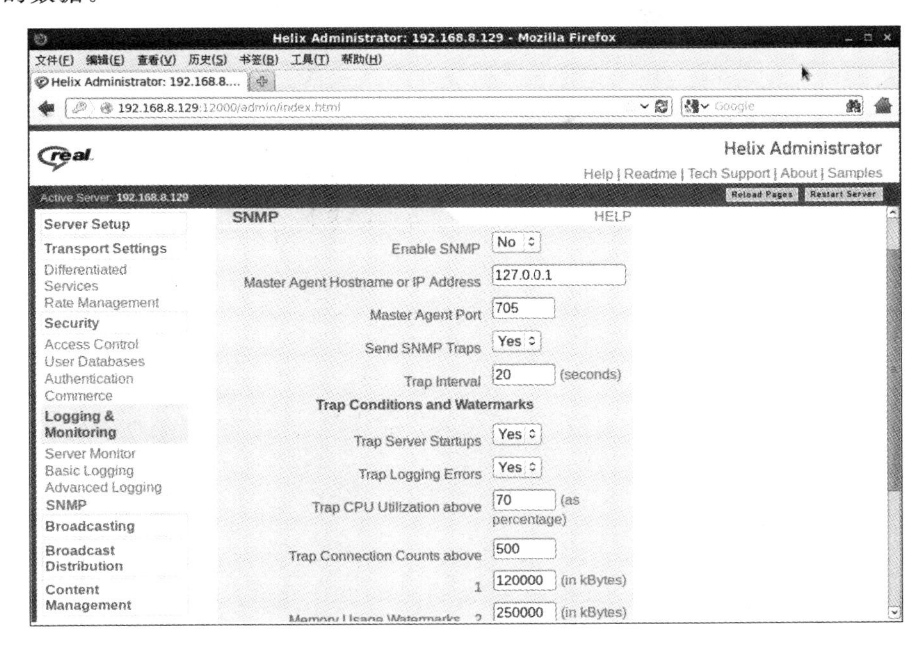

图 15.27　SNMP

15.3　常见故障及其排除

1. 流媒体服务器启动时出现如下错误：

"starting TID 3080715168/3689, procnum 3 (rmplug)"

Loading Helix Server License Files...

E: The server did not detect a license key in the License Key Directory: * * * * * *

Please locate your license key provided by RealNetworks and copy to the License Key Directory."

该错误提示表示没有在相关目录中检测到许可证文件，此时重新把该文件复制到相关目录即可。

2. 流媒体服务器启动时出现如下错误：

"starting TID 3080715168/3689, procnum 3 (rmplug)"

Loading Helix Server License Files...

E: The following license file has expired, and will not be used at this time: /r RealNetworks to obtain a new license file.

E: The server did not detect a license key in the License Key Directory: /rootprovided by RealNetworks and copy to the License key directory."

该提示表示许可证文件已经过期，需要重新申请，然后将其复制到相关目录中即可。

思考与实验

1. 在 Internet 上搜索能在 Linux 平台上使用的流媒体软件。
2. 下载 Helix 软件，在 Linux 中安装此软件并进行播放。

第 16 章

Linux 远程管理服务

本章重点

- 安装与配置 OpenSSH。
- 安装与配置 VNC 服务。

本章导读

本章基于 CentOS 6.4 操作系统来介绍 OpenSSH 和 VNC 远程管理服务，主要讲解 OpenSSH 和 VNC 的安装、配置与使用，并介绍如何解决在实际应用中出现的问题。

16.1 Linux 远程管理服务简介

在异构的网络中，有各种各样的网络操作系统，如微软的 Windows 2000/2003 Server、Unix、Linux 等，有时人们也称之为服务器操作系统。出于对网络操作系统的安全、稳定及便捷的考虑，人们一般把这些网络操作系统安置在特定的环境中，例如，中小型企业将服务器安置在 IDC（互联网数据中心）机房进行管理。而用户为了方便管理，一般采用远程登录的方式进行管理。这种管理方式可以让用户在本地主机前通过网络进入远程主机，并执行用户输入的操作。这种远程管理的优点在于既方便、又快捷地解决实际问题，如修改配置、更新数据、排除故障等操作。

目前，远程管理工具种类繁多，有的是商业的，有的是免费的。而在 Linux 系统中应用的远程管理工具绝大多数是开源的，且可以基本满足应用的需要。本章主要介绍开源的远程管理工具 OpenSSH 和 VNC。

16.2 安装与配置 OpenSSH

SSH（Secure Shell 的缩写）是以远程联机服务方式操作服务器时较为安全的解决方案，

由于传统的网络服务程序，如FTP、POP和Telnet，本质上都是不安全的，因为它们在网络上用明文传送数据、用户账号和用户口令，很容易被别人获取。而SSH在传输数据过程中是通过加密的，如提供给用户身份认证的主要方法是使用公共密钥加密法，可以防止IP地址欺骗、DNS欺骗和源路径攻击。SSH最初由芬兰的一家公司开发，但由于受版权和加密法的限制，很多人转而使用免费的替代软件OpenSSH。OpenSSH本质上是开源版的SSH。

16.2.1 安装与启动OpenSSH服务程序

1. 安装OpenSSH程序

首先，查看是否安装了OpenSSH程序，操作如下：

```
[lupa@H1 ~]$ rpm - qa|grep openssh
openssh - 5.3p1 - 84.1.el6.i686              #包含OpenSSH服务器及客户端需要的核心文件
openssh - askpass - 5.3p1 - 84.1.el6.i686    #支持对话框窗口显示，是一个基于X系统的密码诊断
                                             工具
openssh - clients - 5.3p1 - 84.1.el6.i686    # OpenSSH客户端软件包
openssh - server - 5.3p1 - 84.1.el6.i686     #OpenSSH服务器软件包
```

显示上述信息，说明系统已经安装了OpenSSH的相关程序，在CentOS 6.4系统下，OpenSSH版本为5.3。

假如，系统没有安装OpenSSH程序，则可以从OpenSSH的主页http://www.openssh.com下载RPM包安装，或者，可以在安装光盘或镜像中找到以上四个安装包并自行安装，还可以通过yum的方式进行安装。

2. 启动OpenSSH服务

安装完成后，可以用以下命令来启动OpenSSH服务：

```
[lupa@H1 ~]$ sudo /etc/init.d/sshd start
```

或者

```
[lupa@H1 ~]$ sudo service sshd start
```

停止SSH服务，使用以下命令：

```
[lupa@H1 ~]$ sudo /etc/init.d/sshd stop
```

或者

```
[lupa@H1 ~]$ sudo service sshd stop
```

查看OpenSSH服务的进程与端口号，分别使用以下命令：

```
[lupa@H1 ~]$ps - ef|grep sshd
root       2829    1  0 11:01 ?          00:00:00 /usr/sbin/sshd
[lupa@H1 ~]$ sudo netstat - nutap |grep sshd
tcp        0       0:::22               :::*              LISTEN      2829/sshd
```

从上述信息中可以看出OpenSSH的端口号为22。

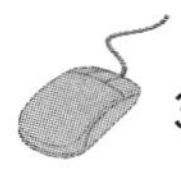

如果需要当系统启动时自动运行 OpenSSH 服务程序，使用如下命令：

```
[lupa@H1 ~]$ sudo chkconfig --level 345 sshd on
```

3. 防火墙开放 SSH 服务端口号

假如，在提供了 SSH 服务的远程主机上，防火墙规则设置为不允许其他主机通过 22 端口访问本主机，那么，其他主机将无法 ssh 工具访问远程主机。

开放 SSH 服务 22 端口号，可以通过两种方式。

方法 1：

点击【系统】→【管理】→【防火墙】菜单，然后在【可信的服务】中选中“SSH”，如图 16.1 所示，最后点击【应用】按钮即可。

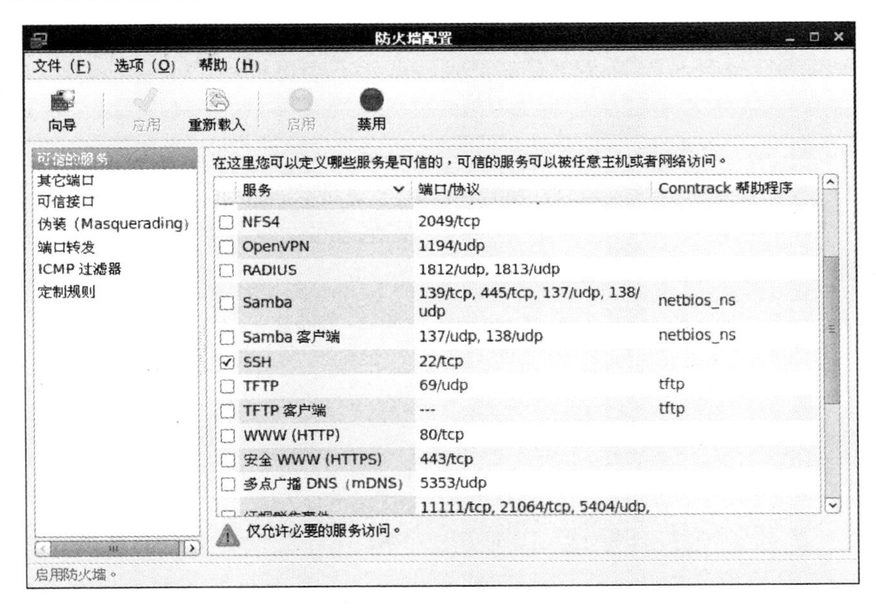

图 16.1　防火墙窗口

方法 2：

点击【应用程序】→【系统工具】→【终端】菜单，打开“终端”程序，然后，执行命令如下：

```
[lupa@H1 ~]$ sudo iptables -I INPUT 1 -p tcp --doprt 22 -j ACCEPT
```

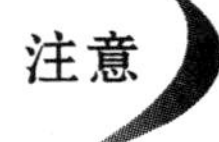

请仔细检查规则的顺序，规则的顺序不对，就会影响某些规则的失效。

4. 访问 SSH 服务

访问 SSH 服务的最为方便的工具为 SSH 命令，SSH 命令的格式如下：

```
ssh -l [远程主机用户] [远程主机主机名或 IP 地址]
```

例如，一台远程主机的 IP 地址为 192.168.8.122，且 sshd 服务已启动。现在要用 lupa 用户登录远程主机。操作如下：

```
[lupa@H1 ~]$ssh -l  lupa 192.168.8.122
```

或者

```
[lupa@H1 ~]$ssh  lupa@192.168.8.122
The authenticity of host '192.168.8.122 (192.168.8.122)' can't be established.
RSA key fingerprint is 0b:54:c2:10:0e:ca:2c:ac:5f:b0:e5:fd:52:67:c2:8d.
Are you sure you want to continue connecting (yes/no)? yes
Warning: Permanently added '192.168.8.122' (RSA)to the list of know hosts
lupa@192.168.8.129's passwd:
```

在第一次登录这台主机时，OpenSSH会提示不知道这台主机，那是因为第一次登录时系统没有保存远程主机的信息，为了确认该主机身份会提示用户是否继续连接，输入"yes"后登录，这时系统会将远程服务器信息写入用户主目录下的$HOME/.ssh/known_hosts文件中，下次再进行登录时因为保存有该主机信息就不会再提示了。

其中，lupa为SSH服务器的用户名，192.168.8.122为SSH服务器的IP地址。登录时需要输入lupa用户的密码。

SSH有两种用户验证方式：口令与密钥。口令验证即每次登录SSH服务器时用户需要输入用户密码才能登录；而密钥验证登录则是将生成的公钥存放在SSH服务器上，此时，登录时无需输入用户的口令即可登录。

16.2.2 OpenSSH密钥验证实例

1. 项目说明

配置OpenSSH的密钥验证，并进行测试。

2. 项目要求

OpenSSH服务器，主机名为H2，IP地址为192.168.8.129，本地计算机主机名为H1，用户名为lupa，IP地址为192.168.8.122，实现本地计算机通过密钥验证访问SSH服务器。

3. 配置步骤说明

配置分两步骤。

(1)配置SSH服务。

(2)生成密钥。

(3)发布公钥。

(4)访问SSH。

配置步骤流程图如图16.2所示。

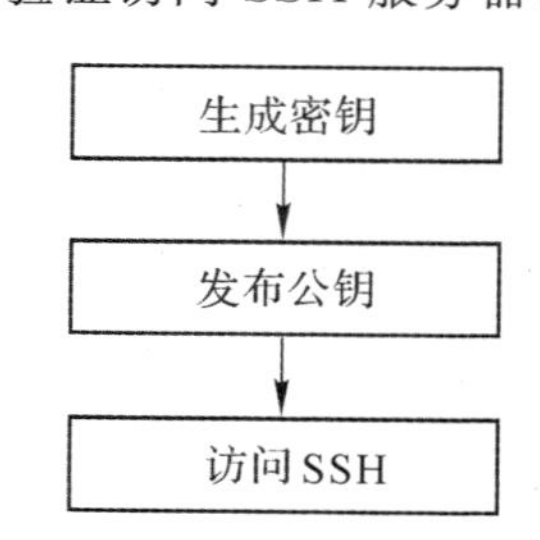

图16.2 配置步骤流程

4. 配置过程

操作步骤

步骤1 生成公钥和私钥。

如果专用SSH系统账号为lupa，进行远程管理，可以使用lupa账号登录后执行ssh-keygen生成密钥，参数-t表示加密类型，后跟类型rsa或dsa。操作如下：

```
[lupa@H1 ~]$ su - lupa
[lupa@H1 ~]$ ssh-keygen -t  rsa
Generating public/private rsa key pair.
Enter file in which to save the key (/home/lupa/.ssh/id_rsa):
```

显示如上所述,要求输入密钥文件的保存路径,直接回车表示选择默认设置,即密钥文件路径为/home/lupa/.ssh/id_rsa。

```
Created directory '/home/lupa/.ssh'.
Enter passphrase (empty for no passphrase):
#此处可以输入或不输入私钥文件的保护口令
Enter same passphrase again:
Your identification has been saved in /home/lupa/.ssh/id_rsa.
#私钥文件的存放路径
Your public key has been saved in /home/lupa/.ssh/id_rsa.pub.
#公钥文件的存放路径
The key fingerprint is:
94:d2:bb:08:e8:02:2d:20:b3:2b:98:c6:ff:f3:28:53 lupa@H1
```

如上所述,passphrase 口令是对生成的私钥文件的保护口令。其中 id_dsa 为私钥文件,id_dsa.pub 为公钥文件。

步骤 2　发布公钥。

使用 ssh-copy-id 命令将客户端生成的公钥发布到远程服务器上,并使用-i 参数指定本地公钥的存放位置。操作如下:

```
[lupa@H1 ~]$ ssh-copy-id -i  /home/lupa/.ssh/id_rsa.pub  192.168.8.129
lupa@192.168.8.121's password:
Now try logging into the machine, with "ssh '192.168.8.129'", and check in:
.ssh/authorized_keys
to make sure we haven't added extra keys that you weren't expecting.
```

步骤 3　验证密钥登录。命令如下:

```
[lupa@H1 ~]$ ssh lupa@192.168.8.129
```

此时弹出如图 16.3 所示的对话框,要求对私钥解锁。此处的密码就是生成一对密钥时设置了保护密码。假如生成密钥时没有设置保护密码,就不会弹出此对话框。

此时,输入密码,并点击“确定”即可登录到远程主机上。同时,可以选中“Automatically unlock this private key when I log in.”表示当你登录远程主机时会自动解锁,无需输入密码,如图 16.4 所示。

图 16.3　SSH 密钥登陆方式

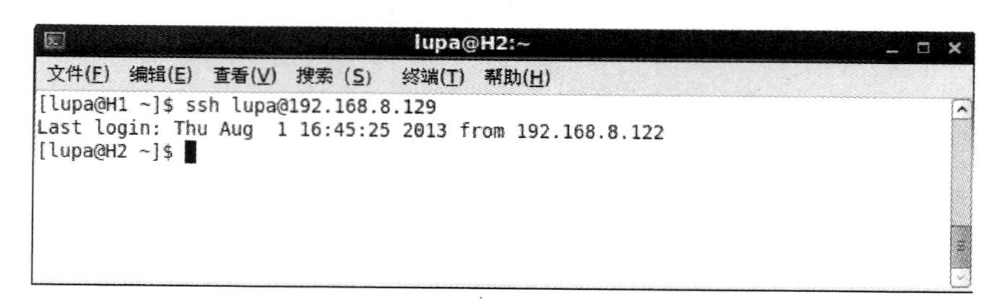

图 16.4　SSH 再次密钥登陆

16.2.3　SSH 客户端命令

除了以上介绍的几个常用命令外，SSH 客户端常用命令还有 sftp 和 scp。

1. sftp 命令

此命令可以用来打开一次安全互动的 FTP 会话，它与 FTP 相似。只不过使用安全且加密的连接，一旦通过验证，可以使用一组和 FTP 相似的命令。

格式如下：

```
sftp 用户名@主机名或 IP 地址
```

例如，以 lupa 用户登录 IP 地址为 192.168.8.129 的远程主机。操作如下：

```
[lupa@H1 ~]$ sftp lupa@192.168.8.129
Connecting to 192.168.8.129...
lupa@192.168.8.129's password:
sftp>
```

出现以上提示，用户就可以使用 FTP 的命令来对远程主机进行操作。

2. scp 命令

此命令是将文件复制到远程主机或本地主机，取决于所要发送的文件位置。

格式如下：

```
scp [参数] 文件1 文件2
```

例 16.1　远程主机 H2，IP 地址为 192.168.8.129，用户名为 lupa，在用户主目录下有一个文件 aa，当前为本地主机 H1 中，要求将主机 H2 中的 aa 文件复制到本地主机的当前目录下。

操作如下：

```
[lupa@H1 ~]$ scp  lupa@192.168.8.129:~/aa  ./
lupa@192.168.8.129's password:
aa                                              100%     32     0.0KB/s   00:00
[lupa@H1 ~]$ ls
aa
```

例 16.2　在例 16.1 基础上，将本地主机（H1）上的 aa 文件复制到远程主机（H2）的用户主目录下，并命令为 aa_bak。

操作如下：

```
[lupa@H1 ~]$ scp ~/aa  lupa@192.168.8.129:~/aa_bak
lupa@192.168.8.129's password:
aa                                         100%   32     0.0KB/s   00:00
```

将本地主机/home 目录下的 test.log 文件，复制到远程主机的/home 目录下。

16.3　安装与配置 VNC 服务

VNC（Virtual Network Computing）是虚拟网络计算机的缩写。VNC 是一款优秀的远程控制工具软件，由著名的 AT&T 的欧洲研究实验室开发。VNC 是在基于 UNIX 和 Linux 操作系统的免费开放源码软件，远程控制能力强大，高效实用，其性能可以和 Windows 和 MAC 中的任何远程控制软件媲美。

VNC 由两部分组成，一部分是客户端的应用程序（vncview）；另一部分是服务端的应用程序（vncserver）。在 CentOS 6.4 中，VNC 安装包分别为

服务端程序：tigervnc-server-1.1.0-5.el6.i686.rpm

客户端程序：tigervnc-1.1.0-5.el6.i686.rpm

16.3.1　VNC 远程控制实例

1. 项目说明

安装 VNC 服务端与客户端软件，且进行远程控制。

2. 项目要求

设置 VNC 服务，主机名为 H2，IP 地址为 192.168.8.129，本地计算机主机名为 H1，用户名为 lupa，IP 地址为 192.168.8.122，实现 H1 主机远程控制 H2 主机。

3. 配置步骤说明

配置分两步骤。

(1)安装 VNC 软件。

(2)启动 VNC 服务。

(3)远程控制。

4. 配置过程

操作步骤

步骤 1 安装 VNC 服务程序。

首先，查看系统是否已安装了 vnc 服务程序，操作如下：

```
[lupa@H2 ~]$ rpm -qa|grep vnc
libvncserver-0.9.7-4.el6.i686
```

以上显示，表示系统没有安装 vnc 服务端和客户端程序。假如没有安装，则在安装光盘中找到以上两个 rpm 包，然后，用以下命令进行安装，如图 16.5 所示。

```
[lupa@H2 ~]$ sudo rpm -ivh /media/CentOS_6.4_Final/Packages/tigervnc-*
```

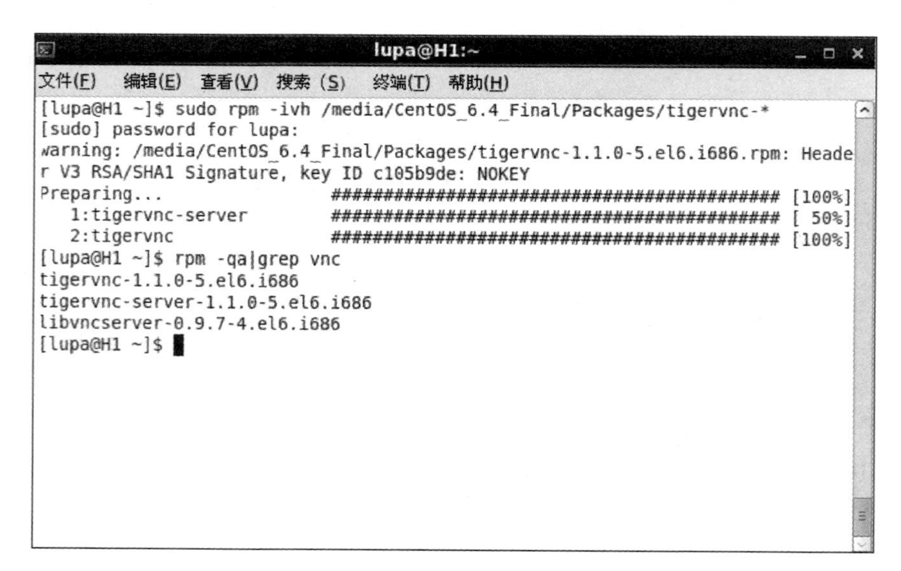

图 16.5 安装 VNC 服务程序

步骤 2 启动 VNC 服务。

一般来说，VNC 配置文件不需要修改。在远程主机上启动 VNC 服务，操作如下：

```
[lupa@H2 ~]$ vncserver
New 'H2:1 (lupa)' desktop is H2:1
```

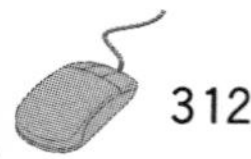

```
Starting applications specified in /home/lupa/.vnc/xstartup
Log file is /home/lupa/.vnc/H2：1.log
```

在第 1 次执行 vncserver 命令时，会提示用户输入密码，此密码需要用户牢记，因为在客户端登录时需要使用此密码方能登录成功。以上显示的"1"表示 X-Windows 的编号。

假如，VNC 服务需要修改访问密码时，可以使用 vncpasswd 命令，操作如下：

```
[lupa@H2 ~]$ vncpasswd
```

注意

(1)用 vncviewer 进行访问，口令传输是明文的，很容易被侦听到。
(2)防火墙需要打开特定的端口。

步骤 3　查看 VNC 进程端口号。操作如下：

```
[lupa@H2 ~]$ sudo netstat -anltp |grep vnc
```

图 16.6 中，5901 端口可查看/usr/bin/vncserver 文件的语句："$vncPort = 5900 + $displayNumber"，而 5801 端口主要用于浏览器访问方式。

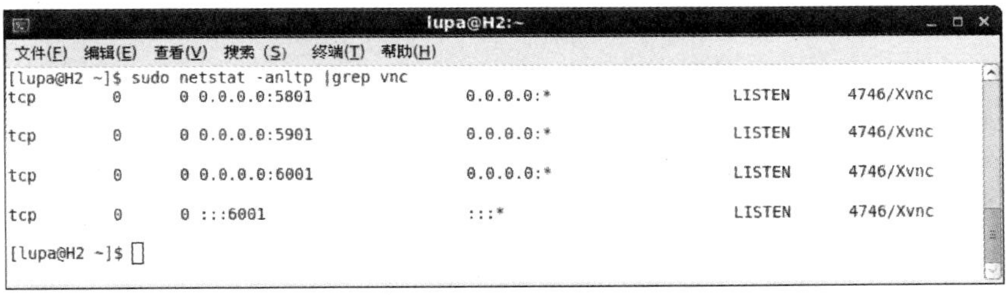

```
lupa@H2:~
文件(F) 编辑(E) 查看(V) 搜索(S) 终端(T) 帮助(H)
[lupa@H2 ~]$ sudo netstat -anltp |grep vnc
tcp        0      0 0.0.0.0:5801        0.0.0.0:*        LISTEN      4746/Xvnc
tcp        0      0 0.0.0.0:5901        0.0.0.0:*        LISTEN      4746/Xvnc
tcp        0      0 0.0.0.0:6001        0.0.0.0:*        LISTEN      4746/Xvnc
tcp        0      0 :::6001             :::*             LISTEN      4746/Xvnc
[lupa@H2 ~]$
```

图 16.6　查看 VNC 相关端口

步骤 4　设置防火墙，开放 5901、5801 以及 6001 端口。操作如下：

```
[lupa@H2 ~]$ sudo iptables -I  INPUT  1 -p tcp --doprt 5801：6001 -j ACCEPT
```

步骤 5　本地主机 H1 远程控制 H2。

VNC 的远程控制客户端程序为 vncviewer，其格式如下：

```
vncviewer  远程主机的 IP 或主机名:编号
```

具体操作如下：

```
[lupa@H1 ~]$ vncviewer 192.168.8.121：1
```

此时，弹出输入密码窗口，如图 16.7 所示。输入密码正确后，进入远程主机控制界面，如图 16.8 所示。

```
lupa@H1:~
文件(F) 编辑(E) 查看(V) 搜索(S) 终端(T) 帮助(H)
[lupa@H1 ~]$ vncviewer 192.168.8.129:1

TigerVNC Viewer for X version 1.1.0 - built Apr 29 2013 11:28:55
Copyright (C) 1999-2011 TigerVNC Team and many others (see README.txt)
See http://www.tigervnc.org for information on TigerVNC.

Tue Jul 30 07:09:59 2013
 CConn:       connected to host 192.168.8.129 port 5901
 CConnection: Server supports RFB protocol version 3.8
 CConnection: Using RFB protocol version 3.8

VNC authentication [VncAuth]
Username:
Password: ********
```

图 16.7　Vncviewer 客户端登录

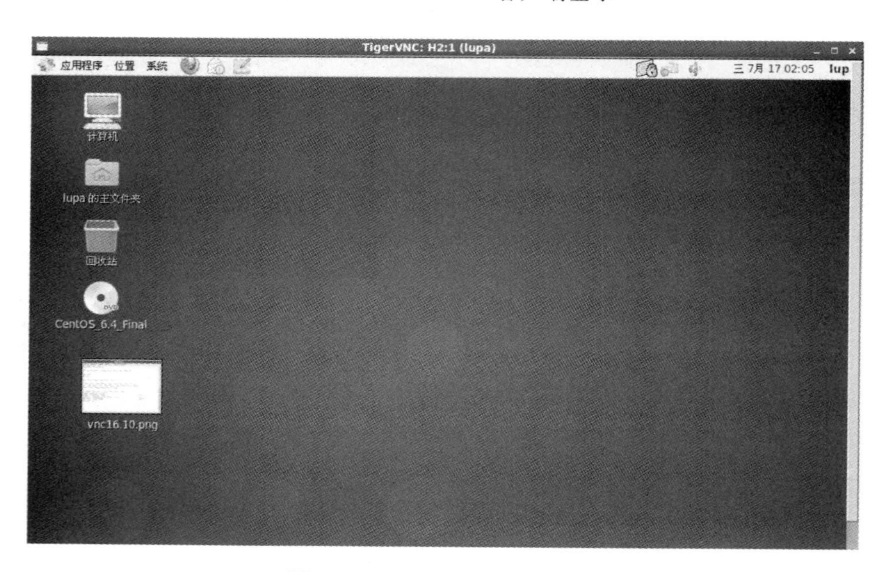

图 16.8　Vncview 登录后界面

步骤 6　停止 VNC 服务。

在远程主机上，停止 VNC 服务，操作如下：

```
[lupa@H2 ~]$ vncserver -kill:1
Killing Xvnc process ID 5763
```

16.3.2　Web 方式连接 VNC 服务器

除了以上所述的通过 vncviewer 客户端登录外，还可以用浏览器进行登录。

操作步骤

步骤 1 在远程 vncserver 端上，安装 tigervnc-server-applet。

安装方法如下：

```
[lupa@H1 ~]$ sudo yum - y install tigervnc - server - applet
```

步骤 2 查看浏览器是否已安装了 java 插件，以 Firefox 浏览器为例，点击【工具】→【附加组件】菜单，弹出“附件组件”对话框，然后，在【插件】选项卡下查看是否有 java 插件存在。本节使用 icedtea-web 插件。安装方法如下：

```
[lupa@H1 ~]$ sudo rpm - ivh /media/CentOS_6.4_Final/Packages/icedtea - web - 1.2.2 - 3.el6.i686.rpm
[lupa @ H1 ~] $ sudo ln - s /usr/lib/IcedTeaPlugin.so /usr/lib/mozilla/plugins/libjavaplugin.so
```

步骤 3 重启 Firefox 浏览器，并重新查看是否正确安装 java 插件。

此时，可以查看到“IcedTea-web Plugin”即可。如图 16.9 所示。

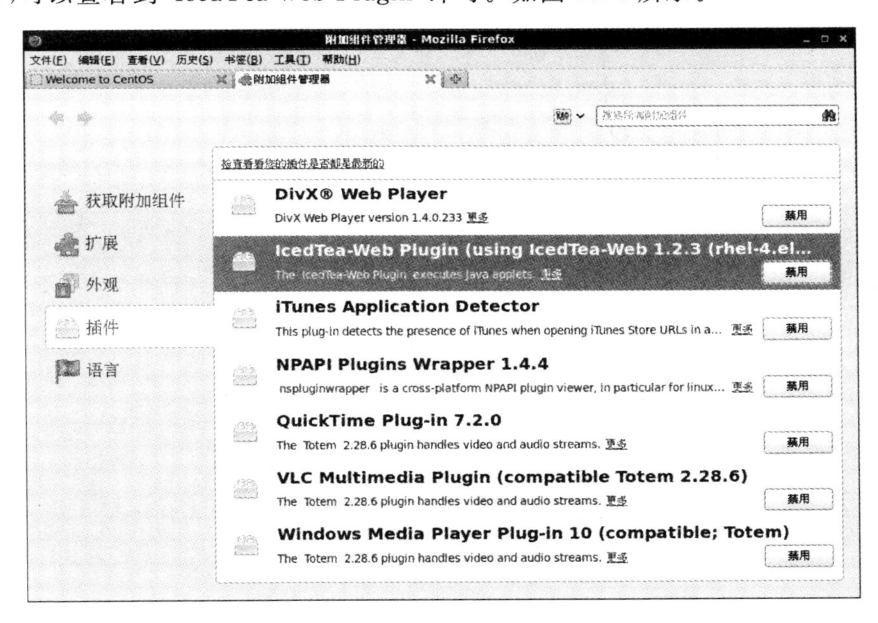

图 16.9 查看 java 插件

步骤 4 若已正确安装，即可在浏览器上登录 VNC 远程主机。在浏览器地址栏上输入“http://VNC 远程主机的 IP 地址:端口号”。此处需要注意的是，在浏览器上默认以 5800 开始为 VNC 的访问端口，而 vncviewer 客户端默认以 5900 开始为 VNC 的访问端口。所以，在浏览器上访问 VNC 和用 vncviewer 客户端来访问 VNC 的端口是不一样的。例如，在浏览器地址栏处输入“http://192.168.8.129:5801”，并回车。弹出如图 16.10 所示界面，然后，输入密码并回车，弹出如图 16.11 所示界面，此时已登录完毕。

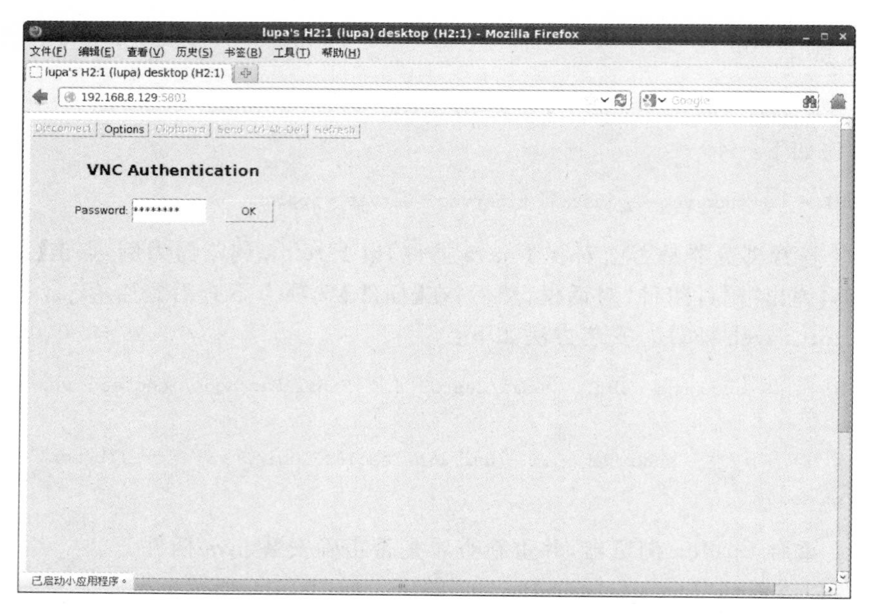

图 16.10　vnc viewer 的输入密码界面

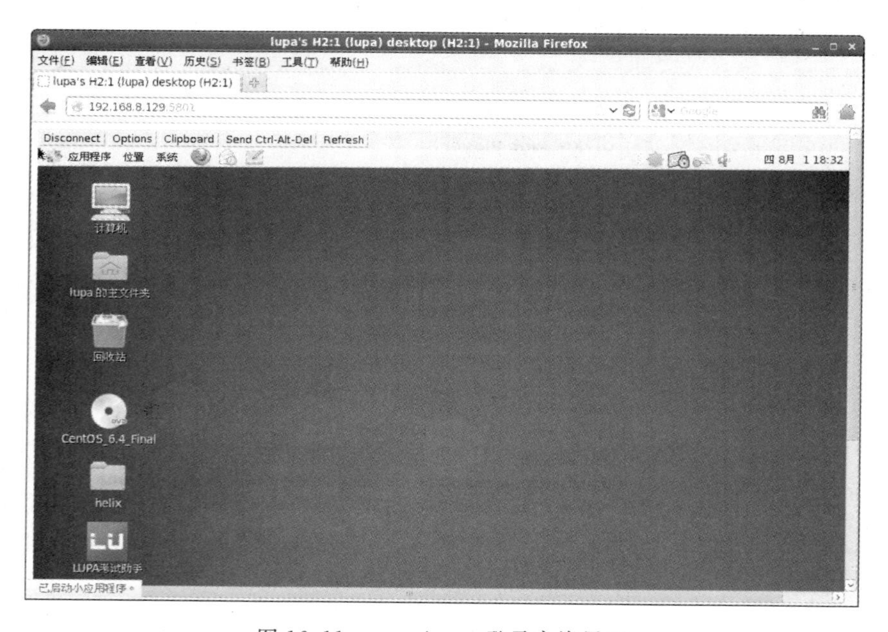

图 16.11　vnc viewer 登录完毕界面

16.4　常见故障及其排除

1. 在通过命令“ssh ip 地址”登录远程主机时提示：

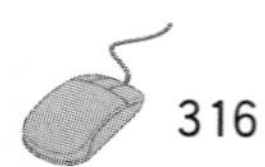

```
ssh : connect to host *.*.*.* port 22 : No route to host
```

原因：防火墙屏蔽了 SSH 服务的 22 端口号。

解决办法：开启 22 端口。

具体操作：查看 16.2.1 节。

2. 在通过命令"ssh ip 地址"登录远程主机时提示：

```
Ssh : connect to host *.*.*.* port 22 : Connection refused
```

原因：远程主机没有启动 sshd 服务。

解决办法：开启 sshd 服务。

具体操作：

```
[lupa@H2 ~]$ sudo /etc/init.d/sshd start
```

3. 在访问 vncserver 时，提示："unable connect to socket:???????? (113)"

原因：防火墙屏蔽了 vncserver 服务的相关端口。

解决办法：首先，用 netstat 命令查看 vncserver 进程相关端口号，然后，防火墙开启此相关端口号即可。

4. 在访问 vncserver 时，没有显示标准的图形界面，如图 16.12 所示，并不是最为理想的图形界面。

图 16.12 TWM 窗口管理器

原因：默认情况下指定的窗口管理器是 TWM，它是一个功能比较差的窗口管理器，并不像 GNOME、KDE 那样功能强大。所以，要显示标准的窗口，就需要在配置文件中指定 GNOME 或 KDE 等标准的窗口管理器。

解决办法：修改~/.vnc/xstartup。

```
[lupa@H1 ~]$ vim.vnc/xstartup
```

```
#! /bin/sh
# Uncomment the following two lines for normal desktop:
#unset SESSION_MANAGER
#exec /etc/X11/xinit/xinitrc
[ - x /etc/vnc/xstartup ] && exec /etc/vnc/xstartup
[ - r $HOME/.Xresources ] && xrdb $HOME/.Xresources
xsetroot - solid grey
vncconfig - iconic &                #表示运行 VNC 配置程序
xterm - geometry 80x24 + 10 + 10 - ls - title "$VNCDESKTOP Desktop" &   #表示运行终端程序
twm &                               #表示执行 TWM 窗口管理器
```

(1)将以下语句设置为有效,即将前面的"#"去掉。

```
#unset SESSION_MANAGER
```

修改为

```
unset SESSION_MANAGER      #此句的功能是注销 SESSION_MANAGER
```

(2)将 TWM 窗口管理器修改为 GNOME 管理器

```
#twm &                      #将此语句注释掉
gnome - session  &          #添加此语句
```

然后,重启 vncserver 服务即可生效,用户在登录时即可传输正常的图形界面。

假如,给 VNC 指定 KDE 窗口管理器时,只要添加以下语句即可。

```
#twm &
startkde &
```

思考与实验

1. SSH 是否支持对多台远程主机同时进行登录?请用实践来证明。
2. 在本地主机上,通过 VNC 实现对多台远程主机的管理,且要求传输图形界面。

附　录

附录 1　安装虚拟机

附录 2　SAMBA 服务器配置参数详解

附录 3　FTP 服务器配置参数详解

附录 4　邮件服务器配置参数详解

附录 5　Apache 服务器配置参数详解

附录 6　防火墙配置参数详解

附录下载地址：http：www. lupaworld. com/thread-810355-1-1. html

参考文献

[1]陈纯. Red Hat Linux 9.0 网络服务入门与进阶. 北京:科学出版社,2004.
[2]曹江华. Red Hat Enterprise Linux 5.0 服务器构建与故障排除. 北京:电子工业出版社,2009.
[3]刘晓辉,杨兴明. 中小企业网络管理员实用教程. 北京:科学出版社,2004.
[4]Nemeth E, Snyder G, Hein TR. Linux 系统管理技术手册. 北京:人民邮电出版社,2008.